Réussir mon
CRPE

Écrit
2025

ÉPREUVE D'ADMISSIBILITÉ

MATHS

DANIEL MOTTEAU

SAÏD CHERMAK

Nathan

LES AUTEURS

DANIEL MOTTEAU
Professeur ESPÉ formateur Maths 1er degré, ESPÉ de Bretagne
Responsable ESPÉ, Master MEEF PLC Maths UBS
Directeur de Profecoles

SAÏD CHERMAK
Professeur de mathématiques
Spécialisé dans la remédiation et l'accompagnement à distance
Préparation en visioconférence à l'épreuve de mathématiques du CRPE depuis 2008

Direction éditoriale : Pascaline Citron
Édition : Stephanie Dizel-Doumenge, Doriane Giuili
Fabrication : David Fauro
Conception graphique : Lucille Pachot
Mise en pages : Facompo
Illustrations : Pollux

92 avenue de France - 75013 Paris
Dépôt légal : septembre 2024
ISBN : 978-2-0950-4244-8
Code éditeur : 31481
ISSN : 2823-9245

SOMMAIRE

ORGANISATION DE L'OUVRAGE

SUR CHAQUE SUJET, UN PARCOURS EN 3 ÉTAPES

1 ◆ **JE M'ÉVALUE** → Des questions pour évaluer votre niveau
2 ◆ **JE RÉVISE** → L'essentiel des savoirs à connaitre pour le concours
3 ◆ **JE M'ENTRAINE** → Des exercices types CRPE pour vous préparer

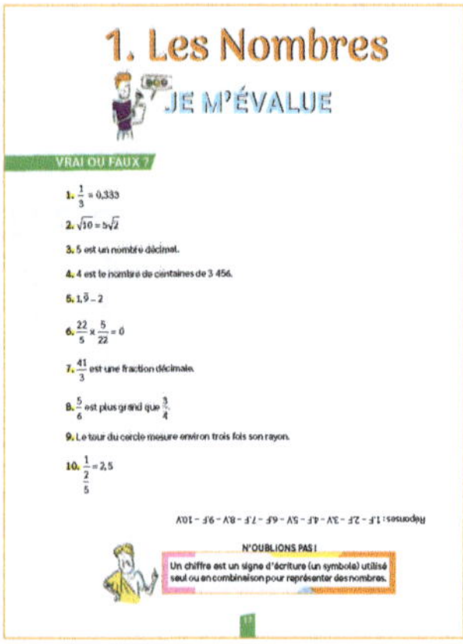

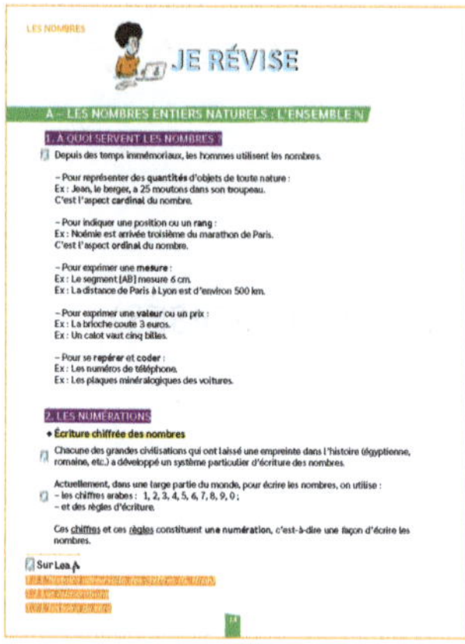

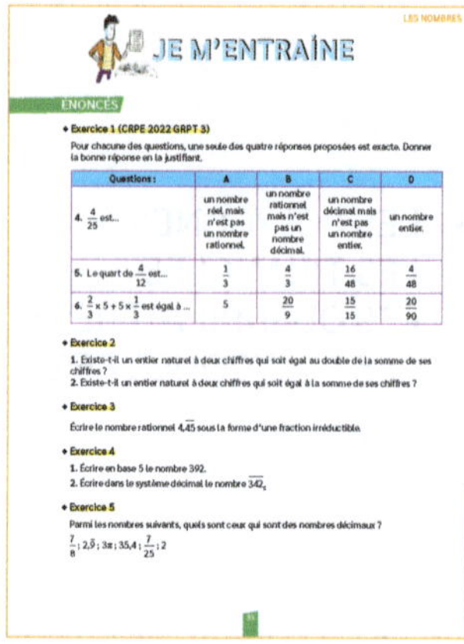

DES ENCADRÉS POUR BIEN RÉVISER

Pythagore vous accompagne dans la préparation du concours !
« **N'OUBLIONS PAS** » : les indispensables
« **ASTUCES** » : le petit plus pour le concours !

DES COMPLÉMENTS À TÉLÉCHARGER

Rendez-vous sur Lea.fr, espace « Devenir enseignant », pour découvrir les contenus complémentaires de l'ouvrage :

- *Des tutoriels vidéo et fiches pour approfondir les notions*
- *Des points « histoire des mathématiques »*
- *Des exercices d'entrainement supplémentaires*
- *Une méthodo spécifique (tutoriels vidéo et ouvrage) pour prendre en main le logiciel Scratch et le tableur*

Introduction

A - PRÉSENTATION ET PRÉPARATION DE L'ÉPREUVE DE MATHÉMATIQUES

1. CADRAGE GÉNÉRAL DE L'ÉPREUVE

L'épreuve écrite d'admissibilité de mathématiques du concours de recrutement des professeurs des écoles (CRPE) dure 3 heures et est notée sur 20 points[1].
Elle est affectée du coefficient 1.
Une note globale égale ou inférieure à 5 est éliminatoire.
Le matériel autorisé :
L'usage de la calculatrice électronique de poche à fonctionnement autonome, sans imprimante est autorisé. L'usage de tout autre matériel électronique, de tout ouvrage de référence et de tout document est rigoureusement interdit.

2. PROGRAMME

a) Le programme de l'épreuve

Il est constitué :
- du programme en vigueur de mathématiques du cycle 4 ;
- de la partie « Nombres et calculs » du programme de mathématiques de seconde générale et technologique (BOEN spécial n° 1 du 22 janvier 2019).

b) L'ouvrage

Dans cet ouvrage, nous avons découpé le programme en 14 chapitres afin de cerner au mieux les connaissances ou compétences requises pour la réussite à ce concours.
Pour chacun des chapitres, vous trouverez :
- en ouverture, une succession de vrai/faux pour vous permettre de vous évaluer dans un registre particulier du programme : « Je m'évalue » ;
- ensuite, les résultats fondamentaux qu'il est indispensable de connaitre, les méthodes essentielles, illustrés par des exemples : « Je révise » ;
- enfin, des exercices dans l'esprit des épreuves du CRPE, avec des indications de corrigés (corrigés détaillés sur Lea.fr) : « Je m'entraine ».

Vous trouverez également des liens vers Lea.fr pour voir des corrections développées de certains exercices, des démonstrations plus approfondies (notamment sous forme de tutoriels vidéos), des compléments historiques et épistémologiques, de nombreux autres exercices corrigés pour vous entrainer selon vos besoins, exercices de base ou de prolongement. Autant de contenus qui vous permettront de préparer dans les meilleures conditions cette épreuve.
Tous les compléments numériques sont indiqués dans l'ouvrage par le picto .

1. Voir l'arrêté du 25 janvier 2021, JORF n° 0025 du 29 janvier 2021 : https://www.legifrance.gouv.fr/jorf/id/JORFTEXT000043075701

Chapitres	Contenus
1. Les nombres	Les entiers Les rationnels Les décimaux Les irrationnels Les réels
2. Arithmétique : les opérations dans ℕ	Addition, soustraction Multiplication Division Diviseurs, multiples Nombres premiers PGCD PPCM Résolution arithmétique des problèmes
3. Grandeurs et mesures	Grandeurs simples Grandeurs composées Système métrique Conversions Valeurs approchées, troncatures, etc. Écriture scientifique
4. Calcul algébrique, équations et inéquations	Calcul littéral Équations, inéquations Résolution algébrique de problèmes : mise en équation
5. Fonctions numériques et suites	Repères Lecture graphique Fonction linéaire Fonction affine Fonction trinôme
6. TICE	Algorithmique Scratch Tableur
7. La proportionnalité	Modèle mathématique Reconnaitre Traiter Pente, tangente Échelle, vitesse, débit, masse volumique
8. Statistiques	Statistiques : représentation, principe de l'histogramme Caractéristiques de position : mode, médiane, moyenne Caractéristiques de dispersion : étendue, quantiles, écart-type
9. Probabilités	Probabilités simples Univers et propriétés Outils pour dénombrement Probabilités conditionnelles Arbres Arbres pondérés Tableaux

10. La géométrie plane euclidienne	Points alignés Droites, segments Distance Parallélisme Perpendicularité Théorème de Thalès
11. Triangles et cercles	Différents types de triangles : propriétés Théorème de Pythagore Trigonométrie
12. Les polygones - Les quadrilatères	Trapèze Parallélogramme Losange Rectangle Carré
13. Volumes - Patrons	Volumes Polyèdres réguliers Pyramides Patrons
14. Les transformations planes	Les isométries du plan Translation, rotation, symétries

3. MODALITÉS

L'épreuve écrite d'admissibilité est constituée d'un ensemble **d'au moins trois exercices indépendants**, permettant de vérifier les connaissances du candidat.
Le sujet 0 mis à disposition par le Ministère comporte 5 exercices dans des registres du programme différents et complémentaires :

- un exercice portant sur le calcul de probabilités ;
- un exercice portant sur les nombres décimaux ;
- un exercice ou problème comportant plusieurs parties, une situation complexe qui nécessite la mobilisation de connaissances et compétences en grandeurs et mesures, utilisation des TICE, lecture graphique de représentation de fonctions ;
- un exercice portant sur l'arithmétique et l'algorithmique ;
- un exercice portant sur géométrie, grandeurs et mesures, proportionnalité.

On constate la volonté de couvrir une très large partie du programme.

B - MÉTHODOLOGIE DE L'ÉPREUVE

1. LA STRATÉGIE

Comme dans tout concours, il faut viser à **cumuler le maximum de points.**
Cela peut passer par des stratégies diverses, néanmoins, le jour de l'épreuve, il faut dans un premier temps viser à éliminer au maximum le stress lié à la situation.
Il est donc important de prendre connaissance rapidement de l'ensemble de l'épreuve et également, comme nous l'avons fait ci-avant, des contenus, savoirs et compétences requises dans chaque exercice.
Vous pourrez ainsi choisir de commencer par l'exercice qui porte sur la partie du programme qui vous est la plus familière et dans laquelle vous vous sentez le plus à l'aise.
La réussite vous fera gagner en assurance pour la suite de l'épreuve.
Il est toutefois toujours préférable de rendre une copie dans l'ordre des exercices de l'énoncé, aussi vous veillerez à prendre une copie pour chaque exercice et mettre le tout dans l'ordre à la fin de l'épreuve, au moment de rendre votre copie.
Si vous êtes très sûr de vous dans un domaine, vous pouvez rédiger directement sans passer par l'étape brouillon, mais ceci n'est pas sans risque. Le plus souvent, au moment de la recherche de la solution d'un exercice ou d'un problème, la démarche est erratique. On tâtonne, on essaie, on s'engage dans une voie qui peut s'avérer être une impasse, on recommence alors d'une autre façon, etc.
C'est pourquoi nous vous recommandons, sur une feuille de brouillon, de noter systématiquement les résultats acquis au cours de l'étape de recherche et, une fois que l'ensemble parait juste et cohérent de vous lancer dans la rédaction définitive.

2. LA GESTION DU TEMPS

La gestion du temps le jour de l'épreuve doit faire l'objet d'un apprentissage spécifique tout au long de votre préparation. En effet, pour ne pas vous laisser déborder par le temps le jour du concours, vous devez avoir acquis au préalable des routines de travail spécifiques.

a) Avant le jour J

Apprenez à travailler dans les délais de l'épreuve.
Dans cette optique, il est important :

- de passer tout le temps nécessaire sur un sujet pour bien l'approfondir dans les premiers mois de la préparation (de septembre à janvier par exemple) ;
- de travailler systématiquement en temps contraint les derniers mois avant le jour J.

b) Le jour J

Évitez les pièges « à temps »

Ne vous laissez jamais piéger par une question que vous voulez à tout prix résoudre ! Si vous ne trouvez pas, passez à autre chose, pensez à accumuler les points, même de manière disparate. Pondérez le temps de résolution d'un exercice par le nombre de points qu'il rapporte. En effet, le temps passé sur un exercice doit être dans la mesure du possible proportionnel au nombre de points qu'il peut rapporter (les points affectés à chaque exercice sont indiqués dans le sujet).

3. LA RÉDACTION

a) La forme

D'une façon générale, la qualité d'écriture entre pour une part non négligeable dans l'appréciation (et la notation !) d'une copie.
Vous devez pouvoir respecter les points suivants sans avoir à y penser.

- Écrivez très lisiblement.
- N'oubliez pas que vous serez amené à enseigner l'écriture à de très jeunes enfants, il est donc légitime que l'on attende de vous certaines qualités calligraphiques.
- Soignez la présentation de votre copie.
- Encadrez vos résultats, soulignez les points importants.

CONSEIL MÉTHODO

Nous attirons l'attention des candidats sur le fait que si (...) les connaissances et les compétences mathématiques restent d'un niveau très accessible, quelle que soit leur formation, **ce sont bien les qualités de rédaction, de précision, de rigueur, qui ont permis de marquer les écarts et d'obtenir le maximum des points attribués.**

Le jury tient à signaler aux candidats que le rappel de notation suivant : « Il est tenu compte, à hauteur de trois points maximum, de la **qualité orthographique** de la production des candidats » a effectivement été appliqué par les correcteurs chaque fois que la copie faisait défaut sur ce point. (Extrait du rapport du jury de concours, Besançon).

b) Le fond

La rédaction ne fera pas état de tous les temps de la recherche.
Elle donnera l'impression qu'ils n'ont pas existé, l'important étant alors de développer avec rigueur **enchainement logique, argumentaire, savoir et savoir-faire** utilisés pour parvenir au résultat.
La démarche de rédaction **doit être déductive plutôt qu'explicative**, c'est pourquoi il faut privilégier l'utilisation des connecteurs logiques tels que « or, donc, en conséquence » aux conjonctions de coordination comme « car » qui viennent justifier une assertion.
Il y a des savoirs que l'on utilise en les indiquant au correcteur, d'autres non. En effet, il y a des savoirs et des savoir-faire qui doivent être considérés comme communs entre candidat et correcteur et qui sont trop évidents pour qu'il en soit fait état, et d'autres (particulièrement visibles dans le programme) dont on doit faire état de manière explicite lorsqu'on les utilise. Tout est une question de juste équilibre, à trouver de manière individuelle.
La **compétence « raisonner »** tient une place importante dans la rédaction des démonstrations ou des résolutions des exercices.
Pour raisonner et démontrer, il est nécessaire de :

- bien utiliser les notions de la logique élémentaire (conditions nécessaires ou suffisantes, équivalences, connecteurs) pour bâtir un raisonnement ;
- différencier le statut des énoncés mis en jeu : définition, propriété, théorème démontré, théorème admis... ;

- utiliser différents types de raisonnement (par analyse et synthèse, par équivalence, par disjonction de cas, par l'absurde, par contraposée, par récurrence…) ;
- effectuer des inférences (inductives, déductives) pour obtenir de nouveaux résultats, conduire une démonstration, confirmer ou infirmer une conjecture, prendre une décision.

c) Le formalisme mathématique

Il y a de nombreuses règles formelles à respecter sur une copie de mathématiques. On constate que de nombreuses copies sont trop négligées. Pensez-y ! Cela vous évitera de perdre inutilement des points que vous pourriez penser acquis. En voici quelques illustrations :

- Pensez à formuler une réponse ou une phrase réponse explicite aux questions posées : préférez « Le prix de la marchandise est 213 € » plutôt que simplement « 213 € ».
- N'oubliez pas : dans le cours de la résolution d'un problème, on n'écrit pas nécessairement les unités de mesure, en revanche cela est impératif au moment d'écrire le résultat.
- Faites bien attention à la nature d'un nombre résultat (entier, décimal, rationnel, etc.).
- Indiquez toujours d'abord la valeur réelle du résultat, ensuite seulement, en faisant attention aux contraintes fixées dans l'énoncé, indiquez une valeur approchée en précisant toujours la nature de l'approximation (excès, défaut, à combien près, etc.).

Vous devez impérativement vous habituer à respecter les conventions d'écriture mathématique (et leurs règles d'usage).

Exemple
(AB) – (A,B) – [AB] désignent chacun des entités mathématiques différentes : (AB) désigne une droite, (A,B) un couple et [AB] un segment.
L'usage abusif des symboles logiques est à proscrire (préférez écrire « si et seulement si » plutôt qu'utiliser le symbole d'équivalence logique « $\Leftrightarrow$ »).
Et surtout ne mélangez pas les genres : **ne confondez pas écriture mathématique** (qui utilise des symboles) **et style télégraphique** (qui utilise parfois ces mêmes symboles dans un souci d'économie d'écriture).
Exemple : Il est légitime d'écrire « (AB)//(CD) », ce qui signifie que la droite (AB) est parallèle à la droite (CD). Mais il n'est pas légitime d'écrire « les deux droites sont // ».

Vous trouverez mis en application tous les conseils que nous venons de vous prodiguer dans le corrigé du sujet 0 à télécharger sur Lea.fr : Lea.fr > Devenir enseignant > Préparer le CRPE.

Bonne préparation !

1. Les Nombres

JE M'ÉVALUE

VRAI OU FAUX ?

1. $\frac{1}{3} = 0{,}333$

2. $\sqrt{10} = 5\sqrt{2}$

3. 5 est un nombre décimal.

4. 4 est le nombre de centaines de 3 456.

5. $1{,}\overline{9} = 2$

6. $\frac{22}{5} \times \frac{5}{22} = 0$

7. $\frac{41}{3}$ est une fraction décimale.

8. $\frac{5}{6}$ est plus grand que $\frac{3}{4}$.

9. Le tour du cercle mesure environ trois fois son rayon.

10. $\frac{1}{\frac{2}{5}} = 2{,}5$

Réponses : 1.F – 2.F – 3.V – 4.F – 5.V – 6.F – 7.F – 8.V – 9.F – 10.V

N'OUBLIONS PAS !

Un chiffre est un signe d'écriture (un symbole) utilisé seul ou en combinaison pour représenter des nombres.

JE RÉVISE

A – LES NOMBRES ENTIERS NATURELS : L'ENSEMBLE ℕ

1. À QUOI SERVENT LES NOMBRES ?

Depuis des temps immémoriaux, les hommes utilisent les nombres.

– Pour représenter des **quantités** d'objets de toute nature :
Ex : Jean, le berger, a 25 moutons dans son troupeau.
C'est l'aspect **cardinal** du nombre.

– Pour indiquer une position ou un **rang** :
Ex : Noémie est arrivée troisième du marathon de Paris.
C'est l'aspect **ordinal** du nombre.

– Pour exprimer une **mesure** :
Ex : Le segment [AB] mesure 6 cm.
Ex : La distance de Paris à Lyon est d'environ 500 km.

– Pour exprimer une **valeur** ou un prix :
Ex : La brioche coute 3 euros.
Ex : Un calot vaut cinq billes.

– Pour se **repérer** et **coder** :
Ex : Les numéros de téléphone.
Ex : Les plaques minéralogiques des voitures.

2. LES NUMÉRATIONS

◆ Écriture chiffrée des nombres

Chacune des grandes civilisations qui ont laissé une empreinte dans l'histoire (égyptienne, romaine, etc.) a développé un système particulier d'écriture des nombres.

Actuellement, dans une large partie du monde, pour écrire les nombres, on utilise :
– les chiffres arabes : 1, 2, 3, 4, 5, 6, 7, 8, 9, 0 ;
– et des règles d'écriture.

Ces <u>chiffres</u> et ces <u>règles</u> constituent **une numération**, c'est-à-dire une façon d'écrire les nombres.

Sur Lea.fr
1.1 L'histoire universelle des chiffres (G. Ifrah)
1.2 Les numérations
1.3 L'histoire du zéro

Notre numération actuelle est appelée « la numération décimale de position ». Décimale parce que la logique d'écriture des nombres s'appuie sur des groupements de dix.

Si dans une collection je peux faire trois paquets de cent, deux paquets de dix et qu'il me reste cinq unités, j'écrirais que la collection comporte 325 objets.

c	d	u
3	2	5

Dans l'écriture du nombre, la valeur associée à chacun des chiffres est fonction de sa position dans l'écriture du nombre. Chaque fois que l'on franchit un rang vers la gauche, le chiffre représente une valeur dix fois supérieure à son voisin de droite immédiat.

Ex : pour le nombre qui s'écrit 234 :
4 est le chiffre des unités.
3 est le chiffre des dizaines.
2 est le chiffre des centaines.
Et donc : $234 = 2 \times 100 + 3 \times 10 + 4 = 200 + 30 + 4$

On appelle cette écriture **la décomposition canonique** du nombre 234. Et on « lit » et on écrit : deux cent trente-quatre.

Dans le cas général :
Pour un nombre quelconque qui comporterait 5 chiffres, on écrit :
$\overline{abcde} = e + 10d + 100c + 1\,000b + 10\,000a$

ASTUCE

Pour ne pas avoir à calculer le rang du premier chiffre à gauche, on commence l'écriture de la décomposition canonique du nombre par la droite.

Et si on utilise les puissances de 10, cela devient encore plus simple :
$\overline{abcde} = e \times 10^0 + d \times 10^1 + c \times 10^2 + b \times 10^3 + a \times 10^4$

La **numération décimale** procède par paquets de dix pour écrire les nombres en chiffres.

Ex :
On cherche un nombre N de trois chiffres.
Le chiffre des dizaines est le double du chiffre des unités.
Le chiffre des centaines est le même que le chiffre des unités.
La somme des trois chiffres est égale à 8.
Quel est ce nombre ?

Sur Lea.fr
1.4. Abaques et multibase

Résolution :
Comme le nombre cherché comporte trois chiffres, on écrit :
$N = \overline{abc} = c + 10 \times b + 100 \times a$

a, b et c sont des chiffres (a ne peut pas être égal à zéro sinon le nombre n'aurait que deux chiffres).
On sait que :
$b = 2 \times c$ (le chiffre des dizaines est le double du chiffre des unités)
$a = c$ (le chiffre des centaines est égal au chiffre des unités)
$a + b + c = 8$ (la somme des chiffres est égale à 8)

On peut en déduire que :
$c + 2c + c = 8$ (on a remplacé a et b dans l'égalité juste au-dessus par leur valeur en fonction de c)
soit $4c = 8$ et donc $c = 2$
d'où $a = 2$ et $b = 4$
et enfin $\boldsymbol{N} = \mathbf{242}$

◆ Écriture littérale ou énoncé des nombres

Si la numération décrite ci-dessus est une numération régulière qui suit toujours les mêmes règles, il n'en va pas de même pour l'écriture des nombres en lettres et la façon de les dire.
Ex : le **champ numérique** **(étendue de nombres)** de 11 à 19 :
En numération écrite chiffrée, les nombres s'écrivent régulièrement avec deux chiffres, le premier est un 1 et s'ensuit le deuxième chiffre qui va croissant :
11 – 12 – 13 – 14 – 15 – 16 – 17 – 18 – 19
La règle est toujours la même :
- Le premier chiffre à gauche est un 1, il représente une dizaine.
- Le second chiffre à droite représente les unités, il augmente de un en un.
- Les nombres comportent une dizaine et une unité, puis une dizaine et deux unités, etc.

Mais lorsqu'on les écrit en lettres ou lorsqu'on les dit, on constate que les premiers de ces nombres – 11, 12, 13, 14, 15, 16 – s'écrivent chaque fois avec un mot nouveau : onze, douze, treize, quatorze, quinze, seize.
Il n'y pas de règles, chaque nouvelle quantité est désignée par un mot nouveau.
Mais ensuite les nombres 17, 18, 19 s'énoncent en faisant une **concaténation** (juxtaposition) de mots déjà utilisés antérieurement dans la suite des nombres : dix-sept, dix-huit, dix-neuf.

Ceci est un exemple qui illustre le fait que pour **écrire en lettres ou dire les nombres**, les règles sont changeantes.

Pour écrire en lettres ou dire les nombres, on utilise une numération qualifiée d'hybride.

Sur Lea.fr
1.5 Résolutions d'autres exemples

L'usage simultané de deux types de numérations différents, l'un pour écrire les nombres en chiffres et l'autre pour les écrire en lettres ou les dire, constitue un obstacle majeur pour les apprentissages du nombre au cycle 2.

◆ Écrire et lire les grands nombres

Pour faciliter la lecture des nombres, on organise leur écriture chiffrée, en classes.
Une classe comporte trois chiffres : un pour les centaines, un pour les dizaines et un pour les unités.
Par exemple le nombre 123456789 s'écrit 123 456 789.

Classe des millions			Classe des mille			Classe des unités simples		
1	2	3	4	5	6	7	8	9

Ainsi ce nombre se lit : 123 millions 456 mille 789 (unités).

Au-delà des millions, on trouve la classe des milliards (ou des billions pour les Anglo-Saxons). Au-delà, on utilise plutôt l'écriture scientifique des nombres en mobilisant les puissances de 10 (*cf.* Chapitre 3 sur grandeurs et mesures).

◆ Chiffre ou nombre ?

Considérons le nombre 234. Nous savons quel est son chiffre des dizaines, c'est 3. Mais quel est le nombre de dizaines de 234 ? Pour répondre à cette question, nous pouvons utiliser la décomposition canonique de 234 :
$234 = 2 \times 100 + 3 \times 10 + 4 = 200 + 30 + 4$
Soit encore : $234 = 23 \times 10 + 4$
Ainsi, il apparait **que le nombre de dizaines de 234 est 23**.

Quel est le nombre de centaines de 234 ?
$234 = 2 \times 100 + 34$
Le nombre de centaines de 234 est 2, comme son chiffre des centaines !

◆ Les chiffres sont-ils des nombres comme les autres ?

5 est-il un chiffre ou un nombre ?
5 est un chiffre si je le considère dans sa fonction d'écriture des nombres.
5 est un nombre lorsqu'il me sert à indiquer une quantité, une mesure, une valeur, etc.
5 est donc un chiffre et un nombre.

Sur Lea.fr
1.6 Numération en Asie

◆ Les numérations de position de base quelconque

La numération décimale de position utilise une **base dix** (on procède par groupements de dix, ce qui est naturel puisque nous avons dix doigts de la main) et elle utilise pour écrire tous les nombres uniquement les dix chiffres.

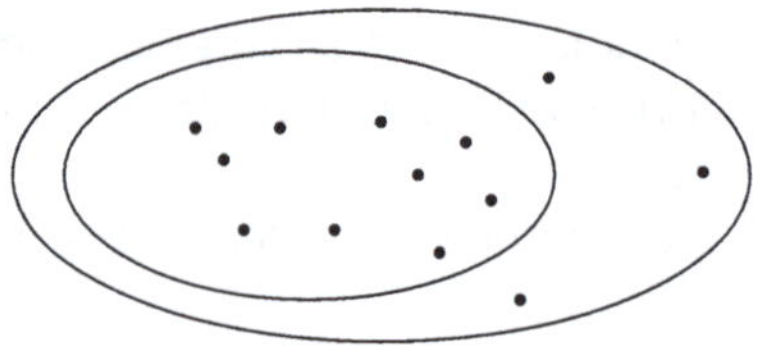

On peut imaginer une numération de position qui n'utiliserait que cinq chiffres et procéderait par groupement de cinq.
Attention : les numérations de position, quelle que soit leur base, nécessitent l'utilisation d'un zéro (*cf.* l'histoire du zéro).

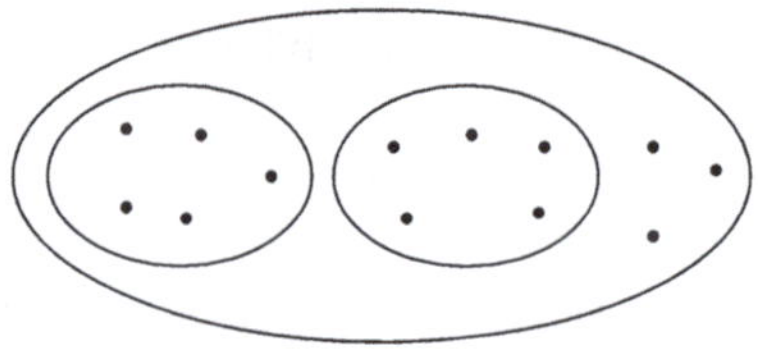

Ex : voici une collection de points.
Combien y en a-t-il ?
Pour **dénombrer** la collection, on peut procéder par **comptage** en utilisant notre système décimal et on trouve 1 paquet de dix et trois unités, et on écrit 13.

En base Cinq dans laquelle on utiliserait les cinq chiffres 0, 1, 2, 3, 4, on a 2 paquets de cinq et trois unités.

Paquets de cinq	Unités seules
2	3

La même quantité d'objets s'écrit donc en base 5 : $\overline{23}_5$

Lorsque la base n'est pas la base 10 (base habituelle), on l'indique en indice.

On a donc $13 = \overline{23}_5$
En effet : $\overline{23}_5 = 3 + 2 \times 5 = 3 + 10 = 13$.

3. L'ENSEMBLE ℕ

◆ Les ensembles en mathématiques

En mathématiques, les ensembles sont représentés par des diagrammes de Venn (autrement appelés « patates »), chaque « patate » est nommée par une lettre majuscule :

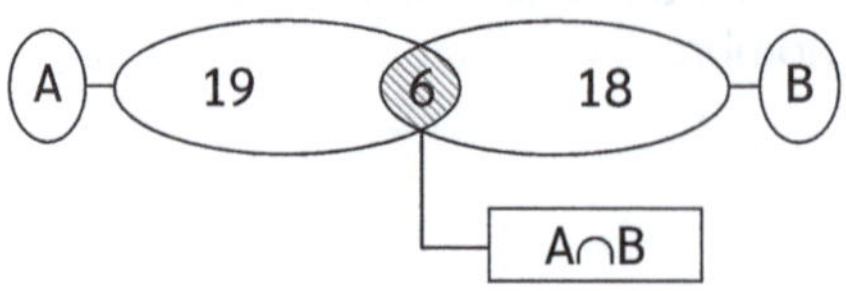

Sur Lea.fr
1.7 La base dix
1.8 Autres exemples de changement de base

Ici, nous avons représenté deux ensembles et les avons appelés A et B. Ces deux ensembles ont une **intersection**.
A∪B désigne l'ensemble qui réunit tous les éléments de A ou de B (un ensemble ne peut pas comporter deux fois le même élément).
A ∩ B (on lit A inter B) désigne l'ensemble des éléments qui appartiennent à la fois à l'ensemble A et à l'ensemble B.

Ex : Dans un lycée, tous les élèves étudient au moins une langue étrangère. 25 élèves étudient l'anglais, 24 étudient l'allemand, et 6 élèves étudient l'allemand et l'anglais. Combien y a-t-il d'élèves qui étudient l'anglais ou l'allemand ?
A est l'ensemble des élèves qui étudient l'anglais. B est l'ensemble des élèves qui étudient l'allemand (*cf.* schéma ci-avant).
On écrit : Card A = 25 et Card B = 24,
Card A ∩ B = 6.

Cet exemple permet d'illustrer ce qui est une règle générale :

Card A ∪ B = Card A + Card B – Card A ∩ B

Il y a : (24 + 25 – 6) ou (19 + 6 + 18) soit 43 élèves qui étudient l'anglais ou l'allemand.

Card A signifie cardinal de A ou encore nombre d'éléments de l'ensemble A.

◆ L'ensemble ℕ

L'ensemble des entiers naturels est nommé ℕ. Tout nombre entier naturel peut être comparé à n'importe quel autre et l'on peut décider lequel est supérieur. De ce fait, on dit que **l'ensemble des entiers naturels est totalement ordonné**.
Plutôt que de le représenter par un diagramme de Venn, on utilise une droite graduée :

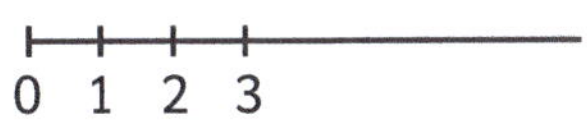

Les nombres sont nettement séparés les uns des autres.
Tout nombre a un successeur et un prédécesseur (sauf zéro).
L'ensemble des entiers naturels constitue **un univers discret**.

◆ Les opérations dans ℕ

(*cf.* chapitre arithmétique)

B – LES NOMBRES RATIONNELS

1. LES FRACTIONS PROPORTIONS

Dans l'Égypte antique, la fraction apparait sous la forme $\frac{1}{n}$. L'unité qui était une entité non sécable devient partageable. On peut partager 1 en autant de parts que l'on souhaite. Les fractions égyptiennes sont dites fractions unitaires.
Le hiéroglyphe en forme de bouche ouverte, qui signifie *partie*, était utilisé pour représenter le numérateur 1 :

Les fractions étaient écrites avec ce hiéroglyphe dessus et le dénominateur en dessous. Ainsi $\frac{1}{3}$ était écrit :

Puis, les Égyptiens écrivirent tout type de fraction en la décomposant en somme de fractions unitaires :

Par exemple $\frac{2}{5}=\frac{1}{3}+\frac{1}{15}$.

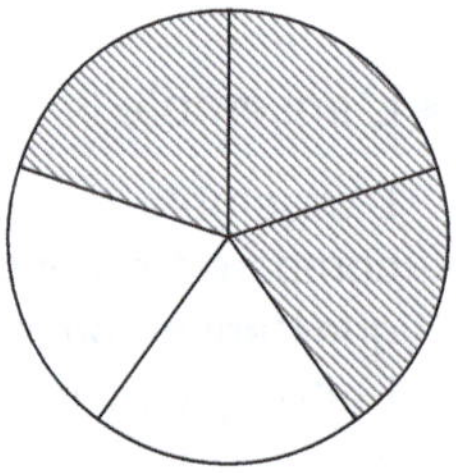

À l'origine, la fraction n'est pas un nombre mais une proportion d'une entité qui peut être inférieure ou supérieure à l'entité même.

Ex : J'ai mangé les $\frac{3}{5}$ de la tarte (entité).

Ou bien : j'ai mangé $\frac{4}{3}$ de pizzas.

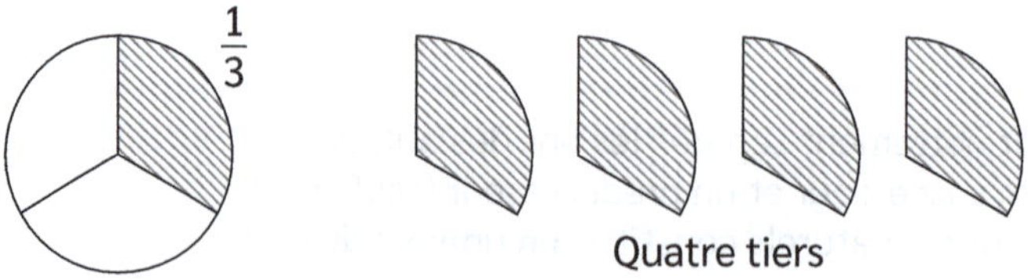

Quatre tiers

ou

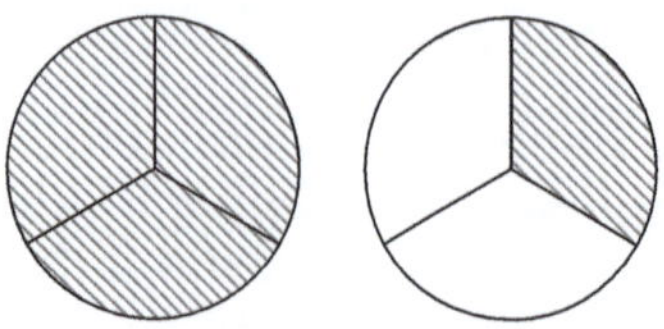

1 pizza et un tiers

Sur Lea.fr
1.9 L'œil d'Horus

Ou la fraction peut être aussi un opérateur sur une quantité.

Ex : J'ai mangé les $\frac{3}{5}$ de la plaque de chocolat. Combien ai-je mangé de carrés de chocolat ?

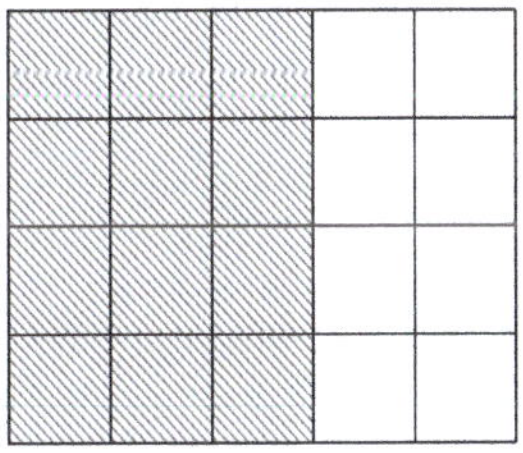

J'ai donc mangé 12 carrés de chocolat.

Des fractions différentes peuvent être **équivalentes** : elles représentent la même proportion.

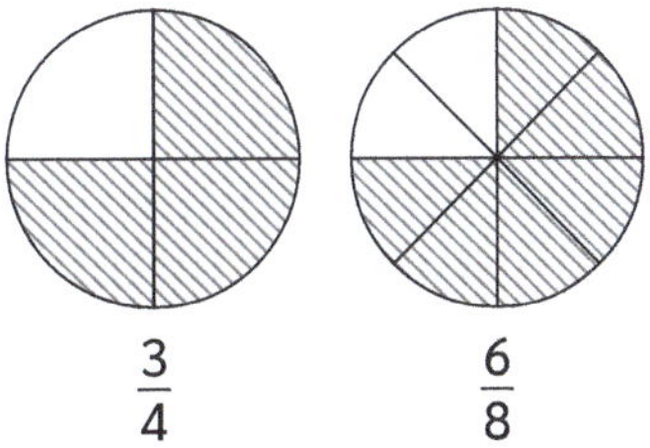

Les proportions $\frac{3}{4}$ et $\frac{6}{8}$ sont équivalentes.

Par commodité, dans les calculs, on utilisera de préférence les fractions irréductibles, il est alors nécessaire de savoir simplifier les fractions :

Ex : $\frac{6}{8} = \frac{2 \times 3}{2 \times 4} = \frac{3}{4}$

La fraction $\frac{3}{4}$ est irréductible. (Pour plus de précisions, *cf.* chapitre 3)

2. LES FRACTIONS NOMBRES

L'ensemble des fractions est un ensemble totalement ordonné.

Les fractions peuvent être comparées.

Ex : $\frac{3}{4}$ est supérieur à $\frac{5}{7}$

En effet $\frac{5}{7} = \frac{20}{28}$

$\frac{3}{4} = \frac{21}{28}$

La proportion $\frac{21}{28}$ est supérieure à la proportion $\frac{20}{28}$.

Donc $\frac{3}{4} > \frac{5}{7}$.

Les fractions équivalentes qui représentent la même proportion deviennent des **fractions égales.**
On prolonge l'ensemble $\mathbb{N}$ et on place les fractions sur la droite numérique.

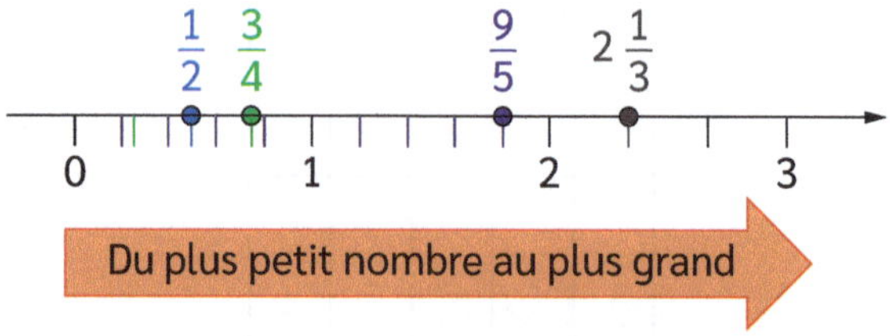

3. LES FRACTIONS DÉCIMALES, LE SYSTÈME MÉTRIQUE

Parmi toutes ces fractions, au cours de l'histoire, certaines vont prendre une importance toute particulière avec la large utilisation du système métrique pour les mesures des grandeurs en lien avec la numération décimale de position.

1. On appelle fraction décimale, une fraction dont le dénominateur est 10, 100, 1 000, etc.

Numérateur

$$\frac{3}{10} \quad \frac{8}{10} \quad \frac{15}{10} \quad \frac{54}{100} \quad \frac{368}{1\,000}$$

Dénominateur

2. Lecture des fractions décimales :

$\frac{1}{10}$	$\frac{5}{10}$	$\frac{19}{10}$	$\frac{1}{100}$	$\frac{1}{1\,000}$
Un dixième	Cinq dixièmes	Dix-neuf dixièmes	Un centième	Un millième

3. Graduer une droite avec des fractions :

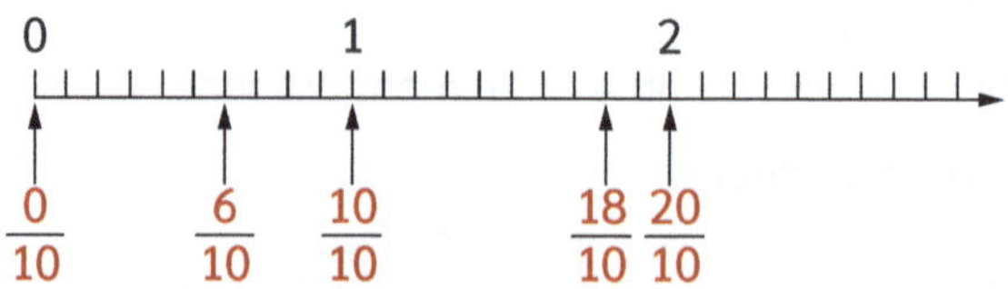

Égalités à connaître par cœur

$$0 = \frac{0}{10} \; ; 1 = \frac{10}{10} \; ; 2 = \frac{20}{10} \; ; 3 = \frac{30}{10} \; ; \; 4 = \frac{40}{10} \; ; \; 5 = \frac{50}{10}$$

Ex : Une pièce métallique a une épaisseur de 1 cm et 3 dixièmes de cm et 2 centièmes de cm.

Elle mesure : 1 cm + $\frac{3}{10}$ cm + $\frac{2}{100}$ cm.

Sur Lea.fr
1.10 Le guide âne

4. LES NOMBRES DÉCIMAUX

Dans son court traité, *La Disme*, Simon Stevin (1548-1620) s'adresse aux utilisateurs de mathématiques pour leur proposer une nouvelle écriture décimale des nombres qu'ils manipulent afin de **faciliter leurs calculs**.
Ce faisant, les techniques de calcul sont ramenées à celles des entiers. **On peut donc voir en Stevin le véritable créateur des nombres décimaux.**
Il propose à chaque corps de métier d'utiliser des unités formant un système décimal : idée novatrice qui ne commencera à être généralisée que deux siècles plus tard ! Néanmoins cet opuscule eut un grand succès auprès des praticiens.

Number: 184.54290
Simon Stevin's notation: 184⓪5①4②2③9④0

Vers 1615, Neper, l'inventeur des logarithmes, propose pour l'écriture décimale des nombres, de séparer la partie entière de la partie décimale par un point ou une virgule, comme nous le faisons aujourd'hui.

Tableau de numération des nombres décimaux

PARTIE ENTIÈRE				PARTIE DÉCIMALE		
1 000	100	10	1	0,1 ou $\frac{1}{10}$	0,01 ou $\frac{1}{100}$	0,001 ou $\frac{1}{1\,000}$
milliers	centaines	dizaines	unités	dixièmes	centièmes	millièmes
		5	6,	0	7	4
			,			
			,			

Un seul chiffre par case !

La virgule se place toujours entre le chiffre des unités et celui des dixièmes

La mesure de l'épaisseur de la pièce métallique passe de l'écriture 1 cm + $\frac{3}{10}$ cm + $\frac{2}{100}$ cm à l'écriture : 1,32 cm.

5. LES NOMBRES RATIONNELS

◆ L'ensemble $\mathbb{Q}$

Nous avons vu précédemment que les fractions forment un ensemble totalement ordonné. Comme on peut définir dans cet ensemble les mêmes opérations que dans l'ensemble des entiers naturels, l'addition, la soustraction, la multiplication et la division, on peut donc dire que les fractions sont des nombres.

Deux tiers n'est plus seulement une proportion d'entité, c'est un nombre. L'écriture $\frac{2}{3}$ doit être vue comme un nombre.

Tout nombre qui peut s'écrire sous la forme du quotient de deux entiers est appelé nombre rationnel.
L'ensemble des nombres rationnels est noté $\mathbb{Q}$ (comme quotient).

Comme nous l'avons vu précédemment :
– Tous les entiers sont des rationnels :

Ex : $4 = \frac{4}{1} = \frac{8}{2}$

– Tous les décimaux sont des rationnels :

Ex : $2{,}35 = 2 + \frac{3}{10} + \frac{5}{100} = \frac{235}{100}$

◆ **Les rationnels non décimaux : écriture décimale périodique illimitée**

Mais attention, **tous les rationnels ne sont pas des décimaux ou des entiers**. C'est-à-dire qu'il existe des nombres rationnels que l'on ne peut pas écrire avec une partie entière et une partie décimale comportant un nombre fini de chiffres après la virgule.

Ex : $\frac{1}{3}$ n'est pas un nombre décimal. Son écriture décimale à virgule peut être obtenue en faisant la division décimale de 1 par trois :

$\frac{1}{3} = 0{,}33333...$

La division est sans fin, il y a toujours un reste non nul.

Par convention, on écrit ce genre de nombres avec une partie décimale périodique illimitée (ici période 3) de la façon suivante : $1{,}\overline{3}$.

Ex : $2{,}\overline{45} = 2{,}4545454545...$

Ces écritures n'étant pas pratiques, on doit savoir transformer une écriture décimale périodique en écriture fractionnaire irréductible.
Ex : Soit le nombre $2{,}\overline{45}$.
Appelons ce nombre x.
On a :

$x = 2{,}\overline{45}$

$100x = 245{,}\overline{45}$

D'où $100x - x = 245{,}\overline{45} - 2{,}\overline{45}$
Soit $99x = 243$

Et donc $x = \frac{243}{99}$

Le nombre qui s'écrit $2{,}\overline{45}$ peut aussi s'écrire $\frac{243}{99}$.

Sur Lea.fr
1.11 Autres exemples en vidéo

Additionner et soustraire des nombres rationnels

– Les fractions ont le même dénominateur :

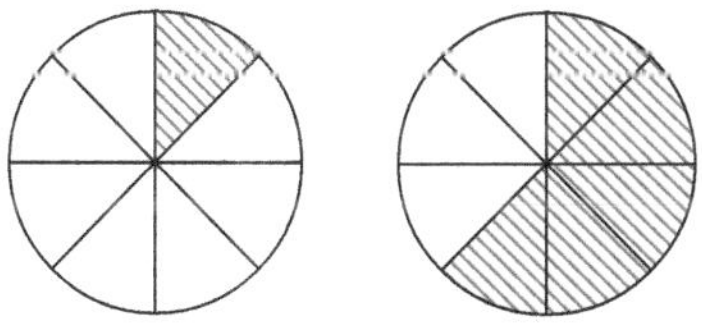

$$\frac{1}{8}+\frac{5}{8}=\frac{6}{8}=\frac{3}{4}$$

On garde le même dénominateur et on additionne les numérateurs.

– Les fractions n'ont pas le même dénominateur :

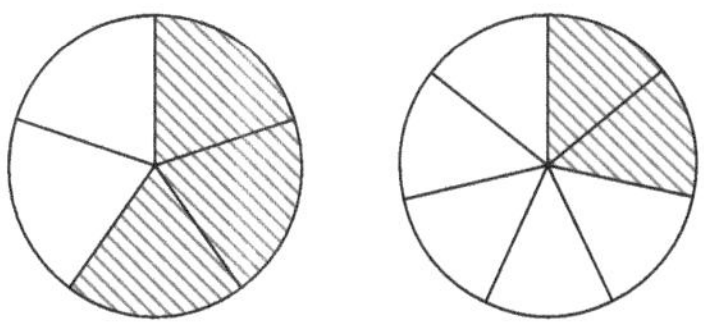

$$\frac{3}{5}+\frac{2}{7}=\frac{21}{35}+\frac{10}{35}=\frac{31}{35}$$

Pour additionner ou soustraire des fractions qui n'ont pas le même dénominateur, il faut d'abord réduire toutes les fractions au même dénominateur, et ensuite procéder comme précédemment.

Ex :

$$\frac{7}{8}+\frac{3}{4}=$$

1re étape : recherche du dénominateur commun le plus simple.
C'est un multiple commun de 8 et de 4.
Autant choisir le plus petit.
Le plus petit commun multiple (ppcm) de 4 et 8 est 8.

Transformer les équations qui doivent l'être : $\frac{3}{4}=\frac{6}{8}$

$$\frac{7}{8}+\frac{3}{4}=\frac{7}{8}+\frac{6}{8}=\frac{13}{8}$$

Multiplier et diviser les nombres rationnels

– **La multiplication de nombres rationnels :**

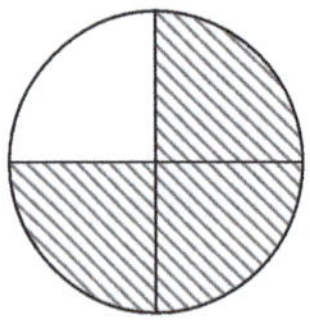

$\frac{3}{4}$

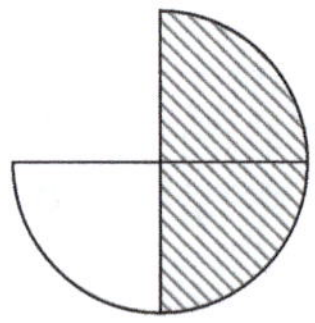

$\frac{2}{3}$ de $\frac{3}{4}$

$$\frac{2}{3} \times \frac{3}{4} = \frac{1}{2}$$

Cet exemple illustre ce qui va devenir la règle pour multiplier deux fractions entre elles : effectuer le produit de deux fractions, c'est prendre successivement les deux proportions représentées par ces fractions.
En pratique : on multiplie les numérateurs entre eux, on multiplie les dénominateurs entre eux, on simplifie.
Plutôt que d'effectuer tous les produits, il est préférable d'anticiper les simplifications à venir.

Ex : $\frac{5}{12} \times \frac{3}{25} = \frac{3 \times 5}{12 \times 25} = \frac{3 \times 5}{3 \times 4 \times 5 \times 5} = \frac{1}{4 \times 5} = \frac{1}{20}$

– **La division de nombres rationnels :**

Pour diviser par une fraction, on multiplie par son inverse.

Ex : $\dfrac{\frac{2}{5}}{\frac{3}{4}} = \frac{2}{5} \times \frac{4}{3} = \frac{8}{15}$

C – LES NOMBRES IRRATIONNELS

1. LES GRANDEURS INCOMMENSURABLES

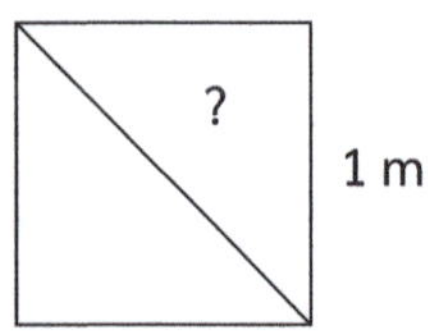

Parmi les nombres irrationnels, $\sqrt{2}$ fut le premier à être découvert.

Si un carré mesure 1 m de côté, combien mesure sa diagonale ?

La résolution de ce problème a longtemps posé difficulté. Aucun nombre rationnel ne faisait l'affaire. Les Grecs disaient que la diagonale et le côté du carré sont des

grandeurs incommensurables (qui ne peuvent être mesurées avec la même unité aussi petite soit-elle).
Pythagore vint apporter sa pierre :
La mesure de la diagonale est le nombre dont le carré est 2.

Notons-le provisoirement $\sqrt{2}$.

Il fut ensuite montré que ce nombre $\sqrt{2}$ n'était pas rationnel, on le qualifia d'irrationnel et on continua de le noter $\sqrt{2}$.
On venait de découvrir de nouveaux nombres qui devaient trouver leur place sur la droite numérique déjà densément peuplée.

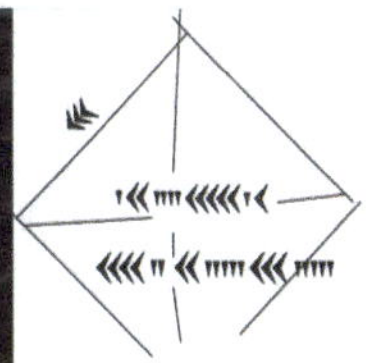

On trouve dans des temps très anciens des approximations du nombre $\sqrt{2}$, par exemple à Babylone, en base 60 :

$$1 + \frac{24}{60} + \frac{51}{60^2} + \frac{10}{60^3} = 1{,}4142129$$

La pièce date de 1700 av. J.-C. à un siècle près.
Elle représente un carré avec ses deux diagonales, accompagnées d'une longue série de nombres marqués avec le sceau de Babylone, en base 60. Les chercheurs affirment que ces données numériques correspondent à une **approximation de $\sqrt{2}$ avec les six premières décimales**.

2. LES RADICAUX

On appelle racine carrée de *a* ($a \geq 0$) le nombre positif ou nul tel que son carré est égal à *a*.

$$(\sqrt{a})^2 = a$$

Le signe $\sqrt{\ }$ (radical) ne doit pas être considéré comme un opérateur qui signifierait que l'on peut calculer le nombre dont le carré est *a*, mais comme un signe de numération qui permet d'écrire des nombres que les seuls chiffres ne permettent pas d'écrire.

On peut écrire $\sqrt{4}$ mais écrire simplement 2, c'est mieux.
En revanche, il n'y a pas moyen d'écrire autrement le nombre dont le carré est 3 qu'en utilisant le radical $\sqrt{\ }$.

Radical → $\sqrt{3}$ ← Radicande

On lit : racine carrée de TROIS ou plus simplement racine de trois.

Mais il existe des racines de tous ordres, par exemple :

L'écriture $\sqrt[3]{3}$ désigne le nombre dont le cube est 3, on le lit racine cubique de trois.

Pour certains nombres, le symbole $\sqrt{\ }$ placé devant représente une surcharge d'écriture inutile. On préfère écrire 15 plutôt que $\sqrt{225}$. Ces nombres sont appelés des carrés parfaits, ce sont les carrés des nombres entiers (liste à connaitre par cœur !) :
1, 4, 9, 16, 25, 36, 49, 64, 81, 100, 121, 144, 196, 225, 256, etc.

Les conventions : pour faciliter les calculs, on cherche toujours à simplifier le plus possible les écritures des nombres irrationnels, et pour cela, on utilise les carrés parfaits dans des décompositions multiplicatives des nombres.

Ex : $\sqrt{32} = \sqrt{16 \times 2} = \sqrt{16} \times \sqrt{2} = 4 \times \sqrt{2} = 4\sqrt{2}$

$\sqrt{75} = \sqrt{25 \times 3} = \sqrt{25} \times \sqrt{3} = 5\sqrt{3}$

3. TRACER DES SEGMENTS DE MESURES IRRATIONNELLES

Les mesures irrationnelles ne peuvent pas être tracées avec la règle graduée puisque celle-ci est graduée en utilisant les nombres décimaux. Les mesures irrationnelles doivent être construites géométriquement.
Voici un outil dont l'usage en la circonstance se révèle bien pratique : le colimaçon.

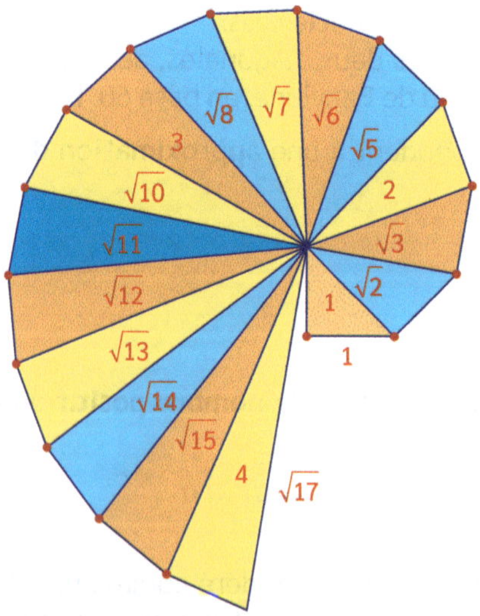

On commence par tracer un triangle rectangle de côté 1.
Sa diagonale mesure $\sqrt{2}$.

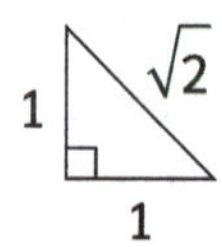

À partir de cette diagonale, on trace un triangle rectangle dont le deuxième côté mesure 1, ainsi sa diagonale mesure $\sqrt{3}$.

Et ainsi de suite, la figure ci-dessus a été tracée jusqu'à obtenir un segment dont la mesure est $\sqrt{17}$.

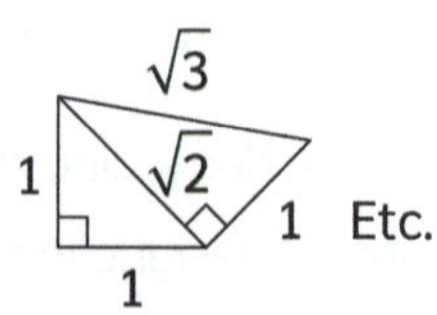

4. OPÉRATIONS AVEC LES NOMBRES IRRATIONNELS

◆ Multiplication

On démontre et nous pouvons admettre que le produit d'un rationnel par un irrationnel est un irrationnel.

Des exemples que l'on peut généraliser :

$2 \times \sqrt{3} = 2\sqrt{3}$

$\sqrt{2} \times \sqrt{3} = \sqrt{2 \times 3} = \sqrt{6}$

$\sqrt{6} \times \sqrt{3} = \sqrt{6 \times 3} = \sqrt{18} = \sqrt{9} \times \sqrt{2} = 3\sqrt{2}$

◆ Addition, soustraction

Lorsque les nombres ont le même radicande, l'addition a un sens très simple : une racine de trois plus une racine de trois égale deux racines de trois. On écrit :

$\sqrt{3} + \sqrt{3} = 2\sqrt{3}$

Mais qu'en est-il lorsque les radicandes des deux nombres sont différents ?

$\sqrt{2} + \sqrt{3} = ?$

D'abord remarquons que $\sqrt{2} + \sqrt{3} \neq \sqrt{5}$.

Pour le vérifier, on peut utiliser le colimaçon, on peut aussi, mais c'est moins rigoureux si l'écart est infime, utiliser les approximations décimales :

Il est utile de connaître les approximations décimales à 10^{-3} des nombres $\sqrt{2}$ et $\sqrt{3}$:

$\sqrt{2} = 1{,}414$ à 10^{-3} près

$\sqrt{3} = 1{,}732$ à 10^{-3} près

$1{,}414 + 1\ 732 = 3{,}146$ or $\sqrt{5}$ est nécessairement plus petit que 3.

$\sqrt{2} + \sqrt{3} = \sqrt{2} + \sqrt{3}$, voilà tout.

Un autre exemple :

$\sqrt{75} + \sqrt{27} = ?$

Doit-on laisser cela en l'état ? Pour sûr non !

$\sqrt{75} = 5\sqrt{3}$

$\sqrt{27} = 3\sqrt{3}$

Donc : $\sqrt{75} + \sqrt{27} = 5\sqrt{3} + 3\sqrt{3} = 8\sqrt{3}$

La connaissance de la liste des carrés parfaits qui permet de simplifier les nombres irrationnels est indispensable.

Sur Lea.fr
Tutoriel 1

◆ Division par un nombre irrationnel

Calculer avec des nombres irrationnels signifie bien souvent simplifier ou adopter une écriture conventionnelle :

Convention : ne jamais laisser un radical au dénominateur d'un quotient (toujours dans le but de faciliter les calculs ou les approximations).

1er cas fréquent le plus simple :

$$\frac{2}{\sqrt{3}} = \frac{2 \times \sqrt{3}}{\sqrt{3} \times \sqrt{3}} = \frac{2\sqrt{3}}{3}$$

Dans ce cas, on multiplie numérateur et dénominateur par le même nombre, ce qui ne change pas la valeur du quotient et qui permet d'éliminer le radical dans l'écriture du dénominateur.

2e cas assez fréquent :

$$\frac{1}{1+\sqrt{2}} = \frac{1-\sqrt{2}}{(1+\sqrt{2})(1-\sqrt{2})} = \frac{1-\sqrt{2}}{1-2} = \frac{1-\sqrt{2}}{-1} = \sqrt{2}-1$$

Dans ce cas, on multiplie le numérateur et le dénominateur par la quantité conjuguée du dénominateur.

Lorsque le dénominateur se présente sous la forme $a + \sqrt{b}$, sa quantité conjuguée est $a - \sqrt{b}$, et inversement.

Lorsque le dénominateur se présente sous la forme $\sqrt{a} - \sqrt{b}$, sa quantité conjuguée est $\sqrt{a} + \sqrt{b}$, et inversement.

Ces deux quantités multipliées entre elles font apparaitre une identité remarquable du type $(a + b)(a - b) = a^2 - b^2$.

Ainsi les radicaux sont éliminés de l'écriture du dénominateur, la valeur du quotient reste inchangée.

Sur Lea.fr
Compléments tutoriel 2

D. LES NOMBRES RÉELS

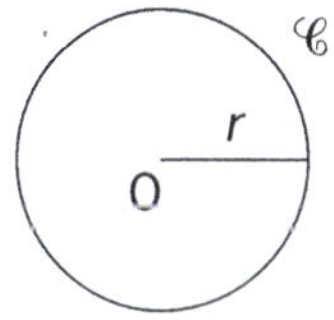

Le nombre π, parfois appelé constante d'**Archimède**, est le **rapport constant** de la circonférence d'un cercle à son diamètre. C'est aussi le rapport de l'aire d'un disque par le carré de son rayon.
Soit *C* la mesure de la circonférence du cercle et *A* l'aire du disque de centre O, de rayon *r* et de diamètre *d*, on a :

$$C = 2\pi r = \pi d$$

$$A = \pi r^2$$

En calculant le rapport entre le périmètre d'un cercle et son diamètre, Archimède s'aperçut qu'on trouvait toujours le même nombre, à quelques décimales près.
La notation π correspond à la 16e lettre de l'alphabet grec par laquelle Archimède désignait la longueur de la circonférence « περιμετροε » (périmètre).
Le nombre π s'écrit avec un nombre infini de décimales sans suite logique, c'est un nombre irrationnel.

Les différentes valeurs approximatives de π
Dans la pratique, le nombre 3,14 est souvent utilisé comme valeur de π. C'est une valeur approchée par défaut à 10^{-2} près.
Il est parfois plus aisé de retenir la fraction $\frac{22}{7}$ ou $\sqrt{10}$ comme valeurs approchées de π.

VRAI OU FAUX ?

On entend parfois dire qu'une valeur approchée de π est « trois quatorze cent seize ».

Il existe de nombreux autres nombres qui comme π ont des écritures décimales illimitées non périodiques, dont le célèbre nombre de Néper noté e.

Tous ces nombres irrationnels réunis aux nombres rationnels forment l'ensemble des nombres réels noté ℝ.

Sur Lea.fr
1.13. Histoire de π
1.14 Histoire, le nombre d'or

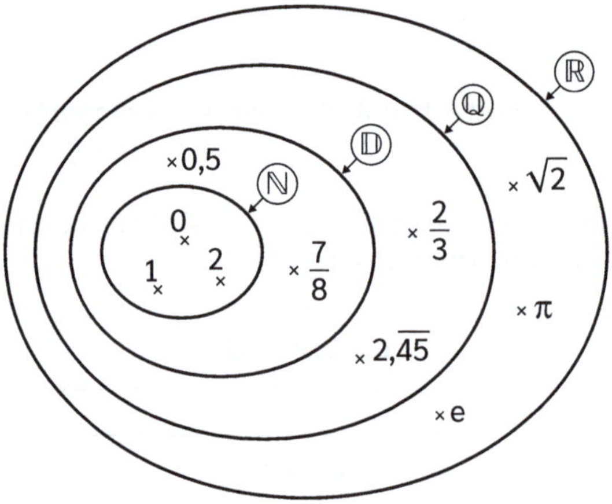

L'AI-JE BIEN LU ?

20 questions supplémentaires pour vérifier que j'ai bien révisé.

Sur Lea.fr

1.15 Fiches vrai/faux révisions

JE M'ENTRAINE

ÉNONCÉS

◆ Exercice 1 (CRPE 2022 GRPT 3)

Pour chacune des questions, une seule des quatre réponses proposées est exacte. Donner la bonne réponse en la justifiant.

Questions :	A	B	C	D
4. $\frac{4}{25}$ est…	un nombre réel mais n'est pas un nombre rationnel.	un nombre rationnel mais n'est pas un nombre décimal.	un nombre décimal mais n'est pas un nombre entier.	un nombre entier.
5. Le quart de $\frac{4}{12}$ est…	$\frac{1}{3}$	$\frac{4}{3}$	$\frac{16}{48}$	$\frac{4}{48}$
6. $\frac{2}{3} \times 5 + 5 \times \frac{1}{3}$ est égal à …	5	$\frac{20}{9}$	$\frac{15}{15}$	$\frac{20}{90}$

◆ Exercice 2

1. Existe-t-il un entier naturel à deux chiffres qui soit égal au double de la somme de ses chiffres ?
2. Existe-t-il un entier naturel à deux chiffres qui soit égal à la somme de ses chiffres ?

◆ Exercice 3

Écrire le nombre rationnel $4{,}\overline{45}$ sous la forme d'une fraction irréductible.

◆ Exercice 4

1. Écrire en base 5 le nombre 392.

2. Écrire dans le système décimal le nombre $\overline{342}_5$

◆ Exercice 5

Parmi les nombres suivants, quels sont ceux qui sont des nombres décimaux ?

$\frac{7}{8}$; $2{,}\overline{9}$; 3π ; 35,4 ; $\frac{7}{25}$; 2

CORRIGÉS

◆ Exercice 1

4. $\frac{4}{25}$ est un nombre décimal mais n'est pas un nombre entier car le dénominateur est de la forme $2^n \times 5^p$.

En effet $\frac{4}{25} = \frac{4}{2^0 \times 5^2}$.

La bonne réponse est C.

5. Le quart de $\frac{4}{12}$ est égal à $\frac{1}{4} \times \frac{4}{12} = \frac{1 \times 4}{4 \times 12} = \frac{4}{48}$

La bonne réponse est D.

6. $\frac{2}{3} \times 5 + 5 \times \frac{1}{3} = \frac{10}{3} + \frac{5}{3} = \frac{15}{3} = 5$

La bonne réponse est A.

◆ Exercice 2

1. $\overline{ab} = 10a + b = 2(a + b)$

$10a + b = 2a + 2b$

$8a = b$

Seul 18 correspond.

$18 = 2 \times (1 + 8)$

2. $10a + b = a + b$

$9a = 0$

Impossible

◆ Exercice 3

Soit $x = 4,\overline{45}$

$100x = 445,45$

$100x - x = 99x = 441$

$x = \frac{441}{99}$

◆ Exercice 4

1. Écrire en base 5 le nombre 392.

$392 = \overline{3032}_5$

392	5			
42	78	5		
2	28	15	5	
	3	0	3	5
			3	0

2. Écrire dans le système décimal le nombre $\overline{342}_5$.

$\overline{342}_5 = 2 + 4 \times 5 + 3 \times 5^2 = 2 + 20 + 75 = 97$

◆ Exercice 5

$\frac{7}{8}$; $2,\overline{9}$; 3π ; 35,4 ; $\frac{7}{25}$; 2

$\frac{7}{8}$; 35,4 ; $\frac{7}{25}$ et 2 sont des nombres décimaux.

Sur Lea.fr

Corrigés développés et exercices complémentaires

2. Arithmétique : les opérations dans $\mathbb{N}$

JE M'ÉVALUE

VRAI OU FAUX ?

1. 27 est un nombre premier.
2. 1 est le plus petit des nombres premiers.
3. Le produit du PPCM et du PGCD de deux nombres est égal au produit de ces deux nombres.
4. Diviser par un demi revient à multiplier par deux.
5. Dans une division euclidienne, le reste est toujours strictement inférieur au dividende.
6. Le carré d'un nombre est toujours supérieur à ce nombre.
7. Le carré du carré, c'est le cube.
8. 111 111 111 est divisible par 11.
9. Si le reste de la division euclidienne d'un nombre a par 9 est égal à 8 alors le nombre $(a + 1)$ est un multiple de 9.
10. Le double de 2^n est égal à 2^{n+1}.

Réponses : 1.F – 2.F – 3.V – 4.V – 5.F – 6.F – 7.F – 8.F – 9.V – 10.V

JE RÉVISE

A – LES OPÉRATIONS DANS ℕ

Dans l'ensemble des entiers naturels, on peut définir les 3 opérations suivantes :
- l'addition,
- la soustraction,
- la multiplication.

La division est définie dans ℕ privé de 0 et le résultat associé n'est pas nécessairement un nombre entier.

1. L'ADDITION

L'addition est une relation qui à tout couple d'entiers, appelés termes, associe l'entier naturel appelé somme.

$(a, b) \rightarrow a + b$

◆ **Propriétés**

– **La commutativité :** on peut permuter l'ordre des termes dans une addition, cela ne change pas la somme.

$a + b = b + a$

– **L'associativité :** les parenthèses sont des symboles de priorité de calcul. Quelle que soit la façon dont on mène le calcul, on aboutit toujours à la même somme :

$a + (b + c) = (a + b) + c = a + b + c$

– **L'élément neutre :**

Le nombre 0 est l'élément neutre pour l'addition :

$a + 0 = 0 + a = a$

2. LA SOUSTRACTION

La soustraction est une relation qui à tout couple d'entiers (a, b) tels que $a \geqslant b$ associe le nombre entier naturel $a - b$ appelé écart ou différence.
Les nombres a et b sont aussi appelés les termes de la soustraction.

Sur Lea.fr
2.1 Table de Pythagore
2.2 0 Chiffre ou nombre ?
2.3 Les deux sens de la soustraction

◆ **Propriétés**

La soustraction ne possède pas les mêmes propriétés que l'addition.
Elle n'est ni commutative ni associative.
Ce qu'il faut retenir :

Si $a - b = c$ alors $a = b + c$

Ex :
$8 - 3 = 5$ d'où $8 = 5 + 3$

ASTUCE

Au cycle 2, pour effectuer des calculs de soustraction on utilise parfois cette propriété :
Calculer 8 – 5 = revient à déterminer le nombre tel que :
5 + . = 8
On parle d'addition à trou.

3. LA MULTIPLICATION

La multiplication est une relation qui à tout couple d'entiers appelés facteurs, associe le nombre entier appelé produit.
$(a, b) \rightarrow a \times b$

Le produit peut être lu : a multiplié par b, ou a fois b.
L'expression a fois b renvoie à l'égalité :

$$a \times b = \underbrace{b + b + \ldots + b}_{a \text{ fois}}$$

b est appelé le multiplicande et a le multiplicateur.

◆ **Propriétés**

– **Commutativité :** la multiplication est commutative, le produit ne change pas si on permute l'ordre des facteurs :
$a \times b = b \times a$

$$\underbrace{b + b + \ldots + b}_{a \text{ fois}} = \underbrace{a + a + \ldots + a}_{b \text{ fois}}$$

– **Associativité :** les parenthèses sont des symboles de priorité de calcul. Quelle que soit la façon dont on mène le calcul, on aboutit au même produit :
$(a \times b) \times c = a \times (b \times c)$

Ex :
$(3 \times 2) \times 4 = 6 \times 4 = 24$
Et $3 \times (2 \times 4) = 3 \times 8 = 24$

D'où l'égalité : $(3 \times 2) \times 4 = 3 \times (2 \times 4)$

Sur Lea.fr
2.4 Pour le sens de multiplié

– **L'élément neutre 1 :** pour tout nombre entier naturel a :
$a \times 1 = 1 \times a = a$

Le nombre 1 est appelé élément neutre de la multiplication.

– **L'élément absorbant 0 :**
$a \times 0 = 0 \times a = 0$

Le nombre zéro est appelé l'élément absorbant de la multiplication et cette propriété conduit à l'énoncé d'un théorème utile dans de nombreuses situations :

N'OUBLIONS PAS !

Un produit de facteurs est nul si et seulement si l'un des facteurs est nul :
$a \times b = 0$ si $a = 0$ ou $b = 0$

– **Distributivité de la multiplication par rapport à l'addition :** les parenthèses sont des symboles de priorité de calcul. Quelle que soit la façon dont on mène le calcul, on aboutit au même produit :
$a \times (b + c) = (a \times b) + (a \times c) = a \times b + a \times c$

Cette propriété de la multiplication est également valide pour la soustraction dans $\mathbb{N}$:
$a \times (b - c) = (a \times b) - (a \times c) = a \times b - a \times c$

◆ Puissance d'un nombre

Lorsqu'un produit est composé de facteurs tous égaux, on utilise les puissances (ou la notation « puissance »).

Nombre de facteurs

Ex :
$3 \times 3 \times 3 \times 3 = 3^4$

Facteur répété

On lit 3 puissance 4.

Deux cas particulier :
– la puissance 2 se dit « au carré » : 3^2 se lit 3 puissance 2 ou 3 au carré ;
– la puissance 3 se dit « au cube ».

4. LA DIVISION EUCLIDIENNE

La division euclidienne est la relation qui à tout couple d'entiers (a, b) tels que $b \neq 0$ associe les nombres entiers q et r tels que :
$a = b \times q + r$ avec $r < b$

a est appelé le dividende.
b est appelé le diviseur.
q est appelé le quotient.
r est appelé le reste.

On utilise différents signes pour écrire la division euclidienne :

$a : b$ ou $a \div b$ voire a/b ou $\frac{a}{b}$

B – LES DIFFÉRENTS MODES DE CALCUL

1. LE CALCUL AUTOMATISÉ, LE CALCUL INSTRUMENTÉ

Tout type de calcul un peu complexe nécessite l'utilisation d'une mémoire de certains faits numériques de manière automatique.
Je sais de manière automatique que $2 \times 3 = 6$.
Cette mémoire doit au minimum contenir les faits numériques organisés que sont les « tables » : tables d'addition, tables de multiplication.
Ceci doit être su par cœur et constitue un mode de calcul automatisé.

En cas de défaut de cette mémoire, on peut utiliser un autre mode de calcul automatisé, le calcul instrumenté.
Les outils de calcul, comme la calculette, ont en mémoire les tables et d'autres faits numériques qui permettent d'effectuer de nombreux types de calculs plus complexes de manière automatisée.

2. LE CALCUL RÉFLÉCHI

Le calcul réfléchi est un mode de calcul qui utilise **une mémoire plus ou moins étendue** et automatisée de faits numériques, ainsi que les **propriétés des opérations** à utiliser dans le calcul.

◆ Le calcul réfléchi mental ou calcul mental

Ex : Pour effectuer mentalement le calcul : 24×13.
On constate d'abord que ce calcul ne fait pas partie de la mémoire dite des « tables ».
On pourra procéder de diverses manières, en voici une :
$24 \times 13 = (25 - 1) \times 13 = 25 \times 13 - 13$
On a remplacé 24 par un fait numérique simple et connu : $24 = 25 - 1$.
On utilise la distributivité de la multiplication par rapport à la soustraction.
Ensuite on utilise la décomposition additive de $13 = 10 + 3$.
D'où $25 \times 13 = 25 \times (10 + 3) = 250 + 75 = 325$.
Puis $325 - 13 = 312$.
Tout ce calcul peut être effectué mentalement sans aucune trace écrite.

◆ Le calcul réfléchi en ligne ou calcul en ligne

Pour ce même calcul, si nous écrivons les étapes successives que nous avons utilisées pour notre calcul mental, cela donne :
$24 \times 13 = (25 - 1) \times 13 = 25 \times 13 - 13 = 25 \times (10 + 3) - 13 = 250 + 75 - 13 = 325 - 13 = 312$

Cette ligne de calcul constitue un calcul réfléchi en ligne ou plus simplement calcul en ligne.

3. LES TECHNIQUES OPÉRATOIRES LES PLUS USITÉES À L'HEURE ACTUELLE

◆ Addition

Les techniques opératoires sont des algorithmes, c'est-à-dire des méthodes toujours identiques qui permettent d'effectuer tout calcul.

Les différentes techniques opératoires sont fondées sur des principes de numération.

Elles nécessitent l'utilisation d'une mémoire de faits numériques qui se limite aux « tables ».

La plus simple est la technique opératoire de l'addition.
On utilise de manière implicite un tableau de numération qui met en correspondance les chiffres des mêmes unités de numération : les unités, les dizaines, les centaines.
Ensuite chaque groupement possible de dix unités de n'importe quel rang est transformé en une unité du rang supérieur (c'est le principe de la retenue).

Ex :

$$\begin{array}{r} {}^{1}44 \\ +\quad 17 \\ \hline 61 \end{array}$$

◆ Soustraction

Méthode par compensation
C'est la technique la plus répandue en France.
Elle utilise les principes de numération et la propriété de la soustraction :
$a - b = (a + c) - (b + c)$, avec $b \leqslant a$

L'égalité ci-dessus s'énonce : « la différence entre deux nombres ne change pas si l'on ajoute la même quantité à chacun de ces deux nombres. »

Ici on utilise successivement $c = 10, 100, 1\,000$, etc., mais on n'écrit que des 1, qui ont des valeurs différentes selon les colonnes dans lesquelles ils figurent.

Sur Lea.fr
2.5 Histoire des techniques opératoires

Ex :
Calculer 567 – 389 par un calcul posé.

$$\begin{array}{cccc} & 5 & {}_{1}6 & {}_{1}7 \\ - & \underset{①}{3} & \underset{①}{8} & 9 \\ \hline & 1 & 7 & 8 \end{array}$$

Oralisation de l'opération (manière de dire en faisant)

1. On commence par les unités :
7 moins 9, on ne peut pas ; et 9 ôté de 7, on ne peut pas non plus.

2. On met une retenue :
le 1 devant le 7 pour former le nombre 17, qui est égal à 10 + 7.
Pour compenser cet ajout, on met une retenue de 1 sous le 8, le 1 dans cette colonne ayant la valeur 10.

3. On calcule la différence des « unités » : 17 – 9 = 8.

4. On passe ensuite aux dizaines : on cumule 8 et la retenue apportée par le calcul portant sur les unités, 8 et 1 font 9 ; 9 ôté de 6, on ne peut pas.

5. On met donc une retenue : on écrit 1 devant le 6, cela devient 16 et on compense cet ajout de 10 à 6 en ajoutant 1 à 3.

6. On calcule la différence des « dizaines » : 16 – 9 = 7.

7. On passe aux centaines de la même manière.

Méthode anglo-saxonne

Elle est fondée sur les principes de la numération de position et utilise différentes décompositions additives d'un même nombre.

Ex : Calculer 567 – 389.

Étapes de calcul

1. On décompose les deux termes de la soustraction :
567 = 500 + 60 + 7
 = 500 + 50 + 17
 = 400 + 150 + 17
389 = 300 + 80 + 9.

2. On soustrait les deux décompositions en les combinant pour avoir des termes faciles à calculer :
567 – 389 = (500 + 60 + 7) – (300 + 80 + 9)
 = (500 + 50 + 17) – (300 + 80 + 9)
 = (400 + 150 + 17) – (300 + 80 + 9)
 = (400 – 300) + (150 – 80) + (17 – 9)
 = 100 + 70 + 8
 = 178.

3. Cela conduit à l'écriture technique en colonnes :

$$\begin{array}{cccc} & 4 & 5 & \\ & \not{5} & {}_{1}\not{6} & {}_{1}7 \\ - & 3 & 8 & 9 \\ \hline & 1 & 7 & 8 \end{array}$$

Oralisation de l'opération

Pour les unités : 7 moins 9, on ne peut pas ; 9 ôté de 7, on ne peut pas.

On prend une dizaine aux 6 de 567, il en reste 5, et on transfère cette dizaine prise, dans la colonne des unités, en écrivant 1 devant le 7. On obtient 17, qui est égal à une dizaine plus sept.

Le même principe est répété colonne après colonne.

◆ Multiplication

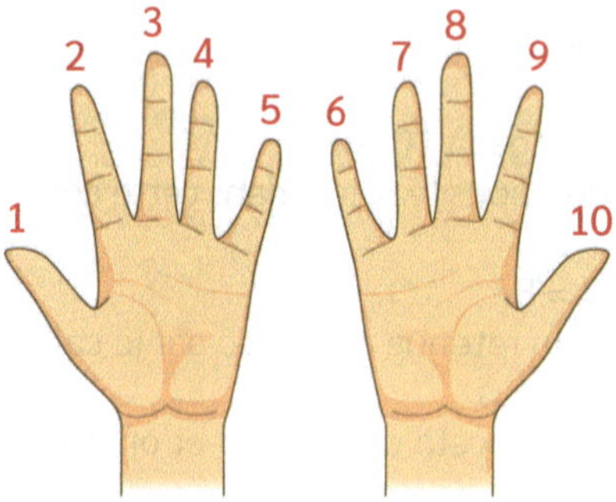

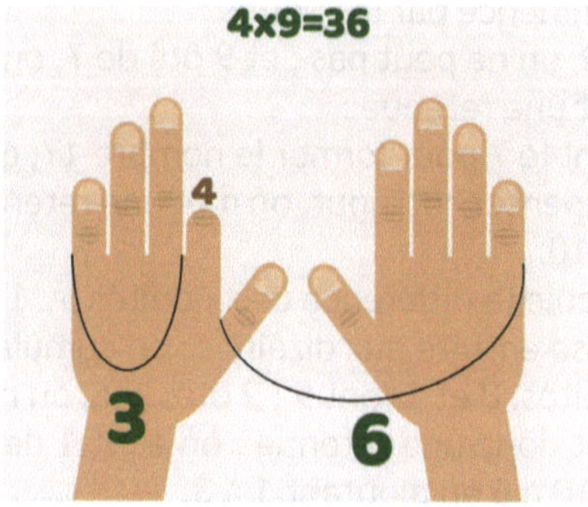

La technique usuelle actuelle :

Ex : 3 254 × 259

		3	2	5	4		
		×	2	5	9		
	2	9	2	8	6	(= 9 × 3 254)
1	6	2	7	0		(= 5 × 3 254)
6	5	0	8			(= 2 × 3 254)
8	4	2	7	8	6	

Dans cette opération posée, les résultats intermédiaires sont écrits successivement les uns sous les autres, décalés à chaque fois d'un rang, puisque le premier nombre est un nombre d'unités, le deuxième un nombre de dizaines, le troisième un nombre de centaines, etc.

◆ Division euclidienne

La technique usuelle actuelle est la division posée en potence. Cette méthode est la plus aboutie :

Soit à diviser 2 586 par 12.

On pose la division en potence :

①2586	12
②18	①2 ②1 ③5
③66	
6	

Sur Lea.fr
2.6 Histoire des techniques opératoires

Justification : on procède aux divisions euclidiennes successives.

• 2 586 contient 2 « mille ». On ne peut pas partager 2 en parts de 12.
On considère alors le nombre de centaines de 2 586, soit 25.
En 25, combien de fois 12 ? Réponse : 2 fois, $2 \times 12 = 24$.
On soustrait 24 à 25, mais on écrit uniquement le résultat, le calcul est mené mentalement. Le 1 restant est 1 centaine, soit 10 dizaines, qui ajoutées aux 8 déjà présentes dans 2 586 donnent 18.

• Ce résultat (18) est en fait obtenu en disant simplement : « j'abaisse le 8 ». On divise alors 18 par 12.

• On répète ainsi le procédé jusqu'à la division par 12 d'un nombre d'unités (ici 66).

C – MULTIPLES ET DIVISEURS

N'OUBLIONS PAS !

Attention, ces deux notions (multiples, diviseurs) sont réciproques l'une de l'autre.
Les deux propositions « 2 est un diviseur de 24 » et « 24 est un multiple de 2 » sont les deux faces d'une même médaille.

En bonne logique : si 2 est un **diviseur** de 24 alors 24 est un **multiple** de 2.

1. LES MULTIPLES

• Un nombre entier N est *multiple* d'un nombre entier n si et seulement si il existe un entier k tel que $N = k \times n$.

• Un nombre entier n est un *diviseur* de N si et seulement si N est un multiple de n.

Remarque : Les nombres 0 et 1 sont deux facteurs particuliers :

• Tout nombre est un multiple de 1.

• 1 est un diviseur de tout entier naturel.

• 0 est un multiple de tout entier naturel, en effet : pour tout entier naturel n, on a $n \times 0 = 0 \times n = 0$.

Attention : 0 est multiple de tout entier naturel comme nous venons de le voir, cependant lorsque l'on dresse la liste des multiples d'un nombre n, on néglige la plupart du temps l'écriture de 0 et on commence la liste des multiples de n par n lui-même : $\{n, 2n, 3n...\}$.

• 0 n'est diviseur d'aucun nombre entier naturel n non nul, en effet :
il n'existe pas d'entier naturel k non nul pour lequel on ait $0 \times k = n$.
Ces particularités ont une conséquence pour tout entier n.

Tout nombre entier naturel n non nul est **multiple** et **diviseur** de lui-même, en effet : pour tout entier naturel n, on a $1 \times n = n \times 1 = n$.

2. LES DIVISEURS

Il est simple de déterminer de très nombreux *multiples* d'un nombre donné, il suffit pour cela de multiplier ce nombre par des entiers naturels pris au hasard.

Ex : Trouver des multiples de 6.
$6 \times 0 = 0$; $6 \times 1 = 6$; $6 \times 2 = 12$; $6 \times 3 = 18$; etc. la liste est infinie.

Mais il est moins simple de déterminer l'ensemble de tous les diviseurs d'un nombre donné.

S'il est facile de déterminer l'ensemble des diviseurs de 6, {1, 2, 3, 6}, déterminer la liste complète des diviseurs de 3 582 est plus ardu, c'est pourquoi il faut se doter d'outils.

3. LES CRITÈRES DE DIVISIBILITÉ

Ce sont des critères qui vont nous permettre de reconnaitre assez rapidement si des nombres donnés sont des multiples de certains nombres couramment rencontrés dans les calculs.

Les critères fondamentaux pour reconnaitre :

– Les nombres pairs :
Critère de divisibilité par 2 : un nombre entier naturel est un multiple de 2 (est divisible par 2) si et seulement si il est pair, c'est-à-dire si et seulement si son chiffre des unités est un chiffre pair.

ASTUCE

Pour représenter un nombre pair quelconque, il est souvent pratique de l'écrire sous la forme $2k$, k entier naturel.
En conséquence, un nombre impair s'écrit sous la forme $2k + 1$ ou $2k - 1$.

– Les nombres multiples de 3 :
Critère de divisibilité par 3 : un nombre entier naturel est divisible par 3 si et seulement si la somme de ses chiffres est un multiple de 3.
Ex :
6 492 est un multiple de 3 car $6 + 4 + 9 + 2 = 21$
Et 21 est un multiple de 3.

– Les nombres multiples de 4 :
Critère de divisibilité par 4 : un nombre entier naturel est divisible par 4 si et seulement si le nombre formé par ses deux derniers chiffres de droite (dizaine, unité) est un multiple de 4.
Ex :
953 296 est divisible par 4 car 96 (24×4) est un multiple de 4.

– Les nombres multiples de 5 :
Critère de divisibilité par 5 : un nombre entier naturel est divisible par 5 si et seulement si son chiffre des unités est 0 ou 5.

Ex :
3 475 est un multiple de 5.
870 est un multiple de 5.

– Les nombres multiples de 9 :
Critère de divisibilité par 9 : un nombre entier est divisible par 9 si et seulement si la somme de ses chiffres est un multiple de 9.

Ex :
3 492 est un multiple de 9 car $3 + 4 + 9 + 2 = 18$
Et 18 est un multiple de 9.

– Les nombres multiples de 11 :
Critère de divisibilité par 11 : un nombre entier naturel est divisible par 11 si et seulement si la somme de ses chiffres de rangs pairs (à partir de la droite) diminuée de la somme de ses chiffres de rangs impairs est un multiple de 11 (sans oublier que 0 est un multiple de 11).

D'autres critères de divisibilité peuvent être déterminés en combinant ces quelques critères fondamentaux :

– Les nombres multiples de 10, 100, 1 000... (critère de divisibilité par une puissance de 10) :
Critère de divisibilité par 10 : $10 = 2 \times 5$
Donc pour être divisible par 10, un nombre entier doit être divisible par 2 et par 5.
Il doit donc se terminer par 0.
Par extension, un nombre entier est divisible par 100 si et seulement si, il se termine par 00.

– Les nombres multiples de 6 :
Critère de divisibilité par 6 : $6 = 2 \times 3$
Donc pour être divisible par 6, un nombre entier naturel doit être multiple de 2 et de 3.
Son chiffre des unités est donc un nombre pair, et la somme de ses chiffres est un multiple de 3.

Ex :
3 492 est un multiple de 6 car son chiffre des unités (2) est pair et la somme de ses chiffres (18) est un multiple de 3.

– Les nombres multiples de 12 :
Critère de divisibilité par 12 : $12 = 4 \times 3$
Donc un nombre entier naturel est un multiple de 12 si et seulement si il est multiple de 3 et de 4.
C'est-à-dire si et seulement si la somme de ses chiffres est un multiple de 3 et ses deux derniers chiffres forment un nombre multiple de 4.

Ex :
149 616 est un multiple de 12 car :
16 est un multiple de 4 et $1 + 4 + 9 + 6 + 1 + 6 = 27$ est un multiple de 3.

4. LES NOMBRES PREMIERS

Les plus anciennes traces des nombres premiers ont été trouvées près du lac Edouard, au Zaïre, sur un os (de plus de 20 000 ans), l'os d'Ishango, recouvert d'entailles marquant les nombres premiers 11, 13, 17 et 19.

Les os d'Ishango, également appelés bâtons d'Ishango, sont des artéfacts archéologiques découverts au Congo et datés de peut-être 20 000 ans. Selon certains auteurs, il pourrait s'agir de **la plus ancienne attestation de la pratique de l'arithmétique dans l'histoire de l'humanité**.

Les nombres premiers tiennent une place à part dans l'ensemble des entiers naturels. En effet, ces nombres « produisent » tous les autres nombres, c'est pourquoi il est indispensable de les connaitre. De plus, ils s'avèrent être des outils très efficaces dans de nombreuses situations.

N'OUBLIONS PAS !

Un entier naturel n est un nombre premier s'il admet exactement **deux** diviseurs : 1 et lui-même.
Attention : Le nombre 1 admet comme diviseur 1 et lui-même, c'est-à-dire 1, donc il n'a qu'un seul diviseur, il n'est donc pas premier.

◆ Crible d'Eratosthène

Les critères de divisibilité que nous venons d'énoncer vont nous servir à établir la liste des nombres premiers inférieurs à 100. Dans la grille qui suit ont été barrés tout d'abord les nombres pairs à partir de 4, puis les multiples de 3 à partir de $3 \times 2 = 6$, puis les multiples de 5 à partir de $5 \times 2 = 10$, et ainsi de suite avec 7, 9, 11, 13, 17, etc.

Nous obtenons ainsi (en rouge) la liste des nombres premiers inférieurs à 100.

~~0~~	~~1~~	2	3	~~4~~	5	~~6~~	7	~~8~~	~~9~~
~~10~~	11	~~12~~	13	~~14~~	~~15~~	~~16~~	17	~~18~~	19
~~20~~	~~21~~	~~22~~	23	~~24~~	~~25~~	~~26~~	~~27~~	~~28~~	29
~~30~~	31	~~32~~	~~33~~	~~34~~	~~35~~	~~36~~	37	~~38~~	~~39~~
~~40~~	41	~~42~~	43	~~44~~	~~45~~	~~46~~	47	~~48~~	~~49~~
~~50~~	~~51~~	~~52~~	53	~~54~~	~~55~~	~~56~~	~~57~~	~~58~~	59
~~60~~	61	~~62~~	~~63~~	~~64~~	~~65~~	~~66~~	67	~~68~~	~~69~~
~~70~~	71	~~72~~	73	~~74~~	~~75~~	~~76~~	~~77~~	~~78~~	79
~~80~~	~~81~~	~~82~~	83	~~84~~	~~85~~	~~86~~	~~87~~	~~88~~	89
~~90~~	~~91~~	~~92~~	~~93~~	~~94~~	~~95~~	~~96~~	97	~~98~~	~~99~~

Vous devez retenir au moins cette courte liste : **2, 3, 5, 7, 11, 13, 17, 19, 23, 29, 31**, et savoir retrouver les autres nombres premiers grâce au crible d'Eratosthène par exemple.

Sur Lea.fr
2.7 Le crible d'Eratosthène

◆ La décomposition en produits de facteurs premiers

Tout nombre entier naturel non nul, sauf 1, peut être écrit de manière unique sous la forme d'un produit dont les facteurs sont tous des nombres premiers.
Déterminer ce produit, c'est déterminer la décomposition du nombre en produit de facteurs premiers.

• Procédé

1. Écrivez le nombre n en haut de la colonne de gauche, testez sa divisibilité par 2.
– **Si oui :** alors écrivez 2 à droite du nombre n et sous le nombre n le facteur qui, multiplié par 2, donne n.

Ex : Soit $n = 96$

96	2
48	

– **Si non :** testez sa divisibilité par le nombre premier immédiatement supérieur à 2 dans la liste des nombres premiers, c'est-à-dire 3, et procédez de même (si le test de divisibilité donne encore « non » avec 3, essayez 5, puis 7, etc.).

2. Répétez l'opération de test avec le nombre écrit sous n.

Ex :

96	2
48	2
24	

3. Et ainsi de suite jusqu'à obtenir 1 dans la colonne de gauche. La décomposition en produit de facteurs premiers du nombre n est le produit de tous les nombres de la colonne de droite.

Ex :

96	2
48	2
24	2
12	2
6	2
3	3
1	

On peut écrire : $96 = 2 \times 2 \times 2 \times 2 \times 2 \times 3$ ou encore $96 = 2^5 \times 3$.

◆ Liste des diviseurs, nombre de diviseurs d'un entier naturel

Nous pouvons également utiliser nos outils pour déterminer simplement et sûrement la liste exhaustive des diviseurs d'un entier et même déterminer son nombre de diviseurs sans avoir à en dresser la liste.

Soit un nombre n égal à 60.

1. Déterminons la décomposition en produit de facteurs premiers de 60.

60	2
30	2
15	3
5	5
1	

On obtient : $60 = 2^2 \times 3 \times 5$.

2. Déterminons la liste des diviseurs de 60.

Ce sont :

– les nombres premiers de la décomposition : 2, 3, 5 ;

– les produits de deux nombres premiers de la décomposition :

$$2 \times 2 = 4 \;;\; 2 \times 3 = 6 \;;\; 2 \times 5 = 10 \;;\; 3 \times 5 = 15 \;;$$

– les produits de trois nombres premiers de la décomposition :

$$2 \times 2 \times 3 = 12 \;;\; 2 \times 2 \times 5 = 20 \;;\; 2 \times 3 \times 5 = 30 \;;$$

– et ainsi de suite, le produit de quatre nombres, puis cinq, etc., tant que cela est possible : pour 60, le produit le plus long est de quatre nombres $2 \times 2 \times 3 \times 5 = 60$.

On constate que la liste des diviseurs de 60 est :

1, 2, 3, 4, 5, 6, 10, 12, 15, 20, 30, 60.

On constate également que 60 admet exactement 12 diviseurs, ce que nous aurions pu anticiper en utilisant la règle suivante :

– on augmente de 1 chacun des exposants des nombres premiers de la décomposition $60 = 2^2 \times 3^1 \times 5^1$: les exposants de la décomposition étant 2, 1, 1, on obtient, 3, 2, 2 ;

– on multiplie ces nombres entre eux : $3 \times 2 \times 2 = 12$;

– on conclut : 60 admet exactement 12 diviseurs.

N'OUBLIONS PAS !

Si un nombre n admet pour décomposition en produit de facteurs premiers a, b, c, etc., c'est-à-dire :

$$n = a^m \times b^p \times c^q \times \ldots$$

alors, il admet exactement :

$$(m + 1)(p + 1)(q + 1)\ldots \text{ diviseurs.}$$

Ex : Déterminer le nombre de diviseurs de 120

En utilisant les critères de divisibilité, on constate aisément que 120 est divisible par 2, par 3, par 4, par 5, ou encore par 10.

Pour obtenir le nombre total de diviseurs de 120, on utilise la décomposition en produits de facteurs premiers :

$120 = 2^3 \times 3^1 \times 5^1$

Nombre de diviseurs de 120 : $4 \times 2 \times 2 = 16$

Il est dès lors plus simple d'établir la liste des diviseurs de 120 sans peur d'en oublier.

Diviseurs de 120 : (1, 120, 2, 60, 3, 40, 4, 30, 5, 24, 6, 20, 8, 15, 10, 12)

Et dans l'ordre croissant : (1, 2, 3, 4, 5, 6, 8, 10, 12, 15, 20, 24, 30, 40, 60, 120).

5. PPCM ET PGCD

◆ PPCM

Le PPCM de deux nombres est leur Plus Petit Commun Multiple, c'est-à-dire le plus petit nombre entier multiple des deux nombres à la fois.
0 pourrait être considéré comme le plus petit commun multiple de tout couple de nombres, mais ce cas n'a aucun intérêt pour le calcul, aussi n'en tient-on pas compte.

Le PPCM de deux nombres est alors de fait leur plus petit multiple commun non nul.

On sait que pour additionner deux fractions, il est nécessaire qu'elles aient le même dénominateur.

Pour pouvoir additionner $\frac{7}{96}$ et $\frac{11}{60}$ il faut donc déterminer un multiple commun à 96 et 60.

Les multiples de 60 sont : 60 (= 60 × 1), 120 (= 60 × 2), 180 (= 60 × 3), etc.
Les multiples de 96 sont : 96 (= 96 × 1), 192 (= 96 × 2), 288 (= 96 × 3), etc.
Pour que les calculs soient les plus simples possible, déterminons le plus petit commun multiple (PPCM) de 60 et 96.
1. Décomposons chacun des nombres sous forme de produit de facteurs premiers :
$60 = 2^2 \times 3 \times 5$ et $96 = 2^5 \times 3$.
2. Pour calculer le PPCM, il suffit alors :
– d'écrire le produit comportant comme facteurs chacun des nombres premiers entrant dans l'une ou l'autre des décompositions, ici : $2 \times 3 \times 5$;
– d'affecter chacun des nombres premiers du produit du plus grand exposant dont il est affecté dans l'une ou l'autre des décompositions, ici : $2^5 \times 3 \times 5 = 480$;
– de conclure : le PPCM de 60 et 96 est égal à 480.
Vérification : on a bien $480 = 60 \times 8 = 96 \times 5$.
Les multiples communs de 60 et 96 sont les multiples de leur PPCM, soit 480, 960, etc.
Nous pouvons maintenant additionner les deux fractions :

$$\frac{7}{96} = \frac{35}{480} \text{ et } \frac{11}{60} = \frac{88}{480} \text{ ; } \textit{et donc } \frac{7}{96} + \frac{11}{60} = \frac{35}{480} + \frac{88}{480} = \frac{123}{480}$$

Le PPCM est un outil intervenant dans la résolution de nombreux autres problèmes.

Ex :
Deux voitures partent en même temps de la ligne de départ un dimanche à 9 h et font plusieurs tours d'un même circuit. La voiture A fait le tour du circuit en 36 minutes et la voiture B en 30 minutes. Les deux voitures roulent pendant 24 h. Trouver à quels moments les deux voitures se trouvent ensemble sur la ligne de départ.

Résolution :
Les voitures se retrouvent ensemble sur la ligne de départ si la mesure en minutes de la durée depuis le départ est un multiple de 30 et 36.
Déterminons le plus petit de ces multiples.
$30 = 2 \times 3 \times 5$
$36 = 2^2 \times 3^2$
PPCM $(30, 36) = 2^2 \times 3^2 \times 5 = 180$

Les voitures se trouvent ensemble sur la ligne de départ toutes les 3 heures.
C'est-à-dire à 9 h, puis 12 h, puis 15 h, 18 h, 21 h, 24 h, 3 h du matin, 6 h du matin, puis enfin 9 h.

◆ PGCD

On appelle PGCD de deux nombres leur Plus Grand Commun Diviseur, c'est-à-dire le plus grand nombre entier pouvant les diviser tous les deux.

Ex :
Soient les deux nombres 120 et 80.
On peut écrire facilement : $120 = 12 \times 10 = 3 \times 4 \times 10$ et $80 = 2 \times 4 \times 10$
On retrouve dans les deux écritures les facteurs 4 et 10, donc 40 ; le plus grand diviseur de 80 est 40 qui est un diviseur de 120. Le PGCD est donc 40.

Vérification : $\frac{80}{40} = 2$ et $\frac{120}{40} = 3$

Il existe plusieurs façons de calculer le PGCD quels que soient les deux nombres en présence, en voici deux.

a) L'algorithme d'Euclide

Un algorithme est un procédé de calcul que l'on reproduit à l'identique plusieurs fois de suite.

L'algorithme d'Euclide est un procédé qui permet de déterminer le PGCD de deux nombres en utilisant des divisions successives jusqu'à obtenir un reste nul.

Ex :
1. Déterminons par ce procédé le PGCD de 45 et 60.
1. On écrit la division euclidienne de 60 par 45 (division du plus grand nombre par le plus petit) : $60 = 45 \times 1 + 15$, avec 45 le diviseur, 1 le quotient et 15 le reste.
2. On écrit la division euclidienne du diviseur précédent, 45, par le reste de la division précédente, 15 : $45 = 15 \times 3 + 0$, le diviseur ici est 15, le quotient 3 et le reste 0.
3. On détermine le PGCD, c'est le dernier reste non nul (reste de l'avant-dernière division) : le PGCD de 60 et 45 est donc 15.

2. Déterminons le PGCD de 142 et 72.
1. Division du plus grand des nombres en présence par le plus petit, $\frac{142}{72}$:
$142 = 72 \times 1 + 70$, 72 est le diviseur, 1 le quotient et 70 le reste.
2. Division du diviseur précédent, 72, par le reste précédent 70 :
$72 = 70 \times 1 + 2$, diviseur 70, quotient 1 et reste 2.
3. Division du diviseur de la deuxième division, 70, par son reste 2 :
$70 = 35 \times 2 + 0$, diviseur 35, quotient 2 et reste nul.
4. La recherche est terminée, le PGCD de 142 et 72 est le dernier reste non nul, 2.

b) La décomposition en produit de facteurs premiers

Pour déterminer le PGCD de deux nombres, on peut aussi utiliser la décomposition en produits de facteurs premiers de chacun de ces deux nombres.

Sur Lea.fr
2.8 Autres problèmes

Ex :
Reprenons nos deux nombres 45 et 60. Décomposons-les en produits de nombres premiers :
$45 = 3 \times 3 \times 5 = 3^2 \times 5$ et $60 = 2 \times 2 \times 3 \times 5 = 2^2 \times 3 \times 5$.

Le produit de l'ensemble des facteurs communs aux deux décompositions est 3×5 ; le PGCD de 45 et 60 est donc 15.

Pour déterminer le PGCD par la méthode de la décomposition en produits de facteurs premiers :
– écrivez le produit dont les facteurs sont les nombres premiers communs aux deux décompositions : 3×5 dans l'exemple précédent ;
– affectez chacun de ces nombres du plus petit exposant dont il est affecté dans l'une ou l'autre des décompositions : les deux facteurs dans l'exemple ci-dessus sont à la puissance 1, le PGCD de 45 et 60, que l'on peut noter PGCD (45, 60), est donc égal à $3 \times 5 = 15$.

Exemple d'utilisation du PGCD :
On veut recouvrir une surface rectangulaire de 4,75 m sur 3,61 m avec des dalles carrées dont le côté mesure un nombre entier de centimètres. Quelle est la taille maximale de ces dalles ?

Résolution :
La mesure du côté d'une dalle est un diviseur de 475 et 361.
Comme on veut que les dalles aient une taille maximale, alors il faut choisir le plus grand diviseur commun de 475 et 361.
Utilisons la décomposition en produits de facteurs premiers :
$475 = 5^2 \times 19$
$361 = 19^2$
PGCD (475 ; 361) = 19
Les dalles doivent mesurer 19 cm.

◆ Nombres premiers entre eux

On dit que deux nombres sont premiers entre eux si leur PGCD est égal à 1.
Deux nombres premiers entre eux ont 1 pour seul diviseur commun.
« Premiers entre eux » ne veut pas dire « premiers » tout court !

Ex :
Soient deux nombres 8 et 21.
$8 = 2 \times 2 \times 2$ et $21 = 3 \times 7$, aucun facteur premier commun n'apparait dans les deux décompositions, donc 8 et 21 sont premiers entre eux.

N'OUBLIONS PAS !

Si l'on a $8a = 21b$ avec 8 et 21 premiers entre eux, on peut alors affirmer que l'on a nécessairement : a multiple de 21 (et donc de 3 et 7) et b multiple de 8.
Cette démonstration est utile pour certains exercices d'arithmétique.

Ex :

Déterminer tous les couples d'entiers (a, b) tels que : $7a - 8b = 0$

$7a - 8b = 0$

$7a = 8b$

PGCD (7, 8) = 1

Donc 7 et 8 sont premiers entre eux.

D'où $a = 8k$ et $b = 7k$.

Les couples solutions sont : (8, 7), (16, 14), (24, 21), etc.

JE M'ENTRAINE

ÉNONCÉS

◆ Exercice 1

Indiquer si les affirmations sont vraies ou fausses.
Une réponse exacte, mais non justifiée, ne rapporte aucun point. Une réponse fausse n'enlève pas de point.

1. Affirmation : « 117 est un nombre premier. »

2. a. Affirmation : « Pour n'importe quel nombre entier n, $(n + 2)^2 - (n - 2)^2$ est un multiple de 8. »

b. Affirmation : « Pour n'importe quel nombre entier n, $(n + 2)^2 - (n - 2)^2$ est un multiple de 32. »

3. Affirmation : « Il existe au moins un nombre entier pair supérieur à 7, divisible par 3 mais divisible ni par 9 ni par 4. »

4. Affirmation : « 6 est l'unique solution de l'équation $(x - 7)(x + 4) = (x - 7)(16 - x)$. »

5. Affirmation : « Pour tout nombre entier naturel n le nombre $(n + 1)^2 - (n - 1)^2$ est un multiple de 4. »

6. Affirmation : « Pour tout nombre entier naturel n le nombre $(n + 1)(n - 1) + 1$ est le carré d'un nombre entier. »

◆ Exercice 2

1. Le but de cet exercice est de déterminer un nombre entier a. Ce nombre s'écrit avec 4 chiffres, il est supérieur à 7 000, il est multiple de 45, il est impair et le chiffre des milliers est le double de celui des centaines. Quel est ce nombre ?

2. Les lettres a et a' représentent des nombres entiers naturels. Dans la division euclidienne de a par 11, le reste est r. Dans la division euclidienne de a' par 11, le reste est r'.
Déterminer le reste :

a) dans la division euclidienne de $a + a'$ par 11,

b) dans la division euclidienne de $3a$ par 11.

◆ Exercice 3

Trouver tout entier naturel à un chiffre, égal au chiffre des unités de son carré.

◆ Exercice 4

Donner sans justification un entier naturel B à trois chiffres tel que B et B^2 aient à la fois le même chiffre des unités, le même chiffre des dizaines et le même chiffre des centaines.

CORRIGÉS

◆ Exercice 1

1. F
2. a. V
b. F
3. V, par exemple 42
4. F
5. V
6. V

◆ Exercice 2

1. 8 415
2. a. $a = 11q + r$ avec r strictement compris entre 0 et 11.
b. $3a = 33q + 3r$
Si r strictement inférieur à 4 alors le reste est $3r$.
Si r est supérieur à 4 et strictement inférieur 8 alors le reste est $3r - 11$.
Si r est supérieur à 8 et inférieur à 11 le reste est $3r - 22$.

◆ Exercice 3

1 ; 5 ; 6 ; 0

◆ Exercice 4

625

Sur Lea.fr
Corrigés développés et exercices complémentaires

3. Grandeurs et mesures

JE M'ÉVALUE

VRAI OU FAUX ?

1. L'aire d'un losange dont les diagonales mesurent 3,6 cm et 9 cm est égale à 64,8 cm.

2. 4,3 dm² = 43 cm².

3. 0,74 m² = 7 400 cm².

4. 2,52 ha = 2 520 m².

5. 17,2 L = 17 200 cm³.

6. L'expression en fraction d'heure de 15 min est $\frac{1}{3}$ h.

7. L'expression en fraction d'heure de 3 h 10 min est $\frac{19}{6}$ h.

8. L'expression en heure décimale de 12 min 27 s est 0,1227 h.

9. 1,18 h = 1 h 10 min 48 s.

10. La conversion de 90 km/h en m/s est 25 m/s.

11. La conversion de 15 m/s en km/h est 45 km/h.

12. Un coureur a parcouru 4 km à la vitesse de 10 km/h et les 6 km restants à la vitesse de 12 km/h. Sa vitesse moyenne est exactement égale à 11 km/h.

Réponses : 1.F – 2.F – 3.V – 4.F – 5.V – 6.F – 7.V – 8.F – 9.V – 10.V – 11.F – 12.F

JE RÉVISE

A – LES GRANDEURS FONDAMENTALES

On peut associer à des objets aussi divers qu'une feuille de papier, une boite métallique ou une boule de pétanque différentes grandeurs : longueur, aire, volume et masse.
Ces objets peuvent avoir des grandeurs égales. Par exemple, la hauteur de la boite a une longueur égale au rayon de la boule.

Longueur, aire, volume et masse sont des grandeurs mesurables. On peut sommer, comparer des grandeurs de même nature, les multiplier ou les diviser par un nombre strictement positif. La somme de deux longueurs est une longueur.

La température, grandeur repérable, n'est pas sommable. En effet, si on mélange deux liquides ayant la même température, on obtiendra un mélange dont la température ne sera pas le double de celle des liquides.

Il faut d'ores et déjà retenir qu'une grandeur n'est pas un nombre : 8 ne désigne pas une grandeur, mais 8 cm est la classe d'équivalence de tous les segments de longueur égale à 8 fois 1 cm.
Il est possible d'associer diverses grandeurs à un même objet. Par exemple à la boite métallique, on peut associer une longueur, une aire, un volume et une masse.

On distingue deux types de grandeurs : les grandeurs simples et les grandeurs composées.

Grandeurs simples

Les grandeurs simples appartenant à la géométrie sont les longueurs et les angles.
Les grandeurs simples appartenant à la physique sont les masses et les durées.

Grandeurs composées

Une grandeur composée est le produit ou le quotient de grandeurs simples comme l'aire, le volume, la masse volumique, la vitesse et le débit.

$$\text{Aire} = \text{Longueur} \times \text{Longueur} = \text{Longueur}^2$$

$$\text{Volume} = \text{Longueur} \times \text{Longueur} \times \text{Longueur} = \text{Longueur}^3$$

$$\text{Vitesse} = \frac{\text{Longueur}}{\text{Durée}}$$

$$\text{Masse volumique} = \frac{\text{Masse}}{\text{Volume}}$$

$$\text{Débit} = \frac{\text{Volume}}{\text{Durée}}$$

Sur Lea.fr
3.1 Point Histoire

B – MESURER UNE GRANDEUR

1. UNITÉ DE MESURE

Pour mesurer une grandeur, on choisit une grandeur de référence appelée **étalon** qui sert à définir l'unité de mesure u.

La mesure d'une grandeur *G* est un nombre *n* qui exprime le nombre de fois où la grandeur *G* contient l'unité u. Ce qui peut être traduit par : $G = n$ u, qui se lit : « la mesure de *G* est *n* unités ». Autrement dit, mesurer une grandeur revient à déterminer le rapport entre cette grandeur et une grandeur de même nature, choisie comme unité.

N'OUBLIONS PAS !

Une grandeur n'est pas un nombre : 5 ne désigne pas une grandeur, mais 5 cm est la mesure de tous les segments de longueur égale à 5 fois 1 cm.

C – GRANDEURS SIMPLES

1. LONGUEUR

À chaque ligne composée de segments ou de courbes est associée une grandeur appelée **longueur**.
Le **périmètre** est la longueur d'une ligne fermée.

Le mètre est l'unité de longueur du système métrique. Il est défini comme étant la longueur du trajet parcouru dans le vide par la lumière pendant une durée de 1/299 792 458 de seconde.

On passera du mètre à ses multiples ou à ses sous-multiples à l'aide de puissances de 10.

Liste des unités du système métrique :

Kilomètre	km	1 000 m	10^3 m
Hectomètre	hm	100 m	10^2 m
Décamètre	dam	10 m	10 m
Mètre	m	1 m	1 m
Décimètre	dm	0,1 m	10^{-1} m

Sur Lea.fr
3.2 Opérations sur les unités : démonstrations
3.3 Point Histoire

Centimètre	cm	0,01 m	10^{-2} m
Millimètre	mm	0,001 m	10^{-3} m
Micromètre (micron)	µm (µ)	0,000 001 m	10^{-6} m
Nanomètre	nm	0,000 000 001 m	10^{-9} m
Picomètre	pm	0,000 000 000 001 m	10^{-12} m

En changeant d'unités pour mesurer une longueur, ce n'est pas la longueur que l'on change mais sa mesure.

Tableau de conversion des unités de longueur

km	hm	dam	m	dm	cm	mm

On place un chiffre par colonne. **On commence par placer le chiffre des unités et la virgule**, s'il y en a une, dans la colonne de l'unité dans laquelle la mesure est exprimée. Puis on place les autres chiffres à gauche de l'unité dans les colonnes de gauche et les chiffres après la virgule dans les colonnes de droite. On complète les colonnes vides par des zéros.

Ex : Convertir 387,15 m

km	hm	dam	m	dm	cm	mm
0	**3**	**8**	**7,**	**1**	**5**	0

Pour effectuer une conversion, il suffit de déplacer la virgule dans la colonne de l'unité choisie.

Convertir 387,15 m en km

km	hm	dam	m	dm	cm	mm
0,	**3**	**8**	**7**	**1**	**5**	0

On a donc 387,15 m = 0,387 15 km

Convertir 387,15 m en cm

km	hm	dam	m	dm	cm	mm
0	**3**	**8**	**7**	**1**	**5,**	0

On a donc 387,15 m = 38 715 cm.
On lit donc 387,15 m = 0,387 15 km = 3,871 5 hm = 38,715 dam = 3 871,5 dm = 38 715 cm = 387 150 mm.

Conversions en utilisant les puissances de 10

387,15 m = $387{,}15 \times 10^{-3}$ km, soit 0,387 15 km
387,15 m = $387{,}15 \times 10^{2}$ cm, soit 38 715 cm

N'OUBLIONS PAS !

Le système métrique, ou système international d'unités (SI), est le système d'unités de référence. Au fil des siècles, son usage est devenu universel, et permet aujourd'hui une harmonisation pour la mesure des grandeurs usuelles.

2. MASSE

À chaque « quantité de matière » est associée une grandeur appelée **masse**.
Le kilogramme est l'unité de masse du système métrique.

Liste des unités du système métrique :

Kilogramme	kg	1 000 g	10^{3} g
Hectogramme	hg	100 g	10^{2} g
Décagramme	dag	10 g	10 g
Gramme	g	1 g	1 g
Décigramme	dg	0,1 g	10^{-1} g
Centigramme	cg	0,01 g	10^{-2} g
Milligramme	mg	0,001 g	10^{-3} g

On peut aussi utiliser la tonne (t), le quintal (q) :
1 t = 10 q   1 t = 1 000 kg   1 q = 100 kg

Tableau de conversion des unités de masse :

tonne t	quintal q		kg	hg	dag	g	dg	cg	mg

On place un chiffre par colonne. On répète la même procédure que pour la conversion des unités de longueur.

Ex : Convertir 758,29 g

tonne t	quintal q		kg	hg	dag	g	dg	cg	mg
0	0	0	0	**7**	**5**	**8,**	**2**	**9**	0

Convertir 758,29 g en kg

tonne t	quintal q		kg	hg	dag	g	dg	cg	mg
0	0	0	**0,**	**7**	**5**	**8**	**2**	**9**	0

On a donc 758,29 g = 0,758 29 kg.

Convertir 758,29 g en mg

tonne t	quintal q		kg	hg	dag	g	dg	cg	mg
0	0	0	0	**7**	**5**	**8**	**2**	**9**	**0,**

On a donc 758,29 g = 758 290 mg.
On lit donc 758,29 g = 0,000 758 29 t = 0,007 582 9 q = 0,758 29 kg = 75,829 dag = 7 582,9 dg = 75 829 cg.

Ex :
La Tour Eiffel, entièrement constituée de fer, a une masse de 8 000 tonnes pour une hauteur de 300 m.
On veut construire un modèle réduit dans la même matière, de masse 1 kg. Quelle sera alors la hauteur de cette mini Tour Eiffel ?

Remarque : Dans ce cas, la masse n'est pas proportionnelle à la hauteur.
Si k est le rapport de proportionnalité des longueurs, alors les volumes sont dans un rapport de proportionnalité égal à k^3.
Comme la masse est proportionnelle au volume, alors si k est le rapport de proportionnalité des longueurs, les masses sont dans un rapport de proportionnalité égal à k^3.

On a alors $k^3 = \dfrac{1\text{ kg}}{8\,000\text{ t}} = \dfrac{1\text{ kg}}{8\,000\,000\text{ kg}} = \dfrac{1}{8\,000\,000}$

$k^3 = \dfrac{1}{8\,000\,000}$

comme $\dfrac{1}{8\,000\,000} = \left(\dfrac{1}{200}\right)^3$ alors $k^3 = \left(\dfrac{1}{200}\right)^3$

d'où $k = \dfrac{1}{200}$

On en déduit que la hauteur de la mini tour Eiffel est de : $300\text{ m} \times \dfrac{1}{200} = \boxed{1{,}5\text{ m}}$.

3. DURÉE

La **durée** est une grandeur dont la mesure est basée sur le système sexagésimal, système de numération à base 60. Le préfixe *sexa-* signifie « soixante » : un sexagénaire est une personne ayant entre 60 et 69 ans.

L'unité de base pour la mesure des durées est la seconde.

N'OUBLIONS PAS !

Une seconde est la durée de 9 192 631 770 périodes de la radiation correspondant à une transition entre deux niveaux d'énergie de l'atome de césium 133 dans son état fondamental.

Une minute est égale à 60 secondes. Une heure est égale à 3 600 secondes.
Le jour dure 24 heures, soit 24 × 3 600 = 86 400 secondes.
En dessous de la seconde, on utilise le système décimal :

- 1 milliseconde = 1 ms = 0,001 s = 10^{-3} s ;
- 1 microseconde = 1 µs = 0,000 001 s = 10^{-6} s ;
- 1 nanoseconde = 1 ns = 0,000 000 001 s = 10^{-9} s.

Exemples de conversion :
– Convertir 1 h 5 min 12 s en secondes :
1 h 5 min 12 s = 1 × 3 600 + 5 × 60 + 12 = 3 912 s

– Convertir 7 859 secondes en heures, minutes et secondes :
On effectue la division euclidienne de 7 859 par 3 600.
On obtient 7 859 = 2 × 3 600 + 659
On a donc 7 859 s = 2 h + 659 s.
On effectue la division euclidienne de 659 par 60.
On obtient 659 = 60 × 10 + 59
On a donc 659 s = 10 min 59 s.
On en déduit que 7 859 s = 2 h 10 min 59 s.

– Convertir en minutes et secondes une durée **exprimée sous forme décimale** 7,15 min :
7,15 min = 7 min + 0,15 min = 7 min + 0,15 × 60 s = 7 min 9 s

– Convertir en heures, minutes et secondes une durée **exprimée sous forme décimale** 2,39 h :
2,39 h = 2 h + 0,39 h = 2h + 0,39 × 60 min = 2 h + 23,4 min = 2 h + 23 min + 0,4 × 60 s = 2 h 23 min 24 s

– Calculer la durée d'une manifestation qui a débuté à 9 h 39 min et qui s'est achevée à 11 h 27 min :
La durée de la manifestation est la différence entre l'horaire final et l'horaire initial. On a donc (11 h 27 min) – (9 h 39 min) = (10 h 87 min) – (9 h 39 min) = 1 h 48 min.
La manifestation a duré 1 h 48 min.

4. ANGLE

À chaque secteur angulaire est associée une grandeur appelée **angle**.
L'unité de mesure d'angle utilisée à l'école primaire est le **degré**.
L'angle est une grandeur dont la mesure est basée sur le système sexagésimal.

N'OUBLIONS PAS !

Il existe d'autres unités de mesure d'angle : le grade et le radian. Le radian est utilisé notamment dans l'enseignement secondaire.

On a donc 1 degré = 60 minutes et 1 minute = 60 secondes.
1 degré = 1°
1 minute = 1′
1 seconde = 1″

Ex : Pour un angle de 20 degrés 40 minutes et 30 secondes, on écrira 20° 40′ 30″.

Exemple de conversion :

Convertir 35,42° en degrés, minutes et secondes.
$35{,}42° = 35° + 0{,}42° = 35° + 0{,}42 \times 60' = 35° + 25{,}2' = 35° + 25' + 0{,}2 \times 60'' = 35°\ 25'\ 12''$

D – GRANDEURS COMPOSÉES

1. AIRE

À chaque surface ou région du plan délimitée par une courbe fermée est associée une grandeur appelée **aire** dont l'unité légale est le m².

Remarque : Le « m² » fait référence à l'aire d'un carré de côté égal à 1 m, mais d'autres figures ont la même aire. Par exemple, un triangle rectangle dont les côtés de l'angle droit ont pour longueurs 1 m et 2 m a aussi une aire de 1 m².

Unités d'aire du système métrique :

Kilomètre carré	km^2	1 000 000 m^2	10^6 m^2
Hectomètre carré	hm^2	10 000 m^2	10^4 m^2
Décamètre carré	dam^2	100 m^2	10^2 m^2
Mètre carré	m^2	1 m^2	1 m^2
Décimètre carré	dm^2	0,01 m^2	10^{-2} m^2
Centimètre carré	cm^2	0,000 1 m^2	10^{-4} m^2
Millimètre carré	mm^2	0,000 001 m^2	10^{-6} m^2

Sur Lea.fr
3.4 Informations complémentaires sur le radian

Autres unités d'aire :

Hectare	ha	100 a	10 000 m^2 = 1 hm^2
Are	a	1 a	100 m^2 = 1 dam^2
Centiare	ca	0,01 a	1 m^2

Les unités agraires hectare, are et centiare s'écrivent avec les abréviations respectives ha, a, ca.
1 ha = 1 hm^2 1 a = 1 dam^2 1 ca = 1 m^2

Tableau de conversions des unités d'aire :

		ha		a		ca							
km^2		hm^2		dam^2		m^2		dm^2		cm^2		mm^2	

On lit 1 ha = 100 a = 10 000 ca = 1 hm^2 = 100 dam^2 = 10 000 m^2
1 a = 1 dam^2 = 100 m^2

Pour les autres conversions

On place un seul chiffre par colonne, chaque unité comportant deux colonnes.

On commence par placer le chiffre des unités et la virgule, s'il y en a une, dans la colonne de l'unité dans laquelle la mesure est exprimée. Puis les autres chiffres à gauche de l'unité dans les colonnes de gauche et les chiffres après la virgule dans les colonnes de droite. On complète les colonnes vides par des zéros.

Ex :
– Convertir 1 739,168 m^2

km^2		hm^2		dam^2		m^2		dm^2		cm^2		mm^2	
0	0	0	0	1	7	3	9,	1	6	8	0	0	0

Pour effectuer une conversion, il suffit de déplacer la virgule dans la colonne de l'unité choisie.

– Convertir 1 739,168 m^2 en hm^2

km^2		hm^2		dam^2		m^2		dm^2		cm^2		mm^2	
0	0	0	0,	1	7	3	9	1	6	8	0	0	0

1 739,168 m^2 = 0,173 916 8 hm^2

On lit donc 1 739,168 m^2 = 0,001 739 168 km^2 = 17,391 68 dam^2 = 173 916,8 dm^2 = 17 391 680 cm^2 = 1 739 168 000 mm^2.

– Conversions en utilisant les puissances de 10 :
1 739,168 m^2 = 1 739,168 × 10^{-6} km^2, soit 0,001 739 168 km^2
1 739,168 m^2 = 1 739,168 × 10^4 cm^2, soit 17 391 680 cm^2

Voici les aires de figures usuelles :

Rectangle	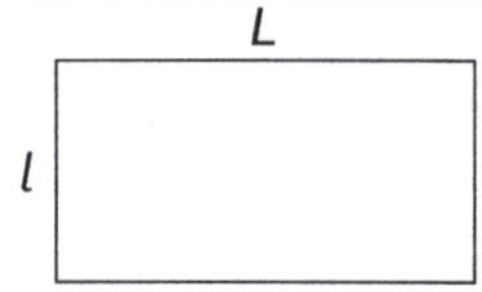	$A = L \times l$
Carré	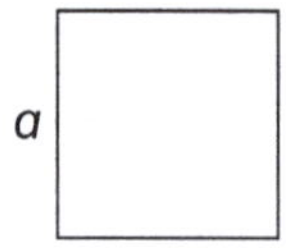	$A = a^2$
Parallélogramme	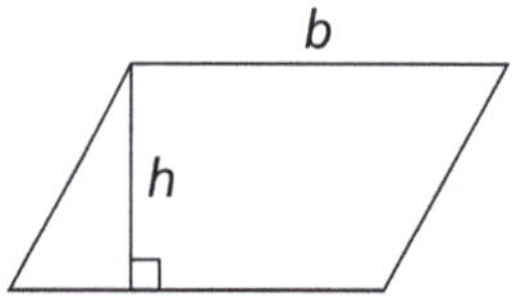	$A = b \times h$
Losange	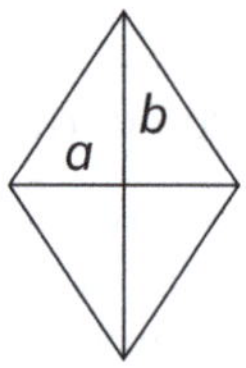	$A = \dfrac{a \times b}{2}$
Triangle	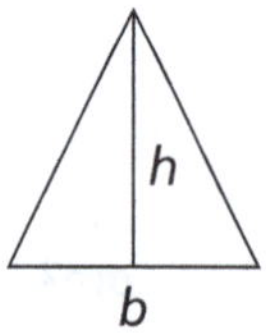	$A = \dfrac{b \times h}{2}$
Trapèze	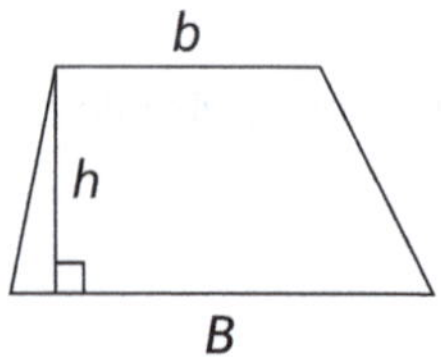	$A = \dfrac{(B + b) \times h}{2}$
Disque	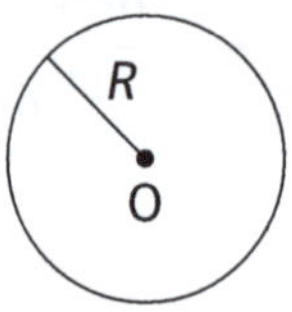	$A = \pi R^2$

2. VOLUME

À chaque partie de l'espace à trois dimensions limitée par une surface est associée une grandeur appelée volume.

Unités de volume du système métrique :

Mètre cube	m^3	$1\ m^3$	$1\ m^3$
Décimètre cube (L)	dm^3	$0{,}001\ m^3$	$10^{-3}\ m^3$
Centimètre cube	cm^3	$0{,}000\ 001\ m^3$	$10^{-6}\ m^3$
Millimètre cube	mm^3	$0{,}000\ 000\ 001\ m^3$	$10^{-9}\ m^3$

Remarque : $1\ L = 1\ dm^3$.

Volume de solides usuels :

Parallélépipède rectangle	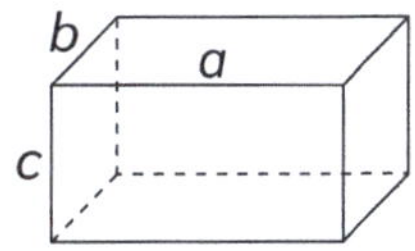	$V = abc$
Cube	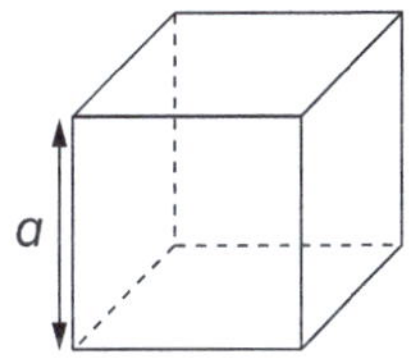	$V = a^3$
Cylindre	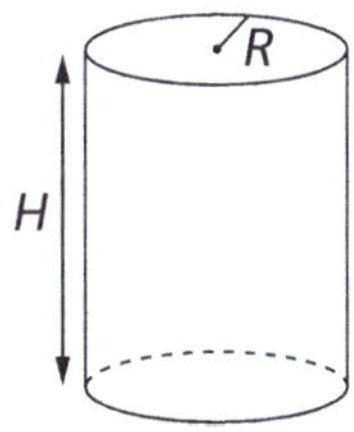	$V = \pi R^2 H$
Prisme droit	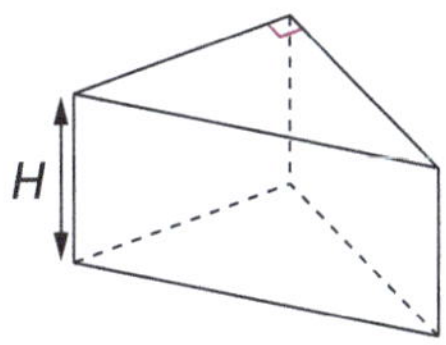	$V = B \times H$ (B : aire de la base)
Pyramide	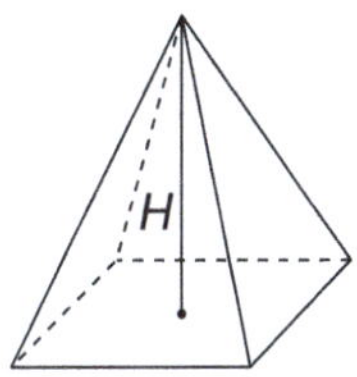	$V = \frac{1}{3} B \times H$ (B : aire de la base)

Cône	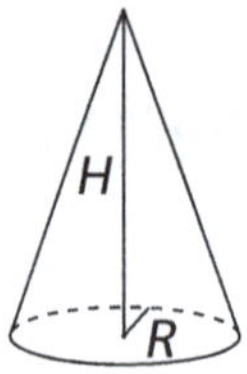	$V = \frac{\pi}{3} R^2 H$
Boule	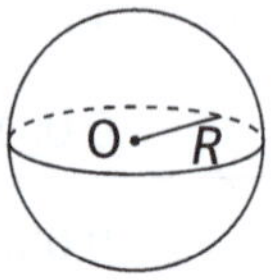	$V = \frac{4}{3} \pi R^3$

Tableau de conversion des unités de volume et de capacité :

						hL			**daL**			**L**			**dL**			**cL**		
km³			**hm³**			**dam³**			**m³**			**dm³**			**cm³**			**mm³**		

Conversions capacité / volume :

1 hL = 10 daL = 100 L

1 hL = 1 000 m³ 1 m³ = 1 000 dm³ = 1 000 L 1 L = 1 dm³ = 10 dL = 1 000 cm³

Ex :

– Convertir 5 031 278,49 m³

km³			**hm³**			**dam³**			**m³**			**dm³**			**cm³**			**mm³**		
0	0	0	0	0	5	0	3	1	2	7	8,	4	9	0	0	0	0	0	0	0

Pour effectuer une conversion, il suffit de déplacer la virgule dans la colonne de l'unité choisie.

– Convertir 5 031 278,49 m³ en dam³

km³			**hm³**			**dam³**			**m³**			**dm³**			**cm³**			**mm³**		
0	0	0	0	0	5	0	3	1,	2	7	8	4	9	0	0	0	0	0	0	0

5 031 278,49 m³ = 5 031,278 49 dam³ = 0,005 031 278 49 km³ = 5 031 278 490 dm³ = 5 031 278 490 000 cm³

– Conversions en utilisant les puissances de 10 :

5 031 278,49 m³ = 5 031 278,49 × 10^{-9} km³ = 5 031 278,49 × 10^3 dm³ = 5 031 278,49 × 10^6 cm³

Remarque :

Agrandissement ou réduction : si on agrandit ou on réduit les longueurs d'une figure ou d'un solide d'un coefficient k, alors son périmètre est multiplié par k, son aire est multipliée par k^2 et son volume est multiplié par k^3. On a une réduction si $0 < k < 1$ et un agrandissement si $k > 1$.

Cas particulier :

Si dans un cylindre par exemple, on multiplie le rayon par k en gardant la hauteur inchangée, alors le volume est multiplié par k^2 ; si on multiplie seulement la hauteur par k en gardant le rayon inchangé, alors le volume est multiplié par k.

3. VITESSE

La vitesse est une grandeur composée. Elle est égale au rapport de deux grandeurs, la distance parcourue sur la durée du parcours.

On a

$v = \frac{d}{t}$; $d = v \times t$; $t = \frac{d}{v}$ où d est la distance parcourue, v la vitesse et t la durée.

Si la distance parcourue est exprimée en km et la durée en heures, alors la vitesse est exprimée en km/h ou $km \cdot h^{-1}$.

Pour effectuer une conversion, il suffit de convertir la distance et la durée.

Ex : $1 \text{ km/h} = 1\,000 \text{ m/h} = \frac{1\,000 \text{ m}}{3\,600 \text{ s}} = \frac{5}{18}$ m/s.

Ex : Convertir une vitesse de 90 km/h en m/s.

$$90 \text{ km/h} = \frac{90 \text{ km}}{1 \text{ h}} = \frac{90 \times 1\,000 \text{ m}}{1 \times 3\,600 \text{ s}}$$

$$90 \text{ km/h} = \frac{90\,000 \text{ m}}{3\,600 \text{ s}} = 25 \frac{\text{m}}{\text{s}}$$

On a donc 90 km/h = 25 m/s = 25 $m \cdot s^{-1}$.

4. MASSE VOLUMIQUE

La masse volumique est une grandeur composée.

Elle est égale au quotient de deux grandeurs, la masse d'un corps solide ou liquide sur le volume occupé par ce corps :

$$\rho = \frac{M}{V}$$

Remarque : La lettre grecque ρ se lit « rhô ».

L'unité de mesure de la masse volumique est le kilogramme par mètre cube : kg/m^3 ou $kg \cdot m^{-3}$.

On peut l'exprimer dans une autre unité en appliquant les règles de conversion.

Par exemple, $1 \text{ kg/m}^3 = \frac{1\,000 \text{ g}}{1\,000 \text{ dm}^3} = 1 \text{ g/dm}^3$

E – NOTATION SCIENTIFIQUE DES MESURES DE GRANDEURS

1. NOTATION SCIENTIFIQUE

Écrire un nombre en **notation scientifique**, c'est le mettre sous la forme $a \times 10^n$ avec a un nombre décimal tel que $1 \leqslant a < 10$ et n un entier relatif.

Ex :
$4,8352 \times 10^4$ est la notation scientifique de 48 352
$1,87 \times 10^{-3}$ est la notation scientifique de 0,001 87
7×10^{-2} est la notation scientifique de 0,07
$2,54 \times 10^0$ est la notation scientifique de 2,54

2. APPROXIMATION DÉCIMALE

◆ Troncature

La troncature d'un nombre décimal à 10^{-n} est obtenue en ne conservant que les n premiers chiffres après la virgule.

Ex :
12,51 est la troncature à 10^{-2}, ou au centième, de 12,517 6.
12,517 est la troncature à 10^{-3}, ou au millième, de 12,517 6.

◆ Arrondi

Pour arrondir un nombre décimal à 10^{-n}, on prend la troncature à 10^{-n} et :
- si le chiffre suivant est 0, 1, 2, 3 ou 4, l'arrondi à 10^{-n} est égal à la troncature ;
- si le chiffre suivant est 5, 6, 7, 8 ou 9, l'arrondi s'obtient en augmentant de 1 le dernier chiffre de la troncature.

Ex :
– 12,5 est l'arrondi à 10^{-1}, ou au dixième, de 12,517 6 ; le premier chiffre suivant la troncature étant 1, l'arrondi est égal à la troncature.

– 12,52 est l'arrondi à 10^{-2}, ou au centième, de 12,517 6 ; le premier chiffre suivant la troncature étant 7, on augmente de 1 le dernier chiffre de 12,51 et on obtient 12,52.

– Arrondir 75π cm³
On a $75\pi \approx 235,619\,449$ cm³
236 cm³ est l'arrondi de 75π cm³ au cm³ près.
235,6 cm³ est l'arrondi de 75π cm³ au dixième de cm³.
235,62 cm³ est l'arrondi de 75π cm³ au centième de cm³.
236,619 cm³ est l'arrondi de 75π cm³ au mm³ près.

75π cm³ ≈ 235,619 449 cm³ ≈ 0,235 619 449 dm³ ≈ 0,235 619 449 L ≈ 2,356 194 49 dL ≈ 23,561 944 9 cL
2 dL est l'arrondi de 75π cm³ au dL près.
2,4 dL est l'arrondi de 75π cm³ au dixième de dL près.
24 cL est l'arrondi de 75π cm³ au cL près.

Ex :
En divisant 47 par 13, on obtient $\frac{47}{13} \approx 3{,}6153846$

	à l'unité	au dixième à 10^{-1}	au centième à 10^{-2}	au millième à 10^{-3}
Troncature de $\frac{47}{13}$	3	3,6	3,61	3,615
Arrondi de $\frac{47}{13}$	4	3,6	3,62	3,615

◆ Valeur approchée

Soit a et x deux nombres. On dit que a est une **valeur approchée** du nombre x à 10^{-n} près **par défaut**, lorsque $a \leqslant x \leqslant a + 10^{-n}$.
On dit que a est une **valeur approchée** du nombre x à 10^{-n} près **par excès**, lorsque $a - 10^{-n} \leqslant x \leqslant a$.

Ex :
Comme $3{,}14 \leqslant \pi \leqslant 3{,}15$, alors 3,14 est la valeur approchée de π à 10^{-2} près par défaut et 3,15 est la valeur approchée de π à 10^{-2} près par excès.
En effet :

$3{,}14 \leqslant \pi \leqslant 3{,}14 + 10^{-2}$; $a = 3{,}14$ est la valeur aprochée de π à 10^{-2} près par défaut
$3{,}15 - 10^{-2} \leqslant \pi \leqslant 3{,}15$; $a = 3{,}15$ est la valeur aprochée de π à 10^{-2} près par excès

3. ENCADREMENTS

Soient trois nombres a, b et x. On dit que les nombres a et b encadrent x lorsque $a \leqslant x \leqslant b$, on dit aussi que x appartient à l'intervalle $[a\ ;\ b]$.

Encadrement d'une somme

Si ($a \leqslant x \leqslant b$ et $c \leqslant y \leqslant d$) alors $a + c \leqslant x + y \leqslant b + d$

Encadrement d'un produit de nombres positifs

Si ($a \leqslant x \leqslant b$ et $c \leqslant y \leqslant d$) alors $a \times c \leqslant x \times y \leqslant b \times d$

Ex :
La longueur L et la largeur l d'un rectangle au dixième de cm près sont :
$3{,}2 \leqslant l \leqslant 3{,}3$ et $6{,}5 \leqslant L \leqslant 6{,}6$

Donner un encadrement du périmètre P de ce triangle et de son aire A.
On a $P = 2 \times (L + l)$ et $A = L \times l$.

On a donc $2 \times (3{,}2 + 6{,}5) \leqslant P \leqslant 2 \times (3{,}3 + 6{,}6)$ d'où $19{,}4 \leqslant P \leqslant 19{,}8$
et $3{,}2 \times 6{,}5 \leqslant A \leqslant 3{,}3 \times 6{,}6$ d'où $20{,}8 \leqslant A \leqslant 21{,}78$.

JE M'ENTRAÎNE

ÉNONCÉS

◆ Exercice 1 (CRPE 2019 GRPT 2)

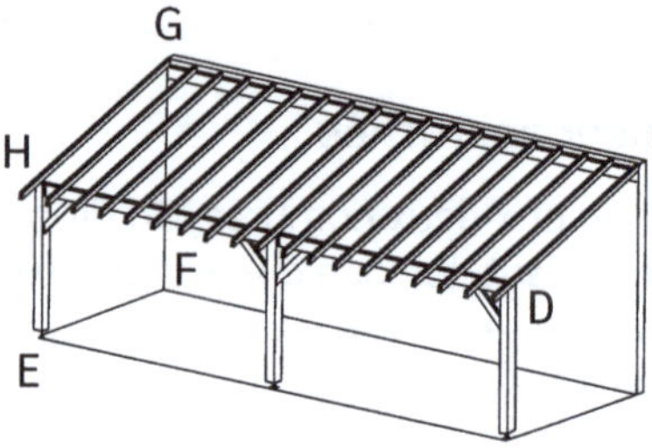

Le propriétaire d'une maison décide de créer un appentis pour stocker du bois de chauffage.
Un schéma de ce qu'il souhaite réaliser est donné ci-dessous :
– Le rectangle ABFE représente une dalle de béton.
– Le quadrilatère ABCD est un trapèze rectangle.
– Les contraintes de sa maison et de son terrain lui imposent les dimensions suivantes : AE = 4,8 m, AB = 1,5 m, AD = 2,4 m et BC = 3,2 m.
– Le volume utile de cet appentis est la partie dans laquelle il pourra stocker son bois sachant que, pour rester au sec, il devra se trouver sur la dalle de béton et sous le toit.
– Le volume utile représente donc un prisme droit dont la base est le trapèze rectangle ABCD.

1. Dans le cadre de sa déclaration préalable de travaux, le propriétaire doit déterminer la surface au sol de l'appentis. Calculer l'aire du rectangle ABFE.
2. a. On appelle I le point du segment [BC] tel que ABID est un rectangle. Calculer la longueur CD.
b. En déduire la surface du toit CDHG.
c. Calculer l'angle CDI, correspondant à la pente du toit. Arrondir la réponse au degré.
3. a. Construire A′B′C′D′, une représentation du quadrilatère ABCD à l'échelle 1/50 en précisant les calculs qui ont permis cette construction.
b. Calculer l'aire du trapèze ABCD.
c. Pour être sûr de passer l'hiver au chaud, le propriétaire doit disposer de 15 stères de bois. Le stère est une unité de mesure, utilisée pour le bois de chauffage, valant 1 m^3. Aura-t-il assez de place pour stocker ces 15 stères de bois ?

◆ Exercice 2

Je dispose d'un minerai A qui pèse 11 kg et dont le volume est de 2,5 dm^3.
Je dispose aussi d'un minerai B dont la densité est de 8 (c'est-à-dire qu'il pèse 8 kg par dm^3).

1. Quelle est la densité du minerai A ?
2. Je voudrais fabriquer un mélange de ces deux minerais pour obtenir un minerai C dont la densité serait égale à 7.
Je voudrais aussi fabriquer la plus grosse quantité possible de minerai C, donc utiliser les 11 kg de minerai A.
a. Trouver la masse de minerai B que je vais utiliser.
b. Si je voulais n'utiliser que 6,6 kg du minerai A pour obtenir un mélange C dont la densité serait encore égale à 7, quelle quantité de minerai B devrais-je utiliser ?

◆ Exercice 3

Un bureau d'études a réalisé un prototype de cornet à glace qui a la forme d'un cône de révolution.

Ses dimensions répondent à la contrainte suivante : lorsque le cornet est complètement rempli de glace et surmonté d'une demi-boule de diamètre 4 cm, le volume de glace du cône rempli à ras doit être égal à celui de la demi-boule qui le surmonte.

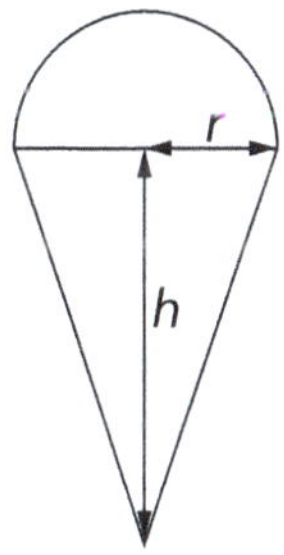

1. Quelle est, en cm, la hauteur h du cône ?

Rappel : Volume du cône : $\frac{1}{3}\pi r^2 h$	Volume de la boule : $\frac{4}{3}\pi r^3$

2. Lors d'une deuxième étude, en gardant la même forme du cône (le même angle du cône), on décide de doubler sa hauteur.

a. Combien ce nouveau cône rempli à ras peut-il contenir d'équivalent de boules de 4 cm de diamètre ? (*Le terme équivalent signifie que tout le volume est occupé par de la glace.*)

b. Le calcul du nombre équivalent de boules de 4 cm de diamètre que pourrait contenir un cône en fonction de sa hauteur relève-t-il d'une situation de proportionnalité ?

c. Le nouveau cornet vérifie-t-il la même contrainte que le premier, à savoir : égalité du volume du cône et du volume de la demi-boule qui le surmonte ?

◆ Exercice 4

On considère une sphère de centre O et de rayon R. On note $\mathscr{C}$ le cercle intersection de cette sphère et d'un plan P.

La droite perpendiculaire au plan P et passant par O coupe ce plan en I et la sphère en A et B, comme indiqué sur la figure ; M est un point du cercle $\mathscr{C}$.

On remarquera que le triangle OIM est rectangle. On a IA = 2 cm et IM = 4 cm.

La partie inférieure (en grisé sur la figure) est une calotte sphérique dont le volume V est donné par la formule :

$V = \frac{\pi h^2}{3}(3R - h)$ ou R est le rayon de la sphère et h la hauteur de la calotte sphérique égale à IA.

Calculer le volume, à 1 cm^3 près par défaut, de la calotte sphérique.

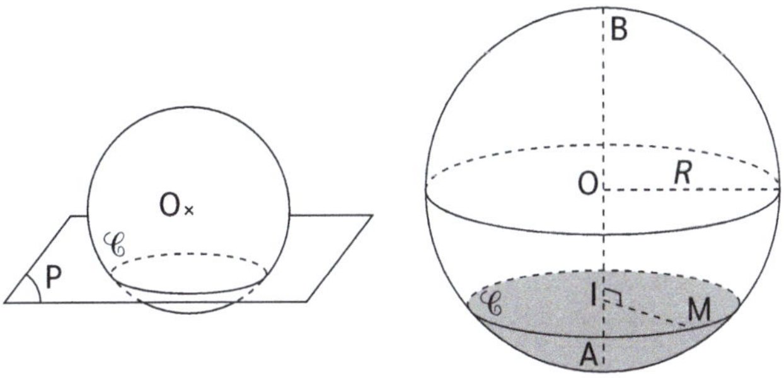

◆ Exercice 5

Depuis ce matin, un magasinier range sans interruption des caisses dans un entrepôt. Il a calculé que, s'il range 50 caisses à l'heure, il aura fini à 11 h 30. Si par contre, il en range 60 à l'heure, il aura fini à 11 h 15.

À quelle heure a-t-il commencé son travail ? Justifier la réponse.

CORRIGÉS

◆ Exercice 1

1. Aire(ABFE) = AB × AE = 4,8 × 1,5 soit Aire (ABFE) = 7,2 m².

2. a. CD = $\sqrt{2,89}$, soit CD = 1,7 m.

b. Aire (CDHG) = 8,16 m²

c. mes $(\widehat{CDI}) = \tan^{-1}\dfrac{CI}{DI} = \tan^{-1}\dfrac{0,8}{1,5}$, soit mes $(\widehat{CDI}) = 28°$.

3. a. L'échelle est le rapport entre la longueur sur le dessin et la longueur réelle.
Une échelle de 1/50 signifie que 1 cm sur le dessin équivaut à 50 cm, soit 0,5 m dans la réalité.
Pour construire A′B′C′D′, une représentation du quadrilatère ABCD à l'échelle 1/50, il suffit de multiplier toutes les longueurs réelles du quadrilatère ABCD exprimées en mètre par 1/50 afin d'obtenir les longueurs de A′B′C′D′ exprimées en mètre.
On a AB = 1,5 m, AD = 2,4 m et BC = 3,2 m.
Notons A′B′, A′D′ et B′C′ les longueurs respectives de AB, AD et BC mises à l'échelle 1/50.
On a donc :

$A'B' = \dfrac{1}{50} \times AB$ $\quad A'D' = \dfrac{1}{50} \times AD$ $\quad B'C' = \dfrac{1}{50} \times BC$

$A'B' = \dfrac{1}{50} \times 1,5\text{ m}$ $\quad A'D' = \dfrac{1}{50} \times 2,4\text{ m}$ $\quad B'C' = \dfrac{1}{50} \times 3,2\text{ m}$

$A'B' = 0,03\text{ m}$ $\quad A'D' = 0,048\text{ m}$ $\quad B'C' = 0,064\text{ m}$

$A'B' = 3\text{ cm}$ $\quad A'D' = 4,8\text{ cm}$ $\quad B'C' = 6,4\text{ cm}$

On en déduit la construction ci-dessous du quadrilatère A′B′C′D′.

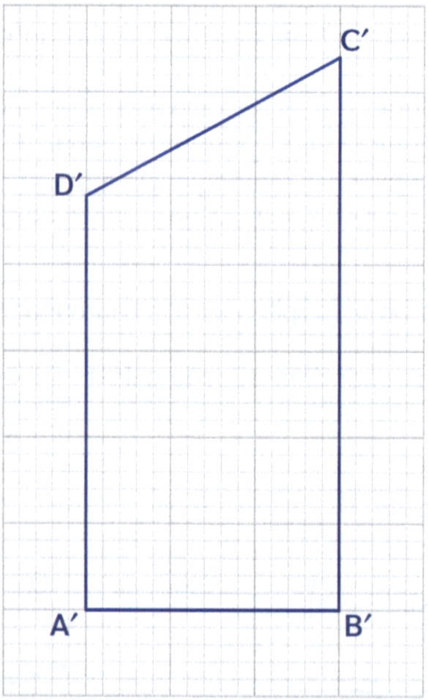

b. $\text{Aire(ABCD)} = \dfrac{AD + BC}{2} \times AB = \dfrac{2,4 + 3,2}{2} \times 1,5$ soit Aire(ABCD) = 4,2 m².

c. Le propriétaire aura suffisamment de place pour stocker 15 stères de bois, soit l'équivalent de 15 m³.

◆ Exercice 2

1. Densité *d* du minerai A : $d = \dfrac{4,4\text{ kg/dm}^3}{1\text{ kg/dm}^3} = 4,4$.

2. a. Le minerai B a une masse de 52 kg.
b. $x = 31{,}2$ kg.

◆ Exercice 3

1. Comme le volume du cône rempli à ras doit être égal à celui de la demi-boule, on a donc :

$\frac{1}{3}\pi r^2 h = \frac{1}{2} \times \frac{4}{3}\pi r^3$ (1)

En divisant les deux membres de l'égalité (1) par $\frac{1}{3}\pi r^2$ il vient :

$h = \frac{1}{2} \times 4 \times r$, soit $h = 2r$.

Si le diamètre est de 4 cm, le rayon est donc de 2 cm.
On a donc $h = 2 \times 2$ cm, soit $h = 4$ cm.

2. a. En gardant la même forme du cône avec une hauteur égale à 2 × 4, soit 8 cm, la longueur du rayon du cône ainsi obtenu est égale à 2 × 2, soit 4 cm (théorème de Thalès).

Le volume de glace du cône rempli à ras est donc égal à $\frac{1}{3}\pi \times 4^2 \times 8$ cm³, soit $\frac{128}{3}\pi$ cm³.

Le volume d'une demi-boule de glace de 4 cm de diamètre, soit 2 cm de rayon est égal à :

$\frac{1}{2} \times \frac{4}{3}\pi \times 2^3$ cm³, soit $\frac{16}{3}\pi$cm³.

Comme $\frac{128}{3}\pi = 8 \times \frac{16}{3}\pi$, alors le nouveau cône contient 8 fois plus de glace que la demi-boule de 4 cm de diamètre.

Ce nouveau cône contient donc 4 boules de 4 cm de diamètre.

b. Soit la fonction f qui à une hauteur h du cône associe le nombre équivalent de boules contenues dans ce cône.

On a $f(h)$ = nombre équivalent de boules.

On a donc $f(4) = \frac{1}{2}$ et $f(2 \times 4) = 4$.

Cette fonction ne vérifie pas la propriété multiplicative de la linéarité : une hauteur multipliée par 2 ne double pas le nombre équivalent de boules. (En doublant la hauteur, le nombre équivalent de boules est multiplié par 8.)

Le calcul du nombre équivalent de boules ne relève donc pas d'une situation de proportionnalité.

c. Le volume de la nouvelle demi-boule est égal à $\frac{1}{2} \times \frac{4}{3}\pi \times 4^3$ cm³, soit $\frac{128}{3}\pi$ cm³.

Ce volume est bien égal à celui du cône calculé précédemment avec une hauteur de 8 cm.

◆ Exercice 4

$V = 54$ cm³ à 1 cm³ près par défaut.

◆ Exercice 5

Le magasinier a commencé son travail à 11 h 30 min – 1 h 30 min, soit à 10 h.

Sur Lea.fr
Corrigés développés et exercices complémentaires

4. Calcul algébrique, équations et inéquations

JE M'ÉVALUE

VRAI OU FAUX ?

1. $2x^2 = (2x)^2$.

2. $3x^2 - 4 = (3x + 2)(3x - 2)$.

3. $3(2 - 3x)^2 - 5(x + 4)^2 = 22x^2 - 76x - 68$.

4. $x^2 - 2x + 1 + (3x - 3)(5x + 1) = 2(x - 1)(8x + 1)$.

5. 7 est l'unique solution de l'équation $(x - 7)(x + 4) = (x - 7)(16 - x)$.

6. L'équation $(5x - 3)^2 = 0$ est une équation du second degré, elle admet deux solutions.

7. La solution de l'équation $\frac{3x - 2}{2} - \frac{x - 5}{6} = \frac{2x - 1}{3}$ est $-\frac{1}{8}$.

8. Jean dépense les $\frac{3}{8}$ de son salaire. Il lui reste alors 1 000 €. Le salaire de Jean est de 1 600 €.

9. On peut trouver trois entiers naturels consécutifs dont la somme est 329.

10. Si l'on augmente la longueur du côté d'un carré de 4 cm, alors son aire augmente de 56 cm². La longueur du côté du carré initial est de 5 cm.

Réponses : 1.F – 2.F – 3.V – 4.V – 5.F – 6.F – 7.F – 8.V – 9.F – 10.V

JE RÉVISE

A – CALCUL ALGÉBRIQUE

Les problèmes de l'école élémentaire correspondent assez fréquemment à des situations concrètes que tout un chacun peut rencontrer dans la vie courante.

Le mode de résolution de ces problèmes enseignés à l'école s'appelle **méthode arithmétique** :
- elle procède par déduction logique, émission d'hypothèses, validation ou non de ces hypothèses, recherche de questions intermédiaires, etc. ;
- elle utilise les calculs relevant des quatre opérations définies dans les différents ensembles de nombres : entiers, décimaux, fractions.

La **méthode algébrique de résolution de ces problèmes** est enseignée dès le collège, elle consiste à travailler en quatre grandes étapes :
- choix des inconnues,
- mise en équations ou inéquations algébriques,
- résolution des équations ou inéquations,
- interprétation des solutions.

Cette méthode, particulièrement efficace, s'appuie sur des connaissances et compétences en algèbre.

1. CALCUL LITTÉRAL

En algèbre, les lettres remplacent des nombres qui peuvent être inconnus et/ou variables. On utilise avec ces lettres les mêmes opérations qu'avec les nombres.

Le signe multiplié est souvent remplacé par un point ou même supprimé :
$3 \times X = 3 \cdot X$ ou $3X$

Une ligne de calcul comme $3x - 5xy + 2y + 5$ est appelée une **expression algébrique**.

Si les lettres viennent à prendre des valeurs connues, alors on peut les remplacer par ces valeurs et effectuer un calcul ordinaire.
Par exemple, dans l'expression précédente, si $x = 2$ et $y = 1$, on obtient :
$3 \times 2 - 5 \times 2 \times 1 + 2 \times 1 + 5 = 3$.

Sur Lea.fr
4.1 Histoire sur l'origine du mot algèbre

2. PRIORITÉS OPÉRATOIRES

Une expression algébrique peut comporter des opérations entre parenthèses, ces opérations sont alors à effectuer en priorité.

En présence de parenthèses imbriquées (parenthèses encadrant des opérations elles-mêmes entre parenthèses), il faut commencer par effectuer les calculs dans les parenthèses les plus internes.

Ex : avec seulement des nombres.

Calculer $A = 5 \times (2 - (7 + 6) + 3 \times (5 - 2) + 4)$.

Les parenthèses les plus internes sont : $(7 + 6)$ et $(5 - 2)$. Ces deux calculs sont donc prioritaires. Ils donnent respectivement 13 et 3.
On a alors $A = 5 \times (2 - 13 + 3 \times 3 + 4)$.

Dans une parenthèse, la multiplication est prioritaire par rapport à l'addition et la soustraction.
Il faut donc calculer $3 \times 3 = 9$ en priorité.
On a alors $A = 5 \times (2 - 13 + 9 + 4)$.

En effectuant une simplification, on obtient $\mathrm{A} = 5 \times (15 - 13)$.
Puis $A = 5 \times 2$, soit $A = 10$.

En l'absence de parenthèses, on effectue les opérations dans l'ordre suivant :
1. le calcul des puissances ;
2. les multiplications et les divisions, opérations présentant le même degré de priorité ;
3. les additions et les soustractions, opérations présentant le même degré de priorité.

3. SUPPRESSION DES PARENTHÈSES DANS UNE EXPRESSION ALGÉBRIQUE

On peut supprimer les parenthèses précédées d'un signe « + ». Elles sont dans ce cas considérées comme superflues :
- $a + (b + c) = a + b + c$
- $a + (b - c) = a + b - c$
- $a + (-b + c) = a - b + c$
- $a + (-b - c) = a - b - c$

On peut supprimer les parenthèses précédées d'un signe « – » en changeant le signe de chaque terme à l'intérieur de ces parenthèses :
- $a - (b + c) = a - b - c$
- $a - (b - c) = a - b + c$
- $a - (-b + c) = a + b - c$
- $a - (-b - c) = a + b + c$

4. DISTRIBUTIVITÉ DE LA MULTIPLICATION PAR RAPPORT À L'ADDITION (ET À LA SOUSTRACTION)

Considérons le problème suivant :
On dispose de 6 sacs contenant chacun 8 bonbons rouges et 5 bonbons jaunes. De quel nombre total de bonbons dispose-t-on ?

Ce problème peut être modélisé par deux types de calculs en ligne différents.

1re possibilité :
Calcul du nombre de bonbons d'un sac, puis du nombre total de bonbons dans les six sacs :
- nombre de bonbons d'un sac : $8 + 5$;
- nombre total de bonbons : $6 \times (8 + 5) = 6 \times 13 = 78$.

2e possibilité :
Calcul du nombre de bonbons rouges, du nombre de bonbons jaunes, puis du nombre total de bonbons :
- nombre de bonbons rouges : 6×8 ;
- nombre de bonbons jaunes : 6×5 ;
- nombre total de bonbons : $6 \times 8 + 6 \times 5 = 48 + 30 = 78$.

En conclusion : $\mathbf{6 \times (8 + 5) = 6 \times 8 + 6 \times 5}$.

Les deux calculs conduisent au même résultat : on dit que la multiplication est distributive par rapport à l'addition.
On a distribué le facteur 6 aux deux termes de l'addition contenue dans les parenthèses.

◆ La distributivité dans les expressions algébriques

Distribuer un nombre à une somme

Soit le produit $k(a + b)$ avec k, a et b des nombres.
On distribue k à la somme $(a + b)$ et on a alors : $k \times (a + b) = k \times a + k \times b$;
on peut omettre le signe « × » et écrire : $k(a + b) = ka + kb$.

Ex :
$3(x + 5) = 3 \times x + 3 \times 5 = 3x + 15$.

Distribuer un nombre à une différence

Soit le produit $k(a - b)$ avec k, a et b des nombres.
On distribue k à la différence $(a - b)$: $k \times (a - b) = k \times a - k \times b$;
on peut omettre le signe « × » et écrire : $k(a - b) = ka - kb$.

Ex :
$2(5x - 6) = 2 \times 5x - 2 \times 6 = 10x - 12$.

La double distributivité

Soit le produit $(a + b)(c + d)$ avec a, b, c et d des nombres.
En posant $k = (a + b)$ et en appliquant la règle de la distributivité, on peut écrire :

$(a + b)(c + d) = k(c + d)$ d'où $(a + b)(c + d) = kc + kd$,

$(a + b)(c + d) = (a + b)c + (a + b)d$ d'où $(a + b)(c + d) = ac + bc + ad + bd$.

Ex :
$(3x + 2)(5x - 6) = 3x \times 5x - 3x \times 6 + 2 \times 5x - 2 \times 6$
$= 15x^2 - 18x + 10x - 12,$
après réduction : $(3x + 2)(5x - 6) = 15x^2 - 8x - 12.$

◆ Développement d'une expression algébrique

Dans les calculs algébriques, on est souvent amené à utiliser la distributivité et à transformer un produit en somme ou différence.
Dans ce cas, on dit que l'on développe l'expression algébrique :

développement

$a(b + c) \longrightarrow ab + ac$

Ex :
Développer cette expression algébrique comportant un produit de deux facteurs :
$A = (2x - 5)(x - 1).$
$(2x - 5)(x - 1)$ est un produit de facteurs qui peut être développé par application des règles de distributivité.

Son développement donne :
$(2x - 5)(x - 1) = 2x^2 - 2x - 5x + 5$ soit $(2x - 5)(x - 1) = 2x^2 - 7x + 5,$
d'où $A = 2x^2 - 7x + 5.$

◆ Factorisation d'une expression algébrique

C'est le procédé inverse du précédent : il consiste à transformer une somme ou une différence en un produit de facteurs.

factorisation

$ab + ac \longrightarrow a(b + c)$

Il est important d'être expert dans cette pratique de factorisation pour bien mener les calculs et résoudre plus aisément de nombreuses équations ou inéquations.

Ex :
– **Quand le facteur commun est un nombre :**
$A = 5x + 45$
$A = 5x + 5 \times 9$, donc 5 est un facteur commun aux deux termes de l'addition.
En mettant 5 en facteur : $A = 5(x + 9)$, on obtient un produit de deux facteurs.

– **Quand le facteur commun est une lettre :**
$B = 7x^2 + 2x$, donc x est un facteur commun aux deux termes de l'addition.
En mettant x en facteur, on obtient : $B = x(7x + 2)$.

– **Quand le facteur commun est une expression :**
$C = (5x + 1)(x - 3) - 2(x + 5)(x - 3)$
En mettant $(x - 3)$ en facteur, il vient : $C = (x - 3)((5x + 1) - 2\,(x + 5)),$
après développement des parenthèses internes : $C = (x - 3)(5x + 1 - 2x - 10)$
et simplification : $C = (x - 3)(3x - 9).$

On remarque que l'expression $(3x - 9)$ admet 3 comme facteur commun, on a alors $C = 3(x - 3)(x - 3)$ ou $C = 3(x - 3)^2$.

– **Quand le facteur commun n'est pas apparent :**
Quand le facteur commun n'est pas immédiatement repérable, il faut essayer de le mettre en évidence avant de l'isoler.
$D = 4x^2 - 12x + 9 + (10x - 15)(x + 1)$.

Il faut transformer les deux termes afin de dégager un facteur commun.
La première expression, $4x^2 - 12x + 9$, est une identité remarquable.

Dans la deuxième expression, $(10x - 15)(x + 1)$, on peut mettre 5 en facteur.
On a alors $4x^2 - 12x + 9 = (2x - 3)^2$ et $(10x - 15) = 5(2x - 3)$,
d'où $D = (2x - 3)^2 + 5(2x - 3)(x + 1)$.
$(2x - 3)$ est un facteur commun.

Après développement et simplification à l'intérieur des parenthèses :
$D = (2x - 3)((2x - 3) + 5(x + 1))$
$D = (2x - 3)(2x - 3 + 5x + 5)$ soit $D = (2x - 3)(7x + 2)$.

◆ Les identités remarquables

Certains calculs, développement ou factorisation, sont très fréquemment rencontrés dans les expressions algébriques ; il est donc très utile de savoir les repérer et de mémoriser quelques formules qui permettent de gagner du temps en allégeant les calculs.

Ces formules s'appellent les « identités remarquables ».
- $(a + b)^2 = a^2 + 2ab + b^2$
- $(a - b)^2 = a^2 - 2ab + b^2$
- $(a - b)(a + b) = a^2 - b^2$

À gauche du signe égal se situe la forme factorisée (il ne faut pas oublier que $(a + b)^2 = (a + b)(a + b)$ et à droite du signe égal la forme développée.

On utilise ces formules comme des structures à repérer dans les expressions algébriques.

Ex :
- $(x + 5)^2 = x^2 + 2 \times x \times 5 + 5^2$
  $= x^2 + 10x + 25$ (identité utilisée : $(a + b)^2$).
- $(2x - 6)^2 = (2x)^2 - 2 \times (2x) \times 6 + 6^2$
  $= 4x^2 - 24x + 36$ (identité utilisée : $(a - b)^2$).
- $(3x - 4)(3x + 4) = (3x)^2 - 4^2$
  $= 9x^2 - 16$ (identité utilisée : $(a - b)(a + b)$).

Sur Lea.fr
4.2 Autres exemples d'identités remarquables

B – ÉQUATIONS

L'algèbre, comme nous l'avons rappelé au début du chapitre, sert avant toute chose à résoudre des problèmes.
Pour résoudre ces problèmes, il faut les mettre en équation, c'est-à-dire choisir une ou des inconnues et « transcrire » les données du problème en utilisant une expression algébrique et une égalité, on dit aussi modéliser le problème en utilisant des écritures mathématiques.

Il ne faut pas confondre égalité et équation.
La valeur de vérité d'une égalité est établie : $3 + 2 = 5$ est une égalité.
Les deux membres de cette égalité représentent la même quantité (ou mesure, etc.).

Dans une équation, la valeur de vérité n'est pas établie. Elle ne le sera que pour une ou des valeurs de l'inconnue. Chercher ces nombres, c'est résoudre l'équation.

1. ÉQUATION DU PREMIER DEGRÉ À UNE INCONNUE

Le degré d'une équation est donné par la plus grande puissance de x de l'équation, les deux membres étant développés.
L'équation $3x^2 - 5x + 2 = 0$ est une équation du second degré à une inconnue x.
L'équation $2x - 5 = 3$ est une équation du premier degré à une inconnue x.
Le nombre 2 est l'unique solution de l'équation $2x - 4 = 0$.

Propriétés sur les égalités

Propriété 1. On obtient une égalité équivalente à une égalité donnée en ajoutant ou en retranchant le même nombre aux deux membres de cette égalité (on notera cette propriété **P1** dans la suite du chapitre).
$a = b$ équivaut à $a + c = b + c$; $a = b$ équivaut à $a - c = b - c$.

Propriété 2. On obtient une égalité équivalente à une égalité donnée en multipliant ou en divisant les deux membres de cette égalité par le même nombre non nul (on notera cette propriété **P2** dans la suite du chapitre).
Si $c \neq 0$, $a = b$ équivaut à $a \times c = b \times c$; $a = b$ équivaut à $\frac{a}{c} = \frac{b}{c}$
Ex : résoudre une équation du premier degré à une inconnue.
$2x - 4 = 0$ est une équation dont la valeur de vérité dépend de la valeur de x.
Si $x = 1$, $2 - 4 \neq 0$, l'égalité n'est pas vérifiée.
Déterminons les valeurs de x pour lesquelles l'égalité est vérifiée (résolvons l'équation) :
On part de l'équation $2x - 4 = 0$.
Utilisons **P1** : $2x - 4 + 4 = 0 + 4$.
On a donc $2x = 4$.
Utilisons **P2** : $\frac{2x}{2} = \frac{4}{2}$
d'où $x = 2$.
Le nombre 2 est l'unique solution de l'équation $2x - 4 = 0$.

Toute équation du premier degré à une inconnue x peut être ramenée à une équation de la forme : $ax + b = 0$.

Résoudre l'équation $ax + b = 0$, c'est déterminer la ou les valeurs de x pour lesquelles $ax + b = 0$ est une égalité. La ou les valeurs de x en question sont dites solutions de l'équation.

Pour cela, il suffit d'utiliser les propriétés **P1** et **P2** énoncées plus haut.
$ax + b = 0$ équivaut à $ax + b - b = 0 - b$ (d'après la propriété **P1**).

Après simplification, on obtient l'équation équivalente : $ax = -b$.
À ce stade, il faut distinguer trois cas.

– **Premier cas** : si $a \neq 0$

On a alors $\frac{ax}{a} = -\frac{b}{a}$ (d'après la propriété **P2**), d'où $x = -\frac{b}{a}$.

Si on désigne par S l'ensemble des solutions, on peut alors aussi écrire : $S = \left\{-\frac{b}{a}\right\}$.

Ex :
Résoudre l'équation $3x - 9 = 0$.
En utilisant la propriété **P1**, on a : $3x - 9 = 0$ équivaut à $3x = 9$

En utilisant **P2**, on trouve : $x = \frac{9}{3}$ soit $x = 3$

– **Deuxième cas** : si $a = 0$ et $b = 0$
On a alors $0x = 0$; dans ce cas, tout nombre réel est solution de l'équation.
On peut aussi écrire : $S = \mathbb{R}$ (avec $\mathbb{R}$ l'ensemble des réels).

– **Troisième cas** : si $a = 0$ et $b \neq 0$
On a alors $0x = -b$; l'équation n'admet aucune solution, ce que l'on peut traduire par $S = \varnothing$ (l'ensemble vide).

2. ÉQUATION PRODUIT

On appelle **équation produit** toute équation se présentant sous la forme d'un produit de facteurs de deux expressions algébriques du premier degré avec une inconnue x :
$(ax + b)(cx + d) = 0$.
Pour résoudre ce type d'équation, on peut la ramener à la résolution de deux équations du premier degré.
En effet, on sait qu'un produit de facteurs est nul si et seulement si l'un des facteurs est nul (*cf.* chapitre Les nombres).
Donc $(ax + b)(cx + d) = 0$ si et seulement si $ax + b = 0$ ou $cx + d = 0$.

Ex :
$(2x - 3)(4x + 8) = 0$

Cette égalité est vraie si $2x - 3 = 0$, donc si $x = \frac{3}{2}$ ou si $4x + 8 = 0$, donc si $x = -2$.

D'où $S = \left\{-2 ; \frac{3}{2}\right\}$

3. ÉQUATION DU SECOND DEGRÉ À UNE INCONNUE

Toute équation du second degré à une inconnue peut être ramenée à une équation de la forme : $ax^2 + bx + c = 0$.

La fonction $f(x) = ax^2 + bx + c$ est appelée fonction trinôme (*cf.* chapitre sur les fonctions).

Résoudre l'équation, c'est aussi chercher les abscisses des points de la courbe représentative de f d'ordonnée nulle.

On peut cependant donner deux exemples simples d'équations du second degré se ramenant aisément à une équation produit.

Exemple 1 : cas où $c = 0$
$2x^2 - 8x = 0$ (on peut mettre x en facteur)
$x(2x - 8) = 0$
On a donc $x = 0$ ou $2x - 8 = 0$
D'où $x = 0$ ou $x = 4$

Exemple 2 : cas où $b = 0$
$9x^2 - 4 = 0$ (on reconnait l'identité remarquable $a^2 - b^2 = (a - b)(a + b)$)
$(3x - 2)(3x + 2) = 0$
On a donc $3x - 2 = 0$ ou $3x + 2 = 0$
D'où $x = \frac{2}{3}$ ou $x = -\frac{2}{3}$.

C – INÉQUATION DU PREMIER DEGRÉ À UNE INCONNUE

Une inégalité est soit vraie ($3 < 5$), soit fausse ($2 > 8$).
L'inégalité $x + 3 > 7$, par exemple, est vraie pour tous les nombres réels x strictement supérieurs à 4, soit $x > 4$, et fausse pour tous les nombres réels x inférieurs ou égaux à 4, soit $x \leqslant 4$.
$x + 3 > 7$ est une inéquation du premier degré à une inconnue : il n'y a qu'une seule inconnue x dont la puissance la plus élevée est 1.

Propriétés sur les inégalités :

Propriété 1

On ne change pas le sens d'une inégalité en ajoutant ou en retranchant le même nombre aux deux membres de cette inégalité (on notera cette propriété **P1**).
$a < b$ équivaut à $a + c < b + c$; $a < b$ équivaut à $a - c < b - c$.

Sur Lea.fr
4.3 Résoudre ces équations avec un algorithme
4.4 D'autres exemples

Ex :

- $x - 2 < 7$ équivaut à $x - 2 + 2 < 7 + 2$, en utilisant **P1**

$x - 2 < 7$ équivaut à $x < 9$

- $x + 5 < 1$ équivaut à $x + 5 - 5 < 1 - 5$, en utilisant **P1**

$x + 5 < 1$ équivaut à $x < -4$

Propriété 2

On ne change pas le sens d'une inégalité en multipliant ou en divisant ses deux membres par le même nombre positif non nul (on notera cette propriété **P2**).

Soit c un nombre positif non nul :

$a < b$ équivaut à $a \times c < b \times c$; $a < b$ équivaut à $\frac{a}{c} < \frac{b}{c}$

Ex :

- $\frac{1}{2}x < 3$ équivaut à $2 \times \frac{1}{2}x < 2 \times 3$ en utilisant **P2**

$\frac{1}{2}x < 3$ équivaut à $x < 6$. Le sens de l'inégalité n'a pas changé.

- $4x < 12$ équivaut à $\frac{4x}{4} < \frac{12}{4}$ en utilisant **P2**

$4x < 12$ équivaut à $x < 3$. Le sens de l'inégalité n'a pas changé.

Propriété 3

On change le sens d'une inégalité en multipliant ou en divisant ses deux membres par le même nombre négatif non nul (on notera cette propriété **P3**).

Soit c un nombre négatif non nul :

$a < b$ équivaut à $a \times c > b \times c$; $a < b$ équivaut à $\frac{a}{c} > \frac{b}{c}$

Ex :

- $-\frac{1}{2}x < 3$ équivaut à $(-2) \times \left(-\frac{1}{2}\right)x > (-2) \times 3$ en utilisant **P3**.

$-\frac{1}{2}x < 3$ équivaut à $x > -6$. Le sens de l'inégalité a changé car on a multiplié ses deux membres par un nombre négatif.

- $-4x < 12$ équivaut à $\frac{-4x}{-4} > \frac{12}{-4}$ en utilisant **P3**.

$-4x < 12$ équivaut à $x > -3$. Le sens de l'inégalité a changé car on a multiplié ses deux membres par un nombre négatif.

Toute inéquation du premier degré à une inconnue peut être ramenée à une inéquation du type :

$ax + b < 0$ ou $ax + b > 0$ ou $ax + b \leqslant 0$ ou $ax + b \geqslant 0$

Résoudre une inéquation, c'est déterminer l'ensemble des valeurs de x pour lesquelles l'inégalité est vérifiée. Cet ensemble est appelé ensemble de solutions de l'inéquation.

Pour résoudre une inéquation et obtenir une inéquation équivalente :
– développer et simplifier les deux membres ;
– utiliser les propriétés **P1** et **P2** ou **P3** énoncées plus haut.

Ex :
Résoudre l'inéquation $3(2x - 5) + 10 < 8x - 13$.
Après développement et réduction du premier membre, on obtient une inéquation équivalente.
$3(2x - 5) + 10 < 8x - 13$ équivaut à $6x - 5 < 8x - 13$
$3(2x - 5) + 10 < 8x - 13$ équivaut à $6x - 8x - 5 < 8x - 8x - 13$ en utilisant **P1**.
$3(2x - 5) + 10 < 8x - 13$ équivaut à $- 2x - 5 < - 13$ après réduction.
$3(2x - 5) + 10 < 8x - 13$ équivaut à $- 2x - 5 + 5 < - 13 + 5$ en utilisant **P1**.
$3(2x - 5) + 10 < 8x - 13$ équivaut à $- 2x < -8$ après réduction.
$3(2x - 5) + 10 < 8x - 13$ équivaut à $\frac{-2x}{-2} > \frac{-8}{-2}$ en utilisant **P3**.

Remarque : La division des deux membres par un nombre négatif explique le changement de sens de l'inégalité.
$3(2x - 5) + 10 < 8x - 13$ équivaut à $x > 4$ après simplification.
Les solutions de l'inéquation $3(2x - 5) + 10 < 8x - 13$ appartiennent à l'intervalle $]4 ; +\infty[$.
On peut représenter cet ensemble de solutions sur une droite graduée.

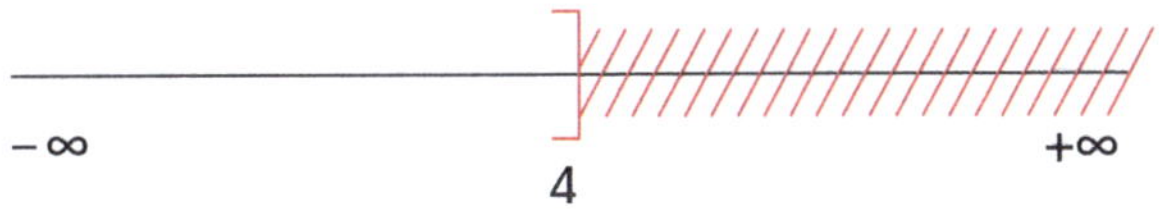

Les solutions de l'inéquation $3(2x - 5) + 10 < 8x - 13$ sont donc $x > 4$, solutions qui peuvent s'écrire $S =]4 ; +\infty[$.

D'une manière générale, pour résoudre une inéquation du premier degré à une inconnue :
L'inéquation $ax + b < 0$ d'inconnue x équivaut à $ax < -b$
En effet, en utilisant la propriété **P1**, il vient : $ax + b - b < 0 - b$, soit $ax < -b$

Il faut distinguer deux cas :
– 1er cas : Si $a > 0$ alors l'inéquation $ax < - b$ équivaut à $x < -\frac{b}{a}$.

En effet, en utilisant la propriété **P2**, il vient : $\frac{ax}{a} < -\frac{b}{a}$, soit $x < -\frac{b}{a}$.

Les solutions appartiennent à l'intervalle $\left]-\infty ; -\frac{b}{a}\right[$.

– 2e cas : Si $a < 0$ alors l'inéquation $ax < - b$ équivaut à $x > -\frac{b}{a}$.

En effet, en utilisant la propriété **P3**, il vient : $\frac{ax}{a} > -\frac{b}{a}$, soit $x > -\frac{b}{a}$.

Les solutions appartiennent à l'intervalle $\left]-\frac{b}{a} ; +\infty\right[$.

ASTUCE

Plusieurs symboles sont utilisés pour « écrire » les ensembles de nombres que sont les intervalles, il vous faut les connaitre :
[*a* : indique « limite inférieure *a* incluse » dans l'ensemble ;
]*a* : indique « limite inférieure *a* non incluse » dans l'ensemble ;
b] : indique « limite supérieure *b* incluse » dans l'ensemble ;
b[: indique « limite supérieure *b* non incluse » dans l'ensemble ;
+∞ : indique une limite abstraite – c'est pourquoi le crochet sera toujours ouvert de son côté (... ; ∞ +[) – se situant à l'infini des nombres positifs qui, par définition, est inatteignable.
– ∞ : indique une limite abstraite comme + ∞, mais du côté de l'infini des nombres négatifs (] –∞ ; ...).

D – SYSTÈME DE DEUX ÉQUATIONS DU PREMIER DEGRÉ À DEUX INCONNUES

Un système de deux équations du premier degré à deux inconnues est un système de la forme $\begin{cases} ax + by = c \\ a'x + b'y = c' \end{cases}$

Où a, b, c, a', b', c' sont des nombres réels et x, y sont les inconnues.
Le couple (x ; y) est solution du système s'il vérifie simultanément ces deux équations.
Ce couple (x ; y) correspond aux coordonnées du point d'intersection des deux droites associées aux équations du système (*cf.* chapitre sur les fonctions).

Ex :

Le couple (2 ; 5) est solution du système $\begin{cases} 2x + y = 9 \\ 3x + 2y = 16 \end{cases}$

car il vérifie simultanément les deux équations : $2x + y = 9$ et $3x + 2y = 16$.
En effet, en remplaçant x par 2 et y par 5, on a bien : $2 \times 2 + 5 = 9$ et $3 \times 2 + 2 \times 5 = 16$.

Sur Lea.fr
4.5 D'autres exemples sur la resolution d'inéquations du premier degré

ASTUCE

Un système de deux équations à deux inconnues peut être résolu selon deux méthodes : la méthode par substitution et la méthode par combinaison linéaire.

1. RÉSOLUTION D'UN SYSTÈME PAR LA MÉTHODE DE SUBSTITUTION

Résolvons un système de deux équations à deux inconnues x et y. La **méthode de résolution par substitution** consiste à exprimer une inconnue en fonction de l'autre dans la première équation du système, exprimer y en fonction de x par exemple, puis à remplacer y par sa valeur en fonction de x dans la seconde équation du système.
On obtient ainsi une équation du premier degré à une inconnue x, que l'on résout pour déterminer la valeur de x.
Puis on remplace x par la valeur trouvée dans la première équation afin de calculer la valeur de la seconde inconnue y. Le système est ainsi résolu.

Ex :

Soit le système à résoudre $\begin{cases} x - y = 3 \\ 3x + 2y = 14 \end{cases}$

D'après la première équation du système $x - y = 3$, on a $x = 3 + y$.
En remplaçant x par cette expression dans la deuxième équation, on obtient :
$3(3 + y) + 2y = 14$, d'où $5y + 9 = 14$ et $y = \dfrac{14 - 9}{5} = 1$.
$x = 3 + y$, donc $x = 3 + 1 = 4$.
La solution du système est donc le couple $(4 ; 1)$.

2. RÉSOLUTION D'UN SYSTÈME PAR LA MÉTHODE DE COMBINAISON LINÉAIRE

Reprenons le système précédent.
La **méthode de résolution par combinaison linéaire** consiste à éliminer une inconnue du système en effectuant une addition membre à membre des deux équations.

Pour cela, on choisit l'inconnue que l'on souhaite éliminer et on multiplie les deux membres de chacune des deux équations par des nombres afin d'obtenir des coefficients opposés de cette inconnue dans les deux équations.

Après une addition membre à membre des deux équations, on obtient une équation à une inconnue. Sa résolution donnera la valeur de l'une des inconnues du système.
Puis on remplace la valeur trouvée dans l'une des deux équations pour déterminer la valeur de l'autre inconnue.

Sur Lea.fr
4.6 Autres exercices

Ex :

Reprenons le système précédent $\begin{cases} x - y = 3 & (1) \\ 3x + 2y = 14 & (2) \end{cases}$

On choisit l'inconnue à éliminer par une addition membre à membre des deux équations (1) et (2).

– Si on souhaite éliminer x, multiplier les deux membres de l'équation (1) par – 3 et ceux de l'équation (2) par 1.

On obtient alors le système équivalent suivant : $\begin{cases} -3x + 3y = -9 \\ 3x + 2y = 14 \end{cases}$

Une addition membre à membre donne : $3y + 2y = -9 + 14$, soit $5y = 5$, d'où $y = 1$.
Puis remplacer y par sa valeur dans (1) par exemple et il vient : $x - 1 = 3$, d'où $x = 4$.

– Si on souhaite éliminer y, multiplier les deux membres de l'équation (1) par 2 et ceux de l'équation (2) par 1.

On obtient alors le système équivalent suivant : $\begin{cases} 2x - 2y = 6 \\ 3x + 2y = 14 \end{cases}$

Une addition membre à membre donne : $2x + 3x = 6 + 14$, soit $5x = 20$, d'où $x = 4$.
Puis remplacer x par sa valeur dans (1) par exemple et il vient : $4 - y = 3$, d'où $y = 1$.

La solution du système est donc le couple (4 ; 1).

E – LA MISE EN ÉQUATION DES PROBLÈMES

Nous partirons d'un exemple et vous en trouverez de nombreux autres sur Lea.fr.

Problème : la somme de quatre nombres entiers consécutifs est égale à 286. Trouver ces quatre nombres.

Résolution algébrique :
– Que cherche-t-on ? Autrement dit, quelles sont les inconnues du problème ?
Nous cherchons quatre nombres, on serait tenté de choisir quatre inconnues, soient x, y, z et t. Mais ce n'est pas la bonne démarche car comme il faut autant d'équations que d'inconnues, on aurait à résoudre ce système : $\begin{cases} y = x + 1 \\ z = y + 1 \\ t = z + 1 \\ x + y + z + t = 286 \end{cases}$ équivalent à $\begin{cases} y = x + 1 \\ z = x + 2 \\ t = x + 3 \\ x + y + z + t = 286 \end{cases}$

On peut simplifier cette démarche en raisonnant ainsi : comme les nombres sont consécutifs, il est judicieux de prendre pour inconnue le plus petit de ces nombres x, le suivant sera $x + 1$, puis $x + 2$, et enfin $x + 3$ pour le quatrième.

Sur Lea.fr
4.7 Autres exercices

– Mise en équation (modélisation du problème) : elle est ici très simple, il suffit de traduire directement en langage mathématique le texte du problème :

$$x + (x + 1) + (x + 2) + (x + 3) = 286$$

– Résolution de l'équation :

$x + x + 1 + x + 2 + x + 3 = 286$
$4x + 6 = 286$
$4x = 280$
$x = 70$

– Interprétation du résultat :
Les quatre nombres cherchés sont : 70, 71, 72 et 73 (on vérifiera que $70 + 71 + 72 + 73 = 286$).

JE M'ENTRAÎNE

ÉNONCÉS

◆ Exercice 1

Développer puis réduire l'expression suivante en utilisant les identités remarquables.
$A = 3(x + 2)^2 - 4(2x - 1)^2 + (3x - 5)(3x + 5)$.

◆ Exercice 2

Résoudre pour $x \neq 2$ l'équation suivante : $\dfrac{3x - 1}{x - 2} = 5$.

◆ Exercice 3

Vous allez de A à B en motocyclette à la vitesse de 30 km/h. Vous revenez à la vitesse moyenne de 20 km/h. La durée totale du parcours est de 2 h 30 min. Quelle est la distance de A à B ?

◆ Exercice 4

Un propriétaire souhaite engazonner 520 m² de son jardin, le restant étant un potager.
Il contacte un paysagiste qui propose, pour l'ensemencement du gazon, un tarif de 5 euros le m². Il offre une remise sur le prix total et ne facture que 1 950 euros.
1. Quel est le pourcentage de la remise accordée ?
2. Pour débuter son potager, le propriétaire a acheté 75 plants de salade et 50 pieds de tomates. Il se souvient que le prix d'un plant de salade était de 22 centimes et qu'il a payé, en tout, entre 50 et 55 euros. En déduire un encadrement, le plus précis possible, du prix d'un pied de tomates.

Sur Lea.fr
4.8 Autres exemples

◆ Exercice 5

En roulant à 90 km/h, j'arriverai à destination à 19 h. En roulant à 120 km/h, j'arriverai à destination à 17 h. À quelle heure dois-je partir ?

CORRIGÉS

◆ Exercice 1

$A = -4x^2 + 28x - 17$

◆ Exercice 2

$x = \frac{9}{2}$ est solution de l'équation proposée.

◆ Exercice 3

La distance de A à B est de 30 km.

◆ Exercice 4

1. La remise accordée est de 25 %.
2. Le prix d'un pied de tomate est compris entre 0,67 € et 0,77 €.

◆ Exercice 5

Je dois partir à 11 h.

Sur Lea.fr

Corrigés développés

5. Fonctions numériques et suites

JE M'ÉVALUE

VRAI OU FAUX ?

1. La fonction f est linéaire et $f(2) = 3$. On a $f(6) = 7$.

2. La fonction f est affine. Si on a $f(0) = 5$ et $f(2) = 6$ alors $f(8) = 9$.

3. L'antécédent du réel 12 par la fonction affine définie par $f(x) = 3x + 7$ est $\frac{5}{3}$.

4. La fonction f définie par $f(x) = -(x-2)^2 + 13$ admet un minimum égal à 13.

5. On considère la fonction f définie par $f(x) = 8x - \frac{4}{3}x^2$ sur l'intervalle [0 ; 6] dont la représentation graphique est donnée ci-contre : 4 a pour antécédent un nombre compris entre 10 et 11.

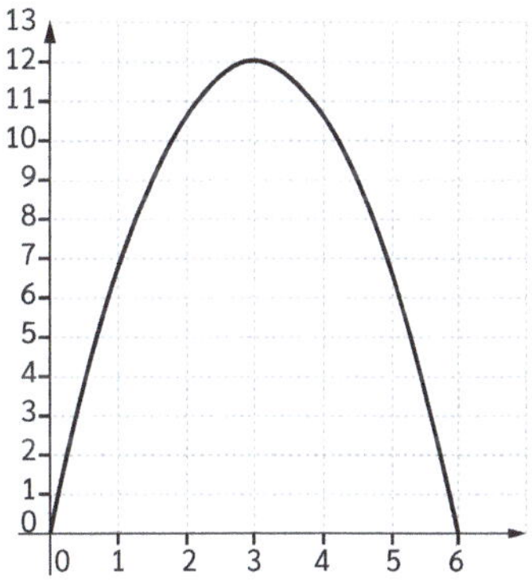

6. La fonction f définie par $f(x) = (2x-3)^2 + 1 - 4x^2$ est une fonction affine.

7. La fonction affine f telle que $f(3) = 4$ et $f(1) = \frac{8}{3}$ est définie par $f(x) = \frac{2}{3}x + 2$.

8. La fonction f telle que $f(6) = 2$ et $f(0) = 4$ est une fonction linéaire.

9. Soit la fonction f définie par $f(x) = (x-3)^2 - 1$. 0 admet 4 pour seul antécédent.

10. Les courbes représentatives des fonctions affines f et g définies par $f(x) = \frac{2}{3}x + 3$ et $g(x) = x + 2$ se coupent au point d'abscisse 3.

Réponses : 1.F – 2.V – 3.V – 4.F – 5.F – 6.V – 7.V – 8.F – 9.F – 10.V

JE RÉVISE

A – LES FONCTIONS NUMÉRIQUES

Une fonction est une espèce de machine qui reçoit en entrée une quantité, une valeur (la matière première), qui la transforme par un procédé toujours identique, et donne un produit fini.
La machine est nommée par une lettre minuscule, f et les suivantes dans l'alphabet.
L'entrée (la matière première) est nommée x.
Le produit fini est nommé y.
Pour indiquer le fonctionnement de la machine, on écrit par exemple :
$f(x) = 2x + 3$
Cela signifie que quelle que soit la valeur d'entrée, la machine la multipliera par 2 et ajoutera 3 à ce premier résultat, ainsi le produit fini sera $y = f(x) = 2x + 3$.
Par exemple, si on entre la valeur 5, la machine « sortira » la valeur $2 \times 5 + 3 = 13$.
On écrit $f(5) = 13$.
En langage mathématique, 5 est appelé l'antécédent et 13 l'image.

1. NOTION DE FONCTION

Soit deux ensembles E et F. Une fonction f de E dans F est une relation qui à tout élément de E associe au plus un élément de F.
Si les ensembles E et F sont des ensembles de nombres, alors f est une fonction numérique.
Notation :
$f : E \to F$
$x \mapsto f(x)$
On dit que $f(x)$ est l'image de x par f et que x est l'antécédent de $f(x)$ par f.

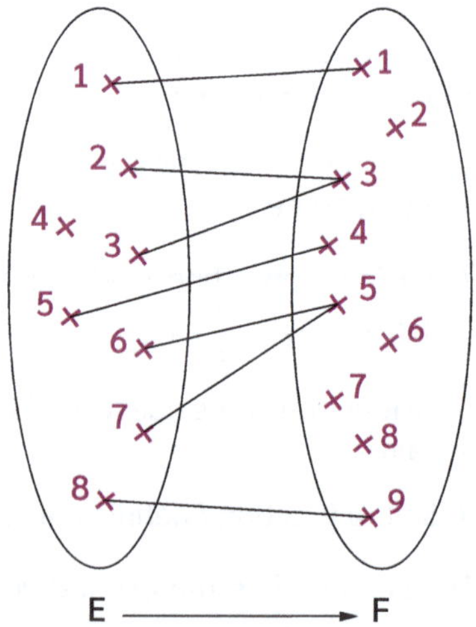

Exemple (ci-contre) :
L'image de 1 est 1.
L'image de 2 est 3.
4 n'a pas d'image.
L'antécédent de 9 est 8.
5 a deux antécédents qui sont 6 et 7.
6 n'a pas d'antécédent.

N'OUBLIONS PAS !

Ne pas confondre f qui désigne une fonction et $f(x)$ qui désigne un nombre réel.

Ex :

ABC est un triangle rectangle en A et BCDE un carré construit comme indiqué sur la figure ci-contre.

1. Exprimer la longueur BC en fonction de x.

2. En déduire l'expression de l'aire $f(x)$ et du périmètre $g(x)$ du carré BCDE en fonction de x.

3. Déterminer l'image de 1 par f et g.

4. Pour quelle valeur de x l'aire du carré BCDE est-elle égale à 125 ?

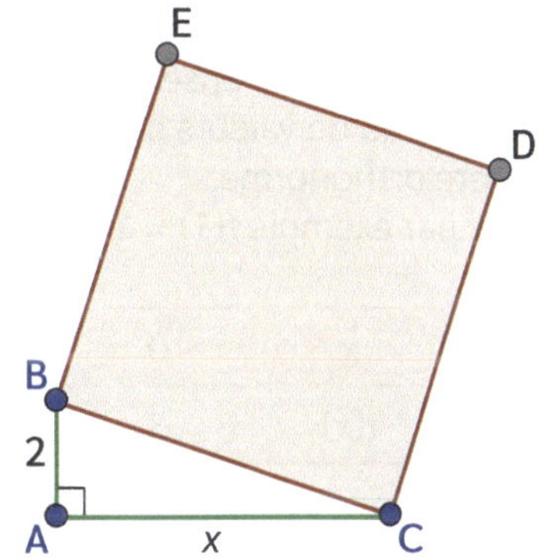

Réponses :

1. D'après le théorème de Pythagore appliqué au triangle ABC rectangle en A, on a $BC^2 = AC^2 + AB^2$, soit $BC^2 = x^2 + 4$, d'où $BC = \sqrt{x^2 + 4}$.

2. Comme l'aire du carré BCDE est égale à $BC \times BC = BC^2$, alors $f(x) = x^2 + 4$.

Comme le périmètre du carré BCDE est égal à $4 \times BC$, alors $g(x) = 4\sqrt{(x^2 + 4)}$.

3. $f(1) = 1^2 + 4 = 5$ et $g(1) = 4\sqrt{1^2 + 4} = 4\sqrt{5}$.

4. La valeur de x pour laquelle l'aire du carré BCDE est égale à 125 est l'antécédent de 125 par f. Pour déterminer la valeur de x, il suffit de résoudre l'équation $f(x) = 125$.

On a donc $x^2 + 4 = 125$, $x^2 = 121$, $x = \sqrt{121}$, d'où $x = 11$.

2. REPRÉSENTATION GRAPHIQUE D'UNE FONCTION

◆ Repère du plan

Le repère (ci-contre) est constitué de deux axes :

- l'axe des abscisses (sur lequel figurent les valeurs x) ;
- l'axe des ordonnées (sur lequel figurent les valeurs y).

Ces deux axes sont orthogonaux.
Leur point d'intersection est le point O, appelé origine du repère.

Les axes sont gradués à partir de l'origine O :

- graduations positives à droite de O et au-dessus de O ;
- graduations négatives à gauche de O et au-dessous de O.

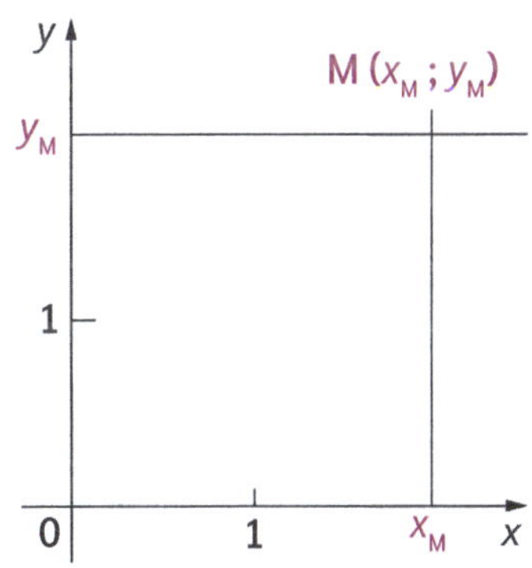

L'unité est la même sur l'axe des abscisses et des ordonnées.

Le point $M(x_M ; y_M)$ du plan est le point dont la projection orthogonale sur l'axe des abscisses est x_M et dont la projection orthogonale sur l'axe des ordonnées est y_M.

◆ Tracé de la courbe représentative d'une fonction

Dans un repère plan, on appelle représentation graphique ou courbe représentative de la fonction f notée $\mathscr{C}_f$, l'ensemble des points M du plan de coordonnées $(x ; y)$ tels que $y = f(x)$. Autrement dit, l'ordonnée de tout point de la courbe $\mathscr{C}_f$ est l'image par f de l'abscisse de ce point.

Ex : donner une représentation graphique de la fonction f définie par $f(x) = x^2 - 4x + 3$ pour x appartenant à l'ensemble {0, 1, 2, 3, 4, 5}.
Un tableau de valeurs permet de placer les points représentatifs de cette fonction dans un repère orthonormé.
On a par exemple $f(1) = 1^2 - 4 \times 1 + 3 = 0$ et $f(5) = 5^2 - 4 \times 5 + 3 = 8$.

x	0	1	2	3	4	5
$f(x)$	3	0	−1	0	3	8

Placer dans le repère ci-dessous :
{(0 ; 3), (1 ; 0), (2 ; − 1), (3 ; 0), (4 ; 3), (5 ; 8)}

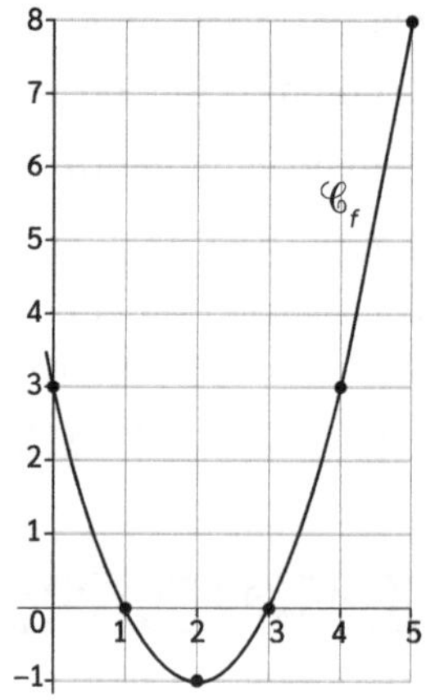

Pour tracer la représentation graphique de la fonction pour x appartenant à l'intervalle [0 ; 5], on procède par interpolation en supposant (ce qui est exact) que la courbe relie les points directement sans aberration et finit par être plus ou moins harmonieuse.

On relie les points entre eux pour obtenir la courbe $\mathscr{C}_f$ représentative de la fonction f dans l'intervalle [0 ; 5].

Nous verrons au paragraphe suivant que selon la « forme » de la fonction, on peut anticiper la « forme » ou la nature de sa représentation graphique. Par exemple, il doit devenir évident pour chacun que la courbe représentative d'une fonction de la forme $ax^2 + bx + c$ est une parabole.

3. LECTURES GRAPHIQUES

Le graphique ci-dessous représente le volume, en mètre cube, d'une piscine en fonction de sa largeur, en mètre.

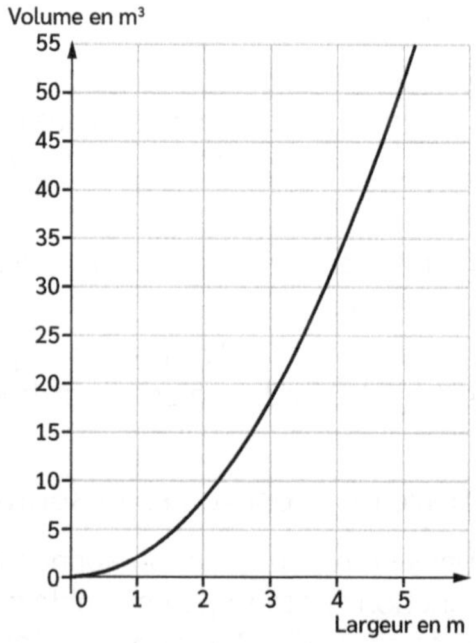

Ex : répondre par lecture graphique aux questions suivantes :

1. Quel est le volume, en mètre cube, de la piscine si sa largeur vaut 3 m ? Arrondir à l'unité.

2. Quelle est la largeur, en mètre, de la piscine si son volume est 27 m³ ? Arrondir au dixième.

3. Donner un encadrement du volume, en mètre cube, de la piscine si sa largeur est comprise entre 4 m et 5 m. Arrondir les valeurs utilisées à l'unité.

Réponses :

1. Pour déterminer graphiquement le volume, en mètre cube, de la piscine si sa largeur vaut 3 m, il faut déterminer l'image de 3, soit l'ordonnée du point de la courbe d'abscisse 3. Pour cela, tracer la droite d'équation $x = 3$. Elle coupe la courbe au point d'ordonnée 18,73, soit 19 en prenant l'arrondi à l'unité. Ce qui correspond à un volume de 19 m³.

2. Pour déterminer graphiquement la largeur, en mètre, de la piscine si son volume est 27 m³, il faut déterminer l'antécédent de 27, soit l'abscisse du point de la courbe d'ordonnée 27. Pour cela, tracer la droite d'équation $y = 27$. Elle coupe la courbe au point d'abscisse 3,6, arrondi au dixième. Ce qui correspond à une largeur de 3,6 m.

3. Pour déterminer un encadrement du volume, en mètre cube, de la piscine si sa largeur est comprise entre 4 m et 5 m, il faut déterminer l'encadrement délimité par l'ordonnée du point de la courbe d'abscisse 4 et l'ordonnée du point de la courbe d'abscisse 5.
Ces valeurs arrondies à l'unité sont respectivement 33 et 52.
Ce qui correspond à un volume compris entre 33 m³ et 52 m³.

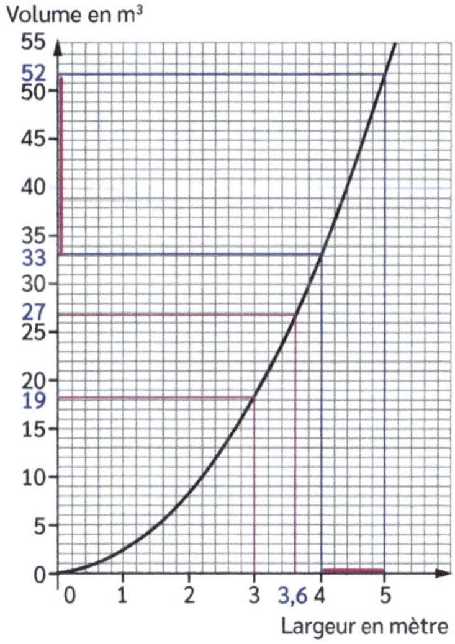

B – LES FONCTIONS NUMÉRIQUES LES PLUS USITÉES

Pour chacun de ces types de fonctions, il faut être capable de donner la nature de la courbe représentative.

1. LES FONCTIONS LINÉAIRES

◆ **Forme algébrique**

Une fonction linéaire est une relation qui à tout nombre x associe le nombre ax où a est un nombre non nul.
Le nombre ax est l'image de x par f, que l'on note $\boldsymbol{f(x) = ax}$.
Le nombre a est le coefficient linéaire de f.

◆ **Représentation graphique d'une fonction linéaire**

Une fonction linéaire est représentée par une droite d'équation $y = ax$ passant par l'origine du repère. a est le coefficient directeur de cette droite.

Ex :
Un verre cylindrique de diamètre 6 cm et de 8 cm de hauteur contient un liquide sur une hauteur x (cm) inférieure ou égale à 8.
Soit f la fonction qui à tout nombre x de l'intervalle [0 ; 8] associe le volume du liquide en cm³. Montrer que f est une fonction linéaire. En donner une représentation graphique.
Le volume du cylindre est donné par la formule :
V = aire de base × hauteur = $\pi r^2 h$.

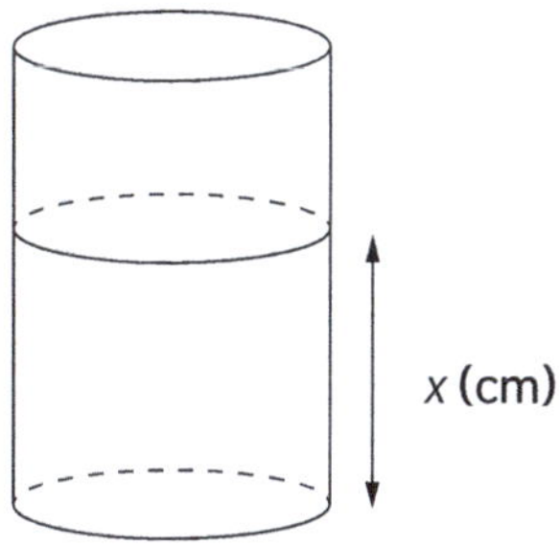

Sur Lea.fr
5.1 Démonstration de la représentation graphique d'une fonction linéaire

Le volume du liquide en fonction de x est défini par $f(x) = \pi \times \left(\frac{6}{2}\right)^2 x$, soit $f(x) = 9\pi x$.

La fonction f est bien une fonction linéaire de coefficient 9π. Le volume du liquide est donc proportionnel à sa hauteur.
Avec un tableur :

hauteur	volume
0	0,00
1	28,27
2	56,55
3	84,82
4	113,10
5	141,37
6	169,65
7	197,92
8	226,19

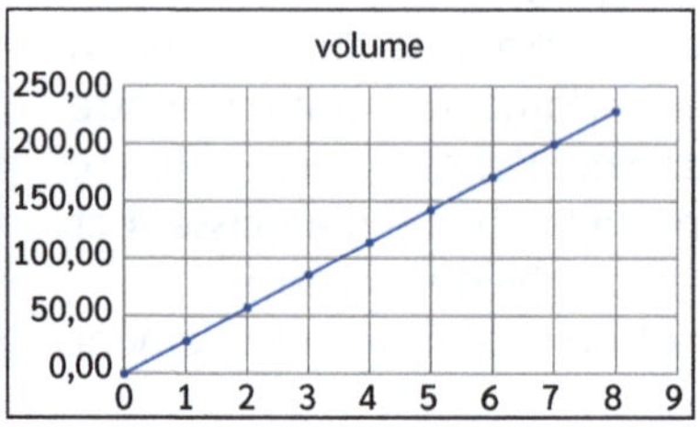

Comme il s'agit d'une fonction linéaire, $f(x) = 9\pi x$, on peut affirmer que sa représentation graphique est une droite qui passe par l'origine.
Un seul point nous aurait permis de tracer toute la représentation graphique sur l'intervalle, par exemple si $x = 8$ alors $y = 72\pi$.

2. LES FONCTIONS AFFINES

◆ Forme algébrique

Soit a et b deux nombres réels.
Une fonction affine f est une relation qui à tout nombre x associe le nombre $ax + b$. Le nombre $ax + b$ est l'image de x par f, que l'on note $\boldsymbol{f(x) = ax + b}$.

◆ Représentation graphique d'une fonction affine

Une *fonction* affine est représentée par une droite d'équation $y = ax + b$ où a est le coefficient directeur et b l'ordonnée à l'origine, car la droite passe par le point de coordonnées $(0 ; b)$.

Ex : Pour assurer l'entretien annuel d'une chaudière, une commune sollicite deux entreprises.
• La société ***F*** propose un forfait annuel de 700 € pour les déplacements, puis toute intervention est facturée 350 €.
• La société ***G*** propose également un forfait annuel pour les déplacements au tarif de 500 €, puis toute intervention est facturée 450 €.

On note x le nombre d'interventions annuelles.

Le montant annuel $f(x)$ à payer à la société ***F***, en fonction de x, est donné par l'expression $f(x) = 350x + 700$.

Le montant annuel $g(x)$ à payer à la société ***G***, en fonction de x, est donné par l'expression $g(x) = 450x + 500$.

f et g sont des fonctions affines car de la forme $x \mapsto ax + b$.

Pour représenter graphiquement ces deux fonctions dans un repère orthogonal, il nous faut au moins deux points pour chaque droite.

La droite D_1 représentant la fonction f passe par les points de coordonnées $(0 ; 700)$ et $(2 ; 1\,400)$.

La droite D_2 représentant la fonction g passe par les points de coordonnées (0 ; 500) et (4 ; 2 300).

À partir du graphique, on peut lire que le montant de la facture sera le même pour les deux sociétés pour 2 interventions.

On peut retrouver ce résultat par le calcul en résolvant l'équation $f(x) = g(x)$, soit $350x + 700 = 450x + 500$ d'où $x = 2$.

Choisir la société ***F*** est plus avantageux pour plus de 2 interventions. Par le calcul, on a bien $f(x) < g(x)$ si et seulement si $x > 2$.

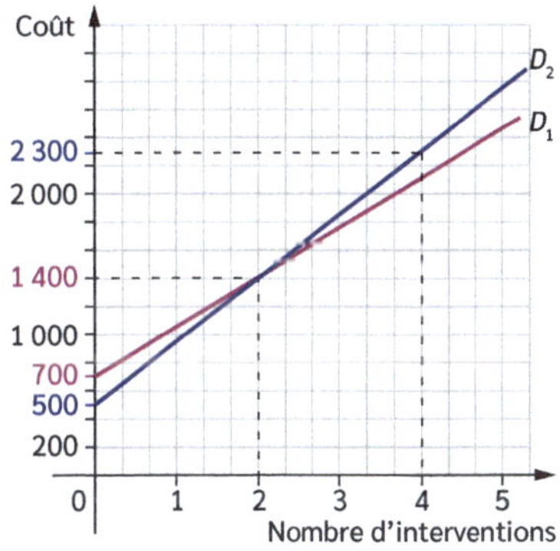

3. LES FONCTIONS TRINÔMES DU SECOND DEGRÉ

◆ Forme algébrique

On appelle fonction trinôme du second degré ou fonction polynôme du second degré, toute fonction f définie sur $\mathbb{R}$ par $f(x) = ax^2 + bx + c$ où a, b et c sont des nombres avec $a \neq 0$.

Ex :

– $f(x) = 5x^2 - 2x + 1$ $(a = 5, b = -2, c = 1)$.

– $g(x) = (2x - 3)(x - 5)$ est un trinôme car en développant, on obtient
$g(x) = 2x^2 - 10x - 3x + 15 = 2x^2 - 13x + 15$ $(a = 2, b = -13, c = 15)$

– $h(x) = -2(x - 1)^2 + 5$ est un trinôme car en développant, on obtient
$h(x) = -2(x^2 - 2x + 1) + 5 = -2x^2 + 4x - 2 + 5 = -2x^2 + 4x + 3$ $(a = -2, b = 4, c = 3)$

– La fonction carrée, $f(x) = x^2$, en est la fonction de référence. $(a = 1, b = 0, c = 0)$.

◆ Représentation graphique d'une fonction trinôme

La courbe représentative d'une fonction trinôme est une parabole dont le sommet S a pour abscisse $-\dfrac{b}{2a}$.

Si $a > 0$, ses branches sont tournées vers le haut et elle admet un minimum en $x = -\dfrac{b}{2a}$.

Ex :

$f(x) = 3x^2 - 12x + 13$. L'abscisse du minimum est $x = -\dfrac{b}{2a} = -\dfrac{-12}{2 \times 3} = 2$. D'où les coordonnées du sommet S : (2 ; 1).

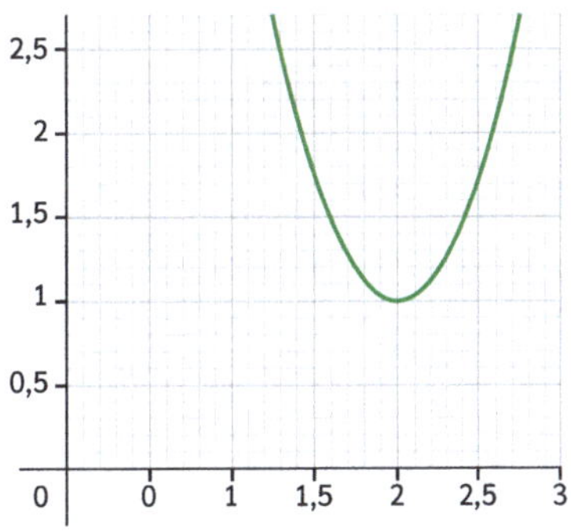

Si $a < 0$, ses branches sont tournées vers le bas et elle admet un maximum en $x = -\dfrac{b}{2a}$.

Ex :

$f(x) = -2x^2 + 12x - 13$. L'abscisse du maximum est $x = -\dfrac{b}{2a} = -\dfrac{12}{2\times(-2)} = 3$.

D'où les coordonnées du sommet S : (3 ; 5).

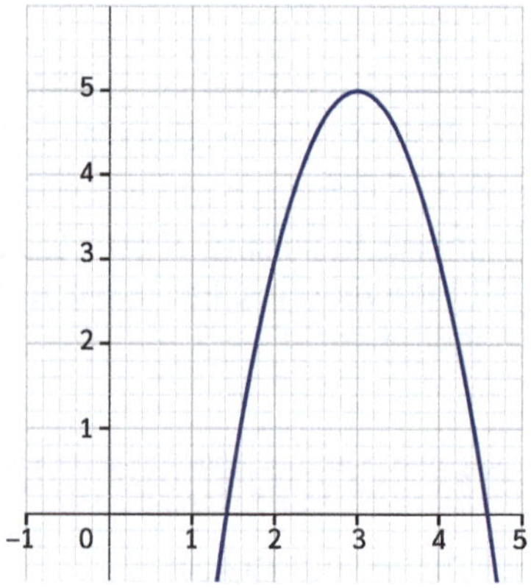

Remarque : On admettra que tout trinôme $f(x) = ax^2 + bx + c$ peut s'écrire sous forme canonique $f(x) = a(x-\alpha)^2+\beta$ avec $\alpha = -\dfrac{b}{2a}$.

Cette écriture est souvent utilisée au concours car très pratique pour lire directement les coordonnées du sommet S : $S(\alpha\,;\beta)$.

Reprenons les deux exemples précédents :

– $f(x) = 3x^2-12x+13 = 3(x-2)^2+1 \Rightarrow S(2\,;1)$

comme $a = 3 > 0$, alors f admet un minimum en 2 et ce minimum vaut 1 ;

– $f(x) = -2x^2+12x-13 = -2(x-3)^2+5 \Rightarrow S(3\,;5)$

comme $a = -2 < 0$, alors f admet un maximum en 3 et ce maximum vaut 5.

C – LES SUITES

Une suite est une liste ordonnée de manière rationnelle de nombres, de formes géométriques, etc. Cette partie C est hors concours, mais entre dans le cadre du PPPE (Parcours préparatoire au professorat des écoles).

1. LES SUITES NUMÉRIQUES

Vocabulaire et notations

Une suite (u_n) est une liste infinie et ordonnée de nombres réels.
Les termes successifs de la suite sont indicés à partir du premier d'entre eux.
Le choix du premier terme de la suite (u_n) n'est pas nécessairement u_0, mais peut être u_1 par exemple.

On a donc la suite de termes $u_0, u_1, u_2, \ldots, u_{20}, u_{21}, \ldots, u_{p-1}, u_p, u_{p+1}, \ldots, u_n$ ou la suite des termes $u_1, \ldots, u_n$.
Le successeur de u_n est le terme u_{n+1}. Le prédécesseur de u_n est le terme u_{n-1}.

◆ Les suites définies sur un mode direct

On appelle ainsi les suites pour lesquelles on peut calculer le terme de rang n sans avoir à connaitre les termes précédents.
Ces suites sont assimilables à des fonctions définies sur $\mathbb{N}$ ou une partie de $\mathbb{N}$.
On écrit alors : $u_n = f(n)$.

Le terme général u_n est fonction de n.

Ex :

– Soit la suite (u_n) définie par $u_n = \dfrac{3n+5}{n+1}$

On a $u_0 = \dfrac{3\times0+5}{0+1} = 5$, $u_1 = \dfrac{3\times1+5}{1+1} = \dfrac{8}{2} = 4$, $u_{10} = \dfrac{3\times10+5}{10+1} = \dfrac{35}{11}$.

– Soit la suite (v_n) définie par $v_n = 2^{n+1} - 3$

On a $v_0 = 2^{0+1} - 3 = 2 - 3 = -1$, $v_1 = 2^{1+1} - 3 = 2^2 - 3 = 1$, $v_5 = 2^{5+1} - 3 = 2^6 - 3 = 61$.

◆ Les suites définies par une relation de récurrence

Une suite (u_n) dont on connait le premier terme et telle que le terme suivant est fonction du ou des termes précédents est appelée une suite récurrente ou suite définie par une relation de récurrence.

Ex :
Soit la suite (u_n) définie par son premier terme $u_0 = 2$ et par la relation de récurrence : $u_{n+1} = 3u_n - 2$.

On a
$u_1 = 3u_0 - 2 = 3\times2 - 2 = 4$
$u_2 = 3u_1 - 2 = 3\times4 - 2 = 10$
$u_3 = 3u_2 - 2 = 3\times10 - 2 = 28$

Pour calculer u_6 par exemple, il nous faut calculer tous les termes précédents, soit u_4 et u_5. Comme on le voit, le calcul des termes successifs peut s'avérer très fastidieux et il est souvent intéressant de passer pour une même suite d'un mode de définition par récurrence à un mode de définition « direct » lorsque cela est possible.

Deux types de suites définies par récurrence sont à connaître, ainsi que le passage à leur définition sur un mode direct.

◆ Les suites arithmétiques

On dit qu'une suite (u_n) est arithmétique s'il existe un réel r non nul appelé raison de la suite tel que, pour tout entier naturel n, $u_{n+1} = u_n + r$.

Ex : Soit la suite (u_n) définie par son premier terme $u_0 = 2$ et par la relation de récurrence : $u_{n+1} = u_n + 3$

(u_n) est une suite arithmétique de raison 3 et de premier terme $u_0 = 2$.
2, 5, 8, 11 et 14 sont les cinq premiers termes de la suite.

Calcul direct du terme de rang *n*

$u_n = u_0 + n\times r$ ou $u_n = u_1 + (n-1)\times r$

Somme des termes d'une suite arithmétique

$S_n = u_0 + u_1 + ... + u_n = \dfrac{(n+1)(u_0+u_n)}{2}$ ou $S_n = u_1 + u_2 .... + u_n = \dfrac{n(u_1+u_n)}{2}$

$$\text{Somme} = \frac{\text{nombre de termes} \times (\text{premier terme} + \text{dernier terme})}{2}$$

Sur Lea.fr
5.2 Démonstration et exemples
5.3 Démonstration et exemples

2. LES SUITES GÉOMÉTRIQUES

On dit qu'une suite (u_n) est géométrique s'il existe un réel non nul q appelé raison de la suite tel que, pour tout entier naturel n, $u_{n+1} = qu_n$.

Ex :
Soit la suite (u_n) définie par son premier terme $u_0 = 2$ et par la relation de récurrence : $u_{n+1} = 3u_n$.
(u_n) est une suite géométrique de raison 3 et de premier terme $u_0 = 2$.
2, 6, 18, 54 et 162 sont les cinq premiers termes de la suite.

Calcul direct du terme de rang *n*

$u_n = u_0 q^n$ ou $u_n = u_1 q^{n-1}$

Somme des termes d'une suite géométrique

$S_n = u_0 + u_1 + \ldots\ldots + u_n = u_0 \times \dfrac{1-q^n}{1-q}$ ou $S_n = u_1 + \ldots\ldots + u_n = u_1 \times \dfrac{1-q^{n-1}}{1-q}$ avec $q \neq 1$

$$\text{Somme} = \text{premier terme} \times \frac{1 - \text{raison}^{\text{nombre de termes}}}{1 - \text{raison}}$$

◆ Des suites célèbres : la suite de Fibonacci

La suite de Fibonacci est la suite définie par la relation de récurrence suivante :
$u_{n+1} = u_n + u_{n-1}$ avec $u_0 = 0$ et $u_1 = 1$
Les premiers termes de cette suite sont donc : 0, 1, 1, 2, 3, 5, 8, 13, 21, 34, 55, 89, 144...
Chaque nombre est la somme des deux précédents.
Par exemple : 13 = 5 + 8, 55 = 21 + 34, 144 = 55 + 89.

◆ Des suites célèbres : la suite de Syracuse

Expliquons par une démonstration.
Soit la suite (u_n) définie par son premier terme u_0, entier strictement positif, et par la relation de récurrence : $u_{n+1} = \begin{cases} \dfrac{u_n}{2} \text{ si } u_n \text{ est pair} \\ 3u_n + 1 \text{ si } u_n \text{ est impair} \end{cases}$

Ex :
– Premier terme pair :
si $u_0 = 12$ alors $u_1 = \dfrac{12}{2} = 6$, $u_2 = \dfrac{6}{2} = 3$, $u_3 = 3 \times 3 + 1 = 10$, $u_4 = \dfrac{10}{2} = 5$, $u_5 = 3 \times 5 + 1 = 16$,
$u_6 = \dfrac{16}{2} = 8$, $u_7 = \dfrac{8}{2} = 4$, $u_8 = \dfrac{4}{2} = 2$, $u_9 = \dfrac{2}{2} = 1$, $u_{10} = 3 \times 1 + 1 = 4$; $u_{11} = \dfrac{4}{2} = 2$; $u_{12} = \dfrac{2}{2} = 1$...

Sur Lea.fr
5.4 Démonstration et exemples
5.5 Démonstration et exemples
5.6 Histoire de la suite de Fibonacci
5.7 Histoire de la suite de Syracuse

Les termes successifs de la suite sont : 12, 6, 3, 10, 5, 16, 8, 4, 2, 1, 4, 2, 1…

– Premier terme impair :

Si $u_0 = 11$ alors $u_1 = 3 \times 11 + 1 = 34$, $u_2 = \frac{34}{2} = 17$, $u_3 = 3 \times 17 + 1 = 52$, $u_4 = \frac{52}{2} = 26$,

$u_5 = \frac{26}{2} = 13$, $u_6 = 13 \times 3 + 1 = 40$, $u_7 = \frac{40}{2} = 20$, $u_8 = \frac{20}{2} = 10$, $u_9 = \frac{10}{2} = 5$, $u_{10} = 5 \times 3 + 1 = 16$,

$u_{11} = \frac{16}{2} = 8$, $u_{12} = \frac{8}{2} = 4$, $u_{13} = \frac{4}{2} = 2$, $u_{14} = \frac{2}{2} = 1$…

La conjecture de Syracuse (ou conjecture de Collatz) affirme que quel que soit l'entier u_0, il existe un rang n tel que $u_n = 1$. On obtient donc à partir d'un certain rang la période 1, 4, 2.

JE M'ENTRAÎNE

ÉNONCÉS

◆ Exercice 1 (CRPE 2021)

L'entreprise AMP'OUL travaille avec deux sociétés de livraison, qui lui proposent des tarifs adaptés à ses besoins.

Société	Tarif par palette (€)	Frais de gestion
Société A	12	284
Société B	29	115

On définit les fonctions f et g par les expressions algébriques suivantes :
- $f(x) = 12x + 284$
- $g(x) = 29x + 115$

Ainsi, si f désigne un nombre de palettes, alors $f(x)$ et $g(x)$ désignent respectivement le prix à payer pour la livraison de ces x palettes par les sociétés A et B.
On a tracé les courbes correspondant à f et g dans le repère ci-dessous.

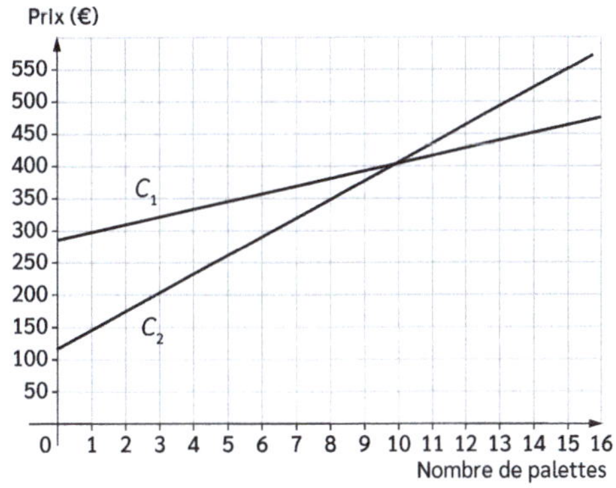

Sur Lea.fr

5.8 Algorithme

5.9 Explication du paradoxe d'Achille et de la tortue (Zénon d'Elée)

5.10 Sens de variation, limite d'une suite et exercices corrigés

1. Répondre, en vous aidant du graphique, aux questions suivantes :

a. Identifier la courbe qui correspond à chaque fonction.

b. Quelle société de livraison sera la plus économique pour une commande de 6 palettes ?

c. Pour une commande donnée, quelle société de livraison sera la plus économique en fonction du nombre de palettes ?

2. Résoudre l'équation $f(x) = g(x)$. Utiliser cette résolution pour affiner la réponse à la question **1.c.**

◆ Exercice 2 (CRPE 2020)

Dans l'avion, l'écran du passager indique les informations du vol en direct, en différentes langues et unités. Monsieur Piti compare les données en anglais et en espagnol au même moment :

Anglais	Espagnol	Traduction de M. Piti
Outside air temperature **– 58 °F**	Temperatura exterior **– 50 °C**	Température extérieure

Monsieur Piti a traduit les mots en français (dernière colonne), mais les unités sont différentes.
Soit f la fonction qui à la mesure t, en degré Fahrenheit (°F), d'une température associe la mesure $f(t)$, en degré Celsius (°C), de cette température. On admet que f est une fonction affine dont une expression est de la forme $f(t) = \frac{5}{9}t + b$, où b est une constante.

1. Montrer que la valeur de la constante b est égale à $-\frac{160}{9}$.

2. Pour quelles températures les mesures en degré Celsius et en degré Fahrenheit sont-elles égales ?

3. Les mesures en degré Celsius et en degré Fahrenheit sont-elles proportionnelles ?

4. Trouver une formule pour convertir les degrés Celsius t_C en degrés Fahrenheit t_F.

◆ Exercice 3 (CRPE 2021)

Romain souhaite étudier quelques caractéristiques d'un terrain de rugby.
Il veut frapper du pied dans le ballon pour le faire passer au-dessus de la barre transversale et entre les poteaux de but. On suppose que le ballon se déplace dans un plan orthogonal au plan du but.

1. Au moment du coup de pied, le ballon se trouve au sol, au point O, face aux poteaux à une distance de 40 m de la ligne de but.
Romain tape trois coups de pied différents illustrés par les trajectoires de ballon données ci-après.

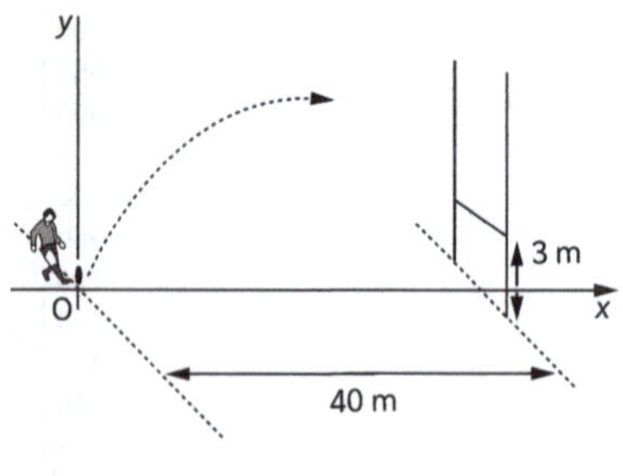

COUP DE PIED A

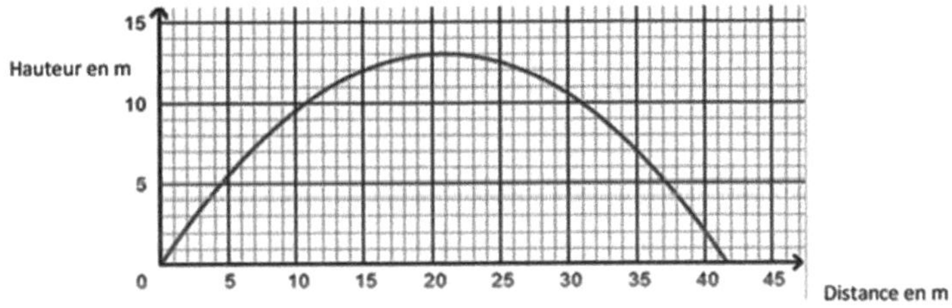

COUP DE PIED B

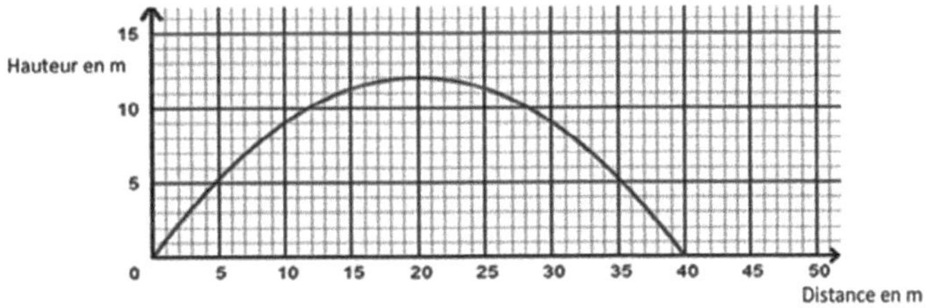

COUP DE PIED C

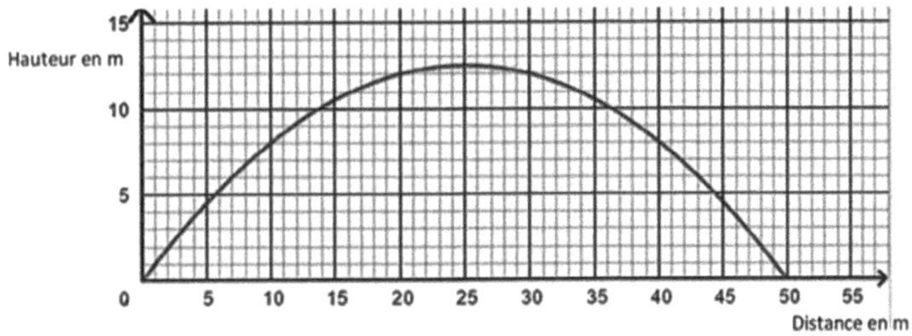

Quel(s) coup(s) de pied permet(tent) à Romain de faire passer le ballon au-dessus de la barre transversale ? Justifier.

2. Romain se trouve maintenant à une distance de 55 m face au but.
Il tente un coup de pied illustré par la trajectoire de ballon donnée ci-dessous.

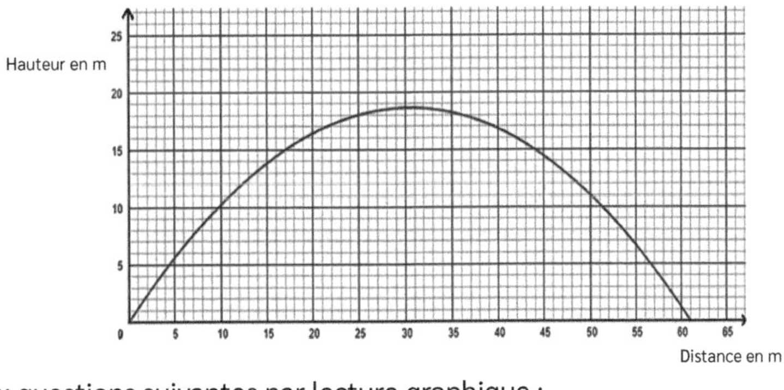

Répondre aux questions suivantes par lecture graphique :

a. Romain a-t-il réussi à faire passer le ballon au-dessus de la barre transversale ? Justifier.

b. À quelle hauteur maximale le ballon s'est-il élevé ?

c. À quelle distance, derrière la ligne de but, le ballon est-il retombé à terre ? Justifier.

Pour la suite du problème, on admet que le ballon suit la trajectoire donnée par la courbe représentative de la fonction f définie par $f(x) = -0{,}02x^2 + 1{,}22x$ où $f(x)$ représente la hauteur du ballon en mètre pour une longueur au sol x en mètre.

3. Romain étudie cette fonction f grâce à une feuille de calcul d'un tableur ; voici un extrait du travail obtenu :

	A	B	C	D	E	F	G	H	I	J
1	x	1	4	12	20	25	38	40	45	55
2	$f(x)$	1,2	4,56	11,76	16,4		17,48	16,8	14,4	6,6

a. Quelle formule a-t-il entrée dans la cellule B2 puis étirée pour compléter ce tableau ?

b. Quelle valeur devrait-il obtenir dans la cellule F2 ? Justifier.

c. Quelle cellule permet de confirmer que le ballon est bien passé au-dessus de la barre transversale ? Justifier.

4. Utiliser l'expression algébrique de la fonction f pour déterminer à quelle distance derrière la ligne de but le ballon est retombé à terre.

◆ Exercice 4 (CRPE 2021)

Dans ce problème, les figures qui sont dessinées ne sont pas représentées en vraie grandeur.

Partie A

On souhaite partager un carré ABCD de 10 cm de côté en trois parties comme indiqué sur le schéma ci-dessous.

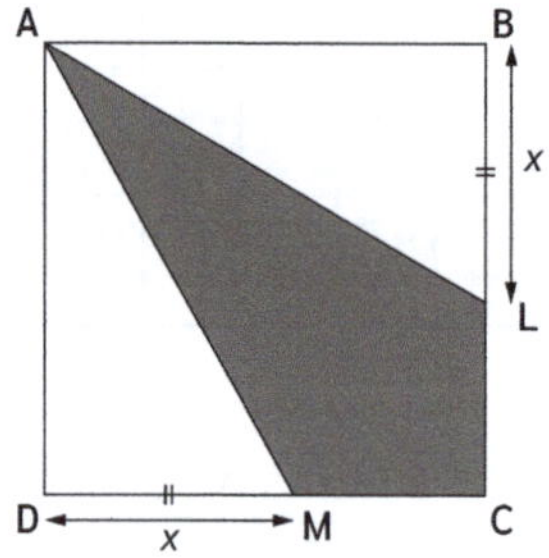

L est un point du segment [BC] et M est le point du segment [CD] tel que DM = BL. On note x la longueur, en centimètre, du segment [BL].

1. Expliquer pourquoi $0 \leqslant x \leqslant 10$.

2. Vérifier que si $x = 2$, alors l'aire du quadrilatère grisé AMCL est égale à 80 cm^2.

3. Calculer l'aire du quadrilatère grisé AMCL si $x = \dfrac{3}{5}$.

4. Montrer que l'aire du quadrilatère grisé AMCL, exprimée en centimètre carré, en fonction de x, est égale à $100 - 10x$.

5. Déterminer x pour que les trois parties aient la même aire.

Partie B

Dans cette partie, le triangle hachuré a été supprimé pour obtenir trois triangles ADM, AML et ALB.

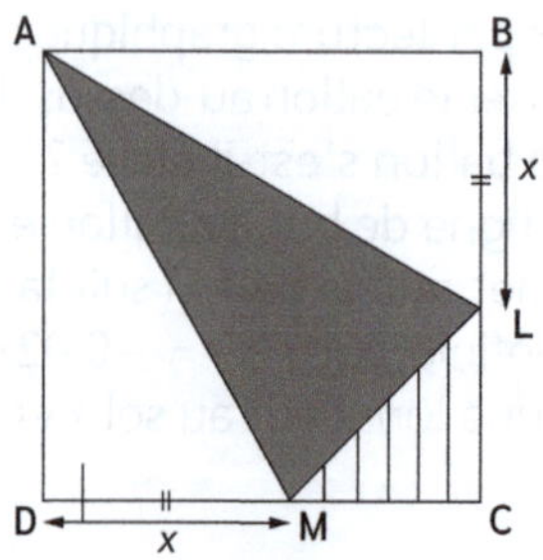

1. a. Vérifier que si $x = 2$, alors l'aire du triangle hachuré MCL est égale à 32 cm^2.

b. Exprimer l'aire, en centimètre carré, de la partie hachurée MCL en fonction de x.

c. Montrer que l'aire du triangle grisé AML, exprimée en centimètre carré, est égale à $50 - \frac{x^2}{2}$.

2. On a représenté dans le repère ci-dessous les fonctions f, g et h définies pour x entre 0 et 10 par :

$f(x) = 5x$, $\quad g(x) = 100 - 10x$, $\quad h(x) = 50 - \frac{x^2}{2}$.

On obtient les courbes C_1, C_2 et C_3.

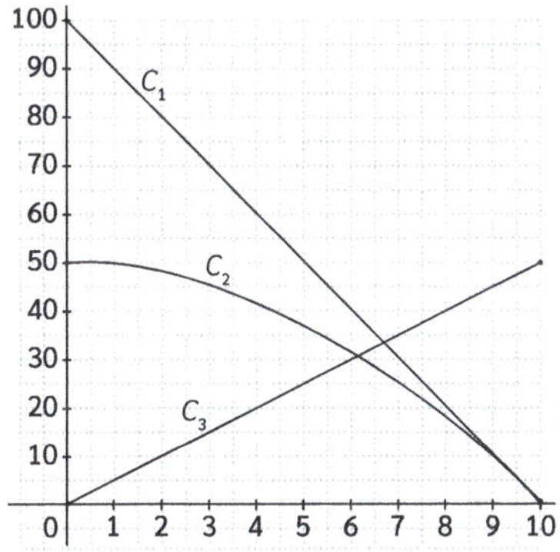

a. Chacune des fonctions f, g et h permet de déterminer, en fonction de x, l'aire d'un des polygones ADM, AMCL et AML de la figure précédente. Associer à chaque fonction le polygone dont elle permet de déterminer l'aire. Justifier.

b. Associer chaque courbe C_1, C_2 et C_3 à la fonction qu'elle représente. Justifier.

c. Déterminer graphiquement l'aire du triangle grisé AML pour $x = 3$.

d. Déterminer graphiquement la valeur de x pour laquelle l'aire du quadrilatère grisé AMCL de la partie A est égale à 25 cm^2.

e. Déterminer graphiquement la valeur de x pour que les trois triangles ABL, ADM et AML de la partie B aient la même aire. Justifier.

◆ Exercice 5 (CRPE 2014)

Partie A : Chez les Indiens

On dit qu'un quadrilatère est inscriptible dans un cercle si ses quatre sommets sont des points de ce cercle.

C'est le cas du quadrilatère ci-dessous.

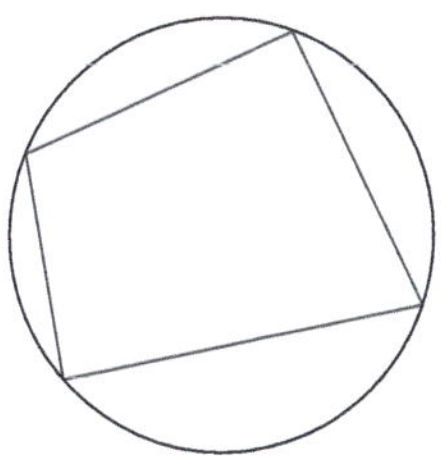

Brahmagupta, mathématicien indien du VIIe siècle, a établi une formule donnant l'aire d'un tel quadrilatère lorsqu'il est non croisé.

$S = \sqrt{(p - a)(p - b)(p - c)(p - d)}$

où a, b, c et d sont les longueurs des côtés du quadrilatère et p son demi-périmètre.

1. Étude d'une configuration particulière

a. Construire un cercle Γ et deux points A et C diamétralement opposés sur ce cercle.
Placer un point B sur le cercle Γ distinct des points A et C.
Construire le point D, symétrique du point B par rapport à la droite (AC).
Laisser apparents les traits de construction.

b. Justifier que le quadrilatère ABCD est inscriptible dans le cercle Γ.

c. Exprimer l'aire du quadrilatère ABCD en fonction des longueurs AB et BC en utilisant la formule de Brahmagupta. *On admettra que le quadrilatère ABCD est non croisé.*

d. Retrouver l'expression précédente de l'aire du quadrilatère ABCD par une autre méthode.

2. Étude d'une autre configuration particulière : le rectangle

a. Justifier qu'un rectangle est inscriptible dans un cercle.

b. À l'aide de la formule de Brahmagupta, retrouver l'expression usuelle de l'aire d'un rectangle de longueur L et de largeur l.

Partie B : À l'ère du tableur

On s'intéresse à l'aire des rectangles dont le périmètre est 14 cm.
On note x la mesure en cm d'un des côtés d'un tel rectangle. La fonction A qui à x associe l'aire $A(x)$ en cm^2 du rectangle est représentée ci-dessous.

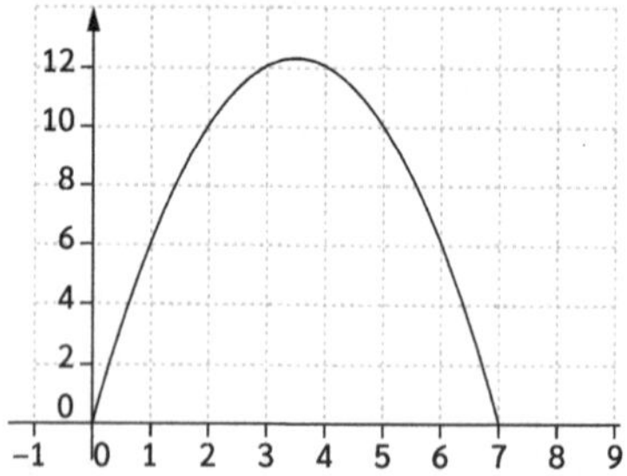

1. Pourquoi se limite-t-on à des valeurs de x comprises entre 0 et 7 ?

2. Étude graphique

Répondre aux questions suivantes par lecture de la représentation graphique de la fonction A.

a. Quelles sont les dimensions d'un rectangle de périmètre 14 cm et d'aire 10 cm^2 ?

b. Encadrer par deux nombres entiers consécutifs la valeur de x pour laquelle l'aire du rectangle semble maximale.

c. Encadrer par deux nombres entiers consécutifs la valeur de l'aire maximale du rectangle.

3. Poursuite de l'étude à l'aide d'un tableur

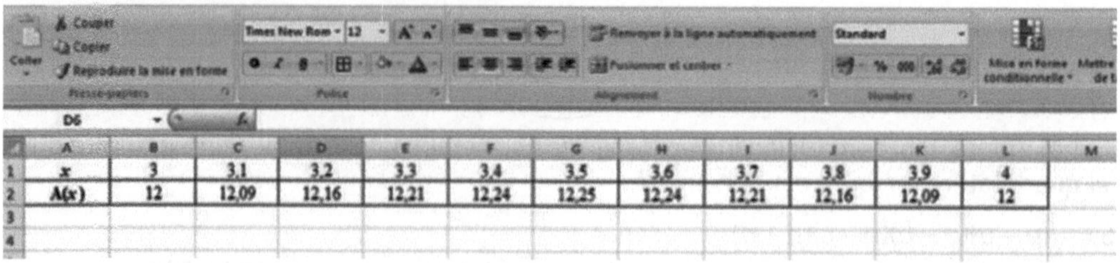

	A	B	C	D	E	F	G	H	I	J	K	L
1	x	3	3.1	3.2	3.3	3.4	3.5	3.6	3.7	3.8	3.9	4
2	A(x)	12	12.09	12.16	12.21	12.24	12.25	12.24	12.21	12.16	12.09	12

a. Proposer une formule qui, entrée dans la cellule B2 et recopiée vers la droite, a permis d'obtenir les valeurs de $A(x)$ sur la ligne 2.

b. À partir du tableau ci-avant, améliorer l'encadrement de la valeur de x obtenu par lecture graphique à la question **2.b.** Donner alors une estimation de la valeur maximale.

4. Détermination des valeurs exactes

a. Justifier que pour tout x de l'intervalle [0 ; 7], on a $A(x) = \frac{49}{4} - \left(x - \frac{7}{2}\right)^2$

b. Pour quelle valeur de x l'aire $A(x)$ est-elle maximale ? Justifier.
Quelle est la valeur maximale de $A(x)$?

c. Que peut-on dire du rectangle de périmètre 14 cm et d'aire maximale ?

CORRIGÉS

◆ Exercice 1

1. a. Les fonctions f et g sont des fonctions affines représentées respectivement par les droites C_1 et C_2.
b. La société B est plus économique que la société A pour une commande de 6 palettes.
c. La société B est plus économique que la société A pour un nombre de palettes inférieur ou égal à 9, et inversement, la société A est plus économique que la société B pour un nombre de palettes supérieur ou égal à 10.
2. $f(x) = g(x)$ équivaut à $12x + 284 = 29x + 115$.
On trouve $x \approx 9{,}94$.

◆ Exercice 2

1. $f(t) = \frac{5}{9}t - \frac{160}{9}$.
2. – 40° F = – 40° C
3. Les mesures en degré Celsius et en degré Farenheit ne sont pas proportionnelles.
4. Pour trouver une formule pour convertir les degrés Celsius t_C en degrés Fahrenhiet t_F, il suffit d'exprimer t_F en fonction de t_C.
On trouve $t_F = \frac{9}{5} t_C + 32$.

◆ Exercice 3

1. Le coup de pied C permet de faire passer le ballon au-dessus de la transversale, car pour $x = 40$, $y > 3$.
2. a. Romain a réussi à faire passer le ballon au-dessus de la transversale, car à la distance de 55 m, le ballon est à une hauteur de 6,5 m, soit 3,5 m au-dessus de la transversale.
b. Le ballon s'est élevé à une hauteur maximale de 18,6 m approximativement, ordonnée du sommet de la parabole.
c. Le ballon est retombé à une distance derrière la ligne égale à 61 – 55, soit 6 m.
3. a. Romain a entré dans la cellule B2 la formule suivante : =–0,02*B1^2+1,22*B1 ou =–0,02*B$1^2+1,22*B$1.
b. Il devrait obtenir 18 comme valeur dans la cellule F2.
c. La cellule J2 permet de confirmer que le ballon est passé au-dessus de la transversale.
4. Comme les poteaux sont à une distance de 55 m, alors le ballon retombe à terre à 61 – 55, soit à 6 m derrière la ligne de but.

◆ Exercice 4

Partie A

1. M est un point du segment [DC] avec DC = 10 et DM = x. Si le point M est en D, alors $x = 0$ et si le point M est en C, alors DM = 10, on en déduit que $0 \leqslant x \leqslant 10$.
2. Aire(AMCL) = $10 \times 10 - 2 \times 10$, soit 80 cm².
3. Aire(AMCL) = $10 \times 10 - 2 \times 3$, soit 94 cm².
4. Aire(AMCL) = $10 \times 10 - 2 \times (5x)$, d'où Aire(AMCL) = $100 - 10x$ cm².
5. $15x = 100$, soit $x = \dfrac{100}{15}$ ou $x = \dfrac{20}{3}$ cm.

Partie B

1. a. Aire(MCL) = $\dfrac{8 \times 8}{2}$ cm², d'où Aire(MCL) = 32 cm².

b. Aire(MCL) = $\dfrac{(10 - x)^2}{2}$

c. On a Aire(AML) = Aire(AMCL) – Aire(MCL) d'où Aire(AML) = $100 - 10x - \dfrac{(10 - x)^2}{2} = 50 - \dfrac{x^2}{2}$.

2. a. Comme l'aire du triangle AML est égale à $50 - \dfrac{x^2}{2}$ alors la fonction h qui permet de déterminer cette aire est définie par $h(x) = 50 - \dfrac{x^2}{2}$.

Comme l'aire du quadrilatère AMCL est égale à $100 - 10x$ cm², alors la fonction g qui permet de determiner cette aire est $g(x) = 100 - 10x$.
Comme l'aire du triangle ADM est égale à $\dfrac{10x}{2} = 5x$, alors la fonction f qui permet de déterminer cette aire est $f(x) = 5x$.
b. L'aire du triangle ADM est représentée par la courbe C_3, représentation graphique de la fonction linéaire f définie par $f(x) = 5x$.
L'aire du quadrilatère AMCL est représentée par la courbe C_1, représentation graphique de la fonction affine g définie par $g(x) = 100 - 10x$.
L'aire du triangle AML est représentée par la courbe C_2, représentation graphique de la fonction polynôme du second degré h définie par $h(x) = 50 - \dfrac{x^2}{2}$.

c. On lit approximativement 45,5 cm².
d. On lit $x = 7,5$ cm.
e. On lit $x \approx 6,2$ cm.

◆ Exercice 5

Partie A : Chez les Indiens

1. Étude d'une configuration particulière

a.

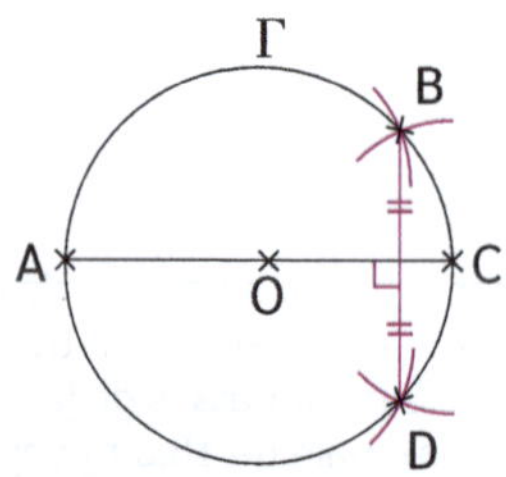

b. Par construction, les points A et C sont diamétralement opposés sur le cercle Γ et B est un point de ce cercle.
Montrons que le point D appartient au cercle Γ.
Comme le point D est le symétrique du point B par rapport au diamètre [AC] alors la droite (AC) est la médiatrice du segment [BD].
Comme le point O centre du cercle Γ appartient à cette médiatrice alors OB = OD.
Le point D appartient donc aussi au cercle Γ.
On en déduit que le quadrilatère ABCD est inscriptible dans le cercle Γ.

c. Appliquons la formule de Brahmagupta. Il vient :

$S = \sqrt{(\text{AB} + \text{BC} - \text{AB})(\text{AB} + \text{BC} - \text{BC})(\text{AB} + \text{BC} - \text{AB})(\text{AB} + \text{BC} - \text{BC})}$

$S = \sqrt{(\text{BC})(\text{AB})(\text{BC})(\text{AB})} = \sqrt{\text{AB}^2 \times \text{BC}^2}$

D'où $S = \text{AB} \times \text{BC}$

d. $\text{Aire(ABCD)} = 2 \times \text{Aire(ABC)} = 2 \times \dfrac{\text{AB} \times \text{BC}}{2} = \text{AB} \times \text{BC}$

2. Étude d'une autre configuration particulière : le rectangle

a. Les diagonales d'un rectangle ont même longueur et même milieu. Ce point milieu étant équidistant des sommets de ce rectangle, c'est le centre du cercle circonscrit au rectangle. Donc un rectangle est inscriptible dans un cercle.

b. Appliquer la formule de Brahmagupta avec $a = c = L$, $b = d = l$ et $p = L + l$.

On a donc $S = \sqrt{(p-L)(p-l)(p-L)(p-l)} = \sqrt{(L+l-L)(L+l-l)(L+l-L)(L+l-l)} = \sqrt{L^2l^2} = Ll$

Partie B : À l'ère du tableur

1. Si x est la mesure d'un des côtés du rectangle, alors la mesure de l'autre côté est $7 - x$, 7 étant égal au demi-périmètre du rectangle.

2. Étude graphique

a. La courbe admet deux points d'ordonnée 10. Les abscisses de ces points sont 2 et 5.
Si un des côtés mesure 2 cm alors l'autre côté mesure 7– 2 , soit 5 cm et si un des côtés mesure 5 cm alors l'autre côté mesure 7 – 5, soit 2 cm.
Un rectangle de périmètre 14 cm et d'aire 10 cm² a donc comme dimensions 2 cm et 5 cm.

b. L'aire du rectangle semble maximale pour x compris entre 3 cm et 4 cm.

c. L'aire maximale du rectangle est comprise entre 12 cm² et 13 cm².

3. a. Quelle que soit la valeur de x comprise entre 0 et 7, la mesure de l'aire du rectangle $A(x)$ est égale à $x(7 - x)$.
On a donc $A(x) = x(7 - x)$.
On peut donc entrer dans la cellule B2 une des formules suivantes :
= B1*(7 – B1) ou = 7*B1 – B1^2 ou B$1*(7 – B$1) ou = 7*B$1 – B$1^2

b. La valeur maximale de $A(x)$ serait approximativement de 12,25 cm², donc pour une valeur de x comprise entre 3,4 et 3,6 cm.

4. Détermination des valeurs exactes

a. Développons $A(x)$

$$A(x) = \frac{49}{4} - \left(x^2 - 2 \times x \times \frac{7}{2} + \left(\frac{7}{2}\right)^2\right)$$

$$A(x) = \frac{49}{4} - x^2 + 7x - \frac{49}{4}$$

$A(x) = 7x - x^2$

d'où $A(x) = x(7 - x)$ en factorisant par x

b. L'aire $A(x)$ est maximale pour $x = \dfrac{7}{2}$.

La valeur maximale de $A(x)$ est $\dfrac{49}{4}$.

c. C'est un carré.

6. TICE – Scratch et tableur

JE M'ÉVALUE

VRAI OU FAUX ?

1. La formule **=A1+B1**, stockée en C3, est recopiée jusqu'à F3. F3 contiendra la formule : **=D2+E2**.

2. La formule **=A1+B1**, stockée en C3, est recopiée jusqu'à C6. C6 contiendra la formule : **=A4+B4**.

3. La formule **=A$1+B1**, entrée en C3, est recopiée jusqu'à C4. C4 contiendra la formule : **=A$1+B2**.

4. La fonction f est définie par $f(x) = \dfrac{x-1}{x^2+3}$. On entre les valeurs de x dans la colonne A dont la première dans la cellule A2. Pour calculer $f(x)$, on saisit avec recopie vers le bas dans la cellule B2 : **= (A2–1/A^2+3)**.

5. La formule **=A1+B1**, stockée en B3, est recopiée jusqu'à E3. E3 contiendra la formule : **=D1+E1**.

6. a prend la valeur 2, b prend la valeur $3a + 4$, c prend la valeur $2b - a$. La valeur prise par c est 18.

7. On applique le programme de calcul ci-contre au nombre 10. Le résultat affiché à la fin est 30.

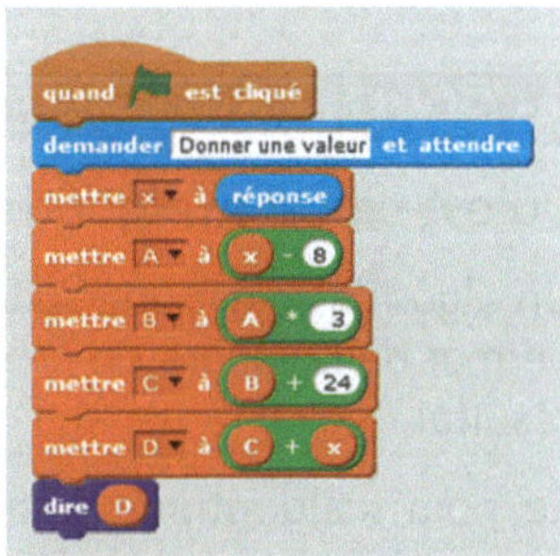

8. 

9. On utilise le programme ci-contre.
On choisit : 7. Le résultat affiché à la fin est 38.

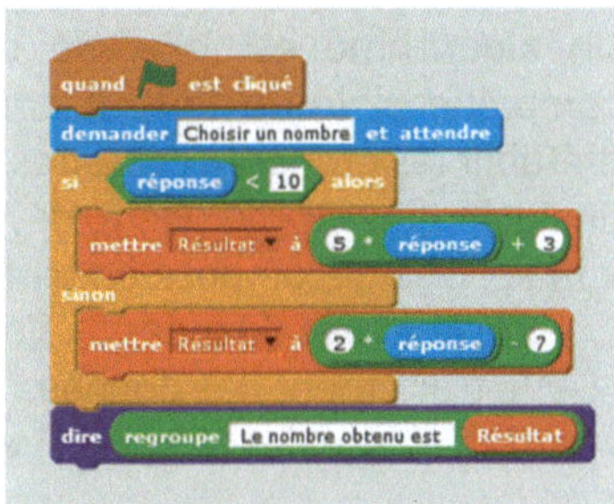

Réponses : 1.F – 2.V – 3.V – 4.F – 5.V – 6.V – 7.F – 8.F – 9.V

JE RÉVISE

Pour être capable de répondre aux exercices du concours, il faut au préalable s'être familiarisé avec ces outils TICE en les ayant manipulés. C'est pourquoi nous vous proposons dans ce chapitre un parcours de lecture particulier où vous suivrez les tutoriels vidéo et, en parallèle, les étapes de découverte et d'utilisation ci-après.

A – SCRATCH

1. PRÉSENTATION DU LOGICIEL SCRATCH

Cette présentation propose un parcours « utilisateur » au cours duquel sont expliqués les outils et démarches nécessaires pour répondre aux problématiques posées dans un sujet type concours.

Scratch est un logiciel **dynamique** dont l'interface graphique facilite la programmation. En effet, il est beaucoup plus facile de programmer avec Scratch qu'avec tout autre langage de programmation traditionnel. Un programme est composé d'instructions simples se présentant sous la forme d'un assemblage de blocs (Mouvement, Données, Contrôle, Capteurs, Opérateurs...).

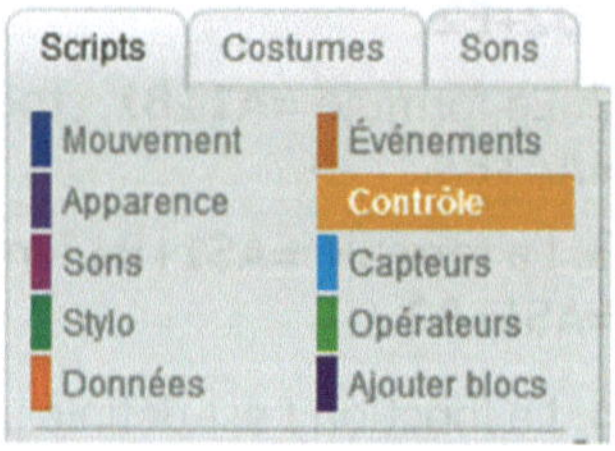

2. ALGORITHMIQUE AVEC SCRATCH

◆ **Qu'est-ce qu'un algorithme ?**

Un algorithme est une suite finie d'instructions appliquées dans un ordre déterminé, qui permet de résoudre un problème, de construire une figure géométrique ou de trouver un résultat.

Le nom « algorithme » vient de Al-Khwarizmi, mathématicien, géographe, astronome perse du IXᵉ siècle qui a décrit les étapes pour la résolution d'équations.

Un algorithme est exprimé dans une langue naturelle, concrète, littérale et donc compréhensible de tous. Il permet, à partir d'un événement ou d'un problème défini, d'établir les étapes nécessaires pour résoudre ce problème et enfin en exprimer le résultat final. Un algorithme décrit/développe une succession d'étapes qui suivent une situation initiale. Il se décompose en **trois phases** :
- la saisie des données : « **Entrées** » ;
- le traitement des données : « **Instructions** » ;
- l'affichage des résultats : « **Sorties** ».

Sur Lea.fr

6.1 Le tutoriel « Présentation de Scratch » pour une première vue globale du logiciel

6.2 L'histoire du mot « algorithme »

Tous les algorithmes traités dans ce chapitre seront implémentés sur Scratch, c'est-à-dire traduits dans le langage de programmation du même nom.

Ex :
Choisir un nombre, lui soustraire la somme de ses chiffres.
Que remarquez-vous ? On obtient toujours un multiple de 9.

◆ Entrées et sorties

Lors du déroulement du programme, l'utilisateur peut avoir besoin de rentrer une valeur à la main. Pour cela, le programme doit afficher à l'écran la demande de saisie (ce qui équivaut à faire « parler son lutin »), il pourra ensuite entrer une valeur ou un/plusieurs caractères.

Lorsque l'utilisateur saisit manuellement (sur le clavier) une donnée, on parle d'**entrée**. Lorsqu'une donnée s'affiche à l'écran, on parle de **sortie**.

• Pour **entrer** une valeur (au clavier), on utilisera le bloc 

de la catégorie **Capteurs**.

Dans la même catégorie **Capteurs**, le bloc 

prend toujours la valeur qui aura été saisie au clavier.

• Pour **sortir** une valeur (à l'écran), c'est-à-dire afficher la valeur ou le texte saisi, on utilisera le bloc 

de la catégorie **Apparence**.

◆ Variables et affectation

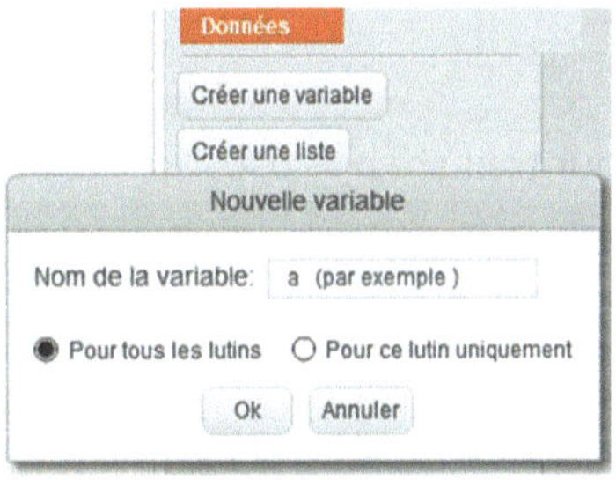

Pour chaque nouveau programme, toutes les variables qui vont être utilisées doivent être créées et nommées à partir de la catégorie **Données**.
Une valeur ou une expression est alors à affecter à cette variable grâce au bloc « **mettre variable à** » :

On parle de « **variable** » car son contenu peut changer pendant l'exécution du programme. Une variable ne peut contenir qu'une seule valeur, la dernière valeur enregistrée écrasera toujours l'ancienne.

Exemple : Que vaut a après l'exécution de l'algorithme suivant ?
a prend la valeur 5
a prend la valeur a^2
a prend la valeur $a + 8$
Après exécution, a vaut 33. En effet, a prend la valeur 5, puis $5^2 = 25$ et enfin $25 + 8 = 33$.

Sur Lea.fr
6.3 Le tutoriel « entrées et sorties » pour valider la bonne compréhension
6.4 Le tutoriel : apprenez à nommer des variables et à les initialiser

Exemple d'algorithme de calcul :
Choisir un nombre, lui soustraire 3, multiplier le résultat par 2, ajouter 6, afficher le résultat.

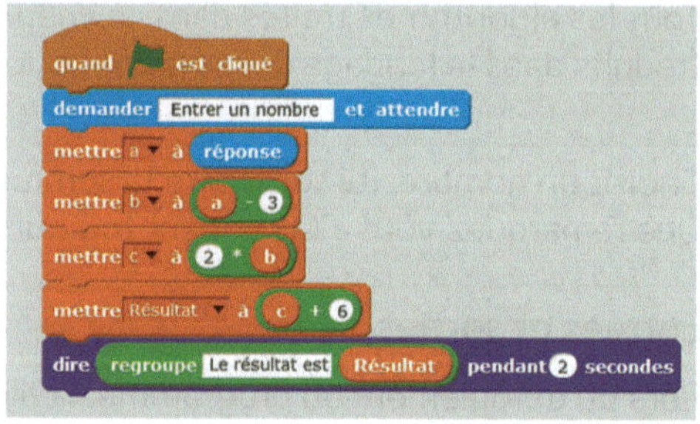

<u>Algorithme :</u>
Entrée : Demander un nombre
Traitement :
Soustraire 3
Multiplier le résultat par 2
Ajouter 6
Sortie : Afficher le résultat

On remarque que le résultat affiché est toujours égal au double du nombre choisi au départ. En effet, si on exécute cet algorithme en choisissant un nombre x quelconque, on a le traitement suivant des instructions : $x - 3$, puis $2(x - 3)$, et enfin $2(x - 3) + 6$.
On a bien $2(x - 3) + 6 = 2x$, soit le double de x.

◆ Les opérateurs

Dans la catégorie **Opérateurs :**
Pour effectuer les quatre opérations $a + b$, $a - b$, $a \times b$, a/b, utiliser les blocs :

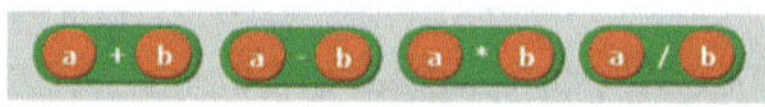

Pour effectuer des comparaisons $a < b$, $a = b$, $a > b$, utiliser les blocs :

Pour traduire $a \leqslant b$, $b < a < c$, utiliser les blocs :

◆ Les instructions conditionnelles

« Si ...... alors ...... »
Si la condition est vérifiée, on exécute le bloc d'instructions, sinon on passe à la suite du programme.
Exemple : Le prix d'une entrée au cinéma est de 12 €. Une réduction de 20 % sur le prix total à payer est accordée pour tout achat supérieur ou égal à 3 billets.

Si $n = 2$, alors le prix à payer est de 24 € et si $n = 3$, alors le prix à payer est de 28,80 €.

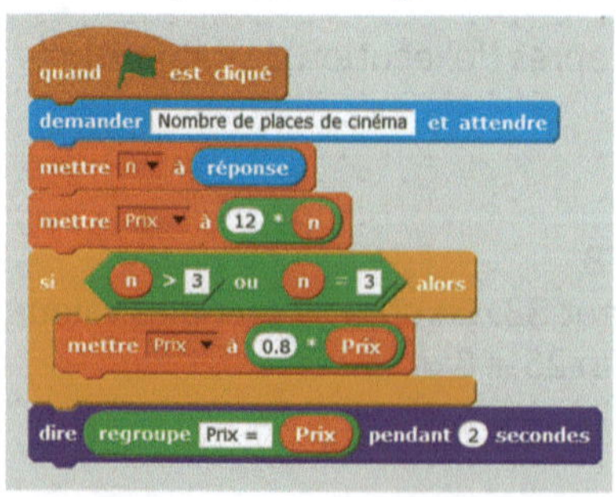

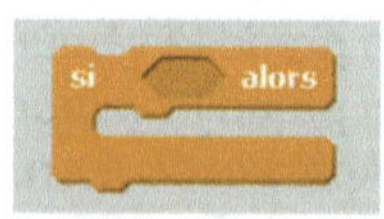

Sur Lea.fr
6.5 Le tutoriel sur les opérateurs qui utilisent les variables (cf. paragraphe précédent), pour valider la bonne compréhension
6.6 Le tutoriel pour valider la bonne compréhension des différentes conditions

« Si ...... alors ...... Sinon ...... »

Si la condition est vérifiée, on exécute le premier bloc d'instructions, sinon on exécute le deuxième bloc d'instructions.

Exemple : Entrer un nombre, si ce nombre est divisible par 2 alors afficher « ce nombre est pair », sinon afficher « ce nombre est impair ».

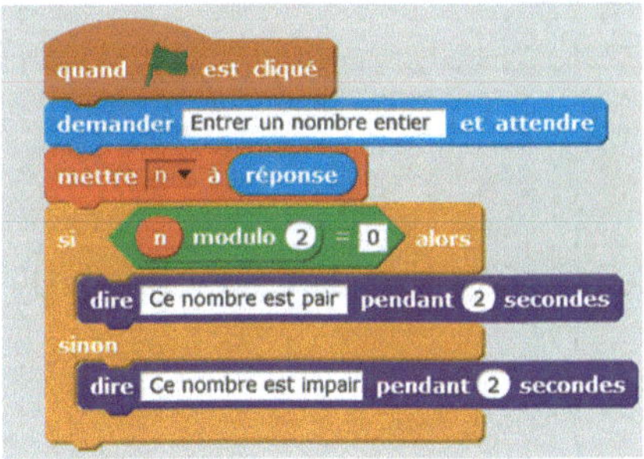

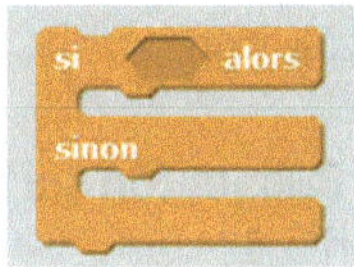

Comme *a* modulo *b* retourne le reste de la division euclidienne de *a* par *b*

alors 

équivaut à *a* est divisible par *b*.

◆ Les boucles

Boucle « répéter *n* fois »

Dans le bloc 

, on choisit le nombre de fois où l'on souhaite répéter une action ou une série d'actions.

Ex :

Un pays compte 10 millions d'habitants en 2021. Le nombre d'habitants croît tous les ans de 5 %.

Écrire un programme qui affichera le nombre d'habitants en 2021 + *n*, soit dans *n* années.

Le nombre d'habitants en 2022 sera donc de 10 × 1,05. En 2023, il sera de 10 × 1,05 × 1,05 = 10 × 1,05², et ainsi de suite.

Posons *NH* = Nombre d'habitants

<u>Algorithme calculant le nombre d'habitants en 2021 + *n* :</u>

Saisir *n*
NH prend la valeur 10
Pour *i* allant de 1 à *n*
NH prend la valeur *NH* × 1,05
Fin Pour
Afficher *NH* (arrondi à l'entier)

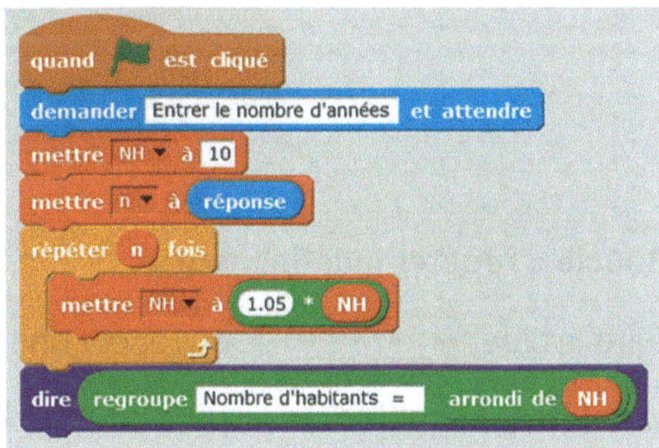

Boucle « répéter jusqu'à »

Dans le bloc 

, on répète une même action ou une série d'actions, jusqu'à ce qu'une condition soit satisfaite. On ne connait pas à l'avance le nombre d'itérations.

Sur Lea.fr
6.7 Le tutoriel pour valider la bonne compréhension des différentes boucles

Ex :
On dispose d'un certain budget pour creuser une fosse. Le cout du forage pour le premier mètre est de 500 €. Ce cout augmentera de 150 € tous les mètres.
Déterminer la profondeur maximale atteignable avec ce budget.

<u>Algorithme pour la résolution d'un problème :</u>
Entrée : Saisir le montant Budget
Initialisation :
n prend la valeur 0
Cout prend la valeur 500
Traitement :
Tant que Cout ⩽ Budget (on sortira de la boucle lorsque Cout > Budget)
n prend la valeur *n* + 1
Cout prend la valeur Cout + 150
Fin Tant que
Sortie : Afficher *n* (profondeur de la fosse)

Exécution de l'algorithme avec un budget de 1 000 € :

n	1	2	3	4	**5**
Cout	500	650	800	950	**1 100**
Cout ⩽ 1 000	Vrai	Vrai	Vrai	Vrai	**Faux**

La profondeur atteinte avec un budget de 1 000 € est donc de 4 mètres.

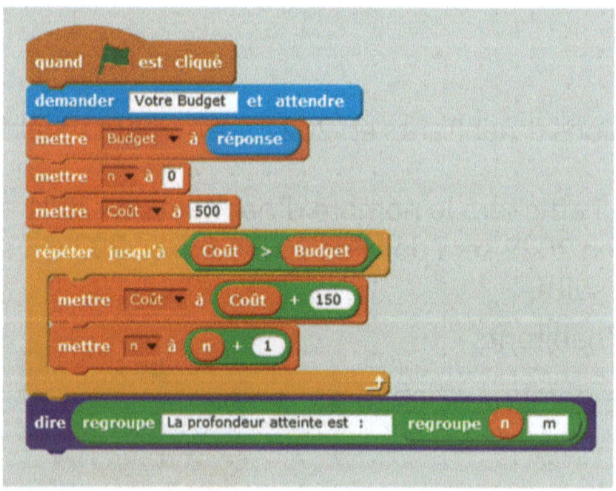

Boucle « répéter indéfiniment »

Dans le bloc 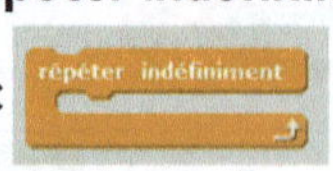 , on répète une même action ou une série d'actions indéfiniment car aucune condition de sortie de la boucle n'a été fixée.

Ex :

Le lutin suivra indéfiniment le mouvement de la souris.

◆ Constructions géométriques

Sur Scratch, le lutin est, par défaut, un chat placé initialement au centre de la scène. Il est possible à l'aide de la bibliothèque d'en changer.
Il peut se déplacer, tracer des traits, émettre des sons ou afficher des bulles de texte.
Dans l'icône information, on peut changer le nom du lutin, le repositionner ou le masquer de la scène.

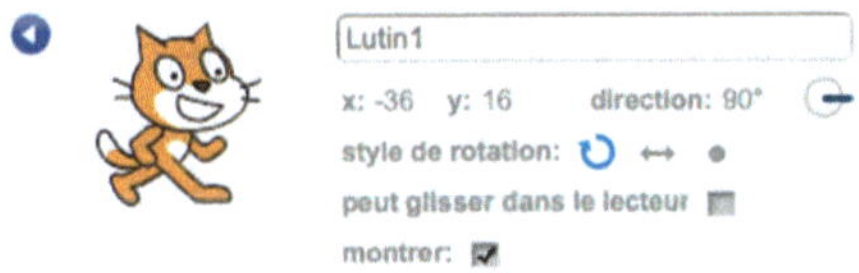

La position et l'orientation du lutin sont des points importants pour la construction de figures géométriques.
Dans le programme ci-contre, le **stylo en position d'écriture** permet de tracer un trait dont la longueur en pixels est donnée par l'instruction **avancer de**.

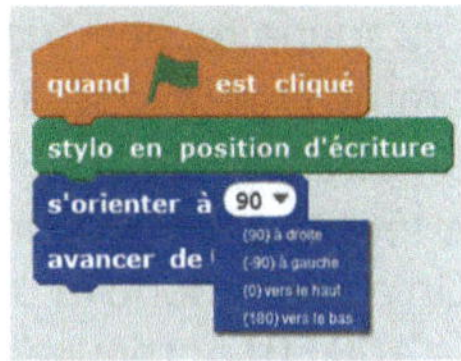

Ex 1 : Dessiner un carré de 80 pixels de côté.

<u>Algorithme 1</u>
Instruction1. Tracer un segment de longueur 80 pixels.
Instruction2. Tourner de 90° dans le sens horaire.
Instruction3. Tracer un segment de longueur 80 pixels.
Instruction4. Tourner de 90° dans le sens horaire.
Instruction5. Tracer un segment de longueur 80 pixels.
Instruction6. Tourner de 90° dans le sens horaire.
Instruction7. Tracer un segment de longueur 80 pixels.
Instruction8. Tourner de 90° dans le sens horaire.

<u>Algorithme 2</u>
On remarque que pour réaliser ce carré, on a répété 4 fois les instructions 1 et 2.
On peut donc optimiser l'algorithme 1 en introduisant une boucle « répéter 4 fois ces deux instructions ». On a donc l'algorithme amélioré suivant :
Instruction : Répéter **quatre** fois instruction1 et instruction2 dans cet ordre.
Instruction1. Tracer un segment de longueur 80 pixels.
Instruction2. Tourner de 90° dans le sens horaire.
Fin Répéter.

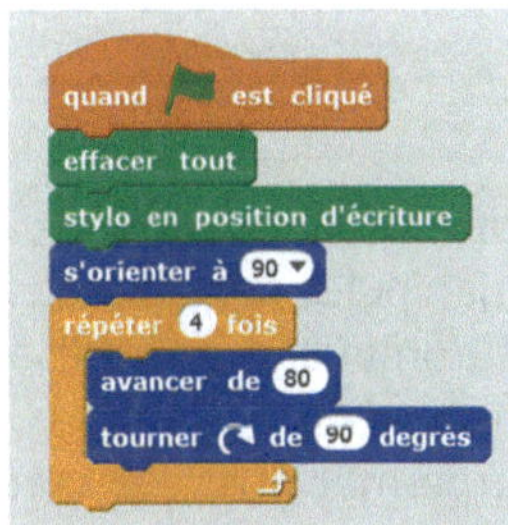

◆ Sous-programme

Pour une lecture et une exploitation plus aisées, on a souvent recours à des sous-programmes que l'on crée avec 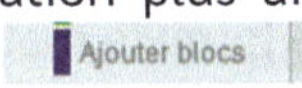 et que l'on va insérer dans le corps du programme principal.

Sur Lea.fr

6.8 Le tutoriel expliquant les préalables à toute construction géométrique

6.9 Le tutoriel pour comprendre comment améliorer ces constructions

6.10 Le tutoriel pour comprendre l'utilité des blocs et apprendre à construire d'autres motifs, à effectuer des transformations générales (translation, rotation...)

Ex : On souhaite réaliser le motif suivant :

On a une répétition de quatre triangles équilatéraux obtenus par translation.
On va dans un premier temps écrire un sous-programme que l'on va nommer « TRIANGLE ».

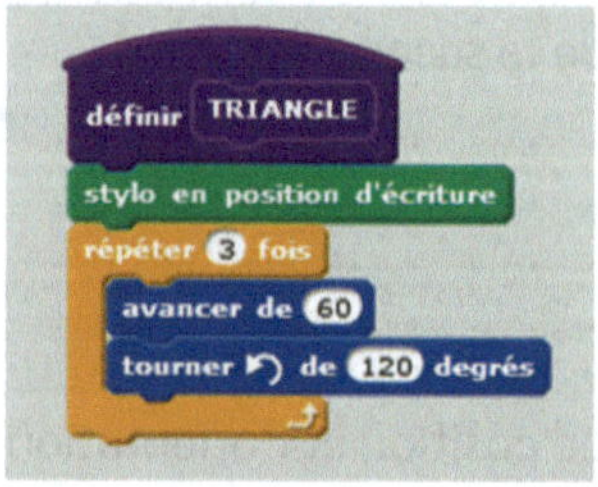

On va ensuite écrire notre programme principal qui appellera le sous-programme « TRIANGLE » et effectuera une translation.
On souhaite des triangles de 60 pixels de côté. Lorsque le premier triangle sera dessiné, il faudra lever le stylo et effectuer une translation de 70 pixels afin que tous les triangles soient espacés de 10 pixels. Si on ne relève pas le stylo, on aura un segment visible entre chaque triangle.
On obtient donc le programme suivant, dont le tracé va débuter au point de coordonnées (– 100 ; 0) obtenu avec l'instruction :

B – TABLEUR

Un tableur est un logiciel qui permet, sur des **feuilles de calcul composées de cellules**, de manipuler des données numériques, d'effectuer un certain nombre d'opérations de façon automatisée en utilisant des fonctions prédéfinies (somme, moyenne, médiane, écart-type, etc.).
Il permet aussi de créer des **représentations graphiques** à partir des données saisies : histogrammes, diagrammes en secteurs, courbes représentatives de fonctions, etc.

1. SAISIE D'UNE FORMULE DANS UNE CELLULE

Pour saisir une formule dans une cellule, il faut commencer par le signe = pour indiquer qu'il s'agit d'un calcul numérique ou d'une formule mathématique.

Ex :
Un tableur peut être utilisé comme calculatrice et effectuer les quatre opérations.
$2*7-\frac{24}{3}+2^3$ s'écrit dans la cellule : `=2*7-24/3+2^3`

Sur Lea.fr
6.11 La présentation du tableur

$\dfrac{1+2\times 5^3}{7-3^2}$ s'écrit dans la cellule : =(1+2*5^3)/(7-3^2)

Exemple de formule mathématique : Calcul du volume d'un cylindre de rayon entré en cellule **A4** et de hauteur constante entrée en cellule **C2** : $V(x) = \pi r^2 h$. On écrit dans la cellule =PI()*A4^2*C$2 avec π = *PI*().

2. RECOPIE D'UNE FORMULE ET ADRESSAGE

Avant de commencer à entrer une formule et à la recopier, il faut impérativement maîtriser la notion d'adressage qui est souvent source d'erreur.

Lorsque vous entrez une formule dans une cellule, que cette formule fait référence à d'autres cellules dans votre feuille de calcul et que vous souhaitez effectuer une recopie verticale ou horizontale de cette formule, alors le résultat obtenu dépendra du type d'adressage alloué aux cellules présentes dans votre formule.

Le mieux est de s'appuyer sur quelques exemples afin de déjouer les pièges éventuels.

Il faut savoir que dans un tableur, il y a trois types d'adressage :

- l'adressage relatif,
- l'adressage absolu,
- l'adressage semi-absolu.

◆ Adressage relatif

Si en détaillant à un passant le chemin à suivre pour se rendre à une adresse par exemple, vous lui dites : « Allez tout droit, prenez la première rue à gauche puis la deuxième rue à droite. », cet adressage est relatif à l'endroit où vous vous trouvez.

Si vous aviez rencontré ce même passant la première rue à gauche plus loin, vous lui auriez dit : « C'est la deuxième rue à droite. »

Dans un tableur, le principe est identique.

Ex : Vous entrez dans la cellule **B2** la formule suivante : =3*A1

À l'aide de la poignée de recopie, si vous tirez la formule horizontalement vers la droite, alors vous aurez dans la cellule adjacente **C2** la formule suivante : =3*B1

puis dans la cellule **D2** la formule suivante : =3*C1 et ainsi de suite.

	A	B	C	D
1	2	4	6	8
2		=3*A1	=3*B1	=3*C1

La formule entrée en **B2** fait référence à la cellule **A1**, alors la recopie à droite de **B2** va effectuer ce même décalage à droite de **A1**, ce qui explique **B1** dans la cellule **C2**, et ainsi de suite.

On remarquera que seul le numéro de colonne change.

On peut aussi copier et coller une formule dans une cellule. Le principe est le même, sauf que cette fois-ci, les cellules intermédiaires peuvent être vides ou contenir d'autres formules qui font référence à d'autres cellules.

Si on copie dans **D2** la formule contenue dans **B2**, le décalage à droite se fait comme pour la recopie. On a pu ainsi entrer une autre formule dans **C2**.

	A	B	C	D
1	2	4	6	8
2		=3*A1	=5*B2	=3*C1

Sur Lea.fr

6.12 Le tutoriel pour valider la bonne compréhension des différents adressages

On peut de la même manière effectuer une recopie verticalement. Cette fois-ci, c'est le numéro de ligne qui change.

	A	B
1	2	4
2	4	=3*A1
3	6	=3*A2
4	8	=3*A3

◆ Adressage absolu

L'adresse d'un théâtre dans une ville, par exemple, est une adresse absolue qui ne change pas quel que soit l'endroit où l'on se trouve.
On parle d'adressage absolu chaque fois qu'une formule fait référence au contenu figé d'une cellule.
On peut figer une cellule en ligne et en colonne, pour cela on mettra le signe $ devant le numéro de colonne et le numéro de ligne (appuyer sur la touche F4, raccourci clavier).

Ex : Calculer le volume d'un cylindre dont la hauteur est fixée à 10 cm.

	A	B	C	D
1	Hauteur (cm)	10		
2				
3	Rayon (cm)	1	2	3
4		4	5	6
5		7	8	9
6				
7	Volume du cylindre (cm³)	31,416	125,66	282,74
8		502,65	785,4	1131
9		1539,4	2010,6	2544,7

$$V(x) = \pi r^2 h$$

Entrer dans la cellule **B7** la formule suivante : **= PI()*B3^2*B1**
On a figé la cellule B1, hauteur constante du cylindre, en ligne et en colonne **(B1)** car la formule saisie dans B7 a été recopiée horizontalement et verticalement.

	A	B	C	D
1	Hauteur (cm)	10		
2				
3	Rayon (cm)	1	2	3
4		4	5	6
5		7	8	9
6				
7	Volume du cylindre (cm³)	=PI()*B3^2*B1	=PI()*C3^2*B1	=PI()*D3^2*B1
8		=PI()*B4^2*B1	=PI()*C4^2*B1	=PI()*D4^2*B1
9		=PI()*B5^2*B1	=PI()*C5^2*B1	=PI()*D5^2*B1

◆ Adressage semi-absolu

Le meilleur exemple pour comprendre l'adressage absolu est la table de multiplication.

	A	B	C	D	E	F	G	H	I
1		2	3	4	5	6	7	8	9
2	2	4	6	8	10	12	14	16	18
3	3	6	9	12	15	18	21	24	27
4	4	8	12	16	20	24	28	32	36
5	5	10	15	20	25	30	35	40	45
6	6	12	18	24	30	36	42	48	54
7	7	14	21	28	35	42	49	56	63
8	8	16	24	32	40	48	56	64	72
9	9	18	27	36	45	54	63	72	81

	A	B	C	D	E	F	G	H	I
1		2	3	4	5	6	7	8	9
2	2	=$A2*B$1	=$A2*C$1	=$A2*D$1	=$A2*E$1	=$A2*F$1	=$A2*G$1	=$A2*H$1	=$A2*I$1
3	3	=$A3*B$1	=$A3*C$1	=$A3*D$1	=$A3*E$1	=$A3*F$1	=$A3*G$1	=$A3*H$1	=$A3*I$1
4	4	=$A4*B$1	=$A4*C$1	=$A4*D$1	=$A4*E$1	=$A4*F$1	=$A4*G$1	=$A4*H$1	=$A4*I$1
5	5	=$A5*B$1	=$A5*C$1	=$A5*D$1	=$A5*E$1	=$A5*F$1	=$A5*G$1	=$A5*H$1	=$A5*I$1
6	6	=$A6*B$1	=$A6*C$1	=$A6*D$1	=$A6*E$1	=$A6*F$1	=$A6*G$1	=$A6*H$1	=$A6*I$1
7	7	=$A7*B$1	=$A7*C$1	=$A7*D$1	=$A7*E$1	=$A7*F$1	=$A7*G$1	=$A7*H$1	=$A7*I$1
8	8	=$A8*B$1	=$A8*C$1	=$A8*D$1	=$A8*E$1	=$A8*F$1	=$A8*G$1	=$A8*H$1	=$A8*I$1
9	9	=$A9*B$1	=$A9*C$1	=$A9*D$1	=$A9*E$1	=$A9*F$1	=$A9*G$1	=$A9*H$1	=$A9*I$1

En partant de la cellule **B2**, on doit recopier la formule horizontalement et verticalement : figer pour la recopie horizontale la colonne de la cellule **A** et, comme il faut recopier la formule verticalement, il faut figer la ligne de la cellule de la ligne **B**.

Reprenons l'exemple du cylindre et du calcul du volume :

	A	B	C	D
1	Hauteur (cm)	10		
2				
3	Rayon (cm)	1	2	3
4	Volume (cm³)	31,416	125,66	282,74

Dans la cellule **B4**, on a entré la formule suivante avec recopie vers la droite : =PI()*$B1*B3^2

	A	B	C	D
1	Hauteur (cm)	10		
2				
3	Rayon (cm)	1	2	3
4	Volume (cm³)	=PI()*$B1*B3^2	=PI()*$B1*C3^2	=PI()*$B1*D3^2

Comme on a effectué une recopie vers la droite et que la hauteur en cellule **B1** est fixe, alors on a figé la colonne **B**, d'où **$B1**.
On aurait obtenu la même réponse avec ces trois autres formules saisies en **B4** :

=PI()*B1*B$3^2 ou =PI()*$B1*B$3^2 ou =PI()*$B$1*B$3^2

3. TABLEUR ET FONCTIONS

Une entreprise fabrique un modèle de meuble en bois. Elle peut produire au maximum 100 meubles par jour. Pour x meubles fabriqués et vendus, le cout de production journalier (exprimé en euros), noté $C(x)$, est donné par : $C(x) = 2,25x^2 - 6x + 20$.
Chaque meuble est vendu 299 €. L'entreprise est ouverte cinq jours par semaine. Le chef d'entreprise a réalisé la feuille de calcul suivante :

	A	B	C	D
1	x	Recette	Coût	Bénéfice
2	0	0	20	-20
3	10	2990	185	2805
4	20			
5	30			
6	40			
7	50			
8	60			
9	70			
10	80			
11	90			
12	100			

Sur Lea.fr

6.13 Le tutoriel pour valider la bonne compréhension de la saisie d'une fonction

1. Donner une formule qui, saisie dans la cellule A3, permet d'obtenir, par recopie vers le bas, le nombre de meubles.
2. Donner une formule qui, saisie dans la cellule B2, permet d'obtenir, par recopie vers le bas, la recette en fonction du nombre de meubles fabriqués et vendus chaque jour.
3. Donner une formule qui, saisie dans la cellule C2, permet d'obtenir, par recopie vers le bas, le cout en fonction du nombre de meubles fabriqués et vendus chaque jour.
4. Donner une formule qui, saisie dans la cellule D2, permet d'obtenir, par recopie vers le bas, le bénéfice en fonction du nombre de meubles fabriqués et vendus chaque jour.

1. Dans la cellule A3, saisir la formule : =A2+10
2. Dans la cellule B2, saisir la formule : =299*A2
3. Dans la cellule C2, saisir la formule : =2,25*A2^2-6*A2+20
4. Dans la cellule D2, saisir la formule : =B2-C2

4. TABULER ET REPRÉSENTER UNE FONCTION

Générer une table de valeurs et représenter la fonction trinôme du second degré f définie sur l'intervalle [0 ; 5] par $f(x) = -x^2 + 4x + 5$.

Pour créer la table de valeurs, entrer dans la cellule A2 la valeur minimale de x, ici 0.

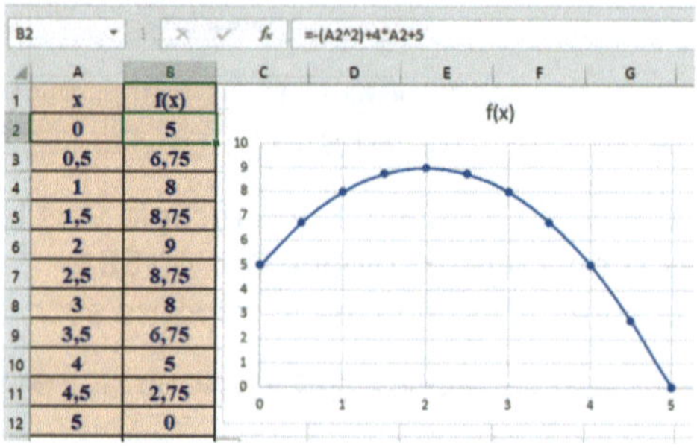

Les valeurs suivantes sont incrémentées de 0,5.

Dans la cellule A3, saisir la formule : **= A2 + 0,5** puis la recopier vers le bas.

On peut aussi sélectionner les deux cellules adjacentes A2 et A3 et, à l'aide de la poignée de recopie, tirer le groupe de cellules vers le bas.

En B2, on entre l'expression de $f(x)$ en remplaçant x par A2. Attention à la gestion du signe (–) devant x. On entre donc en B2 la formule suivante : =-(A2^2)+4*A2+5

Puis on recopie la formule vers le bas jusqu'à la cellule B12.

Pour représenter la fonction *f*, sélectionner la plage de cellules de A1 à B12, aller dans l'onglet « Insertion », puis « Graphiques » puis « Nuage de points ». On choisit ensuite le type de graphique.

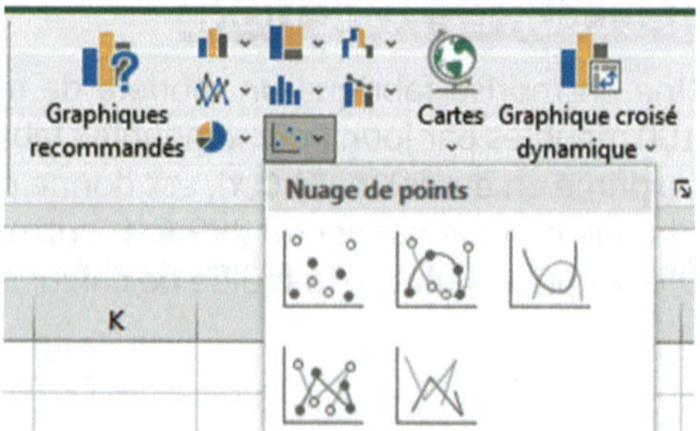

Sur Lea.fr

6.14 Le tutoriel pour valider la bonne compréhension d'une table de valeurs et d'une représentation graphique

5. FORMULES SUR DES DONNÉES STATISTIQUES NON PONDÉRÉES

On a relevé les données suivantes :

17	8	15	27	3	8	19	43	15	9	12	17	32	19	20

Calculons le nombre de valeurs, le minimum, le maximum, la somme, la moyenne, la médiane et l'écart-type de cette série.
On peut ordonner cette série dans l'ordre croissant ou décroissant en utilisant la fonction « Trier les données ».

	A	B	C	D	E	F	G	H	I	J	K	L	M	N	O
1	17	8	15	27	3	8	19	43	15	9	12	17	32	19	20
2															
3	Effectif			15				=NB(A1:O1)							
4															
5	Minimum			3				=MIN(A1:O1)							
6															
7	Maximum			43				=MAX(A1:O1)							
8															
9	Somme			264				=SOMME(A1:O1)							
10															
11	Moyenne			17,6				=MOYENNE(A1:O1)							
12															
13	Médiane			17				=MEDIANE(A1:O1)							
14															
15	Écart-type			9,89141				=ECARTYPE.PEARSON(A1:O1)							

Sur Lea.fr

6.15 Le tutoriel pour valider la bonne compréhension des formules ci-dessus.
Un autre tutoriel traite de séries statistiques pondérées

6.16 Bonus : tutoriel pour représenter graphiquement une série statistique : graphiques en secteurs, en barres ou histogramme

JE M'ENTRAÎNE

ÉNONCÉS

◆ Exercice 1 (CRPE 2022 GRPT 2)

1. Adam a réalisé le programme ci-contre à l'aide du logiciel Scratch.

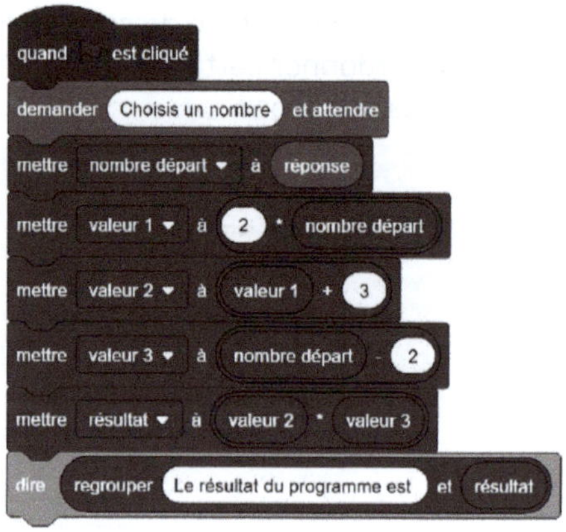

a. Montrer que si le nombre de départ est 3, le résultat est égal à 9.

b. Quel est le résultat donné par le programme si le nombre de départ est 2,4 ?

c. Soit x le nombre de départ. Montrer que le programme d'Adam retourne le nombre $2x^2 - x - 6$.

2. Pauline propose le programme de calcul suivant.

Choisis un nombre.
Élève-le au carré
Soustrais 3.
Multiplie par 2.
Soustrais le nombre de départ.

a. Montrer que si le nombre de départ est 3, le résultat obtenu est égal à 9.

b. Quel est le résultat donné par le programme si le nombre de départ est $\frac{7}{3}$?

3. Montrer que, pour un même nombre de départ, les programmes de calcul d'Adam et de Pauline donnent le même résultat.

4. Déterminer le ou les nombres de départ possibles pour que les résultats des programmes de calcul soient nuls. Justifier.

5. Adam souhaite automatiser les calculs de son programme pour les entiers naturels. Il utilise un tableur dont la copie d'écran est donnée ci-dessous.

Quelle formule doit-il saisir dans la case B2 pour qu'il puisse l'étirer vers le bas sur l'ensemble de la colonne ?

	A	B
1	**Nombre de départ**	**Résultat du programme**
2	1	-5
3	2	0
4	3	9
5	4	22
6	5	39

◆ Exercice 2 (CRPE 2020 GRPT 1)

Voici deux programmes de calcul, le premier est codé avec le logiciel Scratch :

Programme A

Programme B

– Choisir un nombre.
– Ôter 4 à ce nombre.
– Effectuer le produit du résultat obtenu par le double du nombre de départ.

1. Vérifier que le nombre 10, appliqué au programme A, permet d'obtenir 20.
2. Quel résultat obtient-on, en appliquant le nombre 5,2 au programme B ?
3. En appliquant un même nombre de départ, les programmes A et B peuvent-ils donner un résultat identique ?
4. Déterminer le ou les nombres que l'on doit choisir au départ pour obtenir 0 comme résultat avec le programme A.

◆ Exercice 3 (CRPE 2021 GRPT 1)

Voici deux programmes de calcul écrits avec le logiciel Scratch :

Programme A

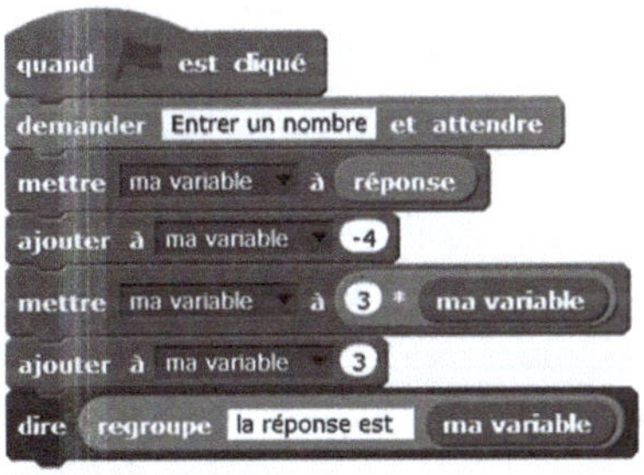

Programme B

Dans les deux programmes, le nombre entré par l'utilisateur est stocké dans la variable « réponse ».
1. On entre différents nombres dans les deux programmes.
a. Avec le programme A, montrer que si on entre le nombre 5, on obtient 6.
b. Quel est le nombre obtenu si on entre le nombre 5 avec le programme B ?
c. Calculer le nombre obtenu avec les programmes A et B si on entre le nombre 5,2.
d. Quelle conjecture pouvez-vous émettre ? Valider ou rejeter votre conjecture par une démonstration.
2. Quel nombre faut-il entrer avec le programme B pour obtenir la réponse 14 ?
3. Montrer que le résultat obtenu avec le programme B est divisible par 3 quel que soit le nombre entier entré dans le programme.

◆ Exercice 4 (CRPE 2020 GRPT 2)

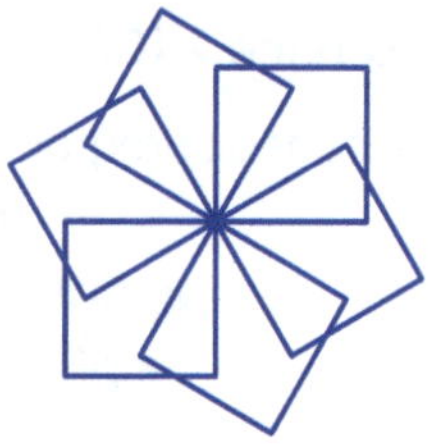

Pour réaliser la rosace ci-contre, on a défini un motif « Carré » et on a utilisé le programme ci-dessous.

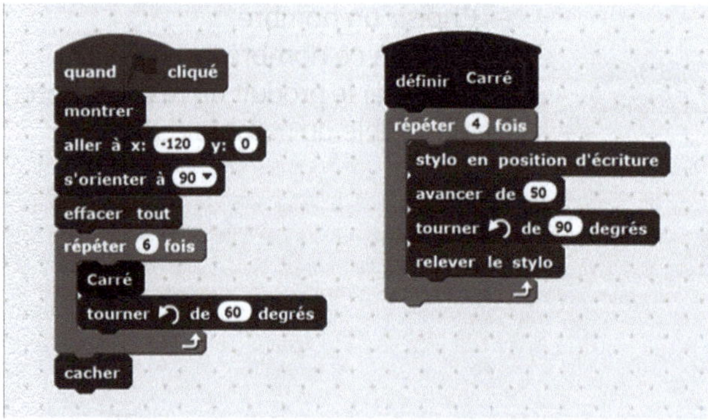

1. Combien de motifs « Carré » composent la rosace ?

2. Quelle transformation géométrique permet de passer d'un motif « Carré » au motif « Carré » suivant ?

3. Clément souhaite modifier le programme pour que la rosace soit composée de 10 motifs comme ci-contre.
Quelles modifications doit-il apporter au programme ?

4. Ines souhaite obtenir la figure ci-dessous où chaque motif est espacé de 10 pixels.

Par quelle instruction doit-elle remplacer l'instruction 

pour obtenir cette nouvelle figure ?

◆ Exercice 5 (CRPE 2020 GRPT 1)

Rappel du volume d'un cylindre : *V = Aire de la base × hauteur*

Dans tout cet exercice, on négligera l'épaisseur du métal.

Minimisation du cout de fabrication d'une boite de conserve

Le fabricant doit produire des boites de conserve cylindriques de volume fixé 908 cm^3. Il souhaite minimiser le cout du métal, pour cela il cherche à minimiser l'aire totale A de la boite ; celle-ci correspond à la somme de l'aire des disques de base et de l'aire de la surface latérale du cylindre. Il étudie l'évolution de l'aire de métal totale A, en centimètre carré, en fonction du rayon r, en centimètre, du disque de base.

1. Sachant que le volume de la boite est de 908 cm^3, donner l'expression de la hauteur h, exprimée en centimètre, de la boite en fonction du rayon r.

2. Pour calculer l'aire totale des cylindres de rayons différents, on a construit à l'aide d'un tableur la feuille de calcul suivante :

	A	B	C	D	E
1	Rayon r (cm)	Hauteur h (cm)	Aire d'un disque de base (cm²)	Aire latérale (cm²)	Aire totale du cylindre (cm²)
2	1	289,0	3,1	1816,0	1822,3
3	2	72,3	12,6	908,0	933,1
4	3	32,1	28,3	605,3	661,9
5	4	18,1	50,3	454,0	554,5
6	5	11,6	78,5	363,2	520,3
7	6	8,0	113,1	302,7	528,9
8	7	5,9	153,9	259,4	567,3
9	8	4,5	201,1	227,0	629,1
10	9	3,6	254,5	201,8	710,7
11	10	2,9	314,2	181,6	809,9
12	11	2,4	380,1	165,1	925,4
13	12	2,0	452,4	151,3	1056,1
14	13	1,7	530,9	139,7	1201,6
15	14	1,5	615,8	129,7	1361,2
16	15	1,3	706,9	121,1	1534,8
17	16	1,1	804,2	113,5	1722,0
18	17	1,0	907,9	106,8	1922,7
19	18	0,9	1017,9	100,9	2136,6
20	19	0,8	1134,1	95,6	2363,8
21	20	0,7	1256,6	90,8	2604,1

a. Sans justifier, parmi les cinq propositions données ci-dessous, recopier celle qui a été saisie dans la cellule C2 et étirée vers le bas jusqu'à la cellule C21.
Proposition 1 : = PI()*A1*A1
Proposition 2 : = PI()*A2*A2
Proposition 3 : = PI()*49,5*49,5
Proposition 4 : = PI()*1*1
Proposition 5 : = PI()*B2*B2

Rappel : *« PI() » correspond à la valeur du nombre π.*

b. On suppose que les colonnes A, B, C et D sont déjà remplies. Proposer une formule à saisir dans la cellule E2 et copiée par glissement vers le bas jusqu'à la cellule E21, donnant l'aire totale du cylindre.
c. En utilisant la feuille de calcul ci-dessus, conjecturer un encadrement d'amplitude minimale du rayon, correspondant au cout minimal de métal pour la fabrication de cette boite de conserve.

CORRIGÉS

◆ Exercice 1

1. a. Si le nombre de départ est 3 :
valeur 1 = 2 × nombre de départ = 2 × 3 = 6
valeur 2 = valeur 1 + 3 = 6 + 3 = 9
valeur 3 = nombre départ – 2 = 3 – 2 = 1
résultat = valeur 2 × valeur 3 = 9 × 1 = 9
Le résultat est donc 9.
b. Si le nombre de départ est 2,4 :
valeur 1 = 2 × nombre de départ = 2 × 2,4 = 4,8
valeur 2 = valeur 1 + 3 = 4,8 + 3 = 7,8
valeur 3 = nombre départ – 2 = 2,4 – 2 = 0,4
résultat = valeur 2 × valeur 3 = 7,8 × 0,4 = 3,12
Le résultat est donc 3,12.

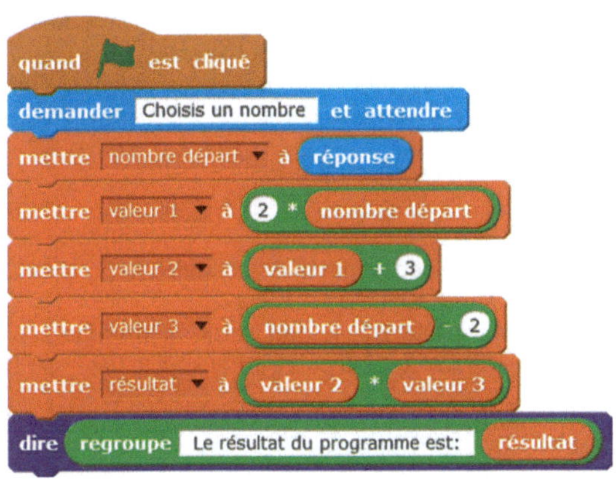

c. Si le nombre de départ est x :
valeur 1 = $2 \times x = 2x$
valeur 2 = valeur 1 + 3 = $2x + 3$
valeur 3 = nombre départ – 2 = $x - 2$
résultat = valeur 2 × valeur 3 = $(2x + 3)(x - 2)$
En développant $(2x + 3)(x - 2)$, on obtient : $2x^2 - 4x + 3x - 6$, soit $2x^2 - x - 6$.
2. a. Si le nombre choisi est 3 :
Élever ce nombre au carré donne 9.
Soustraire 3 donne 6.
Multiplier par 2 donne 12.
Soustraire le nombre de départ donne 9.
b. Si le nombre de départ est $\frac{7}{3}$ on obtient successivement :

$$\left(\frac{7}{3}\right)^2$$

$$\left(\frac{7}{3}\right)^2 - 3$$

$$2 \times \left[\left(\frac{7}{3}\right)^2 - 3\right]$$

$$2 \times \left[\left(\frac{7}{3}\right)^2 - 3\right] - \frac{7}{3}$$

$$2 \times \left[\left(\frac{7}{3}\right)^2 - 3\right] - \frac{7}{3} = 2 \times \left(\frac{49}{9} - 3\right) - \frac{7}{3}$$

$$2 \times \left[\left(\frac{7}{3}\right)^2 - 3\right] - \frac{7}{3} = \frac{98}{9} - 6 - \frac{7}{3} \text{ après réduction au même dénominateur}$$

$$2 \times \left[\left(\frac{7}{3}\right)^2 - 3\right] - \frac{7}{3} = \frac{98}{9} - \frac{54}{9} - \frac{21}{9} = \frac{23}{9} \text{ après réduction au même dénominateur}$$

3. Si on prend x comme nombre de départ et que l'on applique les quatre instructions du programme de Pauline, on obtient successivement $x^2 \rightarrow x^2 - 3 \rightarrow 2 \times (x^2 - 3) \rightarrow 2 \times (x^2 - 3) - x$
En développant et en simplifiant le résultat final, il vient : $2 \times (x^2 - 3) - x = 2x^2 - 6 - x$, soit $2x^2 - x - 6$, ce qui est égal au résultat obtenu par Adam.
4. Pour déterminer le ou les nombres de départ possibles qui renvoient un résultat nul, il suffit de résoudre l'équation $2x^2 - x - 6 = 0$.
Dans la question **1. c** on a établi que $(2x + 3)(x - 2) = 2x^2 - x - 6$
On a donc $2x^2 - x - 6 = 0$ si et seulement si $(2x + 3)(x - 2) = 0$
On est en présence d'une équation produit.
Or un produit de facteurs est nul si et seulement si l'un de ses facteurs est nul.
On a donc $2x + 3 = 0$ ou $x - 2 = 0$

$$2x + 3 = 0 \Leftrightarrow 2x = -3 \Leftrightarrow x = -\frac{3}{2} = -1{,}5$$

ou $x - 2 = 0 \Leftrightarrow x = 2$
Les nombres de départ possibles conduisant à un résultat nul sont donc –1,5 et 2.
5. Dans la cellule B2, il doit saisir la formule suivante : **=2*A2^2-A2-6** puis l'étirer vers le bas.

	A	B
1	Nombre départ	Résultat du programme
2	1	=2*A2^2-A2-6
3	2	0
4	3	9
5	4	22
6	5	39

◆ Exercice 2

1. En remplaçant *a* par 10, on obtient 20.
2. Résultat 12,48.
3. Les programmes A et B donnent des résultats identiques pour un nombre de départ égal à 0.
4. Pour obtenir 0 au résultat avec le programme A, choisir 0 ou 8 comme nombre de départ.

◆ Exercice 3

1. a. Ma variable prend la valeur 5, puis 5 – 4, soit 1, puis 3×1, soit 3, puis 3 + 3, donc la réponse est 6.
b. La réponse est 6.
c. Si on entre 5,2 avec les programmes A et B, on obtient un résultat égal à 6,6.
d. On peut conjecturer que les programmes A et B donnent le même résultat. Après démonstration, cette conjective est validée.
2. Il faut entrer $\dfrac{23}{3}$ dans le programme B pour obtenir la réponse 14.
3. La réponse donnée par le programme B est $3x - 9 = 3(x - 3)$, nombre divisible par 3.

◆ Exercice 4

1. La rosace est composée de 6 motifs « Carré ».
2. Rotation de 60° dans le sens direct.
3. Répéter le motif « Carré » 10 fois et une rotation de 36°.

4. Pour obtenir cette nouvelle figure, il faut remplacer l'instruction `tourner ↺ de 60 degrés` par l'instruction `avancer de 60`.

◆ Exercice 5

1. $h = \dfrac{908}{\pi r^2}$.
2. a. La formule saisie dans la cellule C2 est la proposition 2 : **PI()*A2*A2**.
b. La formule donnant l'aire totale à saisir dans la cellule 2 est : **= 2*C2+D2**.
c. L'encadrement d'amplitude minimale du rayon est : $5 < r < 6$.

Sur Lea.fr

Corrigés développés et tutoriels

7. La proportionnalité

JE M'ÉVALUE

VRAI OU FAUX ?

1. $\frac{1}{5}$ et 5 % représentent la même proportion.

2. La taille et le poids d'un individu tout au long de sa vie sont des grandeurs proportionnelles.

3. Une augmentation en pourcentage ne peut excéder 100 %.

4. $\frac{3}{4}$ = 0,75 %.

5. Si j'augmente un prix de 20 %, il suffira de baisser ce nouveau prix du même pourcentage pour revenir au prix initial.

6. 30 % d'une population donnée, c'est le tiers de cette population.

7. 50 % de 50 %, c'est 25 %.

8. Si une population augmente régulièrement de 10 % par an, alors au bout de dix ans, cette population aura été multipliée par $(1,1)^{10}$.

9. Diminuer une quantité successivement de trois fois 20 % revient à diminuer cette quantité de 60 %.

10. Le tiers de la moitié du quart représente un vingt-quatrième.

Réponses : 1.F – 2.F – 3.F – 4.F – 5.F – 6.F – 7.V – 8.V – 9.F – 10.V

JE RÉVISE

A - LA PROPORTIONNALITÉ SIMPLE

1. QU'EST-CE QU'UNE PROPORTION ?

Une proportion est une indication quantitative relative.

Ex : La moitié est une proportion.

L'expression : « J'ai mangé la moitié » ne donne d'indication sur la quantité mangée qu'à la condition d'ajouter l'information supplémentaire « la moitié de quoi ».

« J'ai mangé la moitié de la tarte » est une indication quantitative précise.

2. QU'EST-CE QU'UNE SITUATION DE PROPORTIONNALITÉ SIMPLE ?

◆ Contextes et modèles mathématiques

Les pratiques marchandes sont la plupart du temps sous-tendues par une situation de proportionnalité, c'est-à-dire une situation dans laquelle le prix unitaire des marchandises ne varie pas en fonction de la quantité achetée ou vendue.

Ex :
Problème : dans une boulangerie, trois croissants coutent 3,60 €. Combien paiera-t-on pour cinq croissants ?

Résolution et commentaires :
Dans cette situation, on considère que les croissants sont tous au même prix et que la quantité achetée n'a pas d'incidence sur le prix.

On calcule aisément le prix d'un croissant : $3{,}60 \div 3 = 1{,}20$ €.

Appelons x le nombre de croissants achetés et y le prix à payer.

On a $y = 1{,}20x$, pour tout x entier naturel.

On dit que le nombre de croissants achetés et le prix à payer sont des grandeurs proportionnelles.
Dans cette situation, le coefficient de proportionnalité est 1,20.

Le prix à payer pour cinq croissants est : $1{,}20 \times 5 = 6$ €.

Nombre de croissants	1	3	5
Prix à payer	1,20 €	3,60	6 €

Certaines découvertes scientifiques font aussi apparaitre le modèle mathématique de la proportionnalité.

Ex :
On sait, depuis Archimède, que la mesure C de la longueur de la circonférence d'un cercle et la mesure D de la longueur de son diamètre sont liées par la formule :

$$\boldsymbol{C = \Pi \times D}$$

Ce qui signifie que :

1. pour obtenir la longueur C de la circonférence d'un cercle, il suffit de multiplier son diamètre D par le nombre Π ;
2. pour obtenir le diamètre D d'un cercle en connaissant sa circonférence C, il suffit de diviser cette dernière par Π ;
3. lorsqu'on calcule, pour n'importe quel cercle, le quotient $\frac{C}{D}$, le résultat est toujours égal au nombre Π ;
4. la proportion $\frac{C}{D}$ est toujours égale au nombre Π.

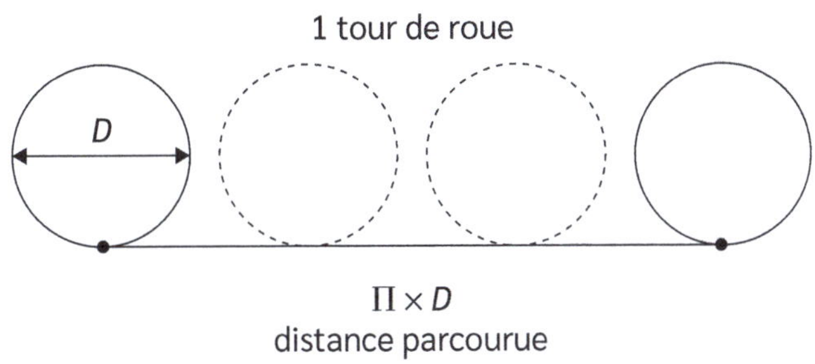

On dit que les grandeurs **<u>C et D sont des grandeurs proportionnelles</u>**, elles varient de la même manière : par exemple si on double le diamètre, on double également la circonférence.

N'OUBLIONS PAS !

On rappelle que le nombre π est un nombre réel dont l'écriture décimale est illimitée et non périodique.
Une approximation usuelle rationnelle non décimale de π est $\frac{22}{7}$.
Une approximation décimale usuelle de π est 3,14 à 10^{-2} près (3,14159 à 10^{-5} près).

Mathématiquement :

Soit f la fonction (*cf.* paragraphe suivant) qui modélise cette situation, on a :

$f(D) = C = \Pi \times D$

On peut présenter les données dans un tableau :

$\times \pi$			
	Diamètre du cercle	1	2
	Circonférence du cercle	π	2π

Le coefficient de proportionnalité Π est indiqué comme opérateur entre les deux lignes dans une bulle à gauche du tableau.

◆ Grandeurs proportionnelles

Soient x et y les mesures de deux grandeurs.
Si pour toute valeur de x, la valeur de y correspondante est telle que $y = ax$, on dit que x et y sont des mesures **de grandeurs proportionnelles.**
Le nombre a est appelé **coefficient de proportionnalité.**

3. LES FONCTIONS LINÉAIRES

◆ Notation et vocabulaire mathématiques (voir chapitre sur les fonctions)

Une fonction linéaire est une relation qui à tout nombre x d'un ensemble de départ associe le nombre $y = ax$ d'un ensemble d'arrivée.
x est appelé l'antécédent.
y est appelé l'image.
La fonction peut être notée : $f : x \rightarrow y \,;\, y = ax$
ou, plus simplement, $f(x) = ax$, en précisant quel est l'ensemble de départ.

Le nombre a est appelé coefficient directeur de la fonction.

Ex :
Les fonctions définies dans $\mathbb{R}$, l'ensemble des nombres réels, par :
$f(x) = 3x$

$g(x) = \frac{5}{4}x$

$h(x) = x\sqrt{2}$

sont des fonctions linéaires.

Sur Lea.fr
7.2 Un tour de roue sur un vélo

N'OUBLIONS PAS !

Toute situation qui peut être modélisée par une fonction linéaire est une situation de proportionnalité.

◆ Représentation graphique et coefficient de proportionnalité

La représentation graphique d'une fonction linéaire $f(x) = ax$ est une droite qui passe par l'origine du repère.
Pour tracer cette droite, il suffit donc de connaitre un deuxième point (autre que O) faisant partie de cette représentation graphique.
Le plus souvent, on utilise le point de coordonnées $(1 ; a)$, mais tout autre point peut convenir.

Le nombre a est appelé coefficient directeur de la droite représentative de la fonction f ; c'est également le coefficient de proportionnalité.

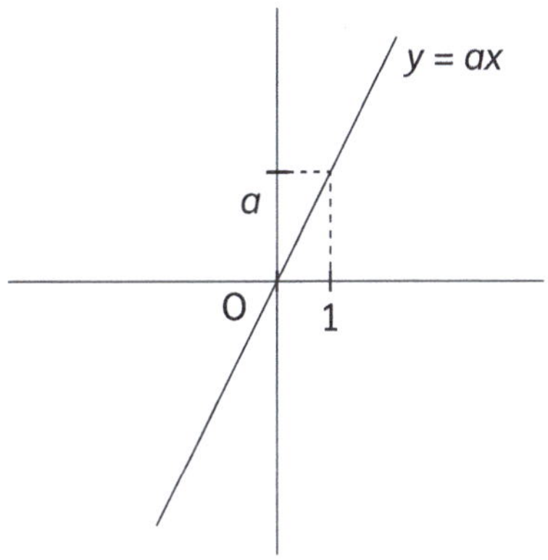

Remarque : Pour résoudre les problèmes de proportionnalité, on recourt souvent à l'utilisation du nombre a.

Ex :
5 m de ruban coutent 6 €. Combien coutent 7 m de ce même ruban ?

On calcule le cout d'un mètre de ruban : $\frac{6}{5} = 1,20$ €.
Le prix de 7 m est $7 \times 1,20 = 8,40$ €.

Pour ce faire, on a considéré que le problème était une situation de proportionnalité (le prix du ruban au mètre ne dépend pas de la quantité achetée) dont le modèle mathématique est :
$f(x) = 1,20x$
Et donc $f(7) = 1,20 \times 7 = 8,40$.
Selon le contexte, cette procédure peut être qualifiée de **« retour à l'unité »** (on détermine l'image de 1, ce qui revient à rechercher le coefficient de proportionnalité).

En utilisant un tableau :

× 1,2

Métrage	5	7
Prix	6	8,40

◆ Propriétés des fonctions linéaires

Les fonctions linéaires possèdent deux propriétés essentielles :
– **la propriété de linéarité additive :** pour tout x_1 et x_2 de l'ensemble de départ, on a :
$f(x_1 + x_2) = f(x_1) + f(x_2)$;
– **la propriété de linéarité multiplicative :** pour tout x de l'ensemble de départ et tout nombre λ (appelé scalaire), on a :
$f(\lambda x) = \lambda f(x)$.

Ces deux propriétés fondamentales des fonctions linéaires sont très souvent utilisées pour résoudre des problèmes de proportionnalité (surtout à l'école élémentaire, au cycle 3, au début de l'apprentissage de cette notion).
Mais ce sont aussi dans la vie courante des procédures très pratiques qui nécessitent des calculs souvent simples pour résoudre des problèmes de proportionnalité.

Ex :
Utilisation de la propriété de linéarité additive :
5 m de ruban coutent 6 €. 7 m du même ruban coutent 8,40 €. Combien coutent 12 m de ce ruban ?
Pour résoudre ce problème qui relève de la proportionnalité, on peut calculer le prix du ruban au mètre et ensuite calculer le prix de 12 mètres en multipliant le prix trouvé par 12. Mais on peut aussi remarquer que 12 = 5 + 7 et en conclure que le prix à payer pour 12 m de ruban est : 6 + 8,40 = 14,40 €.

Pour ce faire, nous utilisons la propriété de linéarité additive de la fonction linéaire qui modélise cette situation.
Soit f cette fonction, on a :
$f(12) = f(5 + 7) = f(5) + f(7) = 6 + 8,40 = 14,40$

En utilisant un tableau :

Métrage de ruban	5	7	12
Prix à payer	6	8,40	14,40

Ex :
Utilisation de la propriété de linéarité multiplicative :
7 m de ruban coutent 8,40 €. Combien coutent 21 m de ce même ruban ?
On peut là aussi penser à calculer le prix d'un mètre de ruban, mais n'est-il pas plus simple là encore de remarquer que 21 = 3 × 7 et donc que le prix à payer pour 21 m est :
3 × 8,40 = 25,20 € ?

Pour ce faire, nous utilisons la propriété de linéarité multiplicative :
$f(21) = f(3 \times 7) = 3 \times f(7) = 3 \times 8{,}40 = 25{,}20$

On a utilisé le scalaire 3.

En utilisant un tableau :

$\times 3$

Métrage de ruban	7	21		
Prix à payer	8,40	25,20		

$\times 3$

Remarque : Attention à ne pas confondre le scalaire multiplicatif et le coefficient de proportionnalité !

◆ Coefficient directeur, pente, tangente

Coefficient directeur

On considère uniquement les cas où $a > 0$, ce sont ceux qui peuvent intervenir dans la modélisation de situations de proportionnalité simple rencontrées à l'école élémentaire.

Le nombre a, **appelé coefficient directeur**, rend compte de **l'orientation de la droite** représentative de la fonction.

Plus a est proche de zéro, plus la droite tend vers l'horizontale (axe des abscisses). Plus a est grand, plus la droite tend vers la verticale (axe des ordonnées).

Voici deux exemples pour illustrer ce fait :

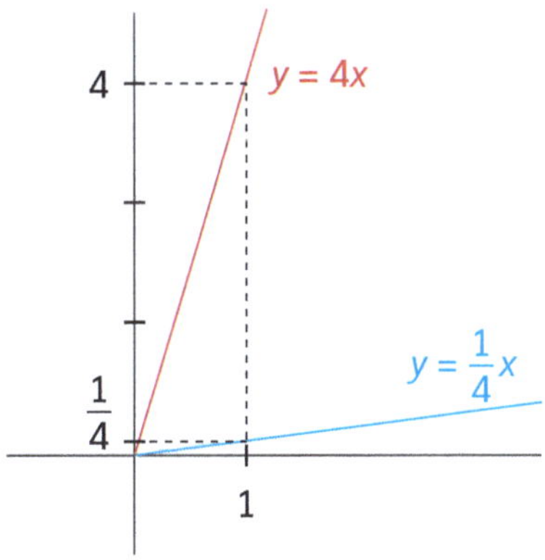

Tangente

L'« orientation » d'une droite peut être indiquée par l'angle qu'elle fait avec l'horizontale.

Par exemple, voici une droite représentative d'une fonction linéaire qui forme avec l'horizontale un angle de 45° :

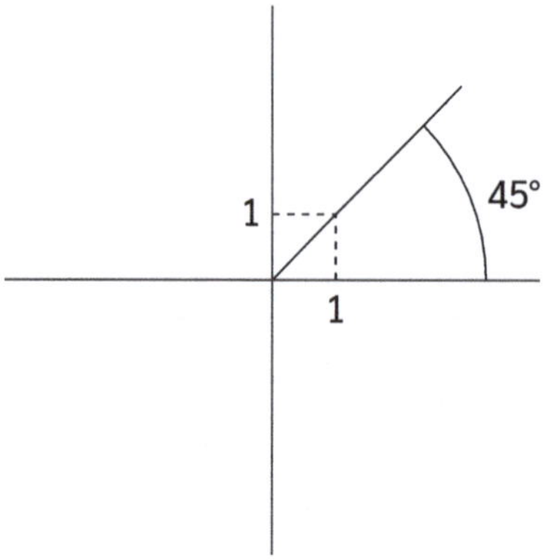

On peut aussi indiquer cette orientation de droite par la tangente de cet angle.

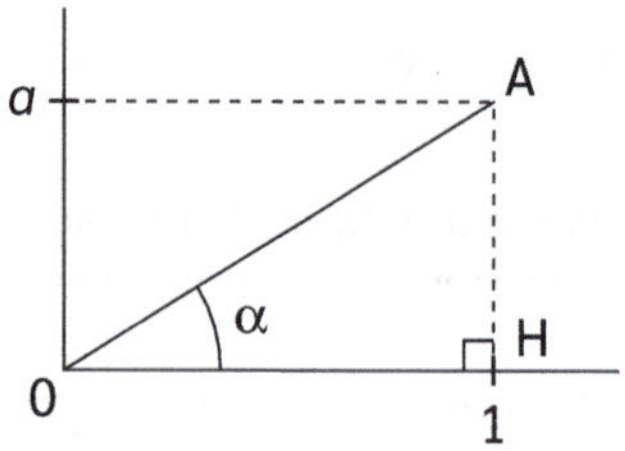

$$\mathbf{Tan}\alpha = \frac{\mathbf{AH}}{\mathbf{OH}} = \frac{a}{\mathbf{1}} = a$$

À SAVOIR

Le nombre *a* (coefficient de proportionnalité, coefficient directeur) est également **la tangente de l'angle** que la droite forme avec l'horizontale (l'axe des abscisses).

Remarques :

– Dans le cas d'une droite à 45°, la tangente est égale à 1. La droite représente la fonction linéaire $f(x) = 1 \times x = x$.

– Si le nombre *a* est égal à $\frac{1}{2}$, l'angle correspondant est égal à 26,57° à 10^{-2} près. Cela permet aussi de tracer la droite si on dispose d'un rapporteur.

Pente
Une autre façon d'indiquer l'orientation d'une droite est d'indiquer sa pente.

C'est la mesure du dénivelé effectué pour un parcours horizontal de 100 unités (mètres).

Ex :

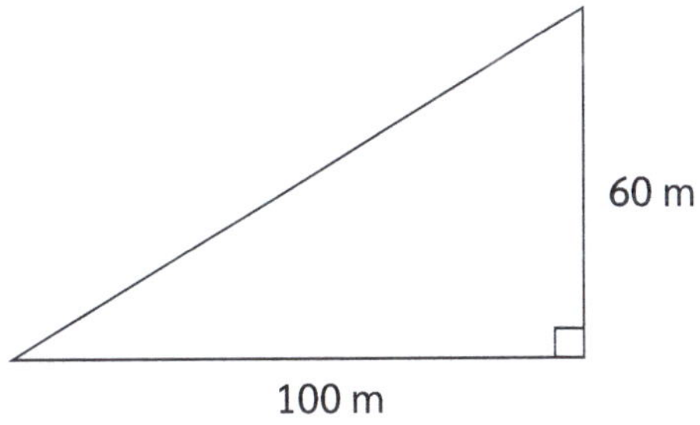

Ci-dessus, la pente est de 60 pour 100, ce qui s'écrit 60 %.

Fonction linéaire et pente
Soit la fonction linéaire $f(x) = ax$.
Sa représentation graphique est :

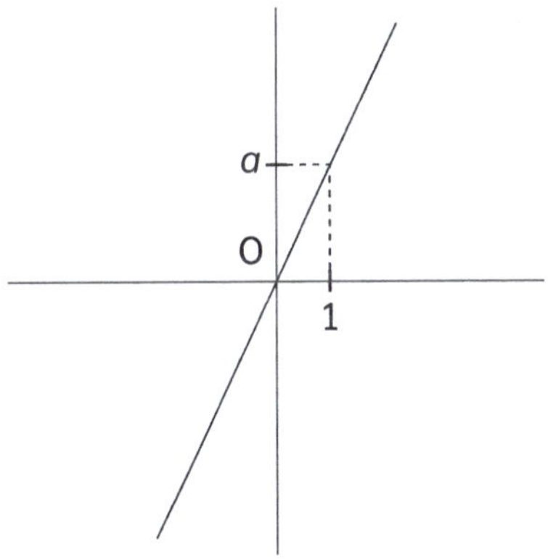

La pente de la droite représentative de la fonction linéaire $f(x) = ax$ est égale à $100a$ pour cent ($100a$ %).

Ex :
Pour la fonction linéaire $f(x) = 2x$, la pente de la droite est 200 %.
Pour la fonction $g(x) = x$, la pente de la droite est 100 %.

4. RECONNAITRE ET TRAITER UNE SITUATION DE PROPORTIONNALITÉ

◆ Reconnaitre

La fonction linéaire n'apparait pas toujours de façon évidente dans l'énoncé d'un problème relevant de la proportionnalité.

Souvent, le contexte du problème semble suffire pour justifier qu'il relève de la proportionnalité (c'est le cas des pratiques marchandes), mais il est toujours intéressant de s'assurer que la situation relève de la proportionnalité en :

- vérifiant que le modèle mathématique est bien une fonction linéaire ;
- utilisant un tableau pour s'assurer qu'on obtient les valeurs de la ligne du bas (les images) en multipliant les valeurs de la ligne du haut (les antécédents) par un même nombre (le coefficient de proportionnalité) ;
- vérifiant que les données du problème sont bien représentées par des points alignés avec l'origine du repère.

◆ Traiter

Nous avons vu précédemment quelques-unes des procédures de résolution des problèmes relevant de la proportionnalité :

- utilisation d'un tableau de proportionnalité,
- procédure du retour à l'unité ou utilisation du coefficient de proportionnalité,
- utilisation de la propriété de linéarité additive,
- utilisation de la propriété de linéarité multiplicative.

Pour déterminer une quatrième proportionnelle, d'autres procédures peuvent être utilisées :

– **la règle de trois :** cette procédure est une généralisation de la procédure de « retour à l'unité » pour les contextes où cette expression n'a pas de sens.

Ex : L'image de 3 est 5, donc l'image de 4 est :

$$\frac{5}{3} \times 4$$

– **le produit en croix :** cette procédure est une généralisation de « la règle de trois » et « du retour à l'unité ».

Si deux proportions sont équivalentes, les deux fractions qui les représentent sont égales :

$$\frac{a}{b} = \frac{c}{d}$$

Et alors : $a \times d = b \times c$

Ex : Le tableau ci-après est un tableau de proportionnalité ; on cherche la quatrième proportionnelle x.

N'OUBLIONS PAS !

Quatrième proportionnelle : valeur de x qui fera de ce tableau un tableau de proportionnalité.

Sur Lea.fr

7.3 Exemple de pratiques marchandes qui ne sont pas des situations de proportionnalité

7.4 Exemple et contre-exemple

7.5 Exemple et contre-exemple

3	**4**
5	***x***

Ce tableau est un tableau de proportionnalité si et seulement si : $\frac{3}{5} = \frac{4}{x}$.

D'où : $3x = 4 \times 5$.

$x = \frac{4 \times 5}{3} = \frac{20}{3}$

On remarquera que selon les procédures, les calculs conduisent au même résultat, mais les écritures utilisées ne sont pas exactement les mêmes :
Dans un cas, on écrit :

$$\mathbf{\frac{5}{3} \times 4}$$

Dans l'autre cas, on écrit :

$$\frac{4 \times 5}{3}$$

– **la méthode graphique :**

Ex :

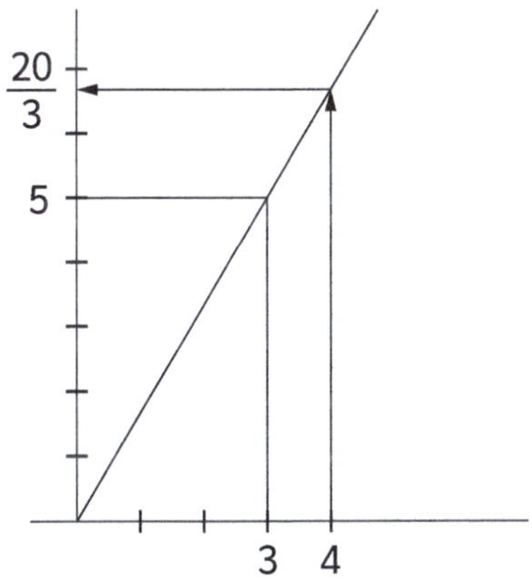

5. LES SUITES PROPORTIONNELLES

Partons d'un exemple familier :
Pour faire des crêpes pour 4 personnes, il faut :

240 g de farine, 80 g de sucre, 4 œufs, $\frac{1}{2}$ litre de lait.

Donnez la liste des ingrédients nécessaires pour faire des crêpes pour 12 personnes.
La liste à dresser pour faire les <u>mêmes crêpes</u> pour 12 que pour 4 doit <u>respecter les proportions</u>.

La modélisation mathématique est ici moins simple que dans nos exemples précédents.

On peut modéliser à partir de chaque couple de grandeurs :
Nombre de personnes/quantité de farine : $f(x) = 60x$
Nombre de personnes/quantité de sucre, etc. : $g(x) = 20x$

Quantité de farine/quantité de sucre : $h(x) = \frac{1}{3}x$

Ou bien encore considérer que la liste des ingrédients doit être proportionnelle à la précédente.
Comme il y a trois fois plus de personnes, il faut trois fois plus d'ingrédients.

La recette pour 12 personnes sera :
720 g de farine, 240 g de sucre, 12 œufs, 1,5 litre de lait

$$\frac{720}{240} = \frac{240}{80} = \frac{12}{4} = \frac{1{,}5}{\frac{1}{2}}$$

Ces quotients sont égaux entre eux et égaux à 3.

Les suites $(240, 80, 4, \frac{1}{2})$ et (720, 240, 12, 1,5) sont des suites proportionnelles.

Ainsi, deux suites de nombres (a, b, c...) et (a', b', c'...) sont dites proportionnelles si on passe des valeurs successives de l'une aux valeurs successives de l'autre, dans le même ordre, en multipliant par le même nombre.

6. POURCENTAGES

Une proportion peut être exprimée de différentes manières. Par exemple, on peut dans une recette donner les indications :
Un demi-litre de lait

$\frac{1}{2}$ litre de lait

La moitié d'un litre de lait

Exprimées de trois manières différentes, ces quantités de lait sont identiques.
On utilise cette manière de faire lorsque les proportions relèvent de fractions usuelles : un quart, un tiers, trois-quarts, etc.

Lorsque les proportions sont moins usuelles, il est pratique de recourir aux pourcentages.
Le pourcentage est une proportion ramenée à une quantité théorique toujours identique : 100.

Sur Lea.fr
7.6 Autres exemples et contre-exemples de suites proportionnelles

Ex :

La moitié peut être représentée par la fraction $\frac{1}{2}$. Ce qui signifie que si la quantité totale théorique est 2, alors on en prendra 1 qui est la moitié de 2.
Pour déterminer le pourcentage qui représentera cette proportion, il suffit de trouver la valeur de x dans l'équation suivante : $\frac{1}{2} = \frac{x}{100}$

En utilisant le produit en croix, on obtient : $2x = 100$ ou $x = 50$.
Le pourcentage qui représente la proportion moitié est 50 pour cent et on écrit 50 %.

Ex :

$\frac{3}{4} = 75\ \%$

$\frac{1}{4} = 25\ \%$

Les problèmes de pourcentage, selon ce que l'on connait, conduisent à calculer divers éléments de la situation.

◆ Calcul du pourcentage en connaissant les quantités (ou valeurs ou mesures)

Ex :
Dans un lycée qui comporte 1 200 élèves en tout, on sait que 630 sont des filles.
Quel est le pourcentage de garçons dans cet établissement scolaire ?
Réponse :
1 200 – 630 = 570
Il y a 570 garçons dans ce lycée.
En pourcentage :

$$\frac{570}{1\,200} = \frac{x}{100}$$

$$x = 570 \times \frac{100}{1\,200} = 47{,}5\ \%$$

◆ Calcul d'une quantité (ou valeur ou mesure) connaissant le pourcentage

Ex :
Dans un autre lycée, il y a 1 500 élèves et il y a 47 % de garçons.
Combien y a t-il de garçons ?

$$\frac{47}{100} \times 1\,500 = 705$$

◆ Taux d'évolution

Les problèmes de pourcentage sont souvent des problèmes d'augmentation ou de diminution (d'évolution).

– Calcul de la valeur finale (ou quantité ou mesure) après augmentation

Pour augmenter une valeur d'un pourcentage *t* %, multiplier cette valeur par le coefficient multiplicateur $\left(1+\frac{t}{100}\right)$.

Ex : si le prix d'un article de 150 € augmente de 12 %, combien coutera cet article ?

Le prix final est de : $150\times\left(1+\frac{12}{100}\right)=150\times1{,}12$ soit 168 €.

L'article coutera après augmentation 168 €.

– Calcul de la valeur finale (ou quantité ou mesure) après diminution

Pour diminuer une valeur d'un pourcentage *t* %, multiplier cette valeur par le coefficient multiplicateur $\left(1-\frac{t}{100}\right)$.

Ex :
Si le prix d'un article de 150 € diminue de 12 %, quel sera le nouveau prix de cet article ?

Le prix final est de : $150\times\left(1-\frac{12}{100}\right)=150\times0{,}88$ soit 132 €.

L'article coutera 132 € après remise.

– Calcul de la quantité (ou valeur ou mesure) initiale connaissant la valeur finale après une augmentation

Pour retrouver une valeur initiale, connaissant la valeur finale et le taux d'augmentation *t* %, appliquer la formule :

$$\text{valeur initiale}=\frac{\text{valeur finale}}{\left(1+\frac{t}{100}\right)}.$$

Ex :
Après une augmentation de 25 %, un objet coute 200 €. Quel était son prix avant cette augmentation ?

$$\text{Ancien prix}=\frac{200}{\left(1+\frac{25}{100}\right)}=\frac{200}{1{,}25}=160\text{ €}.$$

L'objet coutait au départ 160 €.

– **Calcul de la quantité (ou valeur ou mesure) initiale connaissant la valeur finale après une diminution**

Pour retrouver une valeur initiale, connaissant la valeur finale et le taux de diminution t %, appliquer la formule :

$$\text{valeur initiale} = \frac{\text{valeur finale}}{\left(1-\frac{t}{100}\right)}.$$

Ex :
Après une baisse de 15 %, un objet coûte 153 €. Quel était son prix ?

$$\text{Ancien prix} = \frac{153}{\left(1-\frac{15}{100}\right)} = \frac{153}{0{,}85} = 180\text{ €}.$$

L'objet coutait au départ 180 €.

◆ Cumul de pourcentages

Les problèmes de pourcentages sont souvent des problèmes de cumuls de variations, deux augmentations ou deux diminutions successives, ou bien l'une puis l'autre.
Dans le domaine de la finance, les problèmes relatifs aux hausses ou baisses de prix, ou à l'épargne et aux emprunts, conduisent à des cumuls successifs de nombreuses fois.

– **Calcul du taux global après des évolutions successives**

Après plusieurs augmentations
Pour calculer un taux d'évolution globale après des augmentations successives de t_1 % et t_2 % :
– calculer le coefficient multiplicateur de chaque augmentation :

$$\left(1+\frac{t_1}{100}\right) \text{ et } \left(1+\frac{t_2}{100}\right);$$

– faire le produit de ces coefficients multiplicateurs $\left(1+\frac{t_1}{100}\right)\times\left(1+\frac{t_2}{100}\right)$ pour avoir le coefficient multiplicateur global ;

– retrancher 1 au coefficient multiplicateur global trouvé et multiplier le résultat par 100, ce qui donnera le taux d'évolution global.

Ex :
Un article subit successivement des hausses de 8 %, de 11 % puis de 5 %. Quel est le taux d'évolution global du prix de cet article ?
1,08 ; 1,11 et 1,05 sont les coefficients multiplicateurs associés respectivement à 8 %, 11 % et 5 % de hausse.

Le coefficient multiplicateur global est égal à 1,08 × 1,11 × 1,05, soit 1,25874.
(1,25874 – 1) × 100) = 25,874.
Le taux d'évolution global est de 25,874 %.

Après plusieurs diminutions

Pour calculer une grandeur après des diminutions successives de t_1 % et t_2 % :

– calculer le coefficient multiplicateur de chaque diminution :

$\left(1-\frac{t_1}{100}\right)$ et $\left(1-\frac{t_2}{100}\right)$;

– faire le produit des coefficients multiplicateurs $\left(1-\frac{t_1}{100}\right)\times\left(1-\frac{t_2}{100}\right)$ pour avoir le coefficient multiplicateur global ;

– retrancher 1 à ce coefficient et multiplier le résultat par 100 pour avoir le taux d'évolution global.

B – DIFFÉRENTS TYPES DE PROBLÈMES RELEVANT DE LA PROPORTIONNALITÉ

1. LES ÉCHELLES

On utilise les échelles (en géographie notamment) pour représenter des objets réels de manière réduite, afin qu'ils tiennent dans l'espace d'une feuille par exemple.
L'échelle est le rapport entre la dimension sur le plan et la dimension réelle.

Ex : L'échelle $\frac{1}{1\,000}$ signifie que 1 cm sur le plan représente 1 000 cm sur le terrain réel.

On lit : échelle au 1 millième.

Le modèle mathématique des problèmes d'échelle est le suivant :

$$\text{Échelle} = \frac{\text{dimension sur plan}}{\text{dimension réelle}}$$

On conçoit de suite qu'il s'agit d'une situation de proportionnalité entre les deux longueurs (plan, terrain) et que le nombre échelle $\left(\frac{1}{1\,000}\text{ dans notre exemple}\right)$ est le coefficient de proportionnalité.

$\times\frac{1}{1\,000}$

Dimension réelle	1 000	2 000
Dimension sur plan	1	2

Comme dans tous les problèmes de proportionnalité, on peut être amené à calculer l'échelle, la dimension réelle, la dimension sur le plan, connaissant les deux autres.

Sur Lea.fr

7.7 Autres exemples/calcul du taux global après des évolutions successives

7.8 Méthode

Ex :
Quel est le périmètre d'un champ qui sur un plan au 1/5 000 est représenté par un rectangle dont le périmètre est 20 cm ?
Le périmètre réel sera :
$20 \times 5\,000 = 100\,000$ cm soit 1 000 m

2. LA VITESSE

La vitesse est une grandeur quotient : $\text{vitesse} = \dfrac{\text{distance}}{\text{temps}}$.

Un mobile est animé d'un mouvement uniforme si sa vitesse v est constante.
Cela se traduit par la relation : $\boldsymbol{d = v \times t}$.

On en déduit : $v = \dfrac{d}{t}$, la vitesse v étant alors le coefficient de proportionnalité.

À vitesse constante, si la distance d du parcours double, alors le temps t mis à la parcourir double également. On dit que d et t sont des grandeurs proportionnelles.

À RETENIR

Si la vitesse v d'un mobile est constante, alors la distance d parcourue par ce mobile est proportionnelle au temps t de ce parcours.

Ex :
Louis met 15 minutes pour rejoindre son domicile, distant de 10 km de son lieu de travail. À quelle vitesse roule-t-il ?

La vitesse de Louis peut être donnée en m/s ou en km/h. Transformons 15 minutes en heure : 15 minutes = $\dfrac{1}{4}$ d'heure, d'où $v = \dfrac{10}{1/4} = 10 \times 4 = 40$.

Louis roule à 40 km/h.

3. LE DÉBIT

Le débit est modélisé par la formule : $\text{débit} = \dfrac{\text{volume}}{\text{temps}}$.

Si le débit est constant, les grandeurs volume (ou capacité) et temps sont proportionnelles.
Le débit, exprimé par exemple en L/min, est le coefficient de proportionnalité.

Sur Lea.fr
7.9 Autres exemples/les échelles

Ex :
Un évier se remplit en 40 s avec un débit de 15 L/min. Quelle est sa contenance en litres ? En cm^3 ?

Il faut d'abord veiller à bien accorder entre elles les unités choisies dans le problème.

Le temps de la question est exprimé en secondes : soit on le convertit en minutes, soit on convertit le débit en L par seconde :

$$40 \text{ s} = \frac{40}{60} \text{ min} = \frac{2}{3} \text{ min}$$

On peut modéliser la situation en utilisant un tableau :

× 15

Temps écoulé en minutes	$\frac{2}{3}$	
Capacité remplie en litres	10	

La contenance de l'évier en litres est :
10 litres
1 litre = 1 dm^3 = 1 000 cm^3
Donc la capacité de l'évier est 10 000 cm^3.

4. LA MASSE VOLUMIQUE

La masse volumique est modélisée par la formule : masse volumique $= \dfrac{\text{masse}}{\text{volume}}$.

Les grandeurs masse et volume sont des grandeurs proportionnelles, et la masse volumique (souvent exprimée en kg/m^3) est le coefficient de proportionnalité.

Ex :
1,6 m^3 de laiton a une masse de 13 440 kg. Calculer sa masse volumique.
La masse volumique du laiton est :
13 440 ÷ 1,6 = 8 400 kg/m^3

5. AGRANDISSEMENT ET RÉDUCTION

En géométrie, de nombreux problèmes traitent de questions d'agrandissement ou de réduction de figures. Dans ces problèmes, les dimensions des figures changent, mais pas leur forme ni les rapports des mesures entre elles.

Ex :

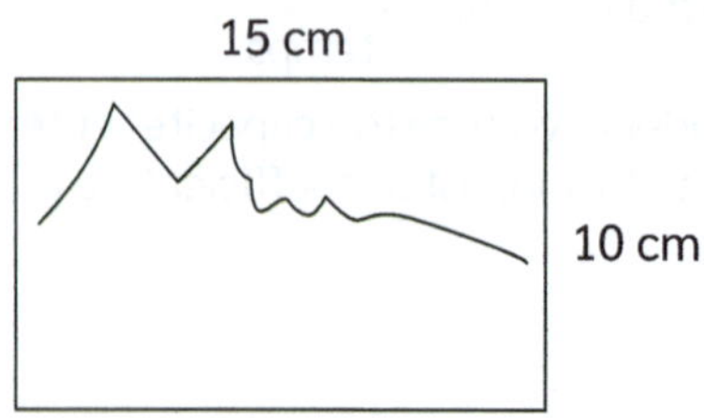

Sur Lea.fr
7.10 Autres exemples / le débit
7.11 Autres exemples / masse volumique et densité

Le format normal d'une photo est 10 cm × 15 cm.
On propose des « agrandissements » :
13 × 19 ; 20 × 30 ; 30 × 45 ; 50 × 75.

1. L'un des formats proposés n'est pas un agrandissement proportionnel au format initial, lequel ?
13 × 19 n'est pas un agrandissement proportionnel. Le rapport entre les deux nombres n'est pas égal à 1,5.
2. On souhaite faire un agrandissement dont la longueur est 90 cm. Quelle devra être sa largeur ? Donner le coefficient d'agrandissement.
90 ÷ 1,5 = 60
Le coefficient d'agrandissement est 6.
3. On propose des formats réduits de la photo dont les longueurs seront 10 et 5.
Quelles devront être leurs largeurs ?
Si la longueur est 10, la largeur sera égale à 10 ÷ 1,5 = 6,66 cm à 0,01 près par défaut.
Si la longueur est 5, la largeur sera égale à $\frac{5}{1,5}$ = 3,33 cm à 0,01 cm près par défaut.

C – LA PROPORTIONNALITÉ MULTIPLE, LES PARTAGES PROPORTIONNELS

1. LA PROPORTIONNALITÉ MULTIPLE

Certains problèmes de proportionnalité ne se réduisent pas au modèle mathématique habituel.

Un problème célèbre résume à lui seul la situation :

Sachant que 6 poules pondent 6 œufs en 6 jours, combien 12 poules pondent-elles d'œufs en 12 jours ?
Si on avait demandé combien 12 poules pondent d'œufs en 6 jours, on serait face à un problème de proportionnalité simple. La réponse serait : le double, soit 12 œufs.

Mais dans cette situation, il y a une double proportionnalité : nombre d'œufs, nombre de poules, mais aussi nombre d'œufs, nombre de jours.

Donc ici, il faut doubler deux fois le nombre d'œufs de départ.
12 poules pondront en 12 jours 24 œufs.

Sur Lea.fr
7.12 Autre exemple / agrandissement et réduction
7.13 Autres exemples / proportionnalité multiple

2. LES PARTAGES PROPORTIONNELS

Répartir une quantité proportionnellement à une suite de nombres

Pour répartir une quantité S proportionnellement aux nombres a, b et c :
- écrire que l'on cherche les nombres x, y et z tels que :

$$\frac{x}{a}=\frac{y}{b}=\frac{z}{c}=\frac{x+y+z}{a+b+c} \text{ avec } S=x+y+z$$

- calculer $\frac{x+y+z}{a+b+c}$, soit $\frac{S}{(a+b+c)}$;
- calculer x sachant que $\frac{x}{a}=\frac{x+y+z}{a+b+c}$;
- calculer y et z de la même manière ;
- vérifier que les trois nombres obtenus x, y et z sont bien tels que $x + y + z = S$.

Ex :
Partager une prime de 2 400 € entre trois salariés proportionnellement à leur ancienneté respective de 3, 5 et 8 ans.

Soient x, y et z la part de chacun.

On a donc $x + y + z = 2\,400$ et $\frac{x}{3}=\frac{y}{5}=\frac{z}{8}$

On a aussi $\frac{x}{3}=\frac{y}{5}=\frac{z}{8}=\frac{x+y+z}{3+5+8}=\frac{2\,400}{16}=150$

On peut donc calculer la part de chacun :

$\frac{x}{3}=150$, soit $x = 450$ € ; $\frac{y}{5}=150$, soit $y = 750$ € ; $\frac{z}{8}=150$, soit $z = 1\,200$ €.

Vérification : 450 + 750 + 1 200 = 2 400 €.

JE M'ENTRAÎNE

ÉNONCÉS

◆ Exercice 1

Un cycliste parcourt un même trajet à l'aller et au retour sans s'arrêter.
Sa vitesse est 20 km/h en montée et 40 km/h en descente.
L'aller se compose d'une montée et d'une descente dont la longueur est deux fois plus courte que celle de la montée.

1. Calculez sa vitesse moyenne sur le parcours aller.
2. Calculez sa vitesse moyenne sur le parcours retour.
3. Calculez sa vitesse moyenne sur le parcours aller-retour.

◆ Exercice 2

1. Au 10 janvier 2000, le Napoléon (pièce de 20 francs or) cote 330,60 francs français. Calculer sa valeur en marks allemands (au centième) en utilisant le tableau suivant.

PARITÉS EUROS	
1 EURO	
1,95583	mark (Allemagne)
40,3399	francs belges (Belgique)
166,386	pesetas (Espagne)
6,55957	francs (France)
1936,27	lires italiennes (Italie)

2. Le tableau ci-dessous représente les fluctuations du dollar par rapport à l'euro. La dernière ligne du tableau représente cette évolution en pourcentage. Reproduire et compléter ce tableau (la présentation des calculs est exigée).
Les valeurs du dollar seront arrondies au dix millième et les pourcentages seront arrondis au centième, par excès ou par défaut, au choix du candidat.

Dates	07/01	10/01	11/01	12/01	13/01	14/01
Dollar ($)	0,9713		0,9689	0,9737		0,9866
Euro (€)	1	1	1	1	1	1
Évolution en % par rapport à la date précédente		+ 0,40 %			– 0,01 %	+ 1,33 %

◆ Exercice 3

Cinq verres, de même contenance, remplissent un pichet. Pour remplir un jéroboam, il faut neuf pichets et trois verres.
Quelles sont les contenances d'un verre et du pichet ?
Il est rappelé qu'un jéroboam contient six litres et que les réponses sont demandées en centilitres.

CORRIGÉS

◆ Exercice 1

1. 24 km/h
2. 30 km/h
3. 26,67 km/h à 10^{-2} près

◆ Exercice 2

1. 98,57 marks allemands à 10^{-2} près
2. 10/01 : 0,9752 $; 11/01 : –0,65 % ; 12/01 : 0,50 % ; 13/01 : 0,9736 $

◆ Exercice 3

12,5 cL pour le verre et 62,5 cL pour le pichet.

Sur Lea.fr
Corrigés développés et exercices complémentaires

8. Statistiques

JE M'ÉVALUE

VRAI OU FAUX ?

Le tableau suivant est valable pour les 3 premières questions.

Température moyenne en °C	10	12	17	19
Nombre de jours	6	8	12	5

1. Patrick a relevé les températures moyennes journalières du mois d'avril :
a. La température moyenne du mois d'avril (tableau ci-dessus) est égale à : 14,85.
b. La température médiane du tableau ci-dessus est égale à : 17.
c. L'écart interquartile du tableau ci-dessus est égal à : 4.

2. La moyenne arithmétique de 8 nombres est 13. En retirant l'un de ces nombres, la moyenne est alors égale à 12. Le nombre retiré est égal à : 20.

3. La moyenne à un devoir d'une classe de 15 élèves présents était de 12/20. Un élève absent ayant composé le lendemain a relevé la moyenne de la classe à 12,25/20. La note obtenue par le 16e élève est égale à : 15.

4. L'étendue de la série de nombres 6 ; 7 ; 15 ; 3 ; 10 ; 12 ; 11 ; 9 est égale à : 3.

5. En augmentant toutes les notes des élèves d'une classe de 1 point, la note médiane de la classe augmentera de 1 point.

6. Soit les valeurs rangées dans l'ordre croissant : 2 ; 4 ; 4 ; 6 ; 7 ; 7 ; 8 ; 9 ; 9 ; 10 ; 10 ; 10 ; 10 ; 11 ; 11 ; 12 ; 13 ; 13 ; 13 ; 14 ; 15.
Le troisième quartile Q_3 est égal à : 12.

7. Un professeur a donné un contrôle commun à trois de ses classes. Avant de rendre les copies à ses élèves, il a fait quelques calculs statistiques à partir de leurs notes.
Pour la classe A qui compte 24 élèves, il a relevé les informations suivantes :

Note minimale	Médiane	Moyenne	Étendue
5	11	12	14

a. La note maximale est 20.
b. Si on enlève une copie avec la note maximale et une copie avec la note minimale, la moyenne des notes restantes augmente.
c. Au moins la moitié des élèves ont une note de 12 ou plus.

Réponses : 1a.F – 1b.V – 1c.F – 2.V – 3.F – 4.F – 5.V – 6.V – 7a. F – 7b. F – 7c. F

JE RÉVISE

La statistique est une méthode scientifique qui **recueille, ordonne, analyse et interprète** des données quantitatives ou qualitatives. Souvent pour une meilleure lisibilité et pour faciliter l'analyse et l'interprétation, ces données sont présentées à l'aide de graphiques.
La statistique est aujourd'hui largement utilisée et ce dans des domaines aussi variés que la biologie, l'économie, l'agronomie...

Nous nous limitons ici aux **statistiques descriptives**, mais la statistique, c'est aussi **l'inférence statistique**, un ensemble de techniques qui permettent d'induire les caractéristiques d'un groupe à partir de celles d'un échantillon, tout en fournissant une mesure de l'erreur possible de la prédiction.

A – VOCABULAIRE

L'ensemble sur lequel porte l'étude statistique est appelé : **population**.
Les éléments la composant sont appelés **individus** ou **unités statistiques**.

Par exemple, l'ensemble des candidats au CRPE une année donnée est une **population**.
Chaque candidat est un individu ou unité statistique.
À chacune de ces unités statistiques peut être associé un **caractère** ou une **variable statistique**, mesurable ou pas.
Ex : la note obtenue en mathématiques, l'âge, la série au bac...
Les valeurs prises par la variable statistique sont appelées : **modalités**.
Une variable statistique est soit **qualitative** soit **quantitative**.

1. CARACTÈRE OU VARIABLE STATISTIQUE

- Caractère qualitatif

Une variable qualitative est une variable qui n'est pas mesurable.

Ex : sexe, département de naissance, mention obtenue au bac...

Une variable est **qualitative ordinale** lorsque les modalités qui lui sont associées peuvent être hiérarchisées.

Ex : appréciation d'une prestation par les modalités « mauvaise », « moyenne », « bonne ».

Une variable est **qualitative nominale** lorsque les modalités qui lui sont associées ne peuvent pas être hiérarchisées.

Ex : couleur des yeux « bleus », « marrons », « verts », « noirs ».

◆ Caractère quantitatif

Une **variable quantitative** est une variable qui est mesurable.

Ex : nombre de frères et sœurs, note obtenue au bac, âge, taille...

Une variable est **quantitative discrète** si elle peut prendre des valeurs isolées.

Ex : nombre d'enfants par foyer (0, 1, 2, 3...).

Une variable est **quantitative continue** si elle peut prendre toutes les valeurs d'un intervalle appelé **classe**.

Ex : âge, taille, salaire...

2. EFFECTIFS ET FRÉQUENCES

◆ Effectif

Lors d'un relevé statistique, le nombre de fois où une modalité apparait est appelé **effectif** de cette modalité.

Ex : On a relevé les notes de mathématiques obtenues par 20 élèves d'une classe : 10, 9, 15, 9, 10, 13, 9, 12, 9, 12, 9, 16, 9, 10, 15, 12, 10, 9, 13, 10.

Cette série statistique compte 6 modalités : 9, 10, 12, 13, 15, 16.

7 élèves ont obtenu la note 9. 7 est donc l'effectif de cette modalité.

L'effectif total de cette série statistique est égal à la somme de tous les effectifs : 7 + 5 + 3 + 2 + 2 + 1, soit 20. Comme il n'y a pas d'absent, on dira que 20 est l'effectif total de la classe.
En regroupant ces données dans un tableau, on aura une meilleure vision de la répartition des notes dans cette classe.

Note	9	10	12	13	15	16	**Total**
Effectif	7	5	3	2	2	1	**20**

◆ Fréquence

La fréquence est égale au rapport de l'effectif d'une modalité sur l'effectif total.

Ex : La fréquence f de la note 10 par exemple est égale à $\frac{5}{20}$, soit $f = 0{,}25$.

On dira aussi que 25 % des élèves de cette classe ont obtenu la note 10.

Il apparait clairement que la somme totale des fréquences est toujours égale à 1.

On a : fréquence d'une modalité = $\frac{\text{effectif de cette modalité}}{\text{effectif total}}$.

Note	9	10	12	13	15	16	**Total**
Effectif	7	5	3	2	2	1	**20**
Fréquence	0,35	0,25	0,15	0,1	0,1	0,05	**1**

◆ **Effectifs cumulés croissants. Fréquences cumulées croissantes**

Pour calculer les quantiles (*cf.* pages suivantes de ce chapitre), on aura à calculer les effectifs cumulés croissants (**EEC**) ou les fréquences cumulées croissantes (**FCC**).

Note	9	10	12	13	15	16	**Total**
Effectif	7	5	3	2	2	1	**20**
ECC	7	12	15	17	19	20	
Fréquence	0,35	0,25	0,15	0,1	0,1	0,05	**1**
FCC	0,35	0,60	0,75	**0,85**	0,95	1	

On peut lire par exemple sur ce tableau que 85 % des élèves ont obtenu une note inférieure ou égale à 13.

B – SÉRIE STATISTIQUE ET SES PARAMÈTRES

1. PARAMÈTRES DE POSITION

◆ **Le mode**

Le **mode** d'une série statistique est la valeur de la variable associée au plus grand effectif ou à la plus grande fréquence.

Ex : Dans l'exemple précédent, le mode est 9 car à cette note est associé le plus grand effectif 7.

Dans le cas d'une variable continue dont les classes sont de même amplitude, la classe associée au plus grand effectif est appelée **classe modale**. Le mode est le centre de cette classe.

◆ **Les moyennes**

La moyenne arithmétique

La moyenne arithmétique, notée $\overline{x}$, des *n* observations est le quotient de la somme des modalités par l'effectif total.

Ex :

Les âges des sept joueurs d'une équipe de handball sont : 18, 19, 20, 21, 22, 25 et 29 ans.

L'âge moyen des joueurs de l'équipe est égal à : $\frac{18 + 19 + 20 + 21 + 22 + 25 + 29}{7}$ soit $\overline{x} = 22$ ans.

La moyenne arithmétique pondérée

La moyenne arithmétique pondérée notée $\bar{x}$ est la moyenne des valeurs observées pondérées par leurs effectifs respectifs.

Ex :
Les notes obtenues dans une classe de 20 élèves sont :

Notes	4	7	10	12	15	Total
Effectifs	6	4	7	1	2	**20**

La moyenne est :

$$\bar{x} = \frac{6 \times 4 + 4 \times 7 + 7 \times 10 + 1 \times 12 + 2 \times 15}{20} \text{ soit } \bar{x} = 8,2.$$

On peut aussi calculer la fréquence des notes. La fréquence par exemple de la note 10 est égale à $\frac{7}{20}$, soit 0,35. Autrement dit, 35 % des élèves de la classe ont une note égale à 10.

◆ Les quantiles

Les quantiles sont les valeurs du caractère qui partagent la série statistique en n séries de même effectif.
Selon la valeur de n, les quantiles sont appelés :
- médiane M_e si $n = 2$;
- quartiles Q_1, Q_2, Q_3 si $n = 4$;
- déciles D_1, D_2,……, D_9 si $n = 10$;
- centiles C_1, C_2,……, C_{99} si $n = 100$.

Pour calculer un quantile, il suffit de suivre la même méthode que celle développée plus bas pour le calcul de la médiane.

La médiane

Les modalités x_1, x_2, x_3, ………, x_p doivent être rangées dans un ordre croissant.

La médiane M_e est la valeur du caractère qui partage la série statistique en deux séries de même effectif. Il y a donc autant de valeurs inférieures à la médiane que de valeurs supérieures à la médiane.
Si le caractère est discret, on peut déterminer la médiane de la manière suivante :
– si l'effectif total N est impair, la médiane est la valeur du caractère x_i située au rang $\frac{N+1}{2}$

Ex :
Un élève a obtenu les notes suivantes : 6 ; 7 ; 8 ; 10 ; 15.
La médiane est la valeur située au rang 3, soit $M_e = 8$.
– Si l'effectif total N est pair, la médiane est la moyenne arithmétique des 2 valeurs de rang $\frac{N}{2}$ et de rang $\frac{N}{2} + 1$.
Un élève a obtenu les notes suivantes : 5 ; 8 ; 8 ; 10 ; 12 ; 12 ; 13 ; 16.
La médiane est la moyenne des valeurs situées au rang 4 et au rang 5, soit $M_e = \frac{10+12}{2} = 11$.

ASTUCE

On peut aussi définir la médiane comme étant la modalité du caractère pour laquelle au moins 50 % de la population est associée à une modalité supérieure et au moins 50 % associée à une modalité inférieure.

Ex : Si la médiane d'une série de notes obtenues par les élèves d'une classe est égale à 11 alors au moins 50 % des élèves ont une note inférieure ou égale à 11 ; et au moins 50 % des élèves ont une note supérieure ou égale à 11.

Les quartiles

Les quartiles d'une série statistique sont les trois valeurs Q_1, Q_2 et Q_3 du caractère qui partagent la série statistique en quatre parties de même effectif :

- 25 % au moins de l'effectif total a une valeur inférieure à Q_1 ;
- 75 % au moins de l'effectif total a une valeur inférieure à Q_3.

Le deuxième quartile Q_2 est égal à la médiane M_e.

– Si l'effectif total N n'est pas un multiple de 4, alors les quartiles Q_1 et Q_3 sont les termes de rang immédiatement supérieurs à $\frac{N}{4}$ et à $\frac{3N}{4}$ respectivement.

Ex :

Un élève a obtenu les 10 notes suivantes : 5 ; 6 ; 8 ; 10 ; 11 ; 13 ; 14 ; 15 ; 17 ; 18.

Comme $\frac{10}{4} = 2{,}5$ alors $Q_1 = 8$ (note de rang 3)

Comme $\frac{3 \times 10}{4} = 7{,}5$ alors $Q_3 = 15$ (note de rang 8).

– Si l'effectif total N est un multiple de 4, alors les quartiles Q_1 et Q_3 sont les termes de rang $\frac{N}{4}$ et $\frac{3N}{4}$ respectivement.

Ex :

Un élève a obtenu les 8 notes suivantes : 3 ; 5 ; 7 ; 10 ; 12 ; 13 ; 15 ; 18

Comme $\frac{8}{4} = 2$, alors $Q_1 = 5$ (note de rang 2)

Comme $\frac{3 \times 8}{4} = 6$, alors $Q_3 = 13$ (note de rang 6).

2. PARAMÈTRES DE DISPERSION

◆ Étendue

L'étendue d'une série statistique, notée e, est la différence entre la plus grande valeur x_{max} et la plus petite valeur x_{min} du caractère.

$e = x_{max} - x_{min}$

Ex :
On a relevé dans une classe les dix notes suivantes : 4 ; 12 ; 7 ; 12 ; 10 ; 15 ; 12 ; 8 ; 12 ; 8.
L'étendue est $e = 15 - 4$, soit $e = 11$.

◆ Intervalle interquartile

$[Q_1 ; Q_2]$ est appelé **intervalle interquartile** d'une série statistique. Il contient au moins 50 % de l'effectif total.
$Q_3 - Q_1$ est appelé **écart interquartile**. Il mesure la dispersion des valeurs du caractère autour de la médiane.
Plus cet écart est petit, plus les valeurs appartenant à l'intervalle interquartile sont proches de la médiane.

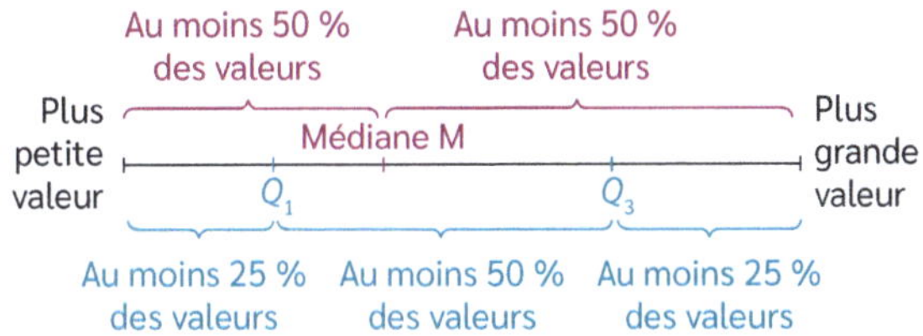

C – REPRÉSENTATION GRAPHIQUE

Il existe plusieurs types de graphique dont la nature est liée à la qualité de la variable statistique.

1. VARIABLES QUALITATIVES

◆ Diagramme à secteurs

On construit un tableau de proportionnalité liant l'effectif et la mesure de l'angle qui lui est proportionnelle.
À un effectif total de 500 correspond un angle de 360°. Le coefficient de proportionnalité pour passer d'un effectif donné à la mesure de l'angle correspondant est $\frac{360}{500}$, soit 0,72.

Produit	A	B	C	D	E	Total
Quantité vendue	120	180	70	50	80	500
Angle	86°	130°	50°	36°	58°	360°

×0,72

La mesure du secteur A est donc égale à $120 \times 0{,}72$ soit 86° arrondi à l'unité. Les mesures des secteurs B, C, D et E sont respectivement de 130°, 50°, 36° et 58°.

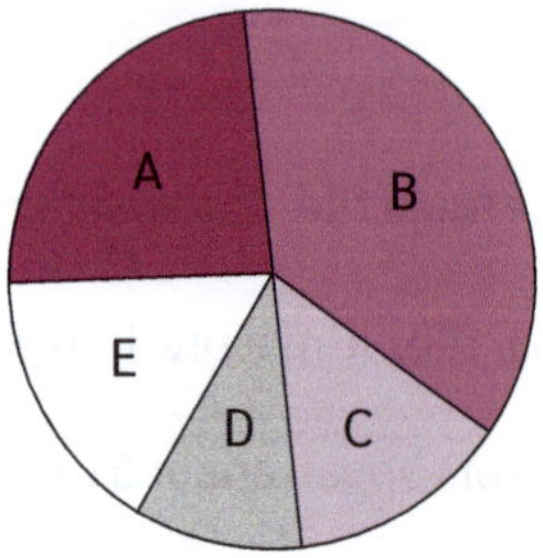

◆ Diagramme à bandes

Le diagramme à bandes représente les modalités par des bandes dont la hauteur est proportionnelle aux effectifs.

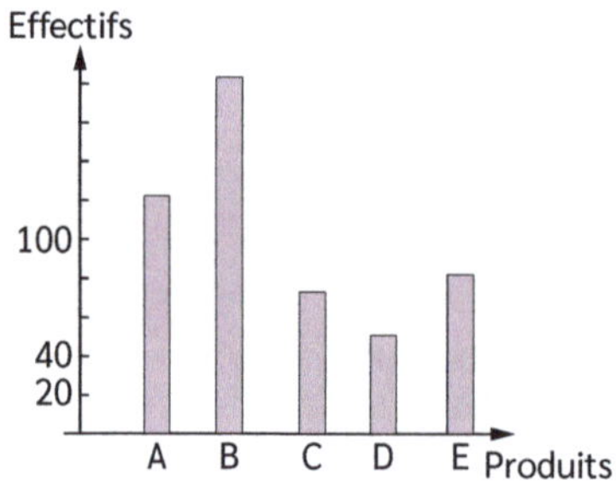

2. VARIABLE QUANTITATIVE DISCRÈTE

On a relevé les notes d'un élève sur un trimestre.

Notes	4	6	8	10	14	16
Effectifs	2	7	10	15	8	4

Diagramme en bâtons

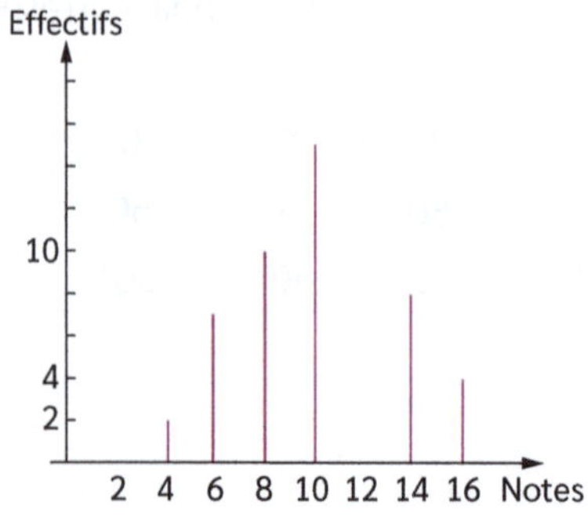

3. VARIABLE QUANTITATIVE CONTINUE

L'histogramme est un diagramme composé de rectangles contigus dont l'aire est proportionnelle à l'effectif de chaque classe.

◆ Classes d'amplitudes égales

La répartition des employés d'une entreprise selon l'âge est la suivante.

Âges	[20 ; 25[	[25 ; 30[	[30 ; 35[	[35 ; 40[	[40 ; 45[	[45 ; 50[
Effectifs	10	16	38	28	18	6

Les classes sont toutes d'amplitude égale à 5.

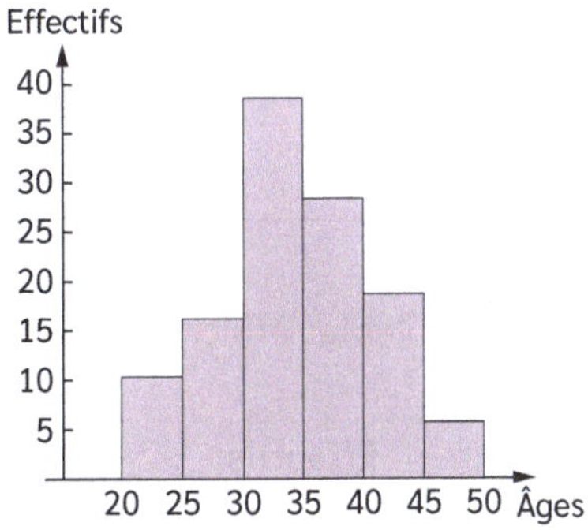

D – APPLICATION

◆ Variable discrète

On a relevé les notes de mathématiques obtenues par les élèves de troisième lors d'un examen :

Notes	2	4	5	8	10	11	12	14	15	17
Effectifs	10	27	48	60	74	88	46	29	10	8

◆ Calcul de la moyenne

Pour calculer la moyenne, présenter les calculs dans un tableau.

Note	Effectifs	Note × Effectifs
2	10	20
4	27	108
5	48	240
8	60	480

Note	Effectifs	Note × Effectifs
10	74	740
11	88	968
12	46	552
14	29	406
15	10	150
17	8	136
Total	**400**	**3 800**
	Moyenne	$\frac{3\,800}{400} = 9{,}5$

Pour calculer les quantiles, il faut calculer les effectifs cumulés croissants, ECC.

Note	Effectifs	ECC
2	10	10
4	27	37
5	48	85
8	60	145
10	74	219
11	88	307
12	46	353
14	29	382
15	10	392
17	8	400
Total	**400**	

- **Mode**

Le mode ou dominante de cette série statistique est la note associée à l'effectif le plus élevé, 88. Le mode est donc égal à 11.

- **Calcul de la médiane**

Comme l'effectif total est pair, alors la médiane est la moyenne des notes de rang $\frac{400}{2}$ et $\frac{400}{2}+1$ soit la moyenne de la 200e et de la 201e note. D'après les ECC, on lit que toutes les notes du rang 146 au rang 219 sont égales à 10. Les 200e et 201e notes sont donc égales à 10. Leur moyenne donc la médiane est égale à 10.

◆ Calcul des quartiles et de l'intervalle interquartile

Le premier quartile est la note de rang $\frac{400}{4}$, soit la 100e note qui est égale à 8.

On a donc $Q_1 = 8$.

Le troisième quartile est la note de rang $3 \times \frac{400}{4}$, soit la 300e note qui est égale à 11.

On a donc $Q_3 = 11$.

[8 ; 11] est l'intervalle interquartile contenant au moins 50 % des notes. Il a l'avantage d'éliminer l'influence des valeurs extrêmes, souvent marginales.

$Q_3 - Q_1 = 11 - 8 = 3$ est l'écart interquartile.

◆ Calcul de l'étendue

L'étendue est égale à la différence entre la note maximale et la note minimale :
$17 - 2 = 15$

◆ Calcul des déciles

Pour déterminer le premier décile D_1, il suffit de lire la plus petite note associée à la fréquence cumulée croissante au moins égale à 10 % (21,25 % étant la valeur cherchée). La note associée à cette fréquence est 5. Donc $D_1 = 5$.

Pour déterminer le neuvième décile D_9, il suffit de lire la plus petite note associée à la fréquence cumulée croissante au moins égale à 90 % (95,50 % étant la valeur cherchée). La note associée à cette fréquence est 14. Donc $D_9 = 5$.

◆ Diagramme en boite

Pour tracer un diagramme en boite :
- calculer le premier quartile Q_1, la médiane M_e et le troisième quartile Q_3 ;
- tracer au-dessus d'une droite graduée un rectangle délimité par le premier quartile Q_1, le troisième quartile Q_3 et coupé par la médiane M_e. Ce rectangle constitue le diagramme en boite ;
- tracer ensuite deux segments délimités par les valeurs extrêmes.

Note minimale 2, note maximale 17, $Q_1 = 8$, $M_e = 10$ et $Q_3 = 11$.

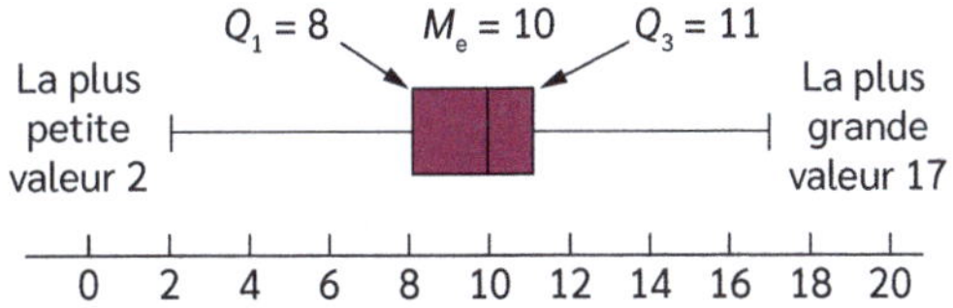

JE M'ENTRAINE

ÉNONCÉS

◆ Exercice 1 CRPE 2021 GRPT1

L'entreprise AMP'OUL emploie treize personnes : 8 pour la chaine de fabrication, 3 pour l'emballage et l'organisation des livraisons (dont les salaires sont identiques), 2 pour la comptabilité et la gestion (dont les salaires sont identiques).

Les salaires nets suivants, en euros, ont été reçus par les salariés en février 2020 :

Chaine de fabrication			
1 938,36	1 488,11	1 994,38	2 048,37
2 192,48	1 998,93	1 539,45	1 948,37

Emballage et organisaton des livraisons	1 864,37	Comptabilité et gestion	1 593,38

1. Quelle est l'étendue de cette série ?
2. Déterminer le salaire médian de cette entreprise.
3. Calculer le salaire moyen dans cette entreprise.
4. Le cout global d'un salarié en février 2020 est donné par la formule suivante pour cette entreprise :

$$\text{Cout global d'un salarié} = \frac{\text{salaire net}}{0,78} \times 1,45$$

Quel est le cout global en euros, pour un salarié de l'emballage et de l'organisation des livraisons ?

◆ Exercice 2 CRPE 2021 GRPT2

La cheffe d'une entreprise a commandé à son gestionnaire une étude sur les salaires de ses employés pour l'année 2020.
L'entreprise est installée sur deux sites :
- le site de Toulouse où travaillent 19 employés ;
- le site de Montauban où travaillent 12 employés.

La répartition des salaires nets des employés du site de Toulouse est représentée par le diagramme en barres ci-après, les salaires étant rangés dans l'ordre croissant.
Une tasse de café est renversée sur le document réalisé par le gestionnaire et une tache vient masquer certaines informations concernant le site de Toulouse.

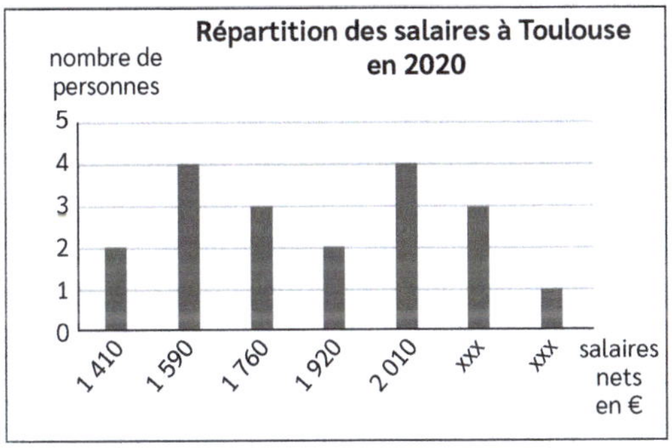

Information sur les salaires à Montauban en 2020 :

Salaire moyen : 1 520 €
12 employés
Salaire maximum : 2 300 €
Salaire minimum : 1 410 €

1. La cheffe d'entreprise affirme que plus de 40 % des personnes travaillant à Toulouse gagnent plus de 2 000 €. Est-ce vrai ? Justifier la réponse.
2. Sur le site de Toulouse, l'étendue des salaires est égale à 1 890 € et le salaire moyen est de 1 935 €.
a. Déterminer la valeur du plus haut salaire de Toulouse.
b. Déterminer la valeur des salaires correspondant à l'avant-dernière barre du graphique présentant la répartition des salaires à Toulouse en 2020.
3. Déterminer le salaire médian des employés de Toulouse.
4. Calculer le salaire moyen en 2020 de l'ensemble du personnel de cette entreprise. Arrondir à l'unité.

◆ Exercice 3

Un directeur de supermarché décide d'étudier le temps d'attente aux caisses de son établissement pour ajuster le nombre de caisses ouvertes à la demande. Pour cela, il interroge le lundi et le vendredi cent clients et note les temps d'attente approximatifs en minutes entières.
Le lundi, il obtient la répartition suivante :

Temps d'attente en caisse (en min)	1	2	3	4	5	6	7	8	9	10
Nombre de clients	14	13	23	9	14	8	12	4	1	2

1. Calculer le temps moyen d'attente aux caisses du supermarché pour l'échantillon étudié.
2. Déterminer la médiane et les quartiles de la série statistique des temps d'attente.
3. Construire le diagramme en boite de cette série.

◆ Exercice 4

Dans une classe de 20 élèves, les filles ont 11,4 de moyenne et les garçons 9,5. La moyenne de la classe est 10,64.
Combien y a-t-il de filles dans la classe ?

◆ Exercice 5

Un jeu consiste à lancer un dé un certain nombre de fois et à calculer la moyenne des résultats obtenus. Est déclaré gagnant le joueur ayant la plus grande moyenne à l'issue des deux parties.

Partie 1

Julie lance le dé 8 fois et obtient un résultat moyen égal à 4,12.
Pierre lance le dé 13 fois et obtient un résultat moyen égal à 4,05.

Partie 2

Julie lance le dé 7 fois et obtient un résultat moyen égal à 3,75.
Pierre lance le dé 5 fois et obtient un résultat moyen égal à 3,73.
Quel est le gagnant à ce jeu ?

CORRIGÉS

◆ Exercice1 CRPE 2021 GRPT1

1. 704,37 €
2. Le salaire médian est donc 1 864,37 €.
3. 1 840,64 €
4. 3 465,82 €.

◆ Exercice 2 CRPE 2021 GRPT2

1. L'affirmation de la cheffe d'entreprise est vraie.
2. a. 3 300 €.
b. 2 375 €.
3. Le salaire médian des salariés de Toulouse est de 1 920 €.
4. 1 774 €.

◆ Exercice 3

1. 4,08 min.
2. $Q_1 = 2$.
$Q_3 = 6$.
3. Diagramme en boite :

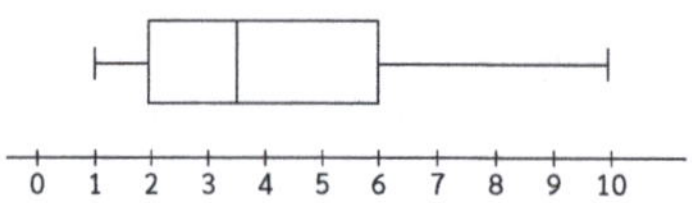

◆ Exercice 4

Si n est le nombre de filles alors $20 - n$ est le nombre de garçons.

Comme $\dfrac{11{,}4n + 9{,}5(20 - n)}{20}$ est la moyenne de la classe alors $\dfrac{11{,}4n + 9{,}5(20 - n)}{20} = 10{,}64$

On a donc $11{,}4n + 9{,}5(20 - n) = 20 \times 10{,}64$
Il suffit de résoudre l'équation, il vient : $11{,}4n + 190 - 9{,}5n = 212{,}8$
ce qui équivaut à $1{,}9n = 212{,}8 - 190$, soit $1{,}9n = 22{,}8$
D'où $n = 12$. Il y a 12 filles et 8 garçons dans cette classe.

◆ Exercice 5

C'est à l'issue des deux parties que le vainqueur sera connu.

Le résultat moyen obtenu par Julie est égal à $\dfrac{8 \times 4{,}12 + 7 \times 3{,}75}{15} = \dfrac{59{,}21}{15}$
soit 3,95 à 10^{-2} près.

Le résultat moyen obtenu par Pierre est égal à $\dfrac{13 \times 4{,}05 + 5 \times 3{,}73}{18} = \dfrac{71{,}3}{18}$
soit 3,96 à 10^{-2} près.
Le gagnant est Pierre car $3{,}96 > 3{,}95$.

Sur Lea.fr

Corrigés développés et exercices complémentaires

9. Probabilités

JE M'ÉVALUE

VRAI OU FAUX ?

1. Une urne contient 6 boules rouges et 9 boules bleues indiscernables au toucher. Nous avons 2 chances sur 5 d'obtenir une boule rouge en effectuant un tirage.

2. Soient A et B deux événements incompatibles. Sachant que $P(A) = 0{,}5$ et $P(B) = 0{,}3$ alors $P(A \cap B) = 0{,}15$.

3. Un article peut présenter de manière indépendante deux types de défauts notés A et B. Sachant que $P(A) = 0{,}1$ et $P(B) = 0{,}04$, alors la probabilité que l'article ait au moins un défaut vaut 0,136.

4. Si $P(A) = 0{,}7$, $P(B) = 0{,}2$ et $P(A \cap B) = 0{,}1$ alors $P(A \cup B) = 0{,}9$.

5. Nous avons un jeu de 32 cartes comportant 4 dames et 8 cœurs. La probabilité de tirer une dame ou un cœur vaut $\frac{3}{8}$.

6. On lance deux fois de suite une pièce de monnaie truquée, la probabilité d'avoir « face » à chaque lancer est égale à 0,4. La probabilité d'obtenir au moins une fois « face » après deux lancers est égale à 0,8.

7. Lors d'un référendum, deux questions étaient posées. 65 % des personnes ont répondu « oui » à la première question, 51 % ont répondu « oui » à la seconde question, et 46 % ont répondu « oui » aux deux questions.
La probabilité qu'une personne ait répondu « non » aux deux questions est égale à 0,3.

8. On lance deux dés équilibrés à 6 faces et on note la somme des deux faces obtenues. On a plus de chances d'obtenir une somme égale à 6 qu'une somme égale à 7.

9. Un QCM comporte trois questions. À chacune des questions, il y a 4 réponses possibles, dont une seule est la bonne. La probabilité que toutes les réponses soient justes est $\frac{1}{64}$.

10. Une urne contient 6 boules blanches et 4 boules noires. On effectue deux tirages successifs sans remise. La probabilité de tirer deux boules de la même couleur est 0,6.

Réponses : 1.V – 2.F – 3.V – 4.F – 5.F – 6.F – 7.V – 8.F – 9.V – 10.F

JE RÉVISE

A – PROBABILITÉS ET STATISTIQUES

On lance 20 fois de suite un dé équilibré numéroté de 1 à 6 et on note le nombre d'apparitions de ces numéros. On a relevé les résultats suivants :

Numéro	1	2	3	4	5	6	Total
Effectif	2	4	6	3	2	3	20
Fréquence	0,1	0,2	0,3	0,15	0,1	0,15	1
Probabilité	0,1	0,2	0,3	0,15	0,1	0,15	1

Il apparait que la sortie du numéro 3 est deux fois plus fréquente que la sortie du numéro 6 par exemple. On peut aussi dire que l'on a eu deux fois plus de chances d'obtenir le numéro 3 que le numéro 6. On peut aussi dire naïvement que la probabilité d'avoir le 6 est égale à la fréquence de l'apparition du 6, soit 0,15.
Si on répète cette épreuve une nouvelle fois, les résultats ne seront pas nécessairement identiques.
Mais si au lieu de lancer ce dé 20 fois, on le lançait un très grand nombre voire un nombre infini de fois (simulation avec un tableur par exemple), alors avec un dé équilibré, on obtiendrait des fréquences très proches pour chaque numéro et ces dernières tendraient vers $\frac{1}{6}$.

On peut alors dire que l'on est devant une situation d'équiprobabilité, c'est-à-dire une probabilité égale à $\frac{1}{6}$ pour la sortie du 1, 2, 3, 4, 5 ou 6.

Probabilité et fréquence en lien avec les statistiques

Dans une approche « fréquentiste », si on répète une expérience un très grand nombre de fois N (loi des grands nombres) et si on observe le nombre de fois où l'événement A se produit, alors la fréquence d'apparition de A est :

$$F(A) = \frac{\text{Nombre d'occurences de } A}{\text{Nombre } N \text{ d'expériences}}$$

Lorsque le nombre d'expériences N tend vers l'infini, alors la fréquence d'apparition de l'événement A tend vers la probabilité de A.

Exemple illustrant le lien entre statistiques et probabilités :
Une population de 100 individus compte 55 femmes et 45 hommes. 80 % des femmes et 60 % des hommes pratiquent un sport.
1. Représenter les données dans un tableau.
2. On choisit une personne au hasard. Calculer la probabilité de choisir une femme pratiquant un sport.
3. Calculer la probabilité de choisir une personne pratiquant un sport.

4. On choisit une personne parmi celles pratiquant un sport. Quelle est la probabilité que ce soit une femme ?
5. On choisit un homme au hasard. Quelle est la probabilité qu'il pratique un sport ?

1.

	Femmes	Hommes	Total
Sport	80 % × 55 = 44	60 % × 45 = 27	71
Pas sport	11	18	29
Total	55	45	100

2. La probabilité de choisir une femme pratiquant un sport est égale à $\frac{44}{100}$, soit 0,44.

3. La probabilité de choisir une personne pratiquant un sport est égale à $\frac{71}{100}$, soit 0,71.

4. La probabilité de choisir une femme parmi les personnes pratiquant un sport est égale à $\frac{44}{71}$, soit 0,62 environ.

5. La probabilité de choisir une personne pratiquant un sport sachant que c'est un homme est égale à 0,6 (réponse tirée de l'énoncé). On peut le vérifier à l'aide du tableau : $\frac{27}{45}$, soit 0,6.

B – VOCABULAIRE DES PROBABILITÉS

Pour plus de simplicité, nous définirons les termes utilisés en probabilités à partir d'exemples. Une **épreuve aléatoire** est une expérience dont l'issue n'est pas connue par avance.

Ex : Lancer d'un dé, tirage d'une carte dans un jeu de 32 cartes.

Dans la suite, les exemples portent sur « le lancer d'un dé équilibré dont les faces sont numérotées de 1 à 6 ».

L'univers, noté Ω, est l'ensemble de tous les résultats possibles.

Ex : $\Omega = \{1 ; 2 ; 3 ; 4 ; 5 ; 6\}$

Un **événement** est une partie ou un sous-ensemble de tous les résultats possibles, donc une partie de l'univers Ω.

Un **événement élémentaire** est un événement ne contenant qu'un seul élément, c'est donc une partie à un seul élément.

Ex : Considérons l'événement *A* : « obtenir un résultat pair ».
On a alors $A = \{2 ; 4 ; 6\}$.
Les événements : {1} ; {2} ; …….. ; {5} ; {6} sont des événements élémentaires.

Sur Lea.fr

9.1 Développement mathématique relatif à chacune des notions présentées ci-dessus

Un événement égal à Ω est appelé : événement certain.

Ex : Soit l'événement *B* : « obtenir un résultat inférieur à 8 ».
L'événement *B* est certain car $B = \Omega$.

Un événement ne contenant aucun élément noté $\varnothing$ est appelé : événement impossible.

Ex : Soit l'événement *C* : « obtenir un résultat supérieur à 7 ».
L'événement *C* est impossible, donc $C = \varnothing$.

Soient *A* et *B* deux événements.
L'événement « <u>*A* ou *B*</u> », noté $A \cup B$, est réalisé si l'un au moins des deux événements est réalisé, c'est-à-dire soit *A*, soit *B*, soit les deux.

L'événement « <u>*A* et *B*</u> », noté $A \cap B$, est réalisé si *A* et *B* sont réalisés simultanément.

Deux événements *A* et *B* sont **incompatibles** si leur réalisation simultanée est impossible.
Les événements *A* et *B* sont incompatibles si et seulement si $A \cap B = \varnothing$.

Ex : En lançant un dé, si *A* est l'événement « obtenir un résultat pair » et *B* l'événement « obtenir un diviseur de 5 », alors les événements *A* et *B* sont incompatibles.
En effet, comme $A = \{2 ; 4 ; 6\}$ et $B = \{1 ; 5\}$ alors $A \cap B = \varnothing$.

L'événement contraire de *A*, noté $\overline{A}$, est l'événement réalisé lorsque *A* ne l'est pas.

Ex : Si l'événement *A* est « obtenir un résultat pair », alors $\overline{A}$ est l'événement contraire, soit « obtenir un résultat impair ». Soit $\overline{A} = \{1 ; 3 ; 5\}$
On a donc : $A \cup \overline{A} = \Omega$ et $A \cap \overline{A} = \varnothing$.

A et *B* étant deux événements quelconques, un tableau peut être utile pour interpréter les événements suivants :

	A	$\overline{A}$
B	$A \cap B$	$\overline{A} \cap B$
$\overline{B}$	$A \cap \overline{B}$	$\overline{A} \cap \overline{B}$

On verra plus loin la nécessité de construire un arbre pondéré.

Ex : Dans un lycée, on étudie deux langues : l'anglais A et l'espagnol E.
Traduire les événements suivants :
« L'élève étudie les deux langues » : $A \cap E$
« L'élève étudie au moins une langue » : $A \cup E$
« L'élève n'étudie aucune langue » : $\overline{A} \cap \overline{E}$
« L'élève étudie seulement l'anglais » : $A \cap \overline{E}$
« L'élève étudie une et une seule langue » : $(A \cap \overline{E}) \cup (\overline{A} \cap E)$

C – PROPRIÉTÉS DES PROBABILITÉS

Soit un univers Ω et un événement A, une partie de Ω.
La probabilité de A notée $P(A)$ est un nombre compris entre 0 et 1, tel que :
1. $P(A) \geqslant 0$
2. $P(\Omega) = 1$
3. $P(A \cup B) = P(A) + P(B)$ si $A \cap B = \varnothing$
4. Si les événements A_1, A_2, ... A_n sont deux à deux incompatibles, alors :
$P(A_1 \cup A_2 \cup ...... \cup A_n) = P(A_1) + P(A_1) + ... + P(A_n)$

Conséquences :

– Comme $A \cup \overline{A} = \Omega$ alors $P(A \cup \overline{A}) = P(\Omega)$.

On en déduit que : $P(A) + P(\overline{A}) = 1$ car $A \cap \overline{A} = \varnothing$.

D'où $P(\overline{A}) = 1 - P(A)$.

– Comme l'événement certain Ω et l'événement impossible $\varnothing$ sont des événements contraires, alors $P(\varnothing) = 1 - P(\Omega)$, d'où $P(\varnothing) = 0$.

Ex 1 : On lance un dé truqué. Si la probabilité d'obtenir un résultat pair est égale à 0,45 alors la probabilité d'obtenir un résultat impair est égale à 0,55. En effet, « obtenir un résultat pair » et « obtenir un résultat impair » sont des événements contraires.

Ex 2 : Dans un lycée, si la probabilité qu'un élève pratique au moins un sport est de 0,85 alors la probabilité qu'un élève ne pratique aucun sport est de 0,15. En effet, « pratiquer au moins un sport » et « ne pratiquer aucun sport » sont des événements contraires.

D – CALCUL D'UNE PROBABILITÉ SIMPLE

Reprenons l'exemple du dé et notons p_i la probabilité d'amener le résultat i.
Comme $\Omega = \{1 ; 2 ; 3 ; 4 ; 5 ; 6\}$ alors $\text{Card}(\Omega) = 6$
On a aussi $\Omega = \{1\} \cup \{2\} \cup \{3\} \cup \{4\} \cup \{5\} \cup \{6\}$
Donc $P(\Omega) = P(\{1\}) + P(\{2\}) + P(\{3\}) + P(\{4\}) + P(\{5\}) + P(\{6\})$
Ou plus simplement, $p_1 + p_2 + p_3 + p_4 + p_5 + p_6 = 1$ car $P(\Omega) = 1$
Dans le cas d'une équiprobabilité, tous les événements élémentaires ont la même probabilité. On a donc $p_1 = p_2 = p_3 = p_4 = p_5 = p_6 = p$.
Soit $6p = 1$ d'où $p = \frac{1}{6}$.
Calculons la probabilité de l'événement A : « obtenir un résultat pair ».
Comme $A = \{2 ; 4 ; 6\}$ alors $\text{Card}(A) = 3$.
On a aussi $A = \{2\} \cup \{4\} \cup \{6\}$.
Donc $P(A) = P(\{2\}) + P(\{4\}) + P(\{6\})$.
Soit $P(A) = p_2 + p_4 + p_6$ or $p_2 = p_4 = p_6 = \frac{1}{6}$.
Donc $P(A) = \frac{3}{6}$, soit $P(A) = \frac{1}{2}$.

On a alors $P(A) = \dfrac{\text{Card}(A)}{\text{Card}(\Omega)}$ ou $P(A) = \dfrac{\text{nombre de cas favorables}}{\text{nombre de cas possibles}}$.

Cas général :
Soit l'univers Ω comportant n événements élémentaires équiprobables dont la probabilité de réalisation est égale à p. Comme la somme des événements élémentaires vaut 1, alors $np = 1$ d'où $p = \dfrac{1}{n}$

Soit l'événement A comportant k événements élémentaires, $P(A)$ est la somme des probabilités de ces événements.

On a donc $P(A) = kp$, soit $P(A) = \dfrac{k}{n}$.

Ou encore $P(A) = \dfrac{\text{Card}(A)}{\text{Card}(\Omega)} = \dfrac{k}{n}$.

On a établi plus haut que : $\text{Card}(A \cup B) = \text{Card}(A) + \text{Card}(B) - \text{Card}(A \cap B)$ (1).
En divisant les deux membres de l'égalité (1) par $\text{Card}(\Omega)$, il vient :

$$\frac{\text{Card}(A \cup B)}{\text{Card}(\Omega)} = \frac{\text{Card}(A)}{\text{Card}(\Omega)} + \frac{\text{Card}(B)}{\text{Card}(\Omega)} - \frac{\text{Card}(A \cap B)}{\text{Card}(\Omega)}$$

D'où, quels que soient les événements A et B :
$P(A \cup B) = P(A) + P(B) - P(A \cap B)$.

E – DÉNOMBREMENT

Pour calculer une probabilité simple, il faut déterminer le nombre de cas favorables et le nombre de cas possibles. Les problèmes de dénombrement sont parfois difficiles. On se limitera aux cas simples pour commencer et on introduira des formules qui pourraient intéresser les étudiants inscrits au PPPE.

1. CONSTRUIRE UN DIAGRAMME DE VENN

Dans un lycée, on compte 100 élèves de 1re étudiant l'anglais, l'espagnol ou l'allemand dont certains en sont dispensés. 60 élèves étudient l'anglais, 50 étudient l'espagnol, 29 étudient l'allemand, 20 étudient l'anglais et l'espagnol, 12 étudient l'anglais et l'allemand, 18 étudient l'espagnol et l'allemand, et 8 étudient les trois langues. On désigne une personne au hasard. Chaque personne a la même probabilité d'être choisie.

1. Calculer la probabilité de choisir une personne :
- étudiant seulement l'anglais,
- dispensée des langues.

2. On choisit un(e) élève étudiant l'espagnol. Calculer la probabilité que l'élève étudie l'allemand.

Il y a bien entendu 100 cas possibles. Pour dénombrer le nombre de cas favorables, on va s'aider d'un diagramme de Venn en renseignant successivement chacune des parties à l'aide des données de l'exercice.

On commence par repérer l'ensemble des élèves étudiant les trois langues, puis ceux étudiant deux langues et enfin compléter avec ceux étudiant une langue. On va ainsi constituer des parties deux à deux disjointes.

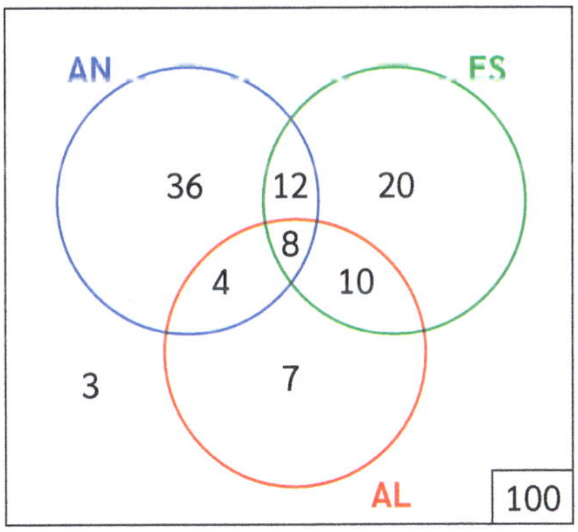

1. La probabilité que l'élève étudie seulement l'anglais est égale à $\frac{36}{100}$, soit 0,36.

La probabilité que l'élève soit dispensé des langues est égale à $\frac{3}{100}$, soit 0,03.

2. 50 élèves étudient l'espagnol et parmi eux, 18 étudient l'allemand, donc la probabilité que l'élève étudie l'allemand sachant qu'il étudie l'espagnol est égale à $\frac{18}{50}$, soit 0,36.

2. CONSTRUIRE UN TABLEAU À DOUBLE ENTRÉE

Pour calculer la probabilité d'une expérience à deux épreuves :
- lister les résultats possibles de la première épreuve en ligne ;
- lister les résultats possibles de la deuxième épreuve en colonne ;
- écrire le résultat attendu à l'intersection de chaque ligne et chaque colonne.

Ex :
On lance deux dés tétraédriques équilibrés. Le dé rouge est numéroté 1, 2, 3, 4 et le dé noir est numéroté 2, 4, 6, 8. On lance les deux et on fait la somme des chiffres visibles. Calculer la probabilité que la somme obtenue soit un multiple de 3.

On dresse un tableau en portant sur la ligne le résultat possible du dé rouge et sur la colonne le résultat possible du dé noir. On écrit dans chaque case la somme correspondante.

	1	**2**	**3**	**4**
2	3	4	5	6
4	5	6	7	8
6	7	8	9	10
8	9	10	11	12

On a 4×4, soit 16 cas possibles. On a 6 multiples de 3 soit 6 cas favorables.

Donc la probabilité que la somme obtenue soit un multiple de 3 est : $\frac{6}{16} = \frac{3}{8}$.

3. CONSTRUIRE UN ARBRE DE CHOIX

Soit une épreuve aléatoire qui comporte par exemple deux étapes : supposons que l'on ait p choix pour la première étape et que chaque choix pour cette première étape donne q choix pour la seconde.
On montrera à l'aide d'un arbre de choix que l'épreuve aléatoire compte p fois q choix possibles.

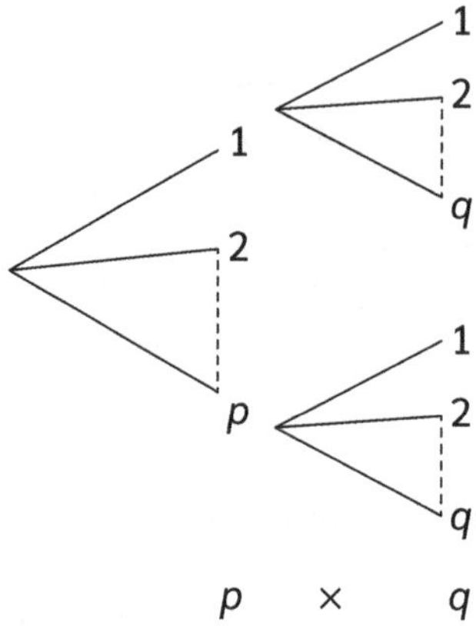

Ex :
Le porte-monnaie d'une personne comporte une pièce de 1 €, une pièce de 2 €, une pièce de 5 € et une pièce de 10 €. La personne effectue deux tirages successifs et sans remise d'une pièce de son porte-monnaie. On suppose les tirages équiprobables.

Quelle est la probabilité pour que la somme tirée soit au plus égale à 7 € ?

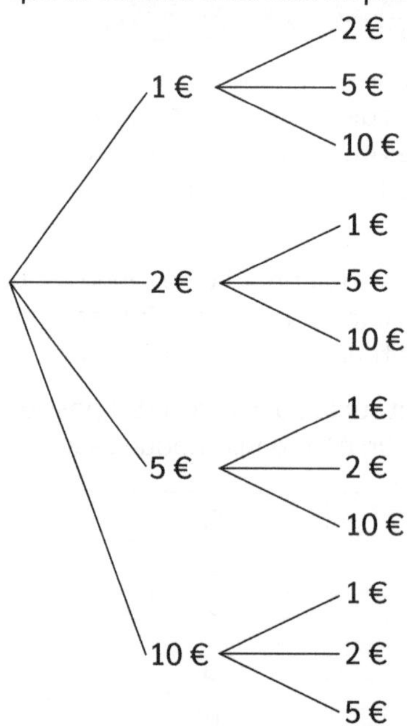

On a 4×3 soit 12 cas possibles.
Listes des cas favorables : (1 ; 2) ; (1 ; 5) ; (2 ; 1) ; (2 ; 5) ; (5 ; 1) ; (5 ; 2), soit 6 cas favorables.

La probabilité de tirer une somme au plus égale à 7 vaut $\frac{6}{12}$, soit 0,5.

4. CONSTRUIRE UN ARBRE PONDÉRÉ

Pour construire un arbre pondéré :

- depuis la racine de l'arbre, tracer les branches primaires se terminant chacune par un nœud et correspondant chacune à un événement ;
- affecter à chacune de ces branches la probabilité correspondante ;
- tracer à partir de chaque nœud les branches secondaires ;
- affecter à chacune de ces branches la probabilité correspondante ;
- la somme des probabilités des branches primaires doit être égale à 1 ;
- la somme des probabilités des branches secondaires issues d'un même nœud doit être égale à 1.

Tout chemin allant de la racine au dernier événement est appelé trajet. La probabilité d'un événement est égale au produit des probabilités sur les branches du chemin qui mène à cet événement.

Ex :

Une urne contient 3 boules rouges, 2 boules blanches et 5 boules vertes. Une deuxième urne contient 4 boules noires et 1 boule jaune.

On tire une boule de la première urne puis une boule de la seconde.

Construire un arbre pondéré.

Calculer la probabilité de tirer une boule noire.

En déduire la probabilité de tirer une boule jaune.

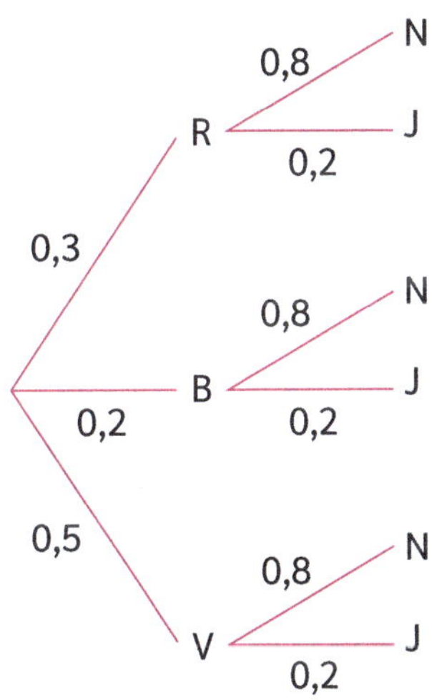

Tirer une boule noire est la réunion des trajets (R et N), (B et N) et (V et N).

On a donc :

$P(N) = P(R \cap N) + P(B \cap N) + P(V \cap N)$

$P(N) = P(R) \times P(N) + P(B) \times P(N) + P(V) \times P(N)$

$P(N) = 0{,}3 \times 0{,}8 + 0{,}2 \times 0{,}8 + 0{,}5 \times 0{,}8$

Soit $P(N) = 0{,}8$

Comme J est l'événement contraire de N alors $P(J) = 1 - P(N) = 1 - 0{,}8$

Soit $P(J) = 0{,}2$

F – DES FORMULES POUR DÉNOMBRER

Cette partie F est hors concours mais entre dans le cadre du PPPE (Parcours préparatoire au professorat des écoles).

1. LISTES AVEC RÉPÉTITION

Soit l'ensemble $\Omega = \{1 ; 2 ; 3 ; 4 ; 5\}$. Le nombre de codes de trois chiffres avec répétitions possibles formés à partir des éléments de Ω est $5 \times 5 \times 5 = 5^3$ soit 125 codes possibles.
En effet, on a cinq choix pour le premier chiffre, puis cinq choix pour le deuxième chiffre, et enfin cinq choix pour le troisième chiffre.
Plus généralement, le nombre des listes ordonnées avec répétition de p éléments choisis parmi n est égal à n^p.

2. ARRANGEMENTS

Dans une course de 12 chevaux, on s'intéresse aux trois premiers : il n'y a pas d'ex æquo. Combien y a-t-il de tiercés dans l'ordre possibles ?
Le premier arrivé est choisi parmi les 12, le deuxième parmi les 11 restants et le troisième parmi les 10 restants. On a donc au total $12 \times 11 \times 10$ soit 1 320 tiercés dans l'ordre possibles.
On établit toutes les listes ordonnées de trois chevaux choisis parmi 12 : c'est ce qu'on appelle le nombre d'arrangements de 3 éléments pris parmi 12, que l'on note $A_{12}^3 = 12 \times 11 \times 10$.

Plus généralement, soit Ω un ensemble à n éléments et p un entier inférieur ou égal à n.
On appelle arrangement de p éléments pris parmi n toute suite ordonnée sans répétition de ces p éléments choisis parmi n.
Le nombre de ces arrangements est :

$$A_n^p = n(n-1)(n-2)\ldots\ldots\ldots(n-p+1) \quad (p \text{ facteurs})$$

On peut expliquer cette formule ainsi :
On a n choix pour le premier élément, puis $n - 1$ choix pour le deuxième, etc. Il reste $n - (p - 1)$, soit $n - p + 1$ choix pour le p^e élément.

3. PERMUTATIONS

Soit le mot « AMIES », le nombre d'anagrammes de ce mot est égal à $A_5^5 = 5 \times 4 \times 3 \times 2 \times 1$, soit 120 anagrammes.
Dans le cas où $n = p$; $A_n^n = P_n = n(n-1)(n-2)\ldots\ldots \times 3 \times 2 \times 1 = n!$ qui se lit « factorielle n ».
Ces arrangements de n éléments pris parmi n sont aussi appelés permutations de ces n éléments noté P_n.

On peut aussi montrer que $A_n^p = \dfrac{n(n-1)(n-2)\ldots\ldots\ldots(n-p+1) \times (n-p)!}{(n-p)!}$

Soit $A_n^p = \dfrac{n!}{(n-p)!}$ avec $0! = 1$

4. COMBINAISONS

Soit l'ensemble $\Omega = \{1 ; 2 ; 3 ; 4\}$. On dénombre 4 parties à trois éléments extraites de Ω : $\{1 ; 2 ; 3\}$, $\{1 ; 2 ; 4\}$, $\{2 ; 3 ; 4\}$, $\{1 ; 3 ; 4\}$. Chacune de ces parties peut être permutée de 3! façons.
Le nombre de parties à 3 éléments d'un ensemble contenant 4 éléments est donc égal à $\frac{A_4^3}{3!} = \frac{4 \times 3 \times 2}{3!} = 4$.

Plus généralement, soit Ω un ensemble fini non vide contenant n éléments et p un entier naturel inférieur ou égal à n. On appelle combinaison de p éléments de Ω, toute partie (ou sous-ensemble) de Ω contenant p éléments.

Le nombre de combinaisons de p éléments pris parmi n est noté C_n^p.

À partir d'une combinaison de p éléments pris parmi n, on peut en déduire tous les arrangements contenant ces p éléments par permutation. Comme il y a $p!$ permutations possibles, alors il y a $p!$ fois plus d'arrangements de p éléments pris parmi n que de combinaisons de p éléments pris parmi n.

On a donc $C_n^p = \frac{A_n^p}{p!}$.

De plus comme $A_n^p = \frac{n!}{(n-p)!}$ alors $C_n^p = \frac{n!}{p!(n-p)!}$.

G – ÉVÉNEMENTS INDÉPENDANTS

Soient A et B deux événements d'un même univers Ω.
A et B sont indépendants si la réalisation de A (resp. B) n'est pas conditionnée par celle de B (resp. A).
Autrement dit, la probabilité de l'événement A (resp. B) n'est pas modifiée par le fait que l'événement B (resp. A) soit réalisé.
On retiendra :
Les événements A et B sont indépendants si et seulement si $P(A \cap B) = P(A) \times P(B)$.

Ex 1 :
Un article peut présenter de manière indépendante deux défauts de fabrication A et B. Sachant que $P(A) = 0{,}1$ et $P(B) = 0{,}04$, calculer la probabilité des événements suivants :
E : « l'article présente les deux défauts ».
F : « l'article présente au moins un défaut ».
G : « l'article ne présente aucun défaut ».
H : « l'article ne présente que le défaut A ».

Comme les événements A et B sont indépendants, on a alors :
$P(E) = P(A \cap B) = P(A) \times P(B) = 0{,}1 \times 0{,}04 = 0{,}004$
$P(F) = P(A \cup B) = P(A) + P(B) - P(A \cap B) = 0{,}1 + 0{,}04 - 0{,}004 = 0{,}136$
$P(G) = P(\overline{A} \cap \overline{B}) = P(\overline{A}) \times P(\overline{B}) = 0{,}9 \times 0{,}96 = 0{,}864$

Sur Lea.fr
9.2 Autres exemples d'utilisation

ou $P(G) = 1 - P(A \cup B) = 1 - 0{,}136 = 0{,}864$
$P(H) = P(A \cap \overline{B}) = P(A) \times P(\overline{B}) = 0{,}1 \times 0{,}96 = 0{,}096$.

Ex 2 :
Dans un lycée, la probabilité qu'un élève étudie l'anglais (A) est 0,75, celle d'étudier l'espagnol (E) est 0,64 et celle d'étudier au moins une langue est 0,91. Les événements A et E sont-ils indépendants ?
On a : $P(A) = 0{,}75$; $P(E) = 0{,}64$ et $P(A \cup E) = 0{,}91$.

Pour montrer que les événements A et E sont indépendants, il suffit de montrer que :
$P(A \cap E) = P(A) \times P(E)$
On sait que : $P(A \cup E) = P(A) + P(E) - P(A \cap E)$
Soit $P(A \cap E) = P(A) + P(E) - P(A \cup E)$
D'où $P(A \cap E) = 0{,}75 + 0{,}64 - 0{,}91 = 0{,}48$.
De plus $P(A) \times P(E) = 0{,}75 \times 0{,}64 = 0{,}48$
Comme $P(A \cap E) = P(A) \times P(E)$, alors les événements A et E sont indépendants.

H – PROBABILITÉ CONDITIONNELLE

Approche par un exemple

Reprenons le tableau de données vu précédemment.

	Femmes	Hommes	Total
Sport	44	27	71
Pas sport	11	18	29
Total	55	45	100

On choisit une personne au hasard avec la même probabilité d'être choisie.
On définit les événements suivants :
F, l'événement : « la personne choisie est une femme ».
H, l'événement : « la personne choisie est un homme ».
S, l'événement : « la personne choisie pratique un sport ».
$F \cap S$, l'événement : « la personne choisie est une femme pratiquant un sport ».

On a $P(F) = \frac{55}{100}$; $P(H) = \frac{45}{100}$; $P(F \cap S) = \frac{44}{100}$.

La probabilité de choisir une personne pratiquant un sport sachant que c'est une femme est égale à $\frac{44}{55}$. Nous avons cette fois-ci restreint l'univers à l'ensemble des femmes, soit 55 cas possibles, et parmi elles, 44 pratiquent un sport ce qui correspond au nombre de cas favorables.
La probabilité de S sachant F est une probabilité conditionnelle avec pour condition choisir une personne parmi les femmes et non plus parmi la totalité des 100 personnes.
Cette probabilité conditionnelle est notée $P_F(S)$ ou $P(S/F)$.

On a donc $P_F(S) = \frac{44}{55}$, $P_F(S) = 0{,}8$.

On remarque que $P_F(S) = \frac{44}{55} = \frac{\frac{44}{100}}{\frac{55}{100}} = \frac{P(F \cap S)}{P(F)}$.

On peut maintenant énoncer la définition suivante :
soit l'univers Ω, A et B deux événements tel que $P(B) \neq 0$, on appelle la probabilité conditionnelle de A sachant B le nombre noté $P_B(A)$ défini par $P_B(A) = \frac{P(A \cap B)}{P(B)}$.
On en déduit que $P(A \cap B) = P_B(A) \times P(B)$.
Si les événements A et B sont indépendants, alors $P_B(A) = P(A)$ car la réalisation de A n'est pas conditionnée par celle de B.
On a donc $P(A \cap B) = P(A) \times P(B)$.

JE M'ENTRAINE

ÉNONCÉS

◆ Exercice 1

On utilise une roulette (de type casino) avec 5 cases numérotées 1 ; 2 ; 3 ; 4 ; 5. Cette roulette est truquée. Le tableau ci-dessous précise la probabilité d'obtenir chacun des numéros (où p est un nombre positif).

Nombre obtenu	1	2	3	4	5
Probabilité	$\frac{1}{4}$	p	p	$\frac{3}{8}$	p

A-t-on autant de chances d'obtenir un nombre pair qu'un nombre impair ?

◆ Exercice 2 (CRPE 2022 GRPT 2)

Un enseignant de grande section propose à ses élèves un jeu pour travailler la décomposition et la recomposition de nombres. Le jeu se compose de deux dés cubiques équilibrés et de corps de fourmis à compléter avec des pattes comme sur le dessin ci-contre.

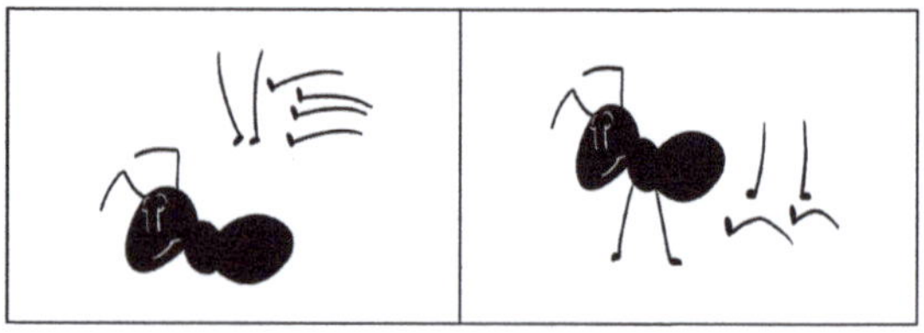

Sur les six faces du premier dé sont inscrits les nombres suivants : 1 ; 1 ; 2 ; 3 ; 4 et 5. Sur les six faces du deuxième dé sont inscrits les nombres suivants : 1 ; 2 ; 3 ; 4 ; 5 et 5. On donne à chaque élève un corps de fourmi et 6 pattes à fixer sur le corps.
Au début de la partie, chaque élève choisit un nombre compris entre 2 et 10. Ce nombre reste le même durant toute la partie. À tour de rôle, chaque élève joue. Il lance les deux dés :
- si la somme des nombres inscrits sur les faces supérieures des deux dés est égale au nombre choisi par cet élève, alors celui-ci fixe une patte à sa fourmi et relance les dés ;
- sinon, c'est au joueur suivant de lancer les dés. Il donne ensuite les dés au joueur suivant.

La partie se termine lorsqu'un élève a gagné, en fixant les six pattes de sa fourmi.
1. Un élève choisit un nombre et lance les dés.
a. Quelles sont les différentes sommes qu'il peut obtenir ?
b. Montrer que la probabilité qu'il obtienne 8 est égale à $\frac{4}{36}$.

2. Un autre élève choisit le nombre 6 et lance les dés.
a. Quelle est la probabilité qu'il gagne une patte pour sa fourmi dès son premier lancer ?
b. Quelle est la probabilité qu'il gagne deux pattes pour sa fourmi en 2 lancers ?
3. Eden et Axelle commencent une partie. Eden choisit le nombre 6 et Axelle choisit un autre nombre.
a. Qui a le plus de chances de gagner la partie ? Justifier.
b. Eden est-il sûr de gagner la partie ? Justifier.

◆ Exercice 3

On joue à un jeu nécessitant deux dés différents. Le premier dé est un tétraèdre régulier à 4 faces ; une face est rouge, une est bleue et les deux autres sont jaunes. Le deuxième est un dé cubique à 6 faces numérotées de 1 à 6. On suppose les deux dés bien équilibrés. On lance en premier le dé tétraédrique et on note la couleur de la face sur laquelle il repose. Puis on lance le dé à 6 faces et on note le numéro porté sur la face de dessus.
1. Calculer la probabilité d'obtenir la couleur rouge sur le dé tétraédrique et 4 sur l'autre dé.
2. Calculer la probabilité d'obtenir la couleur jaune sur le dé tétraédrique et un nombre impair sur l'autre dé.

◆ Exercice 4

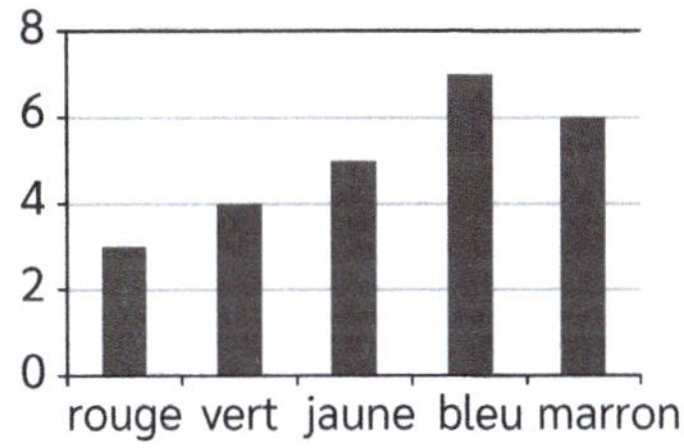

Une urne contient des boules de couleurs différentes indiscernables au toucher. Le nombre de boules de chaque couleur dans cette urne est indiqué sur le diagramme ci-contre.
1. On tire au hasard une boule dans l'urne. On regarde sa couleur et on la remet dans l'urne. Quelle est la probabilité que la boule tirée soit bleue ?
2. On souhaite que la probabilité de tirer une boule bleue soit supérieure ou égale à 0,4. Combien de boules bleues doit-on ajouter au minimum dans l'urne avant le tirage pour qu'il en soit ainsi ?
3. On considère à nouveau l'urne dont la composition est donnée par le diagramme ci-dessus. Combien de boules rouges doit-on ajouter au minimum dans l'urne avant le tirage pour que la probabilité d'obtenir une boule bleue à l'issue d'un tirage au hasard d'une boule soit inférieure ou égale à 0,2 ?

CORRIGÉS

◆ Exercice 1

$p = \frac{1}{8}$.
On a autant de chances d'obtenir un nombre pair qu'un nombre impair.

◆ Exercice 2

Sur les six faces du premier dé sont inscrits les nombres suivants : 1 ; 1 ; 2 ; 3 ; 4 et 5.
Sur les six faces du second dé sont inscrits les nombres suivants : 1 ; 2 ; 3 ; 4 ; 5 et 5.
Le jeu consiste à lancer les deux dés et à faire la somme des nombres inscrits sur la face supérieure des deux dés.
On dresse un tableau à double entrée. Sur la 1re ligne du tableau, on inscrit les nombres possibles pour le premier dé, et sur la 1re colonne, on inscrit les nombres possibles pour le second dé. On effectue la somme des nombres se trouvant à l'intersection de la ligne et de la colonne.
On obtient le tableau suivant :

	1	**1**	**2**	**3**	**4**	**5**
1	2	2	3	4	5	6
2	3	3	4	5	6	7
3	4	4	5	6	7	8
4	5	5	6	7	8	9
5	6	6	7	8	9	10
5	6	6	7	8	9	10

1. a. Les différentes sommes que l'élève peut obtenir sont : 2, 3, 4, 5, 6, 7, 8, 9, 10.
b. Comme il y a 36 sommes possibles et 4 sommes égales à 8, alors la probabilité d'obtenir 8 est égale à $\frac{4}{36}$, soit $\frac{1}{9}$.
2. a. Comme la somme 6 apparait 8 fois dans le tableau, alors la probabilité qu'il gagne une patte pour sa fourmi dès son premier lancer est égale à : $\frac{8}{36}$, soit $\frac{2}{9}$.
b. Pour gagner deux pattes pour sa fourmi en deux lancers, il doit obtenir 6 au premier lancer et 6 au second lancer.
Comme on est en présence de deux événements indépendants, alors la probabilité qu'il gagne deux pattes est égale au produit de la probabilité d'avoir 6 au premier lancer soit $\frac{2}{9}$ et d'avoir 6 au second lancer soit $\frac{2}{9}$.
La probabilité de gagner deux pattes est donc égale à : $\frac{2}{9} \times \frac{2}{9} = \frac{4}{81}$.
3. a. La probabilité d'obtenir un 6 est égale $\frac{8}{36}$, soit $\frac{2}{9}$.
Comme cette probabilité est supérieure à toutes les autres, alors Eden qui a choisi le nombre 6 a plus de chances de gagner la partie.
En effet, si on note p_i la probabilité d'obtenir une somme égale à i alors on a :

$p_2 = \frac{2}{36}$; $p_3 = \frac{3}{36}$; $p_4 = \frac{4}{36}$; $p_5 = \frac{5}{36}$; $p_6 = \frac{8}{36}$;

$p_7 = \frac{5}{36}$; $p_8 = \frac{4}{36}$; $p_9 = \frac{3}{36}$; $p_{10} = \frac{2}{36}$

On a bien $p_6 > p_i$.
b. Eden a peut-être plus de chances de gagner la partie mais il n'est pas sûr de la gagner.
Prenons le cas extrême où Eden en six lancers n'obtient aucune somme égale à 6, alors qu'Axelle réussit ses six lancers en choisissant le 8 par exemple.

◆ Exercice 3

1. La probabilité d'obtenir la couleur rouge sur le dé tétraédrique et 4 sur le dé cubique est égale à $\frac{1}{24}$.

2. La probabilité d'obtenir la couleur jaune sur le dé tétraédrique et un nombre impair sur le dé cubique est égale à $\frac{6}{24}$, soit $\frac{1}{4}$ ou 0,25.

◆ Exercice 4

1. La probabilité de tirer une boule bleue est égale à $\frac{7}{25}$, soit 0,28.
2. Il faut ajouter un minimum de 5 boules bleues.
3. Il faut ajouter un minimum de 10 boules rouges.

10. La géométrie plane euclidienne

JE M'ÉVALUE

VRAI OU FAUX ?

1. Dans l'espace, deux droites non sécantes ne sont pas nécessairement parallèles.

2. Dans le langage mathématique, « le segment AB » s'écrit (AB).

3. Si le point I est tel que IA = IB, alors I est le milieu du segment [AB].

4. L'écriture [AB) désigne la demi-droite d'origine A, passant par le point B.

5. Les trois angles d'un triangle sont complémentaires.

6. La bissectrice d'un segment partage ce segment en deux segments égaux.

7. Si AB = CD, alors les deux segments [AB] et [CD] sont égaux.

8. Deux droites perpendiculaires à une même troisième sont parallèles entre elles.

9. Trois points sont toujours cocycliques.

10. Dans un triangle, le point de concours des médiatrices est le centre du cercle inscrit du triangle.

Réponses : 1.V – 2.F – 3.F – 4.V – 5.F – 6.F – 7.F – 8.V – 9.V – 10.F

JE RÉVISE

Le terme géométrie dérive du grec γεωμέτρης (*geômetrês*) qui signifie « géomètre, arpenteur » et vient de γῆ (*gê*) « terre » et μέτρον (*métron*) « mesure ». Ce serait donc « la science de la mesure du terrain ».
La géométrie euclidienne est l'étude de l'espace usuel avec les notions de distance et d'angle. Il existe aujourd'hui de nombreuses géométries (affine, projective, sphérique, etc.).

A – PREMIERS ÉLÉMENTS DE GÉOMÉTRIE PLANE EUCLIDIENNE

La géométrie euclidienne étudie les figures du plan et de l'espace.
Les figures géométriques sont des tracés qui représentent des objets complexes conçus à partir de divers éléments simples dont le plus fondamental est le point.
L'objet de la géométrie est de tracer, mesurer et **démontrer** des propriétés des figures.

Les démonstrations sont des déductions logiques effectuées à partir de faits connus et de connaissances outils (théorèmes, propriétés, etc. qui ne sont pas redémontrés chaque fois que nécessaire, mais utilisés comme des vérités intangibles).

Une des propositions les plus fondamentales qui sert d'assise à toute la géométrie euclidienne est ce qu'on appelle l'axiome ou postulat d'Euclide ainsi formulé par le mathématicien Proclus :
(Par un point donné, on peut mener une et une seule parallèle à une droite donnée.)

Démontrer en géométrie, c'est raisonner en s'appuyant sur des représentations des concepts manipulés.

Voici les principaux éléments ou concepts utilisés en géométrie euclidienne :

1. LE POINT ET LA DROITE

- **Le point**

Le point est une localisation sans dimension dans le plan (ou dans l'espace).
On nomme les points en utilisant de préférence les premières lettres de l'alphabet en majuscules.
Le point est souvent symbolisé par une petite croix pour signifier qu'il est aussi le lieu de concours de deux droites sécantes.

Sur Lea.fr
10.1 Aperçu des géométries non euclidiennes
10.2 Histoire sur les éléments d'Euclide

◆ La droite

N'OUBLIONS PAS !

La droite passant par les points A et B est notée (AB) : lire « droite (AB) ».

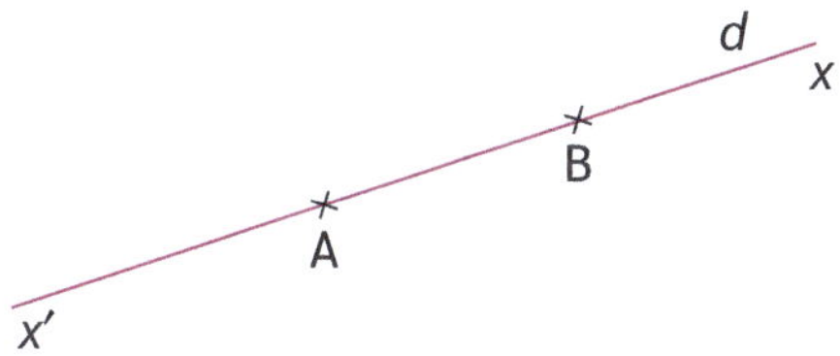

On peut aussi nommer une droite par une lettre minuscule souvent mise entre parenthèses, la droite (*d*), ou une lettre majuscule grecque, Δ.

Les lettres *x* et *x*′ écrites aux extrémités de la droite permettent d'indiquer un sens sur la droite (on va vers *x* ou vers *x*′). On peut alors nommer la droite (*xx*′).

La droite peut être conçue comme un ensemble infini de points. Alors le tracé géométrique d'une droite est la représentation du concept de droite.

◆ La demi-droite

Sur la figure ci-dessous, le point A partage la droite *d* en deux demi-droites [A*x*) et [A*x*′).

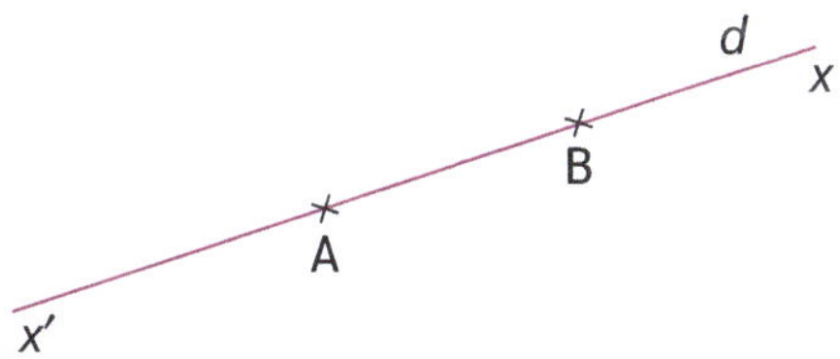

N'OUBLIONS PAS !

La demi-droite d'origine A et passant par le point B est aussi notée [AB).

◆ Le segment de droite

Deux points pris n'importe où dans le plan déterminent un segment. C'est l'ensemble de tous les points appartenant à la droite (AB) et compris entre A et B.

Le segment d'extrémités A et B est noté [AB] et il a pour longueur AB.
Si l'unité de longueur choisie est le cm, on écrira alors AB = 6,2 cm (par exemple).

N'OUBLIONS PAS !

La distance entre deux points A et B est égale à la longueur du segment [AB]. M est le milieu du segment [AB] si et seulement si MA = MB et M ∈ [AB] (ou M est sur [AB]).

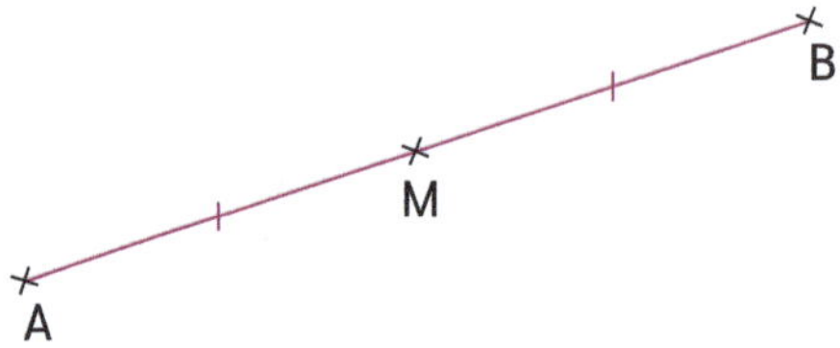

◆ Points alignés et inégalité triangulaire

Pour tous points A, B, C du plan, on a : AB ⩽ AC + BC.
Autrement dit, le plus court chemin d'un point à un autre est la ligne droite.

Si AB = AC + CB alors le point C appartient au segment [AB]. Et donc les points A, B et C sont alignés.

2. POSITIONS RELATIVES DE DEUX DROITES DANS LE PLAN

◆ Droites sécantes

Deux droites sont **sécantes** si elles ont un seul point commun.

Ex : Les droites *d* et *d′* sont sécantes en I.
Le point I est appelé **point d'intersection** des droites *d* et *d′*.

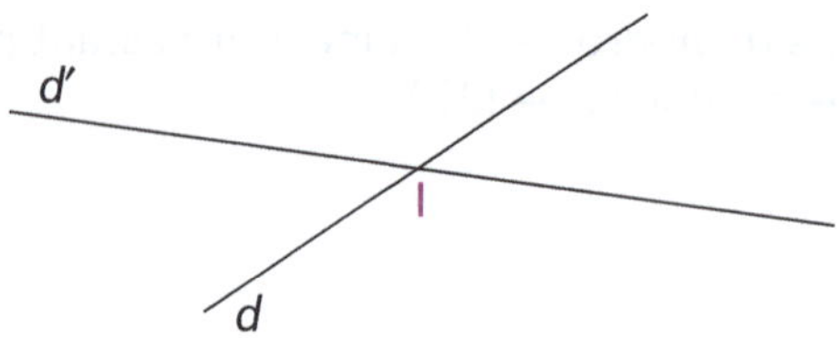

Si deux droites ont au moins deux points communs, alors elles sont confondues.
Deux droites sécantes sont coplanaires : elles sont contenues dans le même plan.

◆ Droites parallèles

Dans l'espace, deux droites peuvent n'avoir aucun point commun et ne pas être parallèles.

N'OUBLIONS PAS !

Deux droites sont *parallèles* si et seulement si elles sont coplanaires et n'ont aucun point commun.

« Les droites d et d' sont parallèles » s'écrit mathématiquement : $d // d'$.

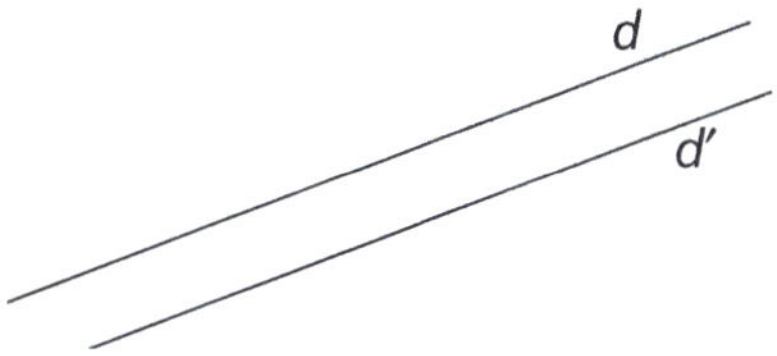

◆ **Droites perpendiculaires**

N'OUBLIONS PAS !

Deux droites *perpendiculaires* sont deux droites sécantes qui forment un angle droit.

« Les droites d et d' sont perpendiculaires » s'écrit mathématiquement : $d \perp d'$.

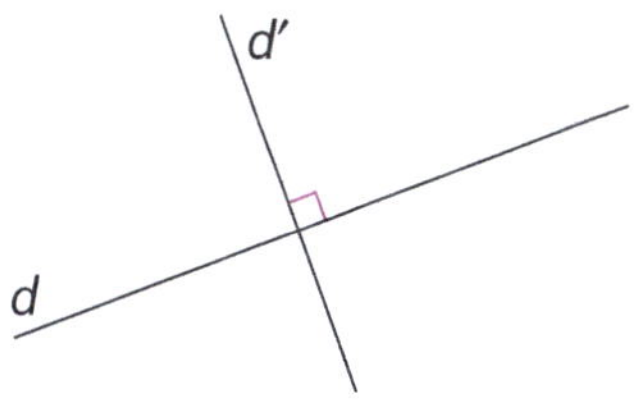

3. PROPRIÉTÉS DES DROITES PARALLÈLES ET PERPENDICULAIRES

Voici les énoncés de quelques outils fondamentaux pour démontrer que des droites sont parallèles ou perpendiculaires :

– Si deux droites sont parallèles à une même troisième, alors elles sont parallèles entre elles.

Si $d_1 // d_2$ et $d_2 // d_3$, alors $d_1 // d_3$.

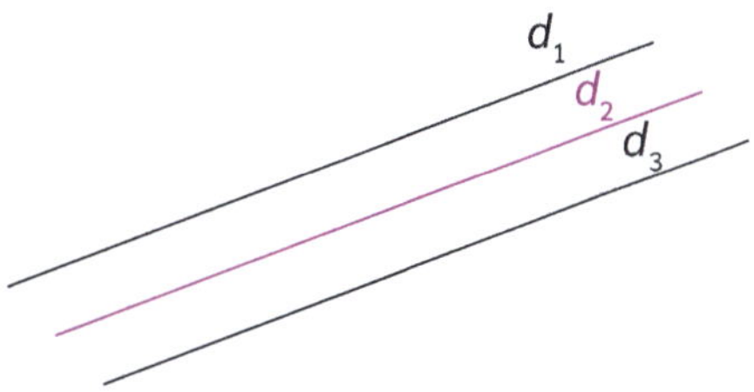

– Si deux droites sont parallèles, toute perpendiculaire à l'une est perpendiculaire à l'autre.

Si $d_1 // d_2$ et $d_1 \perp d_3$, alors $d_2 \perp d_3$.

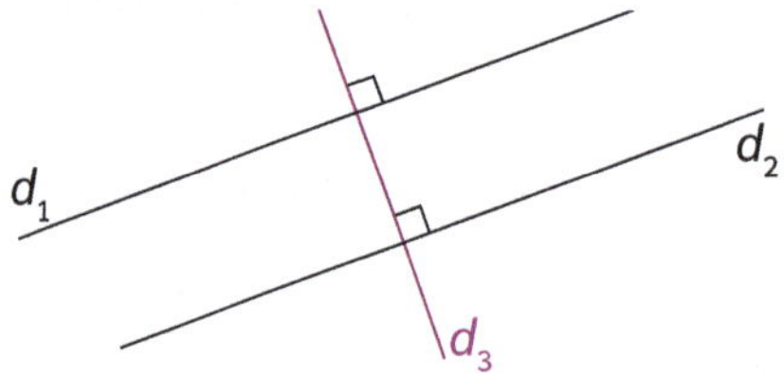

– Si deux droites sont perpendiculaires à une même troisième, alors ces deux droites sont parallèles.

Si $d_1 \perp d_3$ et $d_2 \perp d_3$, alors $d_1 // d_2$.

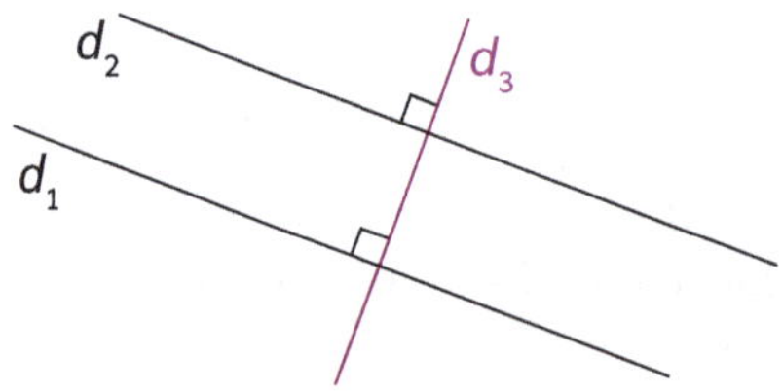

Ex :
A, B et C sont trois points non alignés.
Tracer la droite (d_1) parallèle à la droite (BC) passant par A.
Tracer la droite (d_2) perpendiculaire à la droite (BC) passant par A, elle coupe (BC) en D.
Démontrer que les droites (AD) et (d_1) sont perpendiculaires.

Tracé :

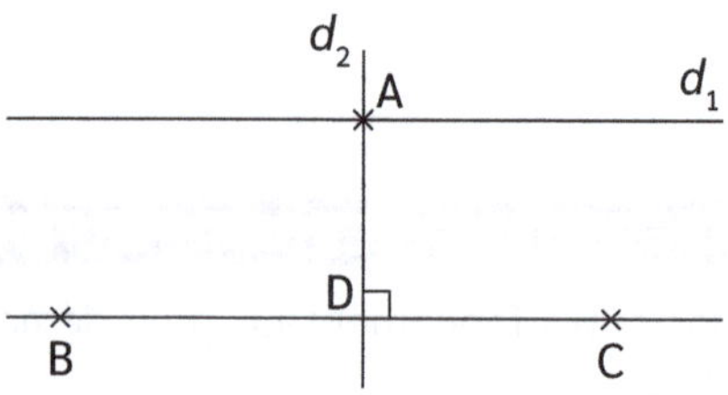

On sait que la droite (AD) est perpendiculaire à la droite (BC).
Or la droite (BC) est parallèle à la droite (d_1).
Donc d'après la propriété « si deux droites sont parallèles alors toute perpendiculaire à l'une est perpendiculaire à l'autre », les droites (d_1) et (AD) sont perpendiculaires.

Mathématiquement, on écrira beaucoup plus simplement :
$(AD) \perp (BC)$ et $(BC) // (d_1)$ donc $(AD) \perp (d_1)$

On remarque qu'on ne cite pas la propriété utilisée comme outil dans le raisonnement, elle est censée être connue de tout un chacun.
Il reste très important de faire citer cette propriété par les élèves au moment de son apprentissage.

B – LES ANGLES

Un angle est une portion de plan délimitée par deux demi-droites. On dit également secteur angulaire. La notion d'angle est alors le concept associé à tous les secteurs angulaires isométriques (superposables).
L'intersection des deux demi-droites s'appelle le **sommet** de l'angle et les demi-droites, les **côtés** de l'angle.

Ex :

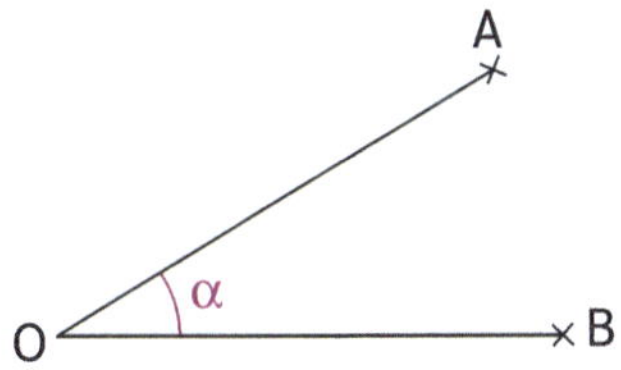

O est le sommet de l'angle $\widehat{AOB}$, les demi-droites [OA) et [OB) en sont les côtés.

1. ANGLE PLAT

L'unité de mesure des angles est soit le degré, soit le radian, plus rarement le grade.
Pour chacune de ces unités, on peut prendre comme référence l'angle plat : il mesure 180° ou π radians ou 200 grades.

En effectuant des subdivisions, on obtient chacune des unités.
Par exemple pour le degré, on part de :
$\widehat{xOy} = 180°$.

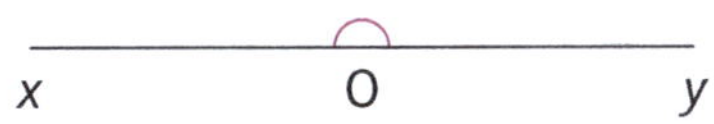

Puis, on divise en 180 parts égales et on obtient l'unité degré :

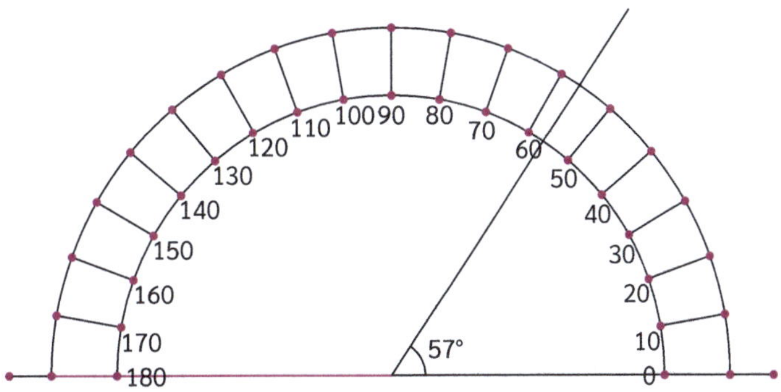

Un *angle plat* est un angle dont la mesure est égale à 180° (ou π radians).

2. ANGLE DROIT

Un **angle droit** est un angle dont la mesure est égale à 90° (ou $\frac{\pi}{2}$ radians).

$\widehat{xOy} = 90°$

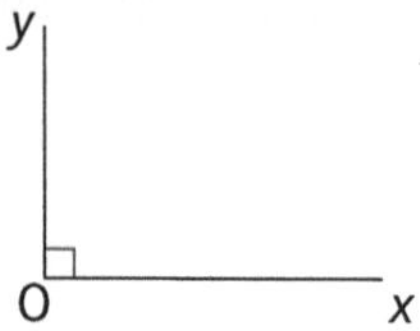

3. ANGLE AIGU

Un angle aigu est un angle dont la mesure est inférieure à 90°.

$\widehat{xOy} < 90°$

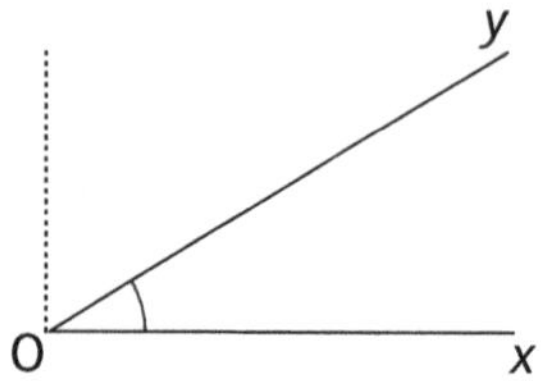

4. ANGLE OBTUS

Un angle obtus est un angle dont la mesure est comprise entre 90° et 180°.

$90° < \widehat{xOy} < 180°$

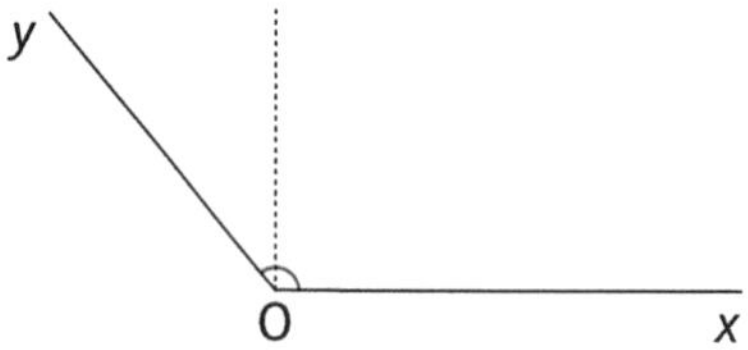

5. ANGLE SAILLANT

Un angle saillant est un angle dont la mesure est comprise entre 0° et 180°.

$0° < \widehat{xOy} < 180°$

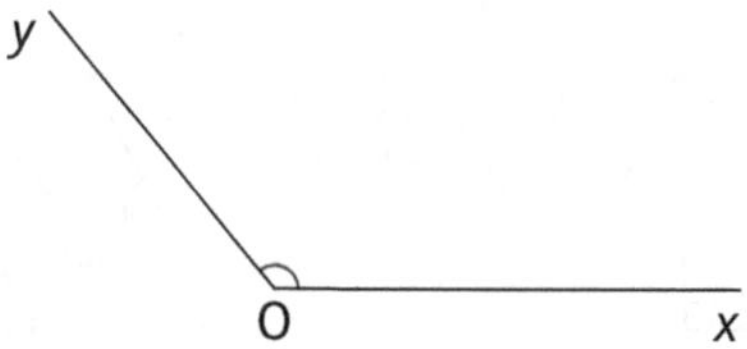

6. ANGLE RENTRANT

Un angle rentrant est un angle dont la mesure est comprise entre 180° et 360°.

$180° < \widehat{xOy} < 360°$

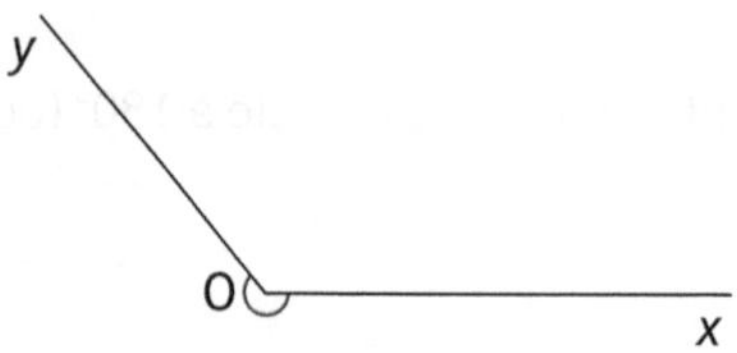

7. ANGLES ADJACENTS

Deux angles sont adjacents lorsqu'ils :
- ont le même sommet ;
- ont un côté commun ;
- sont situés de part et d'autre de ce côté commun.

$\widehat{xOy}$ et $\widehat{yOz}$ sont adjacents.

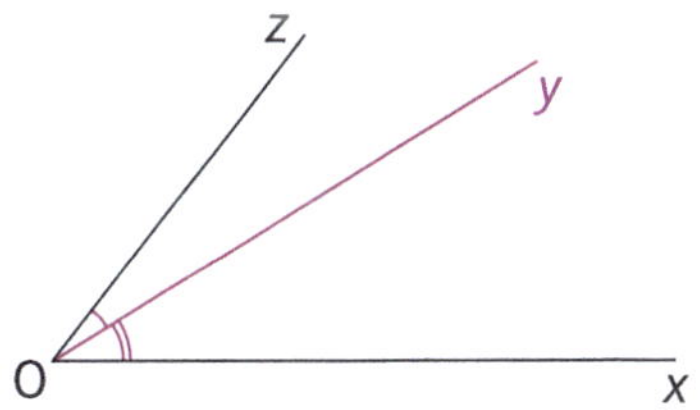

8. ANGLES COMPLÉMENTAIRES

Deux angles sont complémentaires lorsque la somme de leurs mesures est égale à 90°.

$\widehat{xOy} + \widehat{zOx} = 90°$

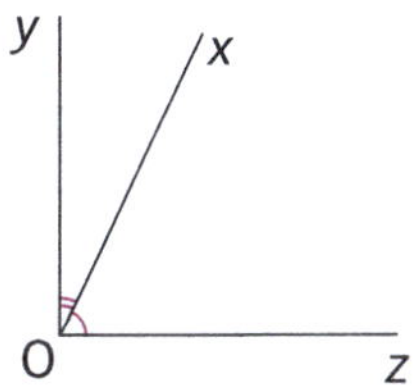

9. ANGLES SUPPLÉMENTAIRES

Deux angles sont supplémentaires lorsque la somme de leurs mesures est égale à 180°.

$\widehat{xOy} + \widehat{zOy} = 180°$

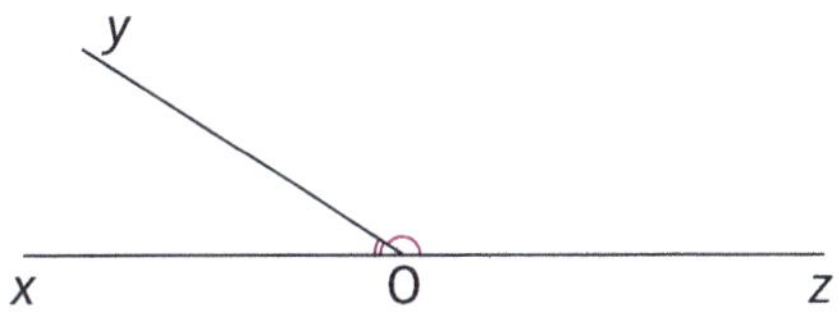

La somme des trois angles d'un triangle est égale à 180°.

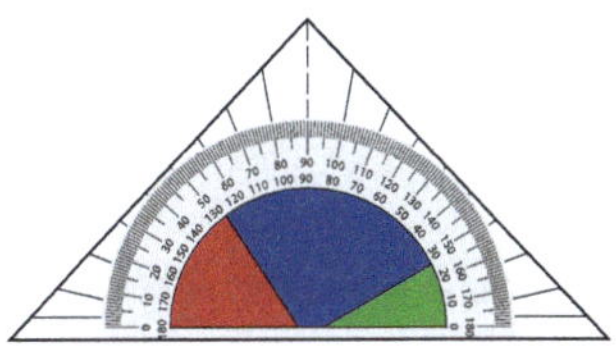

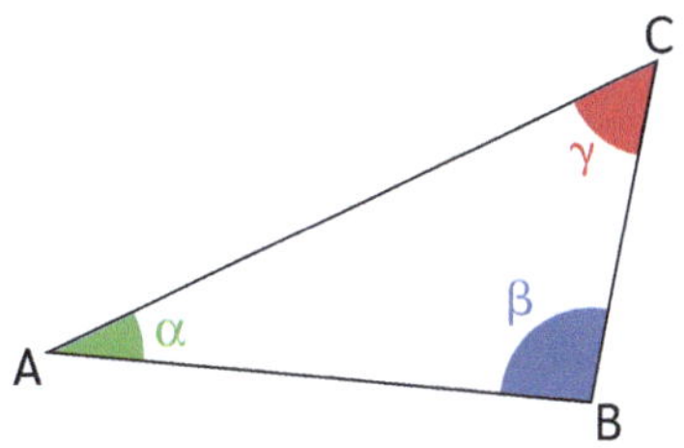

Ex :
Dans un triangle ABC, l'angle $\widehat{BAC}$ mesure 35° et l'angle $\widehat{BCA}$ mesure 55°.
Quelle est la nature du triangle ABC ?

Tracé :

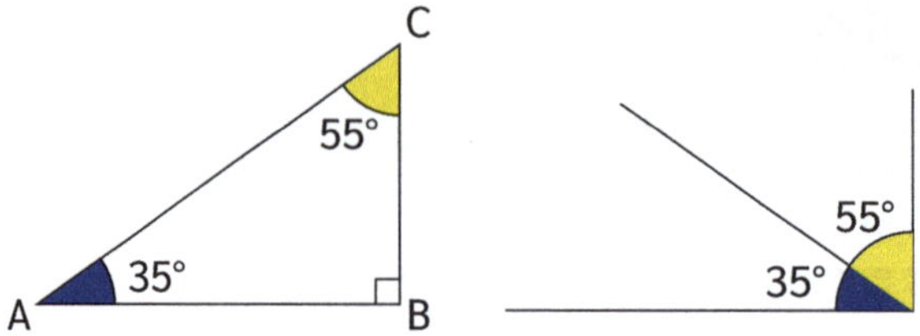

$\widehat{ABC} + \widehat{CAB} + \widehat{BCA} = 180°$
$\widehat{ABC} + 35 + 55 = 180°$
$\widehat{ABC} = 180 - 35 - 55 = 90°$
Le triangle ABC est rectangle en B.

C – ANGLES ET DROITES PARALLÈLES

1. ANGLES OPPOSÉS PAR LE SOMMET

Deux angles opposés par le sommet ont même mesure.

Hypothèse :
$\widehat{xOy}$ et $\widehat{x'Oy'}$ sont opposés par le sommet.
Conclusion :
$\widehat{xOy} = \widehat{x'Oy'}$

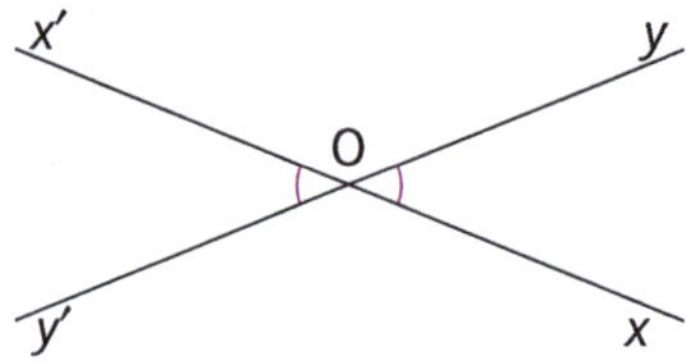

2. ANGLES ALTERNES INTERNES

Deux droites parallèles et une sécante déterminent des angles alternes internes de même mesure.

Hypothèses :
$(xx') /\!/ (yy')$ et $(xx') \not/\!/ (zz')$
Conclusion :
$\widehat{xOz} = \widehat{y'O'z'}$

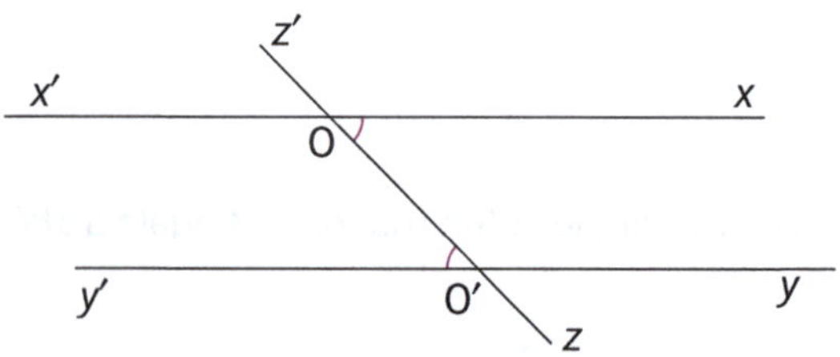

3. ANGLES CORRESPONDANTS

Deux droites parallèles et une sécante déterminent des angles correspondants de même mesure.

Hypothèses :
$(xx') /\!/ (yy')$ et $(xx') \not/\!/ (zz')$
Conclusion :
$\widehat{x'Oz'} = \widehat{y'O'z'}$

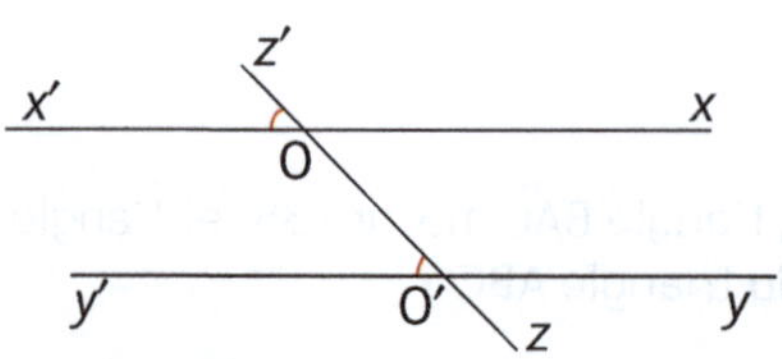

4. DROITES PARALLÈLES

Deux angles alternes internes (ou correspondants) de même mesure déterminent des droites parallèles.

Hypothèse :
$\widehat{xOz} = \widehat{y'O'z'}$
Conclusion :
$(xx') // (yy')$

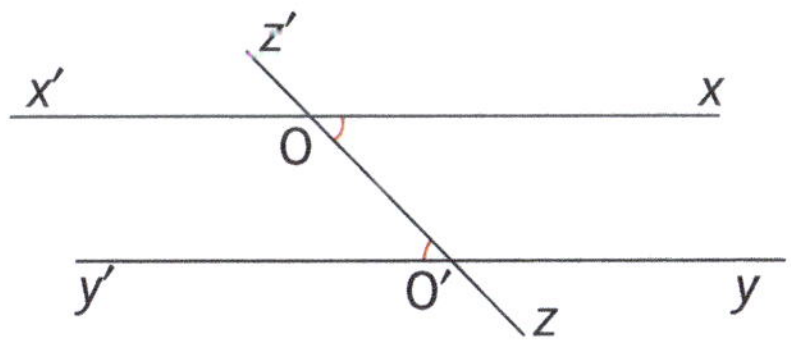

Ex :
Cette figure à main levée représente un rectangle ABCD. De plus, les points A, B, M sont alignés ainsi que les points D, B, N. Quelle est la nature du quadrilatère BCMN ? Expliquer la réponse.

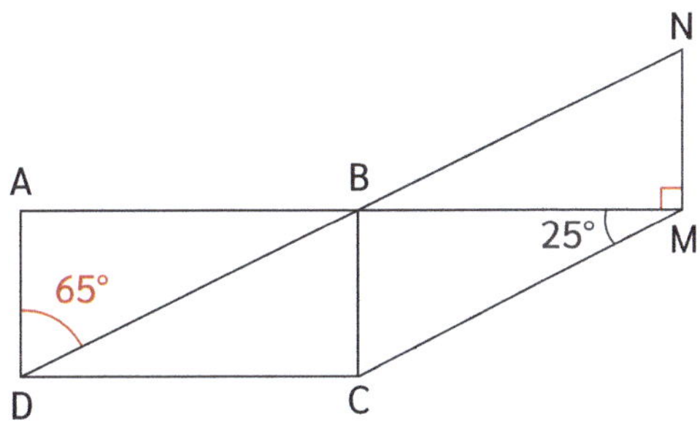

ABCD est un rectangle donc $(AB) \perp (BC)$.
Or $(MN) \perp (AB)$ donc $(MN) // (BC)$.

De plus :
ABD est un triangle rectangle en A donc les angles $\widehat{ADB}$ et $\widehat{ABD}$ sont complémentaires.
Donc $\widehat{ABD}$ mesure 25°.
Comme ABCD est un rectangle, les droites (AM) et (DC) sont parallèles.
Les angles $\widehat{ABD}$ et $\widehat{BMC}$ sont des angles correspondants et ils sont égaux, donc les droites (BN) et (CM) sont parallèles.
Donc le quadrilatère BCMN est un parallèlogramme (il a des côtés opposés parallèles).

D – DROITES PARTICULIÈRES ET TRACÉS ÉLÉMENTAIRES À LA RÈGLE NON GRADUÉE ET AU COMPAS

1. MÉDIATRICE D'UN SEGMENT

La médiatrice du segment [AB] est l'ensemble des points M du plan équidistants des extrémités de ce segment, autrement dit tels que MA = MB.
On dit aussi que la médiatrice est le lieu géométrique des points équidistants des extrémités du segment [AB].

La médiatrice du segment [AB] est la perpendiculaire à la droite (AB) qui passe par le milieu de [AB].

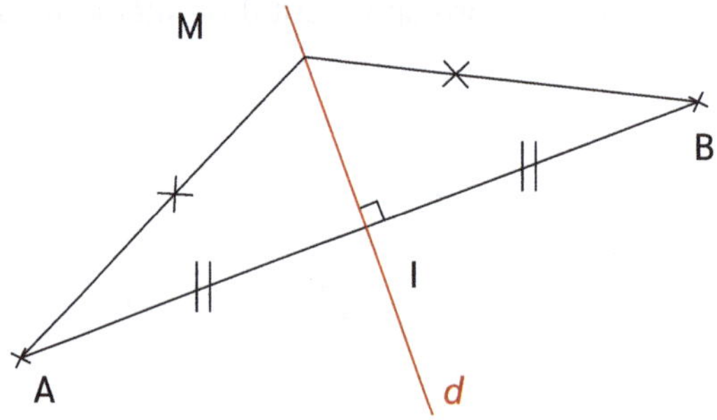

2. BISSECTRICE D'UN ANGLE

Soit trois points A, O, B.

La bissectrice de l'angle $\widehat{AOB}$ est la demi-droite d'origine le sommet O et qui partage l'angle $\widehat{AOB}$ en deux angles adjacents de même mesure.

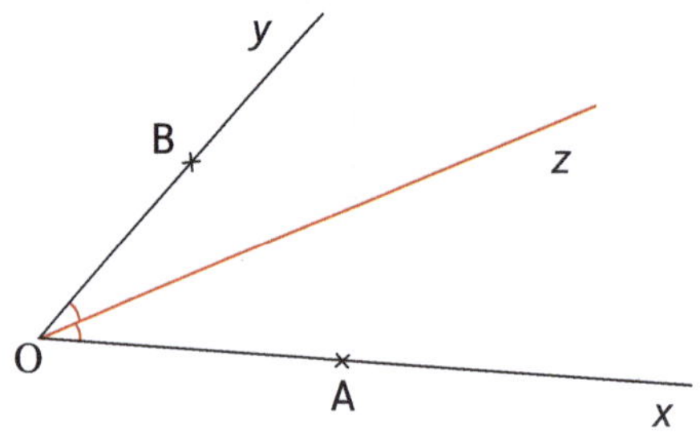

La demi-droite droite [Oz) est la bissectrice de l'angle $\widehat{AOB}$.
On a alors $\widehat{xOz} = \widehat{zOy}$.

Tout point M de la bissectrice (Oz) est équidistant des demi-droites [OA) et [OB). Si I est le point d'intersection de la perpendiculaire passant par M à la demi-droite [OA) et J le point d'intersection de la perpendiculaire passant par M à la demi-droite [OB), alors MI = MJ.
La bissectrice est le lieu géométrique des points équidistants des deux côtés d'un angle.

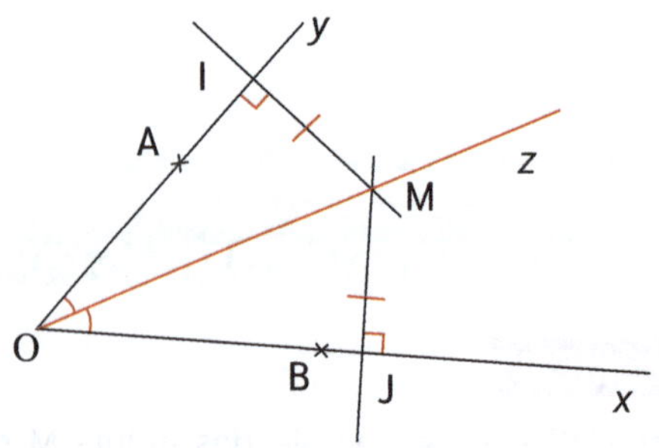

Sur Lea.fr

10.3 Tracé de la médiatrice tutoriel

10.4 Tracé de l'angle $\widehat{xOy}$ tutoriel

10.5 Tracés fondamentaux, règle compas

E – PROPRIÉTÉ DE THALÈS

1. LES CONFIGURATIONS DE THALÈS

On appelle configuration de Thalès les figures qui requièrent les conditions nécessaires à l'application du théorème de Thalès.

Une configuration de Thalès est constituée de deux droites sécantes, elles-mêmes coupées de plusieurs droites parallèles.

On distingue deux types de configurations de Thalès :

◆ **Les configurations simples**

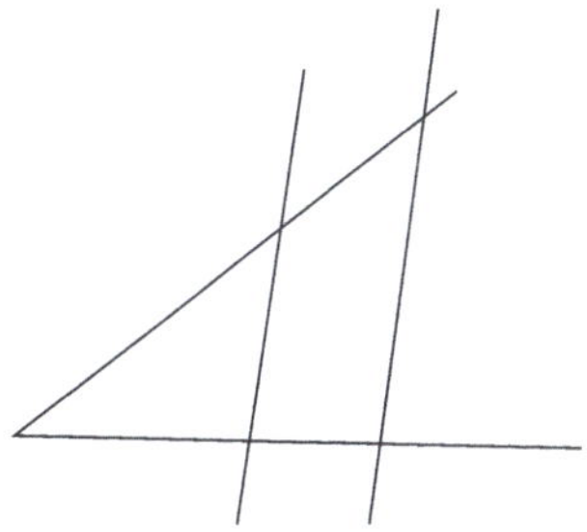

◆ **Les configurations « papillon »**

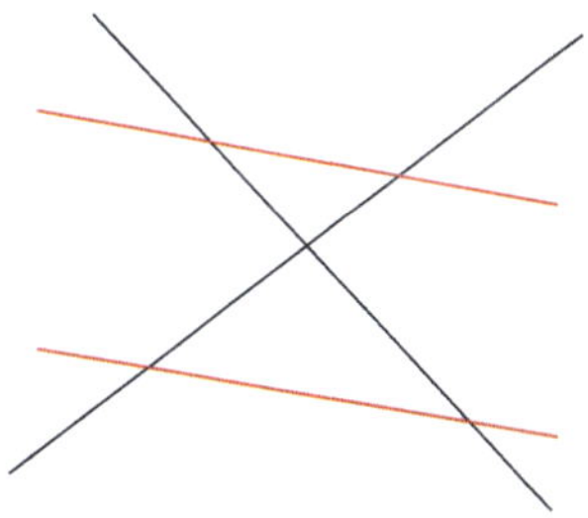

2. PROJECTION D'UN POINT

Soit deux droites Δ et *d*.
La projection d'un point M sur une droite *d* selon la direction Δ est le point M′ appartenant à la droite *d* tel que (MM′) // Δ.
On dit aussi que M′ est l'image de M dans la projection de direction Δ sur la droite *d*.

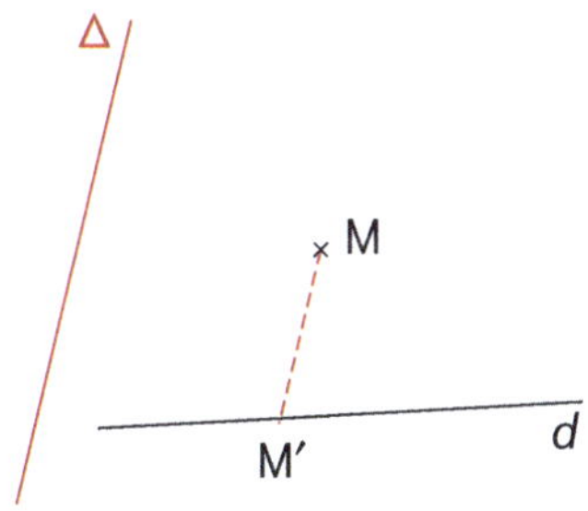

3. PROPRIÉTÉ DE THALÈS

◆ Première formulation

Si A, B et C sont trois points d'une droite d_1 et A′, B′ et C′ leurs images respectives dans la projection de direction Δ sur une droite d_2, on a alors :

$$\frac{AB}{A'B'} = \frac{BC}{B'C'} = \frac{AC}{A'C'}$$

On peut aussi obtenir d'autres égalités comme : $\frac{AB}{BC} = \frac{A'B'}{B'C'}$ ou $\frac{BC}{AC} = \frac{B'C'}{A'C'}$

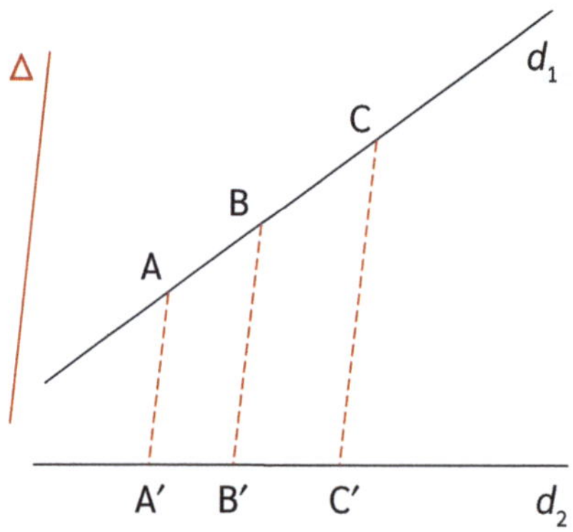

◆ Deuxième formulation

Soit deux droites d_1 et d_2 sécantes en A ; B et C deux points de d_1 distincts de A ;
B′ et C′ deux points de d_2 distincts de A.

Si les droites (BB′) et (CC′) sont parallèles, alors : $\frac{AB}{AC} = \frac{AB'}{AC'} = \frac{BB'}{CC'}$

On a deux configurations possibles :

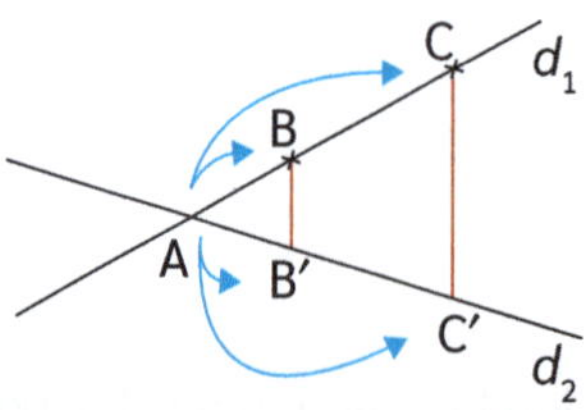

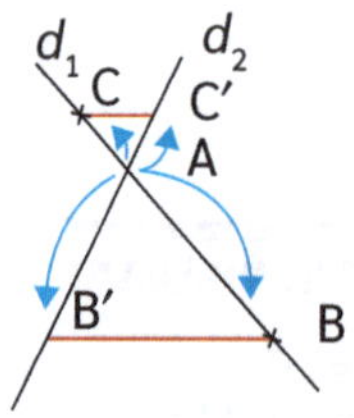

Pour bien écrire les égalités propres à une configuration de Thalès :
Première configuration, écrire impérativement :
Les droites d_1 et d_2 sont sécantes en A.
Les droites (BB′) et (CC′) sont parallèles.
Les points A, B, C et les points A, B′, C′ sont alignés dans cet ordre.
Ensuite partir du point de concours des droites d_1 et d_2 et parcourir chacune d'entre elles en revenant au point de départ :
AB sur AC
AB′ sur AC′

$$\frac{AB}{AC} = \frac{AB'}{AC'} = \frac{BB'}{CC'}$$

Deuxième configuration :

Les droites d_1 et d_2 sont sécantes en A.

Les droites (BB′) et (CC′) sont parallèles.

Les points B, A, C et B′, A, C′ sont alignés dans cet ordre.

$$\frac{AB}{AC} = \frac{AB'}{AC'} = \frac{BB'}{CC'}$$

4. RÉCIPROQUE DE LA PROPRIÉTÉ DE THALÈS

Si les points A, B, C d'une part et A, D, E d'autre part sont alignés dans cet ordre sur deux droites sécantes en A et que $\frac{AB}{AC} = \frac{AD}{AE}$, alors les droites (BD) et (CE) sont parallèles.

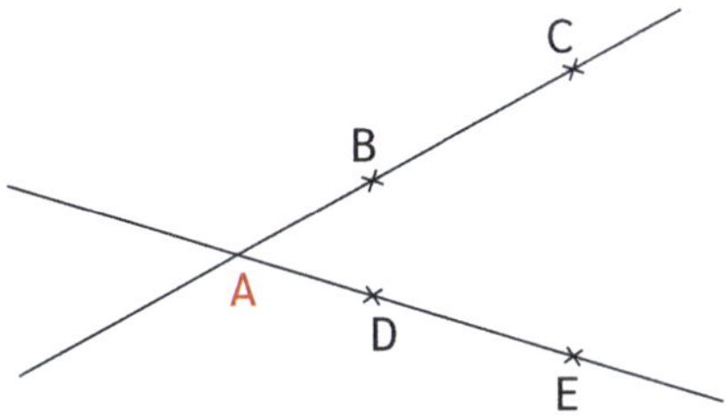

Ex 1 :

Dans la figure suivante, les droites (BM) et (PC) sont sécantes en A. On sait que :

AB = 7 cm ; AM = 4 cm ; AP = 6 cm ; AC = 8 cm

Les droites (BC) et PM) sont-elles parallèles ?

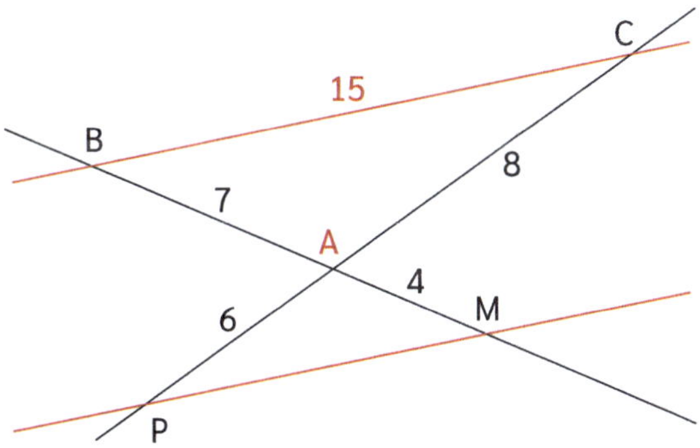

Les droites (BM) et (PC) sont sécantes en A.

Les points B, A, M sont alignés dans cet ordre.

Les points C, A, P sont alignés dans cet ordre.

Par ailleurs :

$$\frac{AB}{AM} = \frac{7}{4}$$

$\frac{AC}{AP} = \frac{8}{6}$

$\frac{7}{4} = \frac{21}{12}$

$\frac{8}{6} = \frac{16}{12}$

Donc les quotients $\frac{AB}{AM}$ et $\frac{AC}{AP}$ ne sont pas égaux, donc d'après la réciproque du théorème de Thalès, les droites (BC) et (PM) ne sont pas parallèles.

Ex 2 :
Sur la figure ci-dessous, qui n'est pas en vraie grandeur, les droites (AB) et (DE) sont parallèles.
De plus, on sait que CD = 3 cm, AC = 8 cm, CE = 4 cm et AB = 9 cm.
Calculer la longueur BC et la longueur DE.

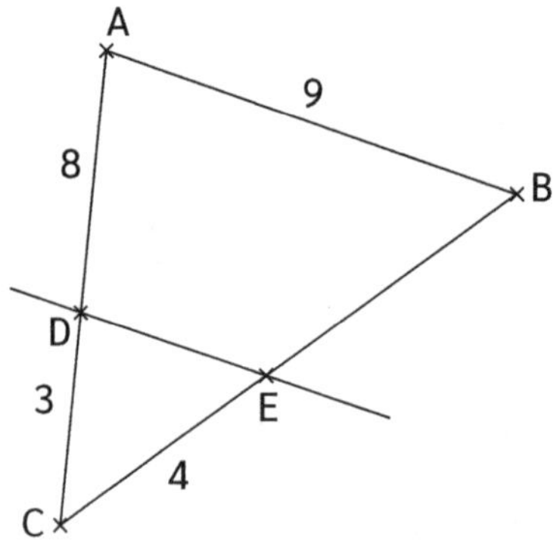

Les droites (AC) et (BC) sont sécantes en C.
Les points C, D, A sont alignés dans cet ordre.
Les points C, E, B sont alignés dans cet ordre.
Par ailleurs, les droites (AB) et (DE) sont parallèles.
Donc d'après le théorème de Thalès, on a :

$\frac{CD}{CA} = \frac{CE}{CB} = \frac{DE}{AB}$

D'où

$\frac{3}{8} = \frac{4}{CB} = \frac{DE}{9}$

$\frac{3}{8} = \frac{DE}{9}$ donc $DE = \frac{27}{8}$

$\frac{3}{8} = \frac{4}{CB}$ donc $CB = \frac{32}{3}$

◆ Théorème de la droite des milieux

Soit un triangle ABC, I est le milieu du côté AB et J est le milieu du côté AC.

Tracé :

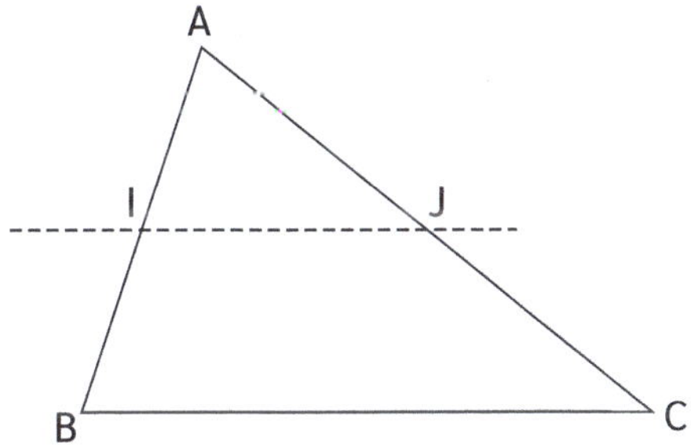

I est le milieu de AB donc $AI = \frac{1}{2} AB$.

J est le milieu de AC donc $AJ = \frac{1}{2} AC$.

D'où l'égalité : $\frac{AI}{AB} = \frac{AJ}{AC} = \frac{1}{2}$

D'après la réciproque du théorème de Thalès, on peut en déduire que :
(IJ) est parallèle à (BC).

> **Énoncé du théorème de la droite des milieux** (qui est un cas particulier de la réciproque du théorème de Thalès) :
> Dans un triangle, la droite qui passe par les milieux de deux des côtés du triangle est parallèle au troisième côté.

◆ Réciproque du théorème de la droite des milieux

N'OUBLIONS PAS !

> Dans un triangle, la droite qui passe par le milieu d'un des côtés et qui est parallèle à un autre côté passe par le milieu du troisième côté.

Tracé :

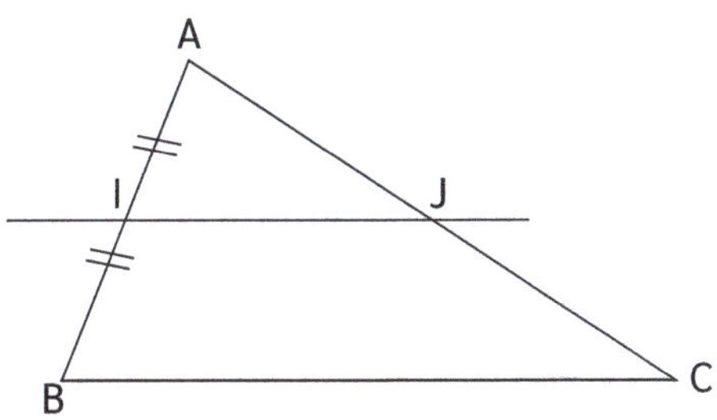

(d) est parallèle à (BC)
J est le point d'intersection des droites (d) et (AC).

Écriture mathématique :
I est le milieu de [AB].
La droite (*d*) passe par I et est parallèle à (BC), donc J est le milieu de [AC].

Ex 1 :
Soit ABC un triangle. Soit D le milieu de [BC]. Soit M le milieu de [AD].
La droite (CM) coupe la droite (AB) en F et la parallèle à la droite (CM) passant par D coupe la droite (AB) en E.

1. Faire une figure.
2. Montrer que E est milieu de [BF].
3. Montrer que F est milieu de [AE].
4. En déduire que BE = EF = FA.

Tracé :

1.

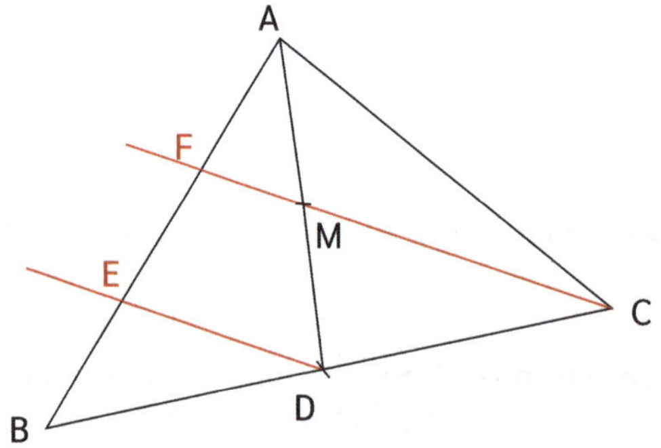

2. Dans le triangle BCF, on sait que (ED) est parallèle à (FC) et que D est le milieu de [BC]. Donc d'après la réciproque du théorème de la droite des milieux, E est le milieu de [BF].

3. Dans le triangle ADE, on sait que (FM) est parallèle à (ED) et que M est le milieu de [AD], donc d'après la réciproque du théorème de la droite des milieux, F est le milieu de [AE].

4. F est le milieu de [AE] donc AF = FE.
E est le milieu de [BF] donc BE = EF.
Et donc BE = EF = FA.

Ex 2 :
Soit ABC un triangle. Soient I et J les milieux respectifs des côtés [AB] et [AC]. Soit M un point quelconque du plan distinct de I et de J. Soit D le symétrique de M par rapport au point I et soit E le symétrique de M par rapport au point J. Montrer que les droites (BC) et (ED) sont parallèles.

Tracé :

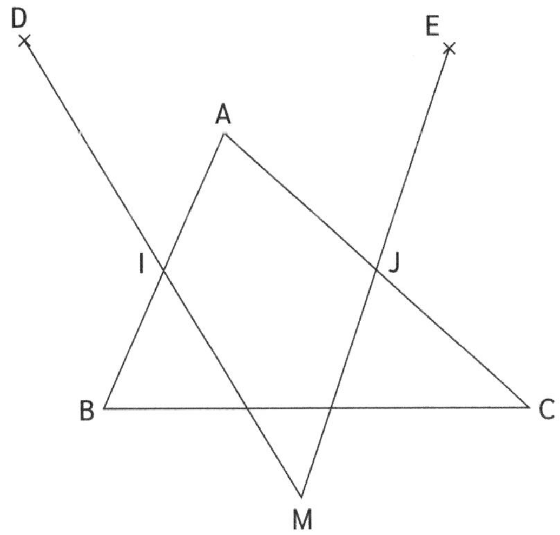

Dans le triangle ABC, I est le milieu de [AB] et J le milieu de [AC], donc d'après le théorème de la droite des milieux, (IJ) est parallèle à (BC).
Dans le triangle MDE, I est le milieu de [MD] et J le milieu de [ME], donc d'après le théorème de la droite des milieux, (IJ) est parallèle à (DE).

Propriété utilisée : Si deux droites sont parallèles à une même troisième, alors elles sont parallèles entre elles.
On en déduit que (DE) est parallèle à (BC).

JE M'ENTRAINE

ÉNONCÉS

◆ Exercice 1

Sur la figure ci-après, les points A, M, B d'une part et A, N, C d'autre part sont alignés. La figure n'est pas à l'échelle. On donne :
AM = 1,000 001 ; AB = 1,000 002 ; AC = 1,000 001 et AN = 1

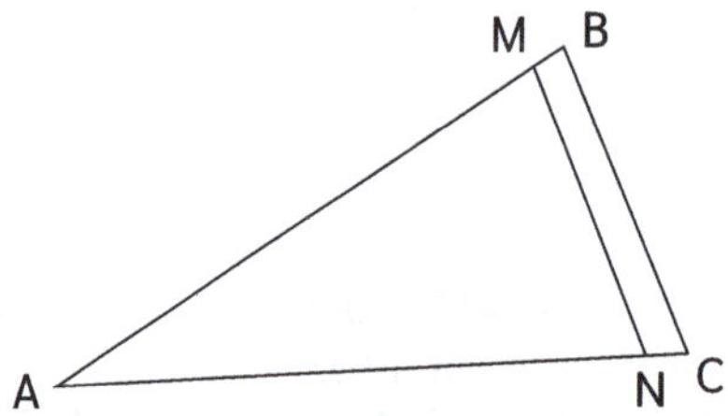

On voudrait savoir si les droites (MN) et (BC) sont parallèles. Deux élèves réfléchissent à la question. L'un prétend que les droites sont parallèles, l'autre affirme le contraire. Lequel a raison ?

◆ Exercice 2

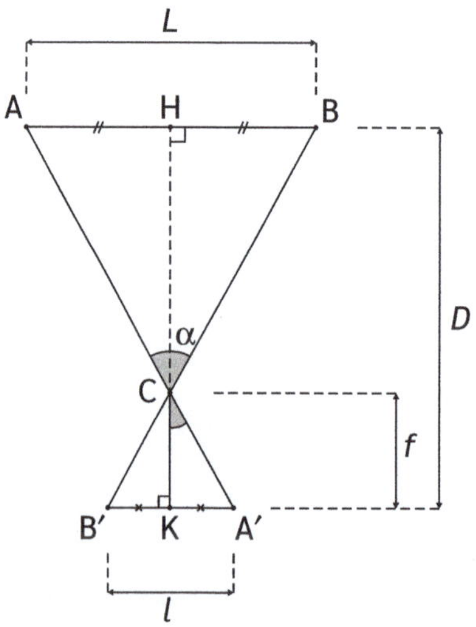

1. À l'aide des informations portées sur la figure :
a. Justifier que les droites (AH) et (A′K) sont parallèles.
b. Démontrer que la droite (HK) est un axe de symétrie de la figure.

2. Justifier l'égalité :

$\frac{CH}{CK} = \frac{AH}{A'K}$

En déduire la relation : $\frac{D}{t} = \frac{L}{l} + 1$.

◆ Exercice 3

On considère la figure ci-contre.
On sait que :

M ∈ [IJ]	IL = 1,6
L ∈ [IK]	LK = 2,4
IM = 0,8	IJ = 2

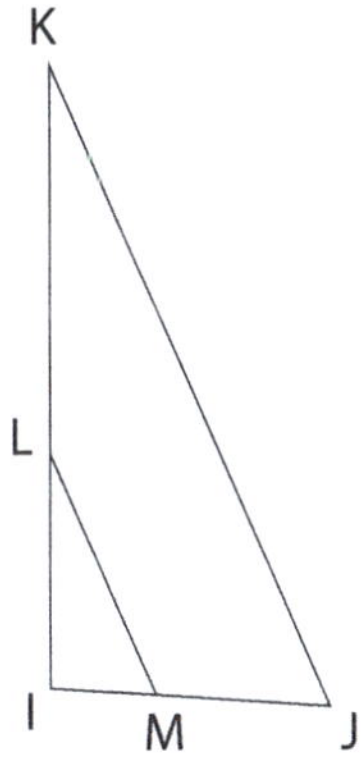

L'affirmation « les droites (ML) et (KJ) sont parallèles » est-elle vraie ?

◆ Exercice 4

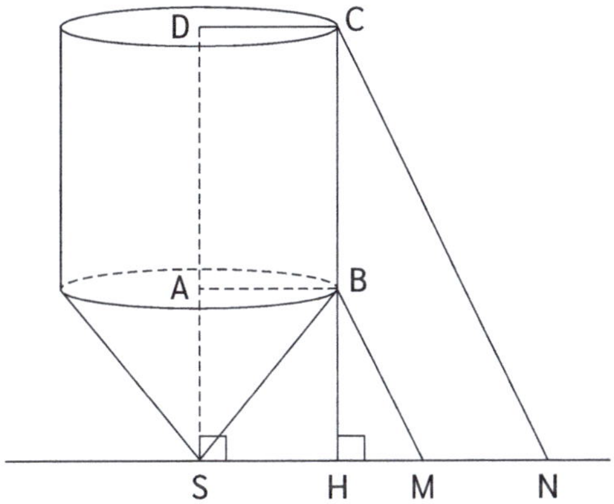

Cette figure n'est pas à l'échelle.

Un éleveur possède un silo à farine formé de deux solides de révolution : un cône et un cylindre, comme représenté sur la figure ci-dessus.

Ces deux solides ont le même axe de révolution.
Les centres D et A des bases sont alignés avec le sommet S du cône.
On donne : AS = 1,60 m ; DA = 2,40 m ; AB = 1,30 m.

Pour réaliser des travaux, deux échelles ont été posées contre le silo. Elles sont représentées sur la figure par les segments [BM] et [CN].
On donne SM = 2,1 m et SN = 3,3 m.
On note H le pied de la hauteur issue de B dans le triangle SBM.
Les points S, H, M et N sont alignés.
Les points C, B et H sont alignés.
Les deux échelles sont-elles parallèles ? Justifier la réponse.

CORRIGÉS

◆ Exercice 1

(MN) et (BC) ne sont pas parallèles.

◆ Exercice 2

1. a. (AH) et (A'K) sont perpendiculaires à une même troisième.
b. La droite (HK) est la médiatrice des segments [AB] et [A'B'], c'est un axe de symétrie de la figure.
2. Les droites (AA') et (HK) sont sécantes en C, configuration de Thalès « papillon ».
CH = $D - f$, etc.

◆ Exercice 3

Affirmation vraie.

◆ Exercice 4

Les deux échelles sont parallèles (réciproque du théorème de Thalès).

Sur Lea.fr

Corrigés développés et exercices complémentaires

11. Triangles et cercles

JE M'ÉVALUE

VRAI OU FAUX ?

1. Si dans un triangle rectangle, l'hypoténuse mesure 5, alors les deux autres côtés mesurent nécessairement 3 et 4.

2. Un triangle isocèle qui a un angle de 60° est un triangle équilatéral.

3. Les hauteurs d'un triangle équilatéral de côté a mesurent $a\frac{\sqrt{2}}{2}$.

4. Dans un triangle, le point de concours des médianes est le centre du cercle circonscrit.

5. $\sin 60° = \cos 30°$.

6. La somme de deux angles complémentaires est égale à 180°.

7. L'aire d'un quart de cercle de rayon r est égale à l'aire d'un demi-cercle de rayon $\frac{r}{2}$.

8. Trois points pris n'importe où dans l'espace sont coplanaires et forment un triangle.

9. Dans un triangle ABC rectangle en A, la médiane issue de A mesure la moitié de l'hypoténuse.

10. Dans un triangle quelconque, la droite qui passe par les milieux de deux des côtés est parallèle au troisième côté.

Réponses : 1.F – 2.V – 3.F – 4.F – 5.V – 6.F – 7.F – 8.V – 9.V – 10.V

JE RÉVISE

A – LE CERCLE

Un cercle est le lieu géométrique de tous les points du plan équidistants d'un point donné appelé centre du cercle (O sur la figure ci-dessous).
Pour tracer un cercle, on utilise un compas, mais on peut également tracer un cercle en utilisant une corde, un bâton, etc.

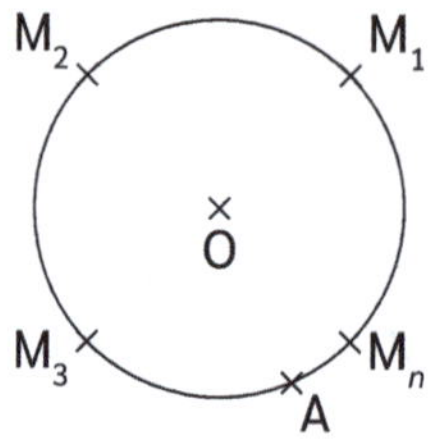

$OM_1 = OM_2 = OM_3 = ... = OM_n$

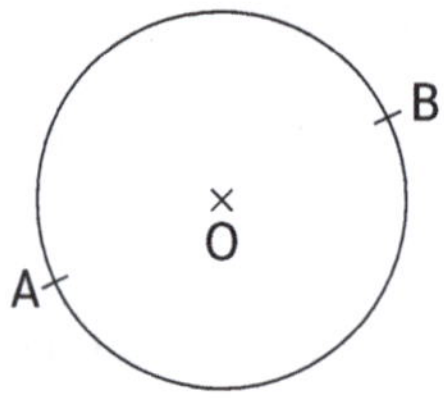

Le segment [OA] est **un** rayon du cercle.
La mesure de la distance OA est **le** rayon du cercle.

Le segment [AB] est **un** diamètre du cercle.
La mesure de la distance AB est **le** diamètre du cercle.

1. CERCLE ET DISQUE

• On appelle *cercle* de centre O et de rayon R, $\mathscr{C}$ (O ; R), l'ensemble des points M du plan tels que OM = R.

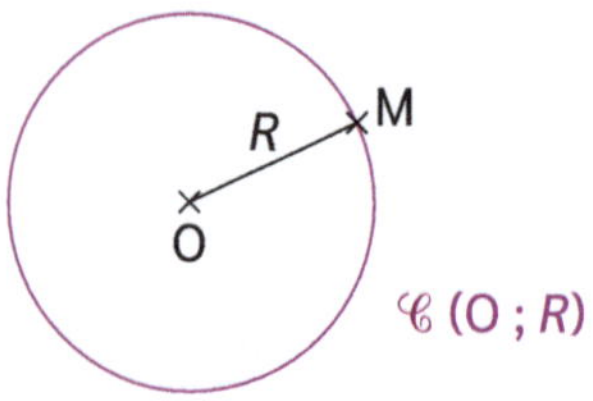

• On appelle *disque* de centre O et de rayon R, $\mathscr{D}$ (O ; R), l'ensemble des points M du plan tels que OM $\leqslant R$.

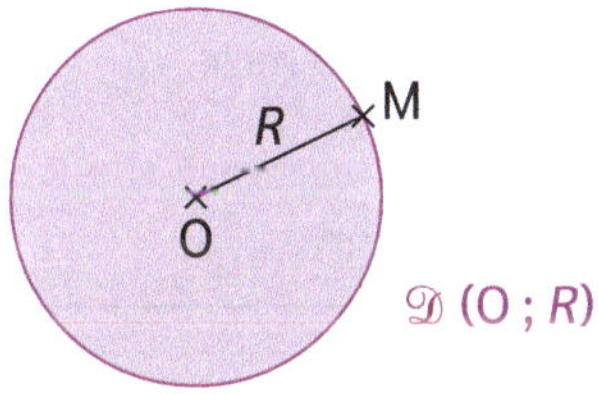

• Le segment qui joint deux points d'un cercle est appelé *corde* de ce cercle.
• Un *diamètre* d'un cercle est une corde qui passe par le centre de ce cercle.

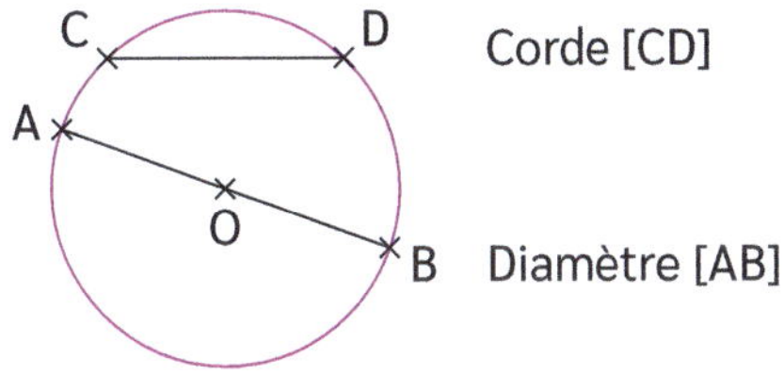

Ex :

La figure ci-dessous a été construite en suivant l'une des trois fiches ci-après. Laquelle ?
Pourquoi, en suivant les consignes des deux autres fiches, n'obtient-on pas cette figure ?

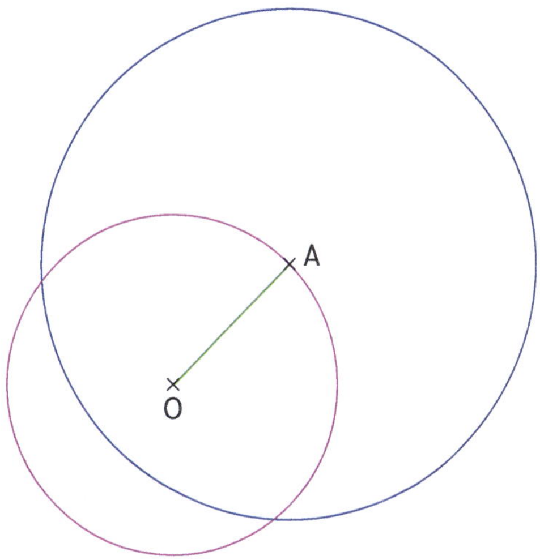

Fiche 1
1. Trace [AO] = 20 mm. 2. Trace un cercle de centre A et de rayon 60 mm. 3. Trace un cercle de centre O et de rayon 40 mm.

Fiche 2
1. Trace un cercle de centre O et de rayon 20 mm. 2. Place un point A sur ce cercle. 3. Trace [OA]. 4. Trace un cercle de centre A et de rayon 30 mm.

Fiche 3
1. Trace un cercle de centre O et de rayon 20 mm. 2. Place un point A à l'intérieur de ce cercle. 3. Trace [OA]. 4. Trace un cercle de centre A et de rayon 30 mm.

Fiche 1 :
Le cercle de centre A devrait avoir un rayon égal à trois fois la mesure du segment [OA], ce qui n'est manifestement pas le cas sur la figure.

Fiches 2 et 3 :
Elles ne diffèrent que par la seconde instruction : « A sur le cercle » ou « A à l'intérieur du cercle ». Cette deuxième expression n'est pas usitée. On aurait pu écrire à l'intérieur du disque, mais cela n'aurait pas pu être sur le cercle.
Donc la fiche qui correspond à la figure est la fiche 2.

2. POSITIONS RELATIVES DE CERCLES ET DROITES

Soit un cercle $\mathcal{C}$ de centre O et de rayon R, $\mathcal{C}$ (O ; R), et une droite D.
d est la distance du point O à la droite D.

• Si $d < R$, alors la droite D est sécante au cercle $\mathcal{C}$.

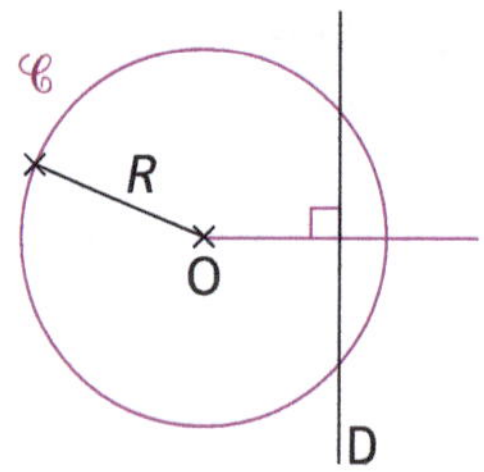

• Si $d = R$, alors la droite D est tangente au cercle $\mathcal{C}$.

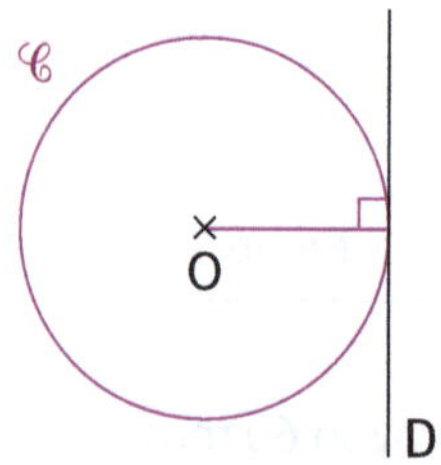

• Si $d > R$, alors la droite D est extérieure au cercle $\mathcal{C}$.

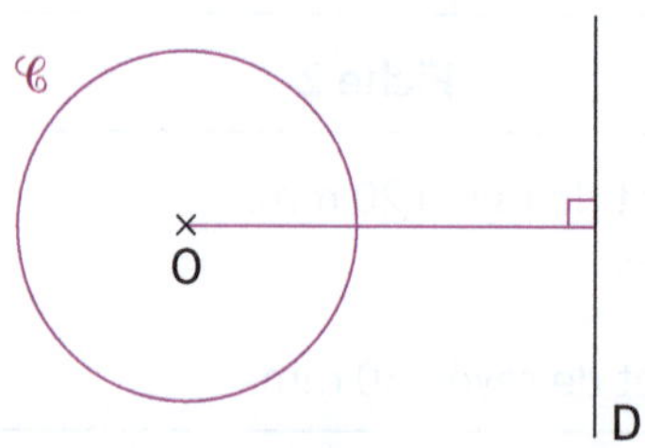

3. POSITIONS RELATIVES DE DEUX CERCLES

Soit deux cercles $\mathscr{C}_1$ $(O_1 ; R_1)$ et $\mathscr{C}_2$ $(O_2 ; R_2)$ tels que $[O_1O_2] = d$.

- Si $R_1 - R_2 = d$, alors les cercles $\mathscr{C}_1$ et $\mathscr{C}_2$ sont tangents intérieurement.

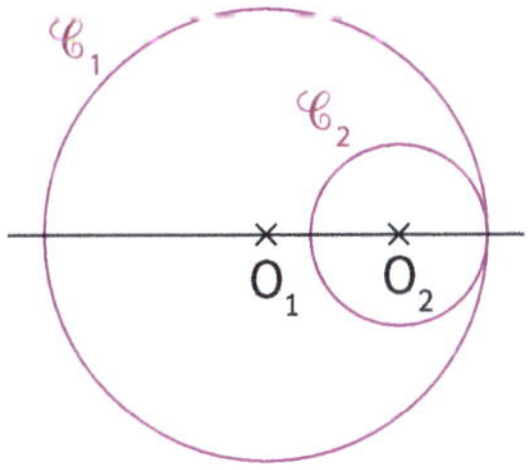

- Si $d = R_1 + R_2$, alors les cercles $\mathscr{C}_1$ et $\mathscr{C}_2$ sont tangents extérieurement.

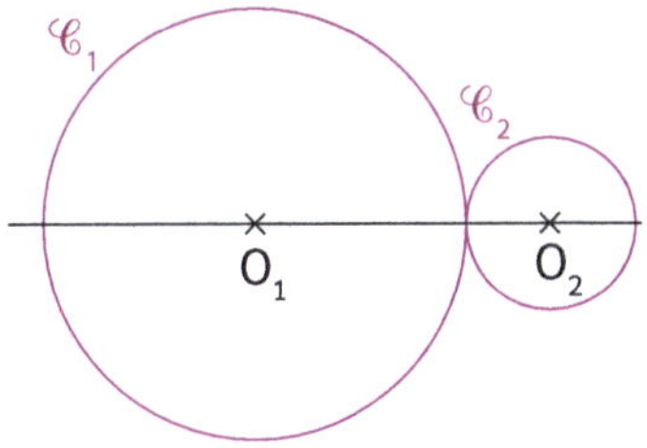

- Si $d = 0$, alors les cercles $\mathscr{C}_1$ et $\mathscr{C}_2$ sont concentriques.

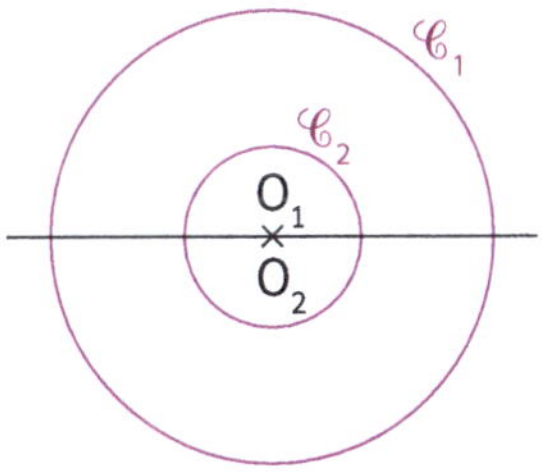

- Si $R_2 - R_1 < d < R_1 + R_2$, alors les cercles $\mathscr{C}_1$ et $\mathscr{C}_2$ sont sécants.

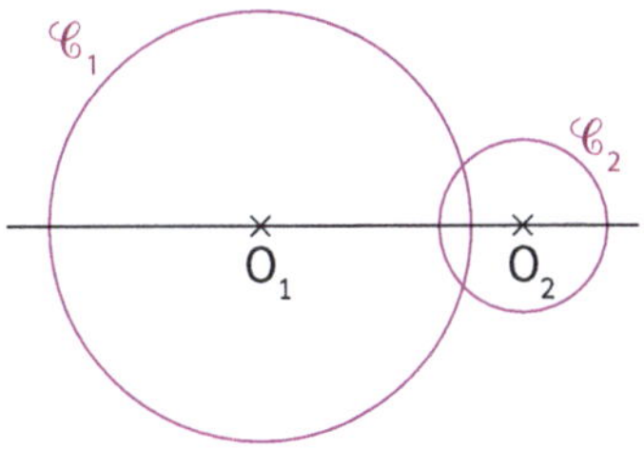

Sur Lea.fr
11.1 Définitions

• Si $d > R_1 + R_2$, alors les cercles $\mathscr{C}_1$ et $\mathscr{C}_2$ sont extérieurs.

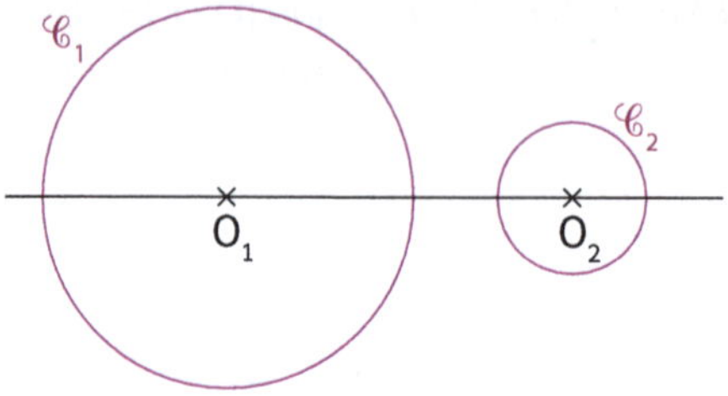

4. CERCLES ET ANGLES

◆ Angles inscrits

Un angle inscrit est un angle dont le sommet est un point du cercle et les côtés des cordes issues de ce sommet.

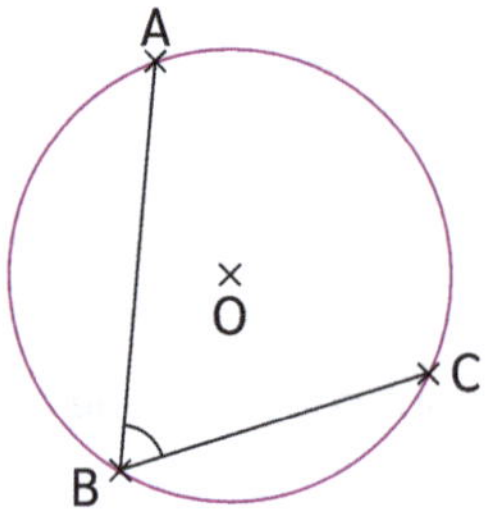

L'angle inscrit $\widehat{ABC}$ intercepte l'arc $\overset{\frown}{AC}$.

Dans un même cercle, les angles inscrits qui interceptent le même arc sont égaux (ils ont la même mesure).
Sur la figure ci-dessous, les trois angles inscrits de sommets O_1, O_2, O_3 interceptent le même arc $\overset{\frown}{AB}$.

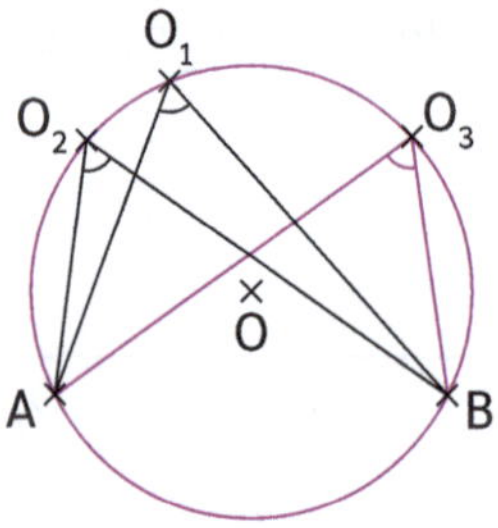

$\widehat{AO_1B} = \widehat{AO_2B} = \widehat{AO_3B}$

◆ Angles au centre

Un angle au centre est un angle qui a pour sommet le centre du cercle, les côtés de l'angle sont des rayons du cercle.

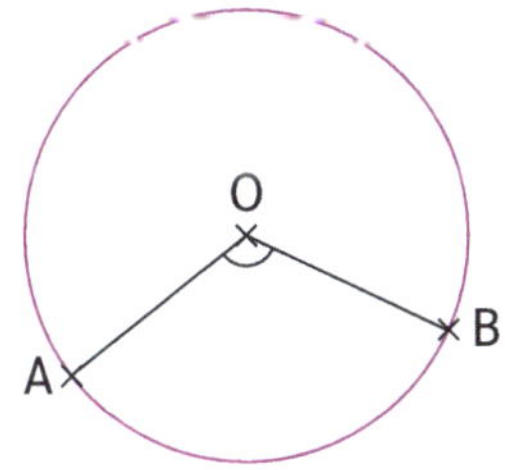

L'angle au centre $\widehat{AOB}$ intercepte l'arc $\overset{\frown}{AB}$.

◆ Angles au centre et angles inscrits

Dans un cercle, un angle au centre qui intercepte le même arc qu'un angle inscrit a une mesure égale au double de la mesure de l'angle inscrit.

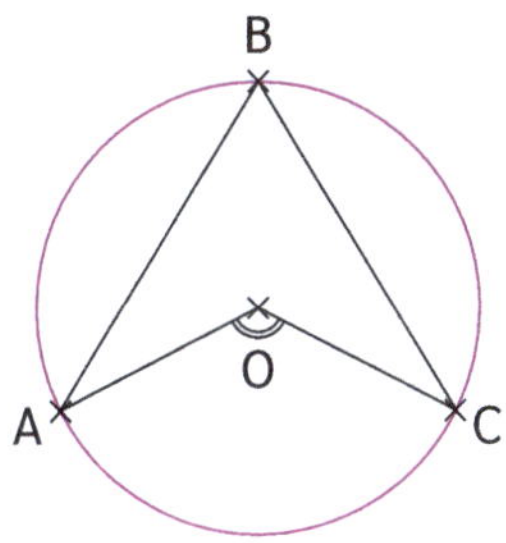

$\widehat{AOC} = 2\widehat{ABC}$

Remarque :
Dans le cas où [AC] est un diamètre, on retrouve un résultat déjà établi.

$\widehat{ABC} = \dfrac{\widehat{AOC}}{2} = \dfrac{180°}{2} = 90°$

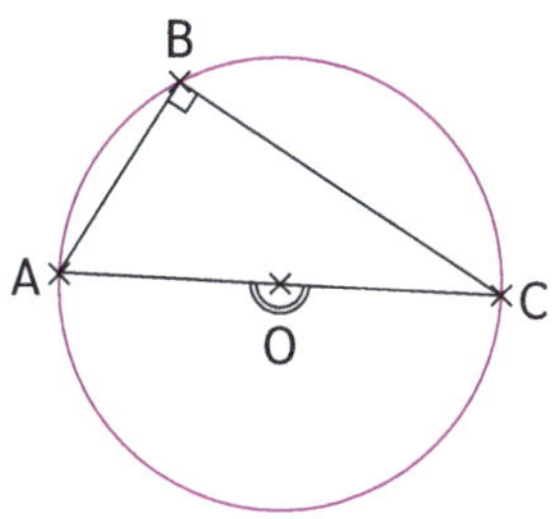

Sur Lea.fr
11.2 Démonstration de $\widehat{AOC} = 2\widehat{ABC}$

B – LES TRIANGLES

Trois points pris n'importe où dans l'espace forment un triangle. Ils sont coplanaires.

1. TRIANGLES QUELCONQUES – DROITES PARTICULIÈRES

Les triangles possèdent de nombreuses propriétés en relation avec les droites particulières du triangle.

◆ Les médiatrices d'un triangle – Le centre du cercle circonscrit

Si on trace les trois médiatrices des trois côtés d'un triangle, on constate qu'elles se coupent en un seul point. On dit qu'elles sont concourantes.

Comme la médiatrice est le lieu géométrique des points équidistants des extrémités du segment, on peut en déduire que le point de concours des médiatrices dans un triangle est à égale distance des trois sommets du triangle.
Ce point est appelé **centre du cercle circonscrit du triangle**.
Il peut être intérieur ou extérieur au triangle.

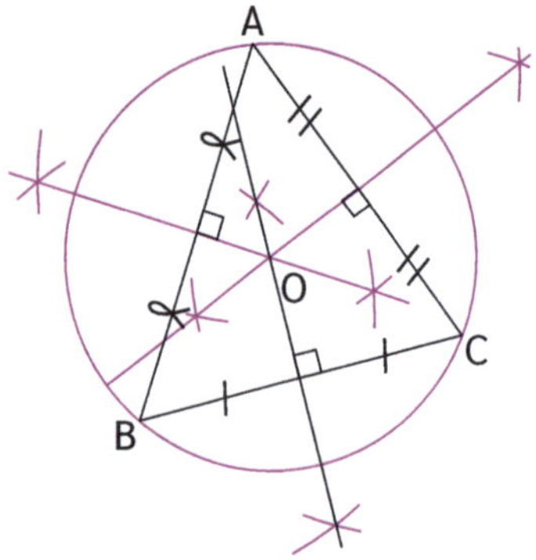

Angle $\widehat{ABC}$ aigu

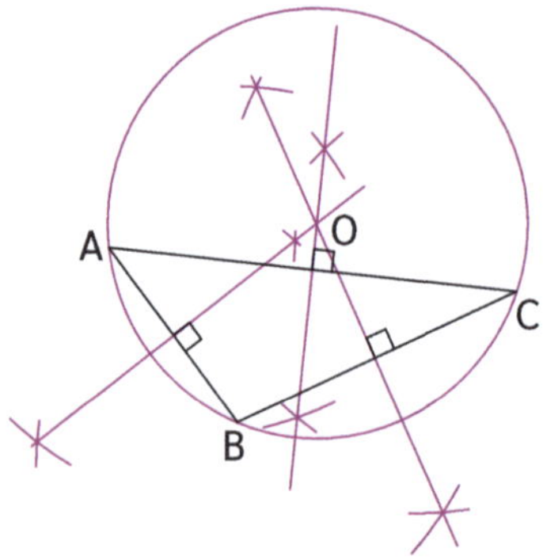

Angle $\widehat{ABC}$ obtus

◆ Les bissectrices d'un triangle – Le centre du cercle inscrit

Si on trace les trois bissectrices des trois angles d'un triangle, on constate qu'elles sont concourantes.
Leur point de concours est appelé le centre du cercle inscrit du triangle.
Il est tangent à chacun des trois côtés.

Sur Lea.fr

11.3 Démonstration

11.4 Démonstration : les trois médiatrices se coupent en un même point

11.5 Démonstration : les trois bissectrices se coupent en un même point

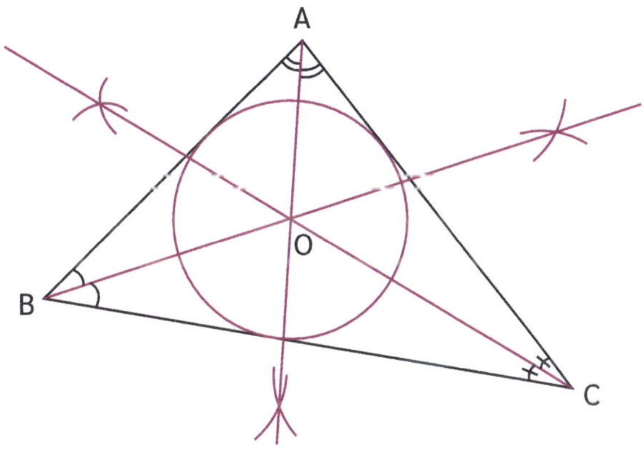

◆ **Les médianes d'un triangle – Le centre de gravité du triangle**

Dans un triangle, une médiane joint un sommet au milieu du côté opposé.
Si on trace les trois médianes, on constate qu'elles sont concourantes.

Leur point de cours est appelé centre de gravité.
Il est un point d'équilibre pour le triangle.

(AA′) est la médiane relative au côté [BC].

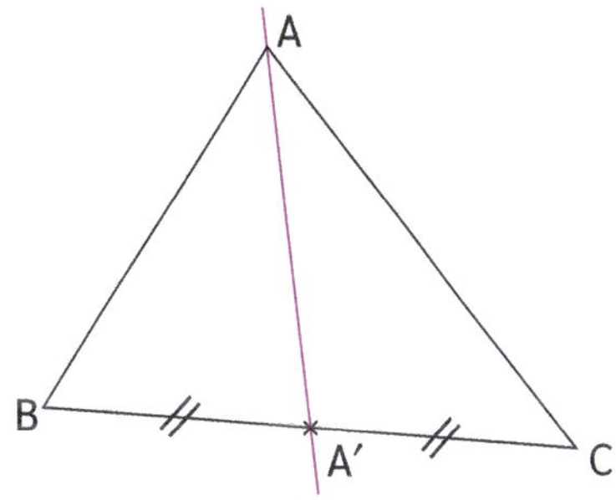

Le point G est tel que :

$AG = \frac{2}{3}AA'$

$BG = \frac{2}{3}BB'$

$CG = \frac{2}{3}CC'$

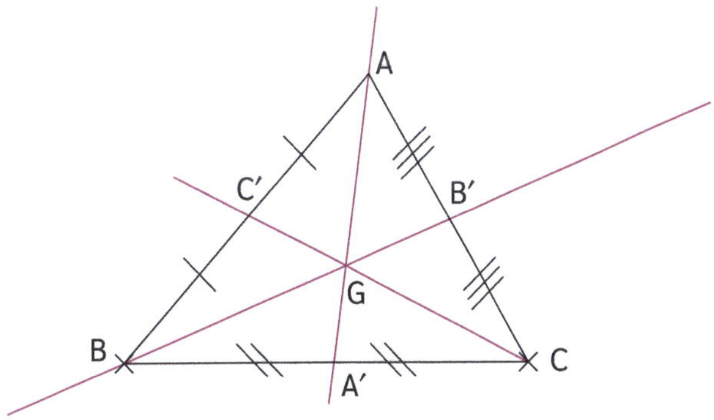

Sur Lea.fr

11.6 Démonstration : il se situe aux deux tiers – un tiers de chacune des médianes

◆ Les hauteurs d'un triangle – L'orthocentre du triangle

Dans un triangle, une hauteur joint un sommet du triangle et son projeté orthogonal sur le côté opposé.
Si on trace les trois hauteurs d'un triangle, on constate **qu'elles sont concourantes.**
Leur point de concours est appelé orthocentre du triangle.

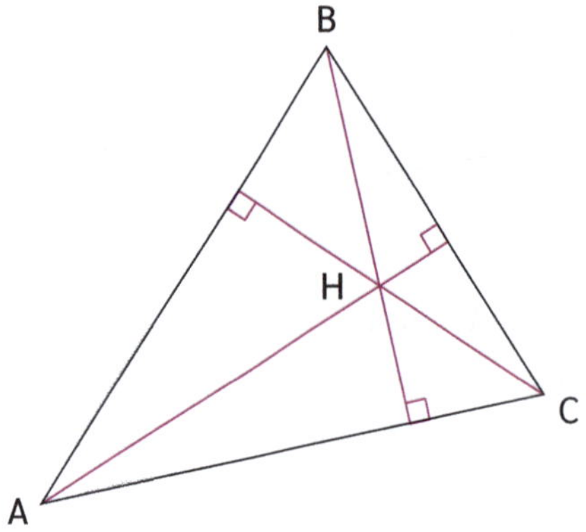

Angle $\widehat{BAC}$ aigu

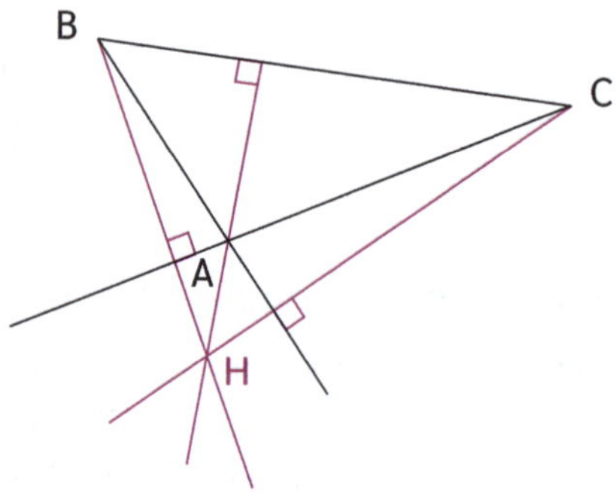

Angle $\widehat{BAC}$ obtus

◆ Médianes et hauteurs

Chaque médiane a cette particularité de partager le triangle en deux triangles de même aire.

Ex :

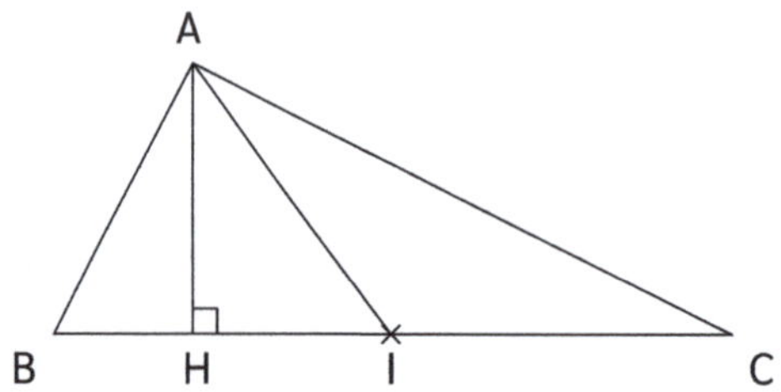

I est le milieu du côté BC.
(AI) est une médiane du triangle ABC.
(AH) est la hauteur du triangle ABC issue de A.

Aire ABI $= \frac{1}{2}$ AH $\times$ BI

Aire AIC $= \frac{1}{2}$ AH $\times$ IC

Or IC = IB

Donc Aire ABI = Aire AIC

Sur Lea.fr

11.7 Démonstration : les trois hauteurs se coupent en un même point

2. TRIANGLES PARTICULIERS

◆ Triangle isocèle

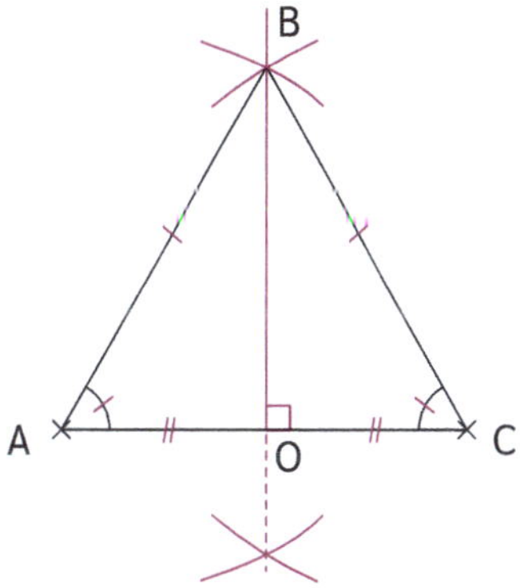

Dans un triangle isocèle :
- deux côtés ont la même longueur ;
- deux angles ont la même mesure ;
- la hauteur issue du sommet principal est aussi médiane, médiatrice, bissectrice et axe de symétrie.

AB = BC

$\widehat{CAB} = \widehat{ACB}$

B est le sommet principal.

La droite (OB) est à la fois hauteur, médiane, médiatrice et bissectrice.

◆ Triangle équilatéral

Dans un triangle équilatéral :
- les trois côtés ont la même longueur ;
- les trois angles ont la même mesure (60°) ;
- les hauteurs sont aussi médianes, médiatrices, bissectrices et axes de symétrie.

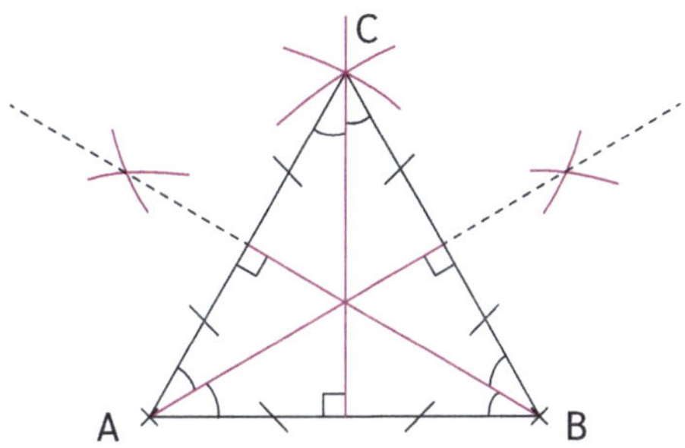

◆ Triangle rectangle

Tout triangle inscrit dans un demi-cercle est un triangle rectangle.

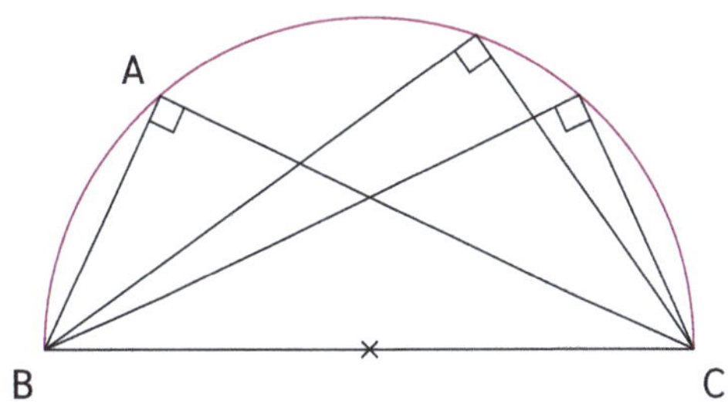

Pour tracer un triangle rectangle sans utiliser l'équerre mais seulement la règle et le compas :

1. On trace un segment.

2. On détermine son milieu.

3. On trace le demi-cercle de centre le milieu du segment et de rayon la moitié de la mesure du segment.
4. On place un point sur ce demi-cercle.

Avec les deux extrémités du triangle, il forme un triangle rectangle (l'angle inscrit est égal à 90°).
La médiane issue de A est un rayon du cercle.
Dans un triangle rectangle, la médiane relative à l'hypoténuse a une longueur égale à la moitié de celle de l'hypoténuse.

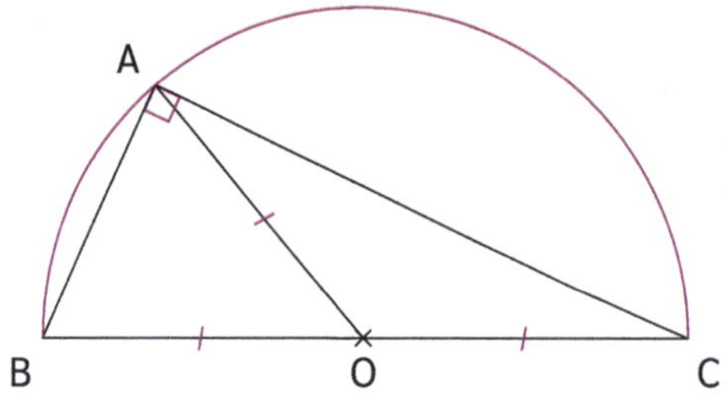

Angles d'un triangle rectangle

Les deux angles aigus d'un triangle rectangle sont complémentaires.

$\widehat{ABC} + \widehat{ACB} = 90°$

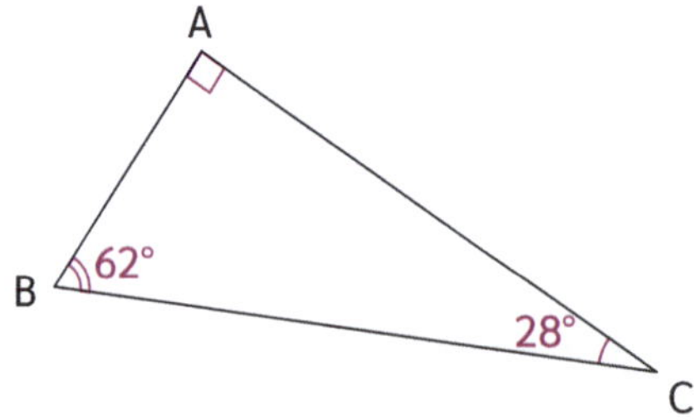

◆ Propriété de Pythagore et sa réciproque

Si un triangle est rectangle, alors le carré de la longueur de l'hypoténuse est égal à la somme des carrés des longueurs des deux autres côtés.

Ex :
Si ABC est un triangle rectangle en A, alors $BC^2 = AB^2 + AC^2$.

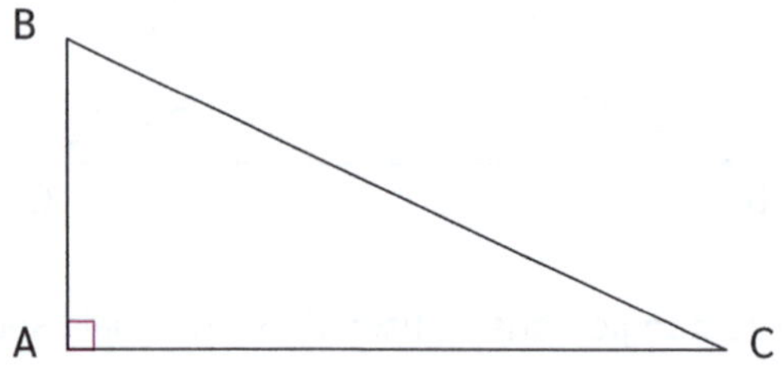

Réciproque de la propriété de Pythagore

Si la somme des carrés des longueurs de deux côtés d'un triangle est égale au carré de la longueur du troisième côté, alors ce triangle est rectangle.

Ex :
Soit le triangle ABC tel que :
AB = 5 cm, AC = 3 cm et BC = 4 cm.
Quelle est la nature du triangle ABC ?
$AB^2 = 5^2 = 25$; $AC^2 + BC^2 = 3^2 + 4^2 = 25$.
Comme $AB^2 = AC^2 + BC^2$, alors le triangle ABC est rectangle en C.

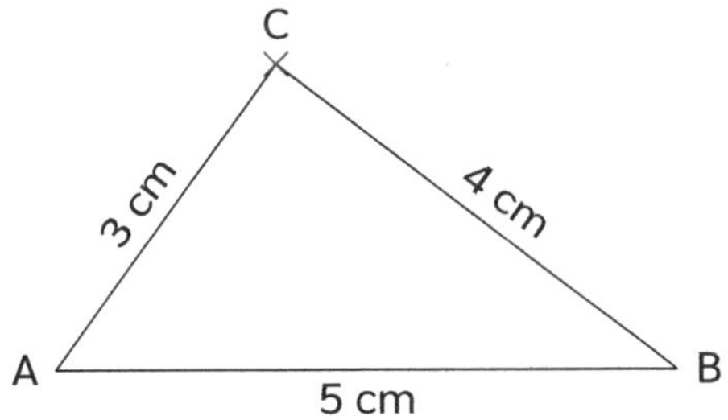

Remarque : Avec une hypoténuse égale à 5, on peut tracer de nombreux triangles rectangles.

BC = 5

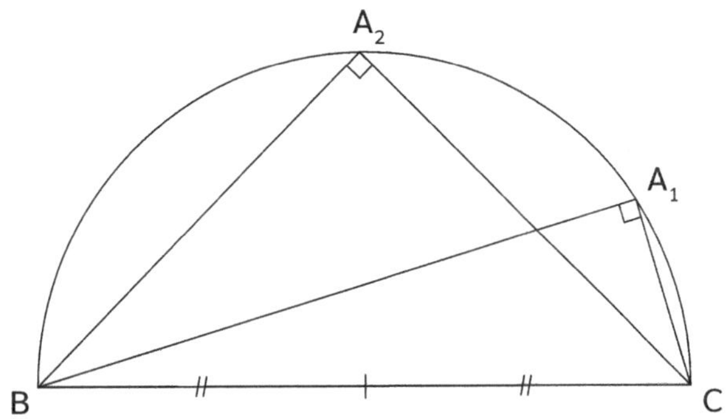

Exemple 1 : calcul de la mesure de l'hypoténuse.
ABC est un triangle rectangle en A.
AB = 2 et AC = 6.
Déterminer la distance BC.

Résolution :
Si le triangle est rectangle en A, alors [BC] est son hypoténuse.
Donc d'après le théorème de Pythagore, on a :
$BC^2 = AB^2 + AC^2$
$BC^2 = 4 + 36 = 40$
D'où $BC = \sqrt{40} = \sqrt{4 \times 10} = 2\sqrt{10}$

Exemple 2 : calcul de la mesure d'un côté autre que l'hypoténuse.
ABC est un triangle rectangle en B.
On sait que AC = 10 et AB = 4.
Déterminer la distance BC.
Si le triangle ABC est rectangle en B, alors [AC] est son hypoténuse.
Donc d'après le théorème de Pythagore, on a :
$AC^2 = AB^2 + BC^2$
D'où $100 = 16 + BC^2$
Et donc $BC^2 = 100 - 16 = 84$
$BC = \sqrt{84} = \sqrt{4 \times 21} = 2\sqrt{21}$

◆ Trigonométrie dans le triangle rectangle

La trigonométrie est une partie des mathématiques qui établit des relations entre angles et mesures des côtés dans un triangle.

Elle permet de déterminer les angles d'un triangle rectangle lorsque l'on connait la mesure de ses côtés, et inversement.

Le sinus d'un angle

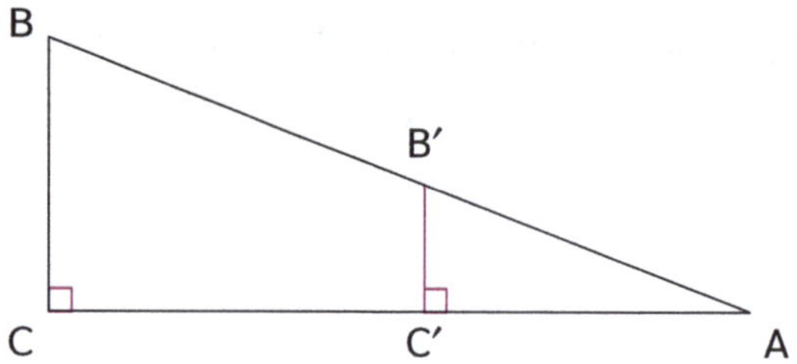

ABC est un triangle rectangle en C.
La droite (B′C′) est perpendiculaire à (AC).
Cette figure est une configuration de Thalès et en appliquant le théorème, on obtient l'égalité :

$$\frac{BC}{AB} = \frac{B'C'}{AB'}$$

Si on décompose la figure initiale en deux triangles :

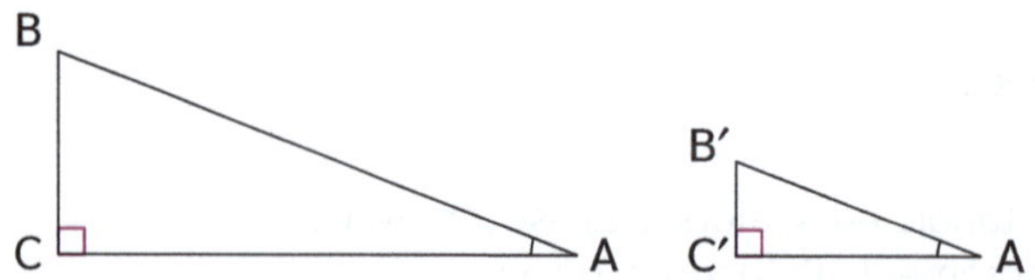

Sur Lea.fr
11.8 Histoire de la trigonométrie
11.9 Les applications de la trigonométrie

Les angles $\widehat{BAC}$ et $\widehat{B'AC'}$ sont égaux, ainsi que les rapports entre leurs côtés opposés et l'hypoténuse.

En généralisant ce résultat, on obtient le fait que pour un angle donné dans un triangle rectangle, le rapport entre le côté opposé d'un angle et l'hypoténuse est invariable.

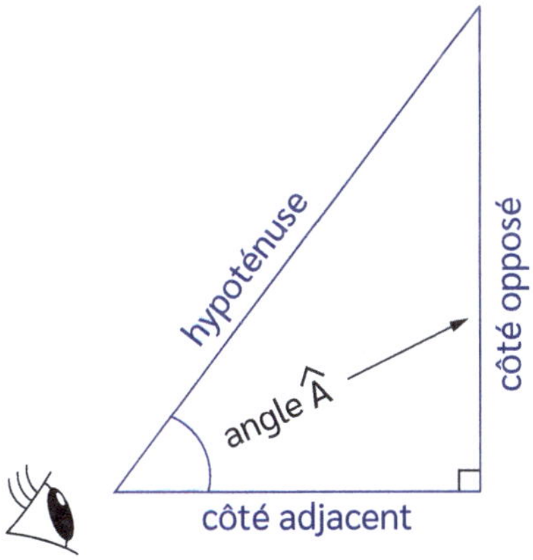

On appelle ce rapport sinus de l'angle et on écrit : sin $\widehat{BAC}$ ou sin de la mesure de l'angle, sin 60° par exemple.

Dès le début de notre ère, des mathématiciens grecs et indiens établirent des tables faisant correspondre ces rapports et la mesure des angles.

On utilisa longtemps des tables format papier :

Mais à l'heure actuelle, ces résultats sont mis en mémoire dans les calculettes.
Leur usage nécessite un petit apprentissage.

Ex :
– Déterminer la valeur du rapport (sinus) connaissant la mesure de l'angle.
Mettre la calculatrice en mode degré.
Si la mesure de l'angle est 30°, on tape [sin] [30] = et la machine indique le résultat 0,5.
Donc si par exemple l'hypoténuse mesure 10 cm, le côté opposé mesurera 5 cm (la moitié, rapport $\frac{1}{2} = 0{,}5$).
– Déterminer la mesure d'un angle α connaissant la valeur du rapport (sinus).
Par exemple sinus $\alpha = 0{,}545$
On tape [Arcsin] [0,545] = et la machine indique le résultat 33°.
Ou [0,545] [$\sin^{-1}$] =

Exemple d'exercice : calcul d'un angle
ABC est un triangle rectangle en A.
AB = 3 ; AC = 4 et BC = 5
Quelle est la mesure de l'angle $\widehat{ABC}$?

Sur Lea.fr
11.10 Exemple de table au format papier

Tracé :

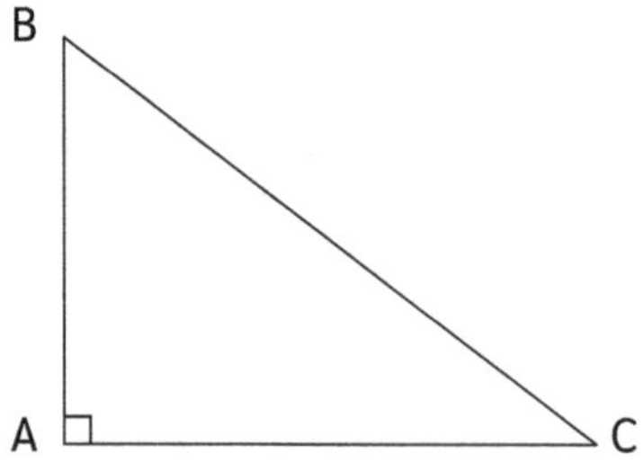

On écrit :

$$\sin\widehat{ABC} = \frac{AC}{BC} = \frac{4}{5} = 0,8$$

On tape sur la calculatrice [Arcsin] (ou [$\sin^{-1}$]) [0,8] et on obtient $\widehat{ABC} = 53°$ à un degré près.

Le cosinus d'un angle

De la même manière que pour le sinus d'un angle, on montre que pour la valeur donnée d'un angle, le rapport entre le côté adjacent de l'angle et l'hypoténuse est toujours le même. On l'appelle le *cosinus* de l'angle et on dresse de la même manière une table de valeurs.

Ex :

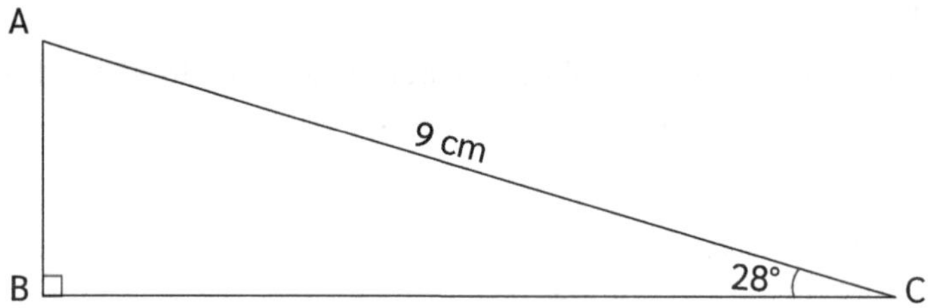

Le triangle ABC est rectangle en B.

On sait que mes $(\widehat{ACB}) = 28°$ et que AC = 9.
Déterminer BC.

L'utilisation du sinus ne permet pas de résoudre le problème de manière directe.
Il serait nécessaire de déterminer d'abord AB pour ensuite déterminer BC.
On peut contourner cette difficulté en utilisant le cosinus de l'angle.

En effet, on peut écrire $\cos\widehat{ACB} = \dfrac{\text{côté adjacent}}{\text{hypoténuse}} = \dfrac{BC}{AC}$

ou encore $\cos 28° = \dfrac{BC}{9}$

En tapant sur la calculatrice [cos] [28], celle-ci affiche 0,883.
On a donc $BC = 9 \times 0,883 = 7,95$ à 10^{-2} près.

La tangente d'un angle

La **tangente** d'un angle est égale, dans un triangle rectangle, au rapport entre le côté opposé de l'angle et son côté adjacent.

Le triangle ABC est rectangle en C.
On sait que AC = 3 cm et BC = 7 cm.

Quelle est la mesure de l'angle $\widehat{ABC}$?

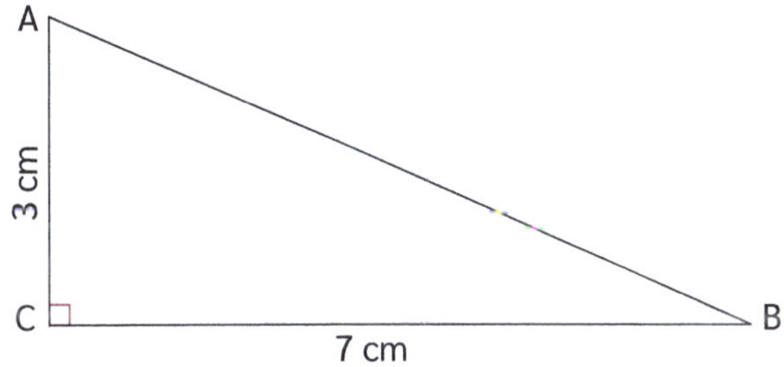

Pour utiliser le sinus ou le cosinus de l'angle, il est nécessaire de connaitre la mesure de l'hypoténuse du triangle.

On pourrait utiliser la propriété de Pythagore, mais pour déterminer directement la mesure de l'angle $\widehat{ABC}$, on peut plus simplement utiliser la tangente, puisque l'on connaît les mesures des côtés opposé et adjacent.

On a donc $\tan\widehat{ABC} = \dfrac{\text{côté opposé}}{\text{côté adjacent}} = \dfrac{AC}{BC}$ d'où $\tan\widehat{ABC} = \dfrac{3}{7} = 0{,}428$.

Sur la calculatrice, on tape [Arc tan] [0,428] et on obtient la mesure de l'angle, soit 23° à 1° près.

Tangente $\widehat{ACB} = \dfrac{\text{côté opposé}}{\text{côté adjacent}} = \dfrac{AB}{BC}$.

En abrégé, on écrit $\tan\widehat{ACB} = \dfrac{\text{côté opposé}}{\text{côté adjacent}} = \dfrac{AB}{BC}$.

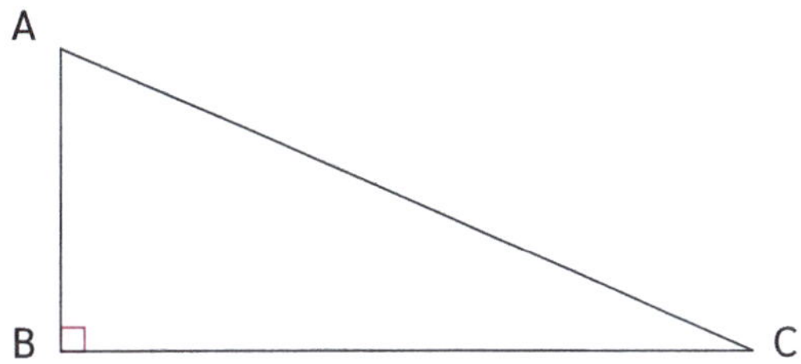

Quelques propriétés simples

Une relation entre sinus cosinus et tangente :

$\sin = \dfrac{\text{côté opposé}}{\text{hypoténuse}}$ et $\cos = \dfrac{\text{côté adjacent}}{\text{hypoténuse}}$.

Si on calcule le rapport $\dfrac{\sin}{\cos}$ pour un angle donné, on obtient $\dfrac{\text{côté opposé}}{\text{côté adjacent}}$, soit la tangente de l'angle.

On a donc tangente $= \dfrac{\text{sinus}}{\text{cosinus}}$.

Sinus et cosinus sont des rapports de longueurs de côtés sur l'hypoténuse.
Or l'hypoténuse dans un triangle rectangle est nécessairement le côté le plus long.
Donc pour tout angle de mesure α, on a :
$\sin \alpha < 1$ et $\cos \alpha < 1$.

Moyen mnémotechnique
Pour mémoriser les formules des sinus, cosinus, tangente on peut retenir :
– SINOPIP (**sin**us = **op**posé sur **hyp**oténuse) ;
– COSADJIP (**cos**inus = **adj**acent sur **hyp**oténuse) ;
– TANGOPADJ (**tang**ente = **op**posé sur **adj**acent).

JE M'ENTRAÎNE

ÉNONCÉS

◆ Exercice 1

L'objectif de cet exercice est de construire, sans aucun calcul, avec la règle graduée, le compas et l'équerre, un triangle ABC connaissant AB, BC et la hauteur issue de A.
On sait que AB = 5,5 cm, BC = 5 cm et que la hauteur issue de A mesure 4 cm.
Deux méthodes de construction seront mises en œuvre :
1re méthode. L'étape initiale est le tracé de la hauteur.
Vous détaillerez et expliquerez les étapes de la construction.
Combien de triangles non superposables avez-vous pu construire ?
2e méthode. L'étape initiale est le tracé du côté [BC]. Tracer un triangle solution.
Vous détaillerez et expliquerez les étapes de la construction.

◆ Exercice 2

On considère le cercle ($\mathscr{C}$) de centre O et de rayon r et deux diamètres [AC] et [BD] perpendiculaires de ce cercle. M et N sont les milieux respectifs des segments [AO] et [OC]. La droite perpendiculaire à la droite (AC) passant par N coupe le cercle ($\mathscr{C}$) en R et S (le point R est situé sur l'arc $\overset{\frown}{BC}$).
1. Faire une figure.
2. Calculer la longueur du segment [DM] en fonction de r.
3. Calculer la longueur du segment [NS] en fonction de r et démontrer que le triangle OSC est un triangle équilatéral.

◆ Exercice 3

On considère la figure ci-dessous qui n'est pas représentée à l'échelle.

On sait que :
BC = 8 cm
AB = 6 cm
AC = 10 cm
AD = 8 cm
D appartient aux segments [AE] et [BC].
Les droites (BC) et (CE) sont perpendiculaires.
Le but de l'exercice est de déterminer l'aire du triangle ACE.

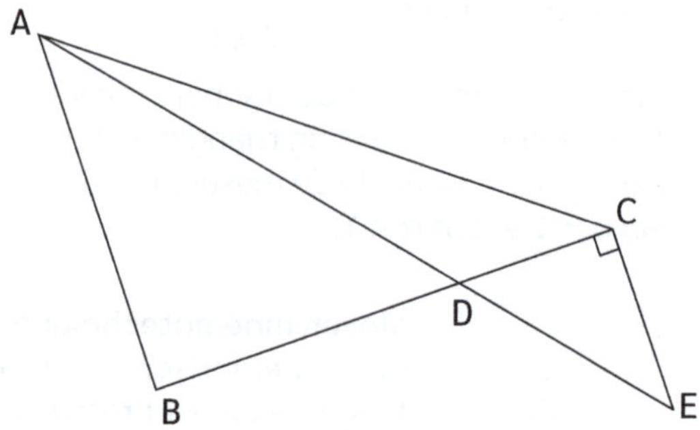

1. Montrer que les droites (AB) et (BC) sont perpendiculaires.
2. En déduire la longueur BD.
3. Déterminer la longueur CE.
4. Déterminer l'aire du triangle ACE.

◆ Exercice 4 (CRPE 2022 GRPT 3)

Dans ce problème, les figures qui sont dessinées ne sont pas représentées à l'échelle.

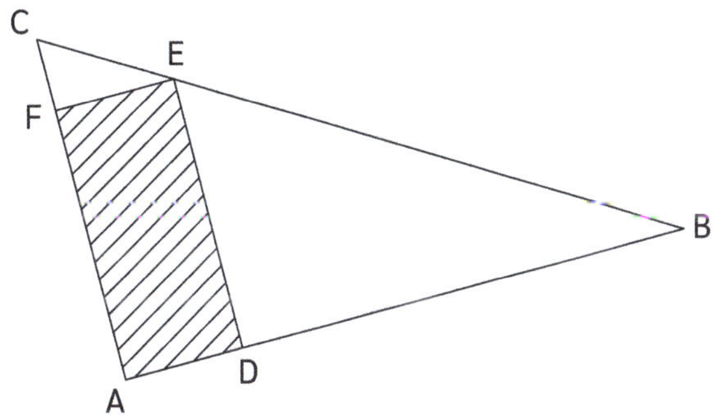

Une enseignante a le projet d'installer un potager rectangulaire ADEF sur une parcelle de forme triangulaire ABC dans l'enceinte de l'école.
Les points A, B, C, D, E et F sont tels que :
- AB = 24 m, AC = 10 m et BC = 26 m ;
- D ∈ [AB], E ∈ [BC] et F ∈ [AC].

1. Montrer que le triangle ABC est rectangle en A.

Dans la suite de cette partie, on souhaite déterminer où positionner le point D sur [AB] pour que l'aire du rectangle hachuré ADEF soit la plus grande possible.

2. Dans cette partie, on considère que AD = 4,8 m.
a. Montrer que la longueur DE est égale à 8 m.
b. En déduire l'aire du rectangle ADEF en m².

On note x la longueur, exprimée en mètre, du segment [AD].

3. a. Montrer que DE = $10 - \frac{5}{12}x$.

b. En déduire l'aire du rectangle ADEF en fonction de x.

4. Le graphique ci-dessous représente l'aire, exprimée en mètre carré, du rectangle ADEF en fonction de la longueur x en mètre.

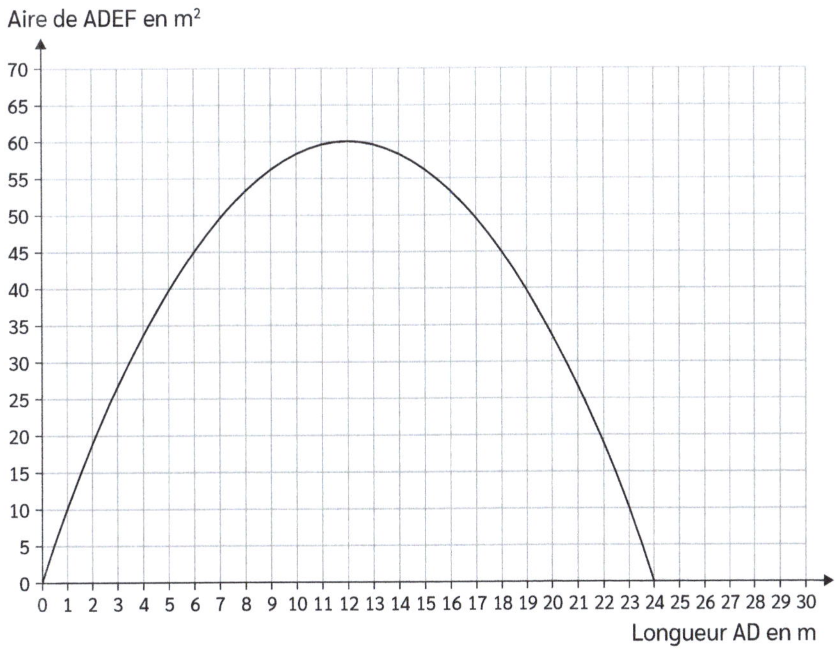

À l'aide du graphique, répondre aux questions suivantes :
a. Quelle est l'aire du potager si la longueur AD vaut 5 m ?
b. Pour quelle(s) valeur(s) de la longueur AD l'aire du potager est-elle égale à 45 m^2 ?
c. Pour quelle(s) valeur(s) de la longueur AD l'aire du potager est-elle supérieure ou égale à 50 m^2 ?
d. Quelle est l'aire maximale du potager ? Donner la longueur et la largeur du rectangle ADEF correspondant.

CORRIGÉS

◆ Exercice 1

1re méthode : tracer une perpendiculaire à la hauteur, tracer des arcs de cercle de centre A et de rayon 5,5 cm et 5.
On peut tracer deux configurations différentes.
On obtient 4 triangles non superposables.
2e méthode : tracer [BC], puis le cercle de centre B et de rayon 5 cm, etc.

◆ Exercice 2

2. $DM = r\frac{\sqrt{5}}{2}$

3. $NS = r\frac{\sqrt{3}}{2}$

◆ Exercice 3

1. Réciproque du théorème de Pythagore

2. Théorème de Pythagore, $BD = 2\sqrt{7}$.

3. Théorème de Thalès, $CE = \frac{24\sqrt{7}}{7} - 6$.

4. [AB] est une hauteur du triangle ADC.
Aire ACE $= \frac{96}{7}\sqrt{7} - 24$

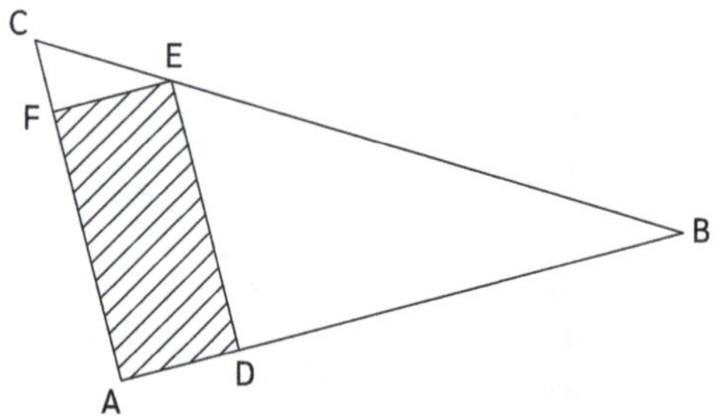

◆ Exercice 4

1. On a :
$BC^2 = 26^2 = 676$
$AB^2 + AC^2 = 24^2 + 10^2 = 576 + 100 = 676$
Comme $AB^2 + AC^2 = BC^2$ alors d'après la réciproque du théorème de Pythagore, le triangle ABC est rectangle en A.
2. a. Comme les droites (AC) et (DE) sont perpendiculaires à une même troisième droite (AB), alors elles sont parallèles.
Comme les points B, D, A d'une part et B, E, C d'autre part sont alignés dans cet ordre et que les droites (AC) et (DE) sont parallèles, alors d'après le théorème de Thalès, on a : $\frac{BD}{BA} = \frac{BE}{BC} = \frac{DE}{AC}$
Donc : $\frac{DE}{AC} = \frac{BD}{BA} \Rightarrow DE = \frac{BD}{BA} \times AC$ avec $BD = AB - AD = 24 - 4,8 = 19,2$ m
On en déduit que $DE = \frac{19,2}{24} \times 10$, d'où DE = 8 m.

b. L'aire du rectangle ADEF est égale à $AD \times DE = 4,8 \times 8$ m², soit 38,4 m².

3. a. On a $AD = x$, donc $BD = AB - AD = 24 - x$

Or $DE = \frac{BD}{BA} \times AC$. On a donc $DE = \frac{24 - x}{24} \times 10$

$DE = \frac{240 - 10x}{24}$

$DE = \frac{240}{24} - \frac{10x}{24}$

d'où $DE = 10 - \frac{5}{12}x$

b. L'aire du rectangle ADEF est donc égale à $AD \times DE = x \times \left(10 - \frac{5}{12}x\right)$

D'où $\text{Aire(ADEF)} = 10x - \frac{5}{12}x^2$.

4. a. Pour déterminer graphiquement l'aire du potager si sa longueur AD vaut 5 m, il suffit de lire l'ordonnée du point de la courbe d'abscisse 5.
On lit approximativement 40 m².

b. Les valeurs de la longueur de AD pour lesquelles l'aire du potager est égale à 45 m² sont les abscisses des points de la courbe d'ordonnée 45 m².
On lit AD = 6 m ou AD = 18 m.

c. Les valeurs de la longueur de AD pour lesquelles l'aire du potager est supérieure ou égale à 50 m² sont les abscisses des points de la courbe dont les ordonnées sont supérieures ou égales à 50 m².
AD est compris entre 7,1 m et 16,9 m environ.

d. L'aire maximale du potager est l'ordonnée du sommet de la parabole, soit une aire égale à 60 m².
On lit AD = 12 m, soit une longueur de 12 m et une largeur de $\frac{60}{12} = 5$ m.
On retrouve ce même résultat à partir de l'expression de DE.
En effet, $DE = 10 - \frac{5}{12}x$

Comme $AD = x = 12$ m, on en déduit $DE = 10 - \frac{5}{12} \times 12 = 10 - 5 =$ m.

Sur Lea.fr

Corrigés développés et exercices complémentaires

12. Les polygones, les quadrilatères

JE M'ÉVALUE

VRAI OU FAUX ?

1. Un carré est un trapèze.

2. Un rectangle est un losange.

3. Un triangle isocèle est un polygone régulier.

4. Un polygone régulier possède un centre de symétrie.

5. Un rectangle possède 4 axes de symétrie.

6. L'angle au centre d'un hexagone mesure 45°.

7. Un losange est un cerf-volant.

8. Un polygone à n côtés possède $(n - 1)$ diagonales.

9. Un hexagone possède 6 axes de symétrie.

10. La diagonale d'un carré de côté $\sqrt{2}$ cm mesure 2 cm.

Réponses : 1.V – 2.F – 3.F – 4.V – 5.F – 6.F – 7.V – 8.F – 9.V – 10.V

JE RÉVISE

A – LES POLYGONES

1. POLYGONE CROISÉ OU NON CROISÉ

Un polygone est une ligne brisée fermée :

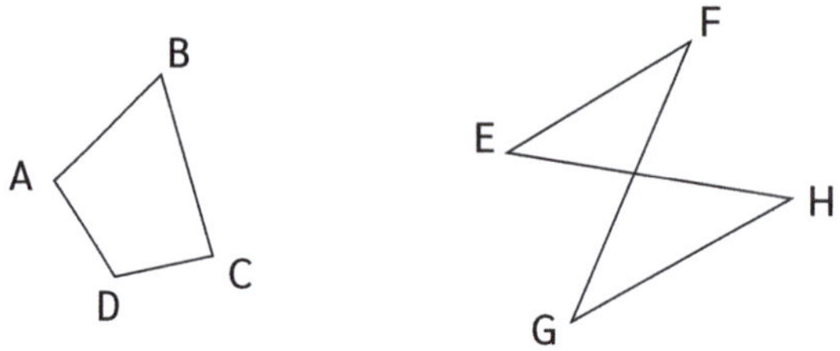

ABCD est un polygone **non croisé**. EFGH est un polygone **croisé**, il a deux côtés sécants.

Pour nommer un polygone non croisé, on nomme ses sommets par des lettres majuscules.
L'ordre des lettres suit le pourtour du polygone : polygone non croisé ABCD.
Seuls les polygones non croisés font l'objet d'un classement et d'une étude détaillée.

2. POLYGONE CONVEXE OU CONCAVE

Un polygone est concave si l'un de ses angles est un angle rentrant :

Ex :

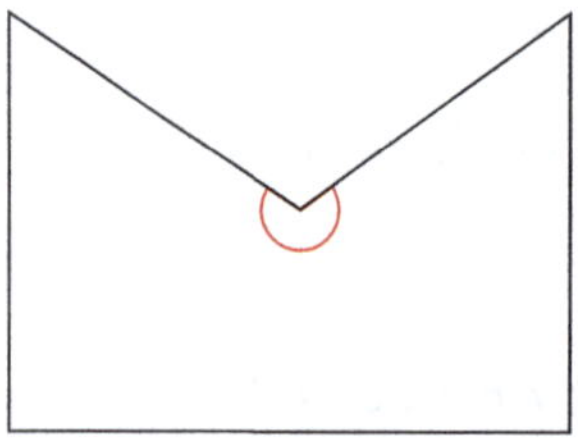

Dans un polygone convexe, tous les angles sont saillants (inférieurs à 180°).
Seuls les polygones convexes non croisés font l'objet d'un classement et d'une étude détaillée.

3. POLYGONE RÉGULIER (CONVEXE NON CROISÉ)

Un polygone est dit régulier si tous ses côtés ont la même longueur **et** tous ses angles la même mesure.

Sur Lea.fr
12.1 Complément

Un polygone régulier est inscriptible dans un cercle, il possède un centre (du cercle circonscrit) qui est aussi un centre de symétrie.
Nous classerons les polygones réguliers en fonction de leur nombre de côtés.

Ex :
Un dodécagone régulier

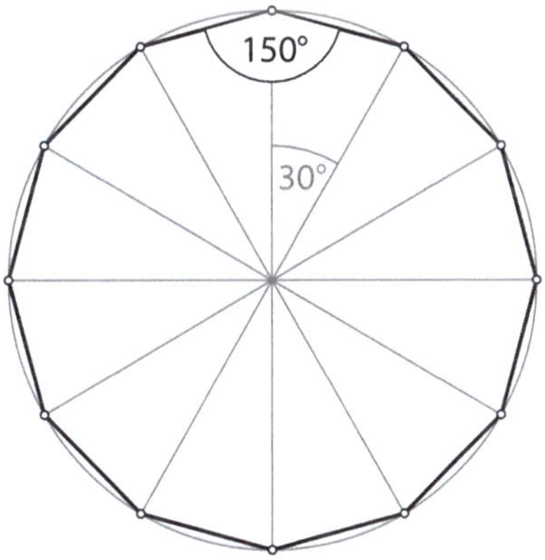

Nous établirons un classement de ces polygones à la fin de ce chapitre.

B – LES TRIANGLES

Les triangles sont des polygones à trois côtés.
Les triangles ont fait l'objet d'une étude détaillée dans le précédent chapitre.

C – LES QUADRILATÈRES (CONVEXES NON CROISÉS)

L'enjeu est d'apprendre à reconnaitre les quelques figures princeps que nous allons passer en revue, dans des figures qui peuvent être plus complexes, en dépassant la seule vision directe et la mesure, et en utilisant un argumentaire rigoureux.

Cet argumentaire rigoureux doit aussi nous permettre de démontrer quelle est la nature d'une figure et particulièrement d'un quadrilatère.

Aussi utiliserons-nous pour chacun des polygones suivants la rubrique « Reconnaître et démontrer » plutôt que « Définition » et « Propriétés ».

1. LES TRAPÈZES

Reconnaitre et démontrer qu'un quadrilatère est un trapèze :
Un trapèze est un quadrilatère qui a **deux côtés parallèles**.

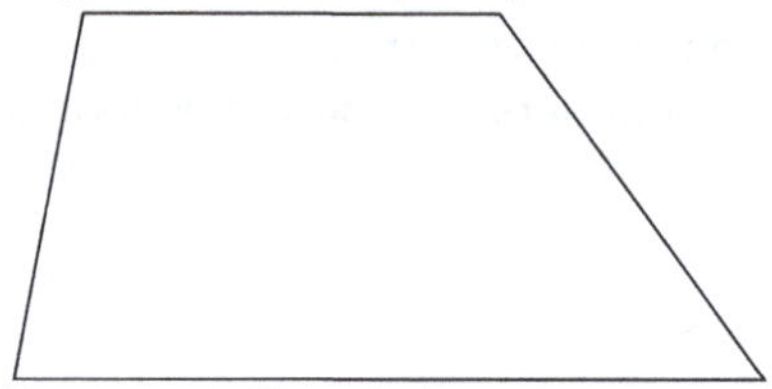

- **Les trapèzes isocèles**

Reconnaitre et démontrer qu'un trapèze est isocèle :
- Un trapèze isocèle a deux côtés opposés de même longueur.
- Il a deux angles égaux.

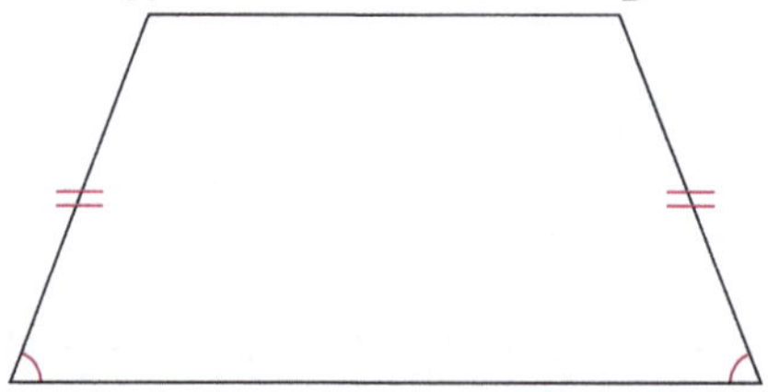

Trapèze isocèle

- **Les trapèzes rectangles**

Reconnaitre et démontrer qu'un trapèze est rectangle :
Un trapèze rectangle a un angle droit.
On en déduit qu'il en a nécessairement deux.

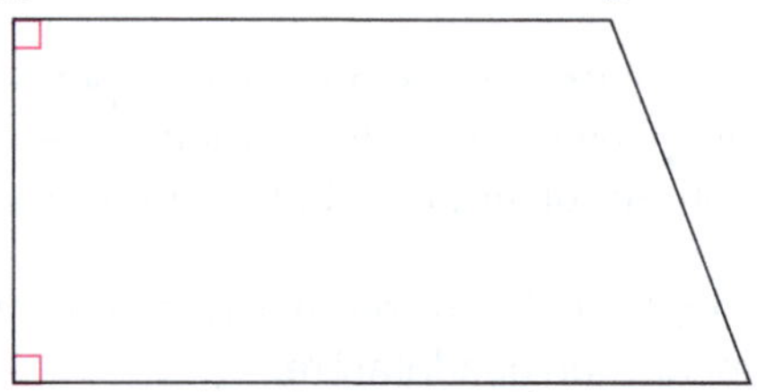

Trapèze rectangle

Ex :
On considère le rectangle ABCD, avec AB = 12 cm et AD = 9 cm.
Sur [AB], on place les points M et N tels que AM = MN = 3 cm et sur [AD], les points P et Q tels que AP = PQ = 3 cm.
Quelle est la nature du quadrilatère MNQP ?

Sur Lea.fr
12.2 Plus d'exercices

Tracé :

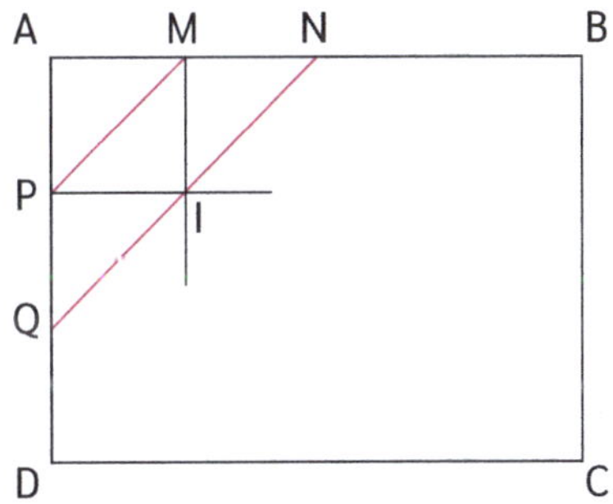

Comme les points M et P sont les milieux respectifs des segments [AN] et [AQ], alors d'après le théorème de la droite des milieux appliqué au triangle ANQ, les droites (MP) et (NQ) sont parallèles.
Donc le quadrilatère MNQP qui a deux côtés parallèles est un trapèze.
De plus, comme MN = PQ alors **le quadrilatère MNQP est un trapèze isocèle**.

2. LES PARALLÉLOGRAMMES

Un parallélogramme est un quadrilatère dont les côtés opposés sont parallèles deux à deux.

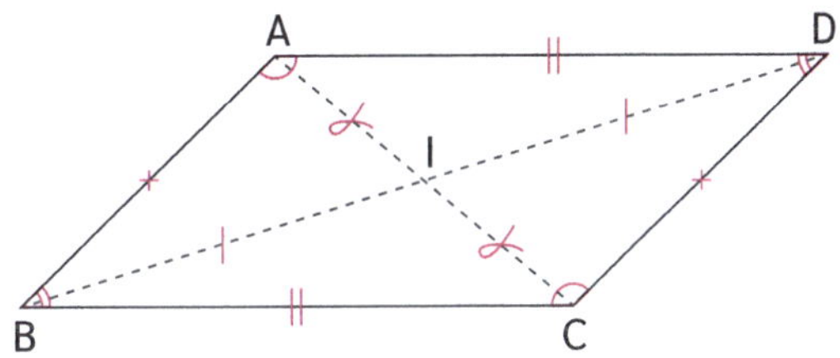

Dans cette figure, (AB) // (DC) et (AD) // (BC).

Reconnaitre et démontrer qu'un quadrilatère est un parallélogramme :
- les côtés opposés sont parallèles deux à deux ;
- les côtés opposés sont de même longueur ;
- deux côtés opposés sont parallèles et de même longueur ;
- ses diagonales se coupent en leur milieu ;
- ses angles opposés sont égaux.

Ex :
Soit un triangle quelconque ABC.
I est le milieu de [BC] et D est le symétrique de A par rapport à I.
Faire une figure.
Quelle est la nature du quadrilatère ABDC ?

Sur Lea.fr
12.3 Plus de propriétés et démonstration
12.4 Plus d'exercices

Tracé :

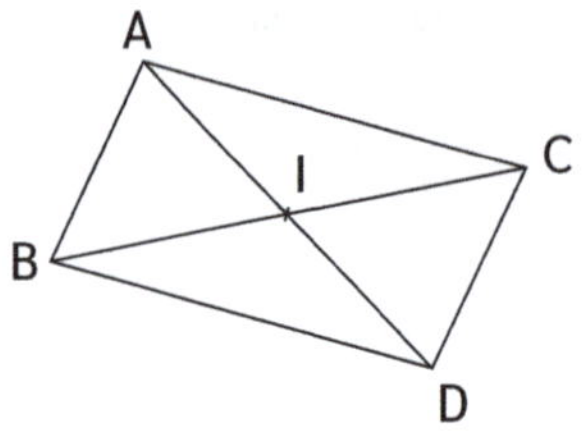

Nature du quadrilatère (démonstration) :
D est le symétrique de A par rapport à I donc IA = ID, I est le milieu de [AD].
Or I est le milieu de [BC].
[AD] et [BC] ont le même milieu, donc le quadrilatère ABDC est un parallélogramme.

3. LES LOSANGES

Un losange est un quadrilatère qui a quatre côtés égaux.

Dans cette figure, AB = BC = CD = DA.

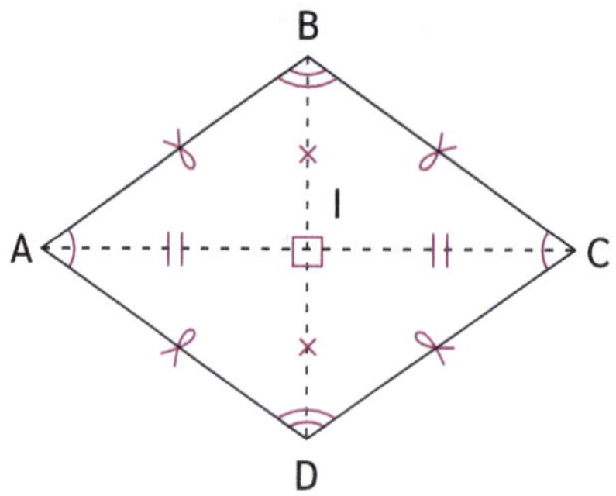

Reconnaitre et démontrer qu'un quadrilatère est un losange :
- les quatre côtés sont égaux ;
- c'est un parallélogramme qui a deux côtés consécutifs égaux ;
- c'est un parallélogramme dont les diagonales sont perpendiculaires.

Ex :
Sur la figure ci-après, qui n'est pas dessinée en vraie grandeur, $\mathscr{C}$ est un cercle de centre O et de rayon 5 cm. Le segment [AB] est un diamètre de ce cercle. Les points M et N sont les intersections du cercle $\mathscr{C}$ avec la médiatrice du segment [OB]. Le point S est le symétrique du point M par rapport au point O.

Sur Lea.fr
12.5 Plus de propriétés et démonstration
12.6 Plus d'exercices

1. Quelle est la nature du triangle OMB ? Justifier.
2. Démontrer que le quadrilatère AMBS est un rectangle.
3. Démontrer que le quadrilatère OMBN est un losange.

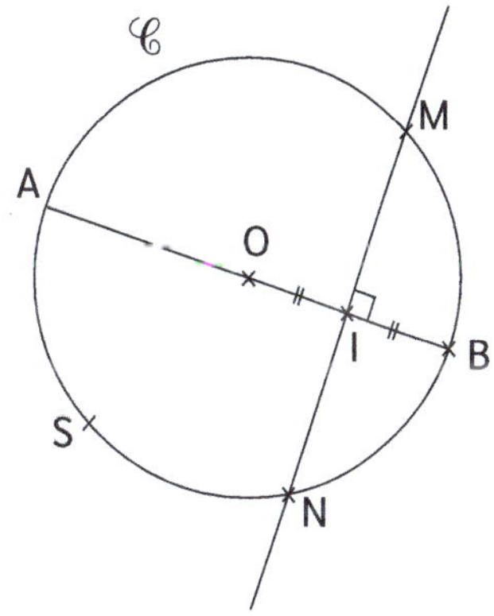

Cette figure n'est pas dessinée en grandeur réelle.

1. M est sur la médiatrice du segment [OB] donc OM = MB, le triangle OMB est un triangle isocèle de sommet principal M.
2. S est le symétrique de M par rapport à O, donc O est milieu de [MS].
Or O est le milieu de [AB].
Le quadrilatère AMBS a ses diagonales qui ont le même milieu, donc c'est un parallélogramme.
Ces diagonales sont des diamètres du cercle, donc elles ont la même longueur.
Donc le quadrilatère AMBS est un rectangle.
3. Le quadrilatère OMBN a ses diagonales qui se coupent en leur milieu et elles sont perpendiculaires, donc c'est un losange.

4. LES CERFS-VOLANTS

Ce quadrilatère ne figure pas dans la classification classique des quadrilatères, mais il est utile à connaitre pour les activités de l'école primaire.
Un cerf-volant est un quadrilatère ayant deux paires de côtés consécutifs de la même longueur.

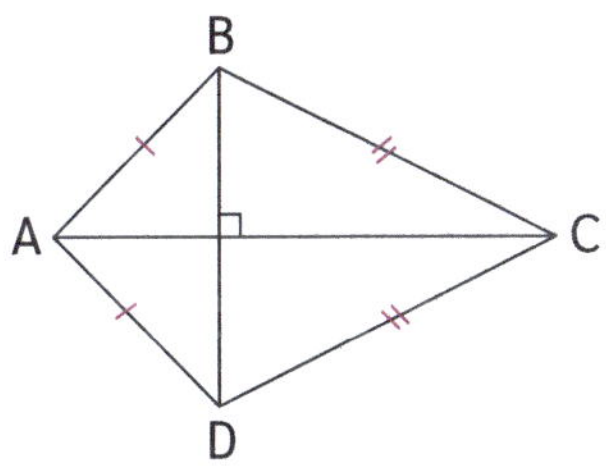

Reconnaitre un cerf-volant :
- c'est un quadrilatère dont les diagonales sont perpendiculaires ;
- c'est un quadrilatère dont une des deux diagonales est un axe de symétrie.

5. LES RECTANGLES

Un rectangle est un quadrilatère qui a quatre angles droits.

Dans cette figure,
$\hat{A} = \hat{B} = \hat{C} = \hat{D} = 90°$.

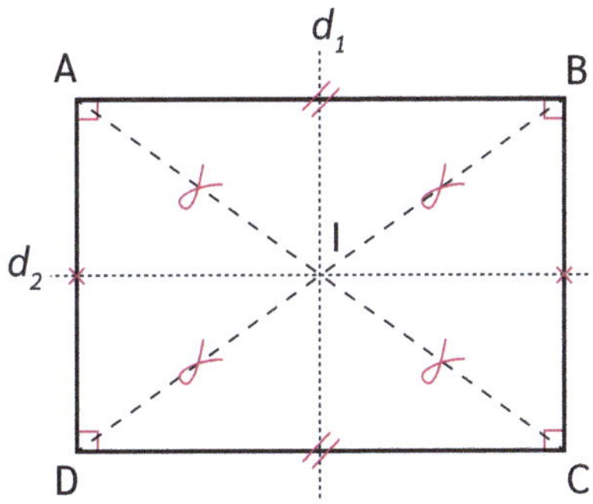

Reconnaitre et démontrer qu'un quadrilatère est un rectangle :
- c'est un parallélogramme qui a un angle droit ;
- c'est un parallélogramme dont les diagonales ont la même longueur.

Ex : (extrait CRPE 2019)
ABC est un triangle rectangle en A.
Dans cette partie, trois points I, K, J sont définis de la façon suivante :
– I est un point du segment [AB] ;
– K est le point du segment [BC] tel que [KI] est perpendiculaire à (AB) ;
– J est le point du segment [AC] tel que [KJ] est perpendiculaire à (AC).

Démontrer que AIKJ est un rectangle.

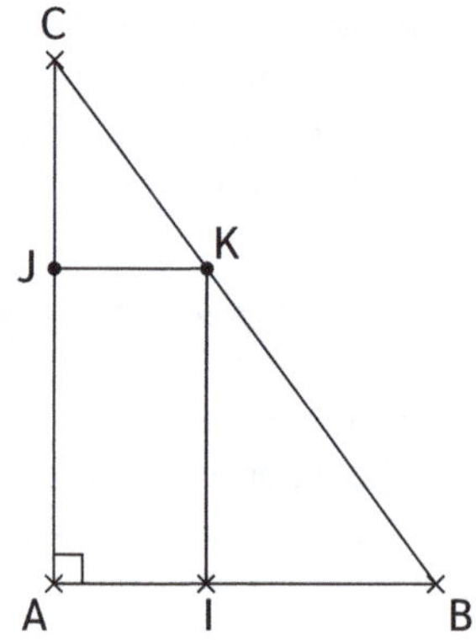

ABC est un triangle rectangle en A donc (AC) ⊥ (AB).
Or (IK) ⊥ (AB)
Donc (AC) // (IK)
J est sur (AC) donc (AJ) // (IK)
De plus (JK) ⊥ (AC) donc (JK) ⊥ (AJ)
Et (AI) ⊥ (AJ)
Donc (JK) // (AI)

Le quadrilatère AIKJ a ses côtés opposés parallèles deux à deux, c'est un parallélogramme.
De plus, l'angle $\widehat{JAI}$ est droit, donc le quadrilatère AIKJ est un rectangle.

6. LES CARRÉS

Un carré est un quadrilatère qui a quatre côtés égaux et quatre angles droits.

Dans cette figure,
AB = BC = CD = DA
et $\hat{A} = \hat{B} = \hat{C} = \hat{D} = 90°$.

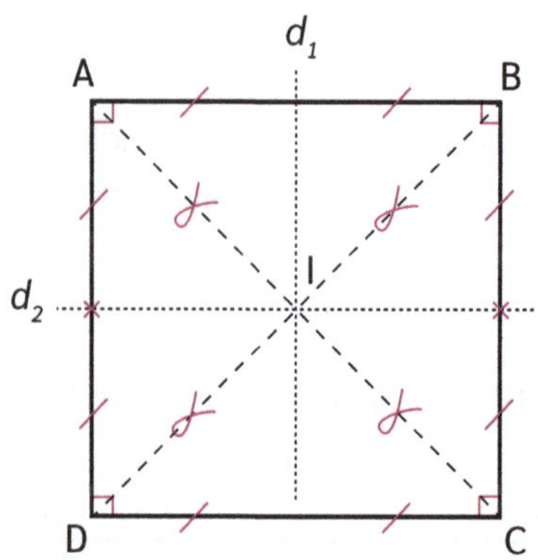

Sur Lea.fr
12.7 Plus de propriétés et démonstration
12.8 Tutoriel vidéo
12.9 Plus d'exercices

Reconnaitre et démontrer qu'un quadrilatère est un carré :

- c'est un parallélogramme qui a deux côtés consécutifs égaux et un angle droit ;
- c'est un rectangle qui a deux côtés consécutifs égaux ;
- c'est un losange dont les diagonales ont la même longueur ;
- c'est un rectangle dont les diagonales sont perpendiculaires.

Ex :
ABC est un triangle rectangle isocèle en A.
D est le symétrique de A par rapport à la droite (BC).

Démontrer que le quadrilatère ABDC est un carré.

Tracé :

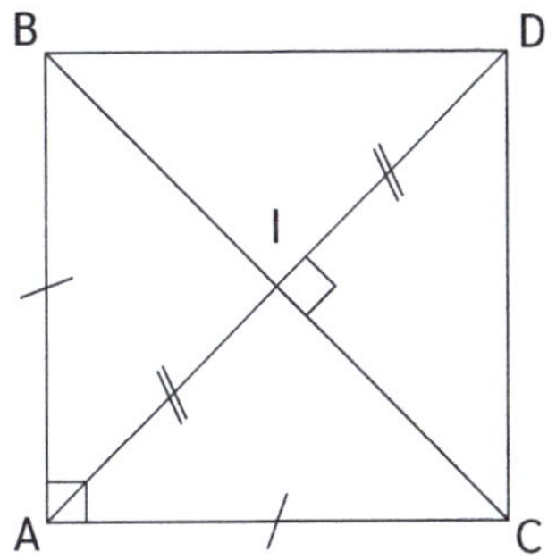

Comme D est le symétrique de A par rapport à la droite (BC), alors (AD) ⊥ (BC) et I, milieu de [AD], est sur (BC).
Le triangle ABC est isocèle en A, donc la hauteur issue de A est également la médiane, donc I est le milieu de [BC].
Le quadrilatère ABDC a ses diagonales qui se coupent en leur milieu, c'est donc un parallélogramme.
Comme l'angle $\widehat{BAC}$ est droit, ABDC est un rectangle, et comme AB = AC, le quadrilatère ABDC a deux côtés consécutifs égaux, c'est un losange et donc c'est un carré.

D – LES POLYGONES RÉGULIERS

1. LE TRIANGLE ÉQUILATÉRAL

Dans un triangle équilatéral, le centre du cercle circonscrit, le centre du cercle inscrit, l'orthocentre et le centre de gravité sont confondus.

Sur Lea.fr

12.10 Plus de propriétés et démonstration
12.11 Tutoriel vidéo
12.12 Plus d'exercices

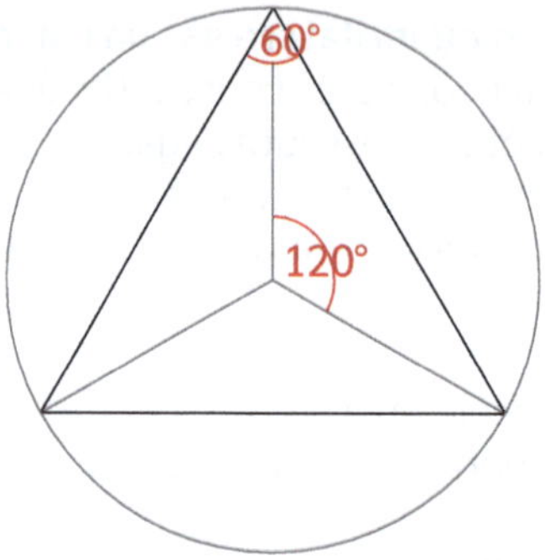

Chaque angle mesure 60°.
Les angles au centre mesurent 120°.

2. LE CARRÉ

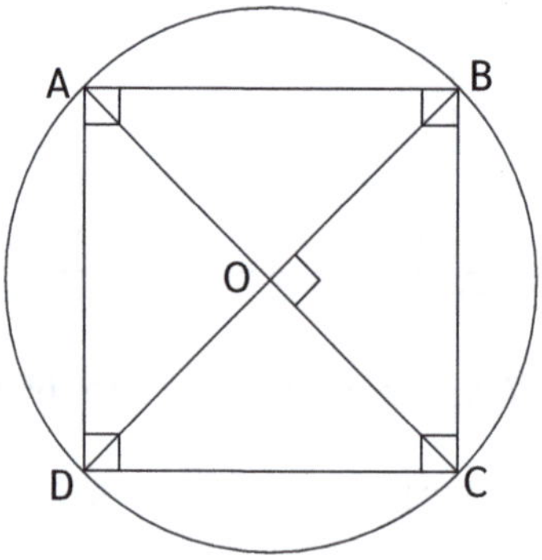

Les angles et les angles au centre sont des angles droits.

N'OUBLIONS PAS !

Le problème de la quadrature du cercle est un problème très ancien.
Il consiste à trouver un carré de même aire qu'un cercle donné.

Ce problème n'a pas de solution, ce qui fut démontré seulement en 1882 par le mathématicien Carl Von Lindemann (1852–1939).

3. LE PENTAGONE

Un pentagone est un polygone à cinq côtés.

Un pentagone régulier a des angles au centre égaux à 72° ou $\frac{2\pi}{5}$ rad.

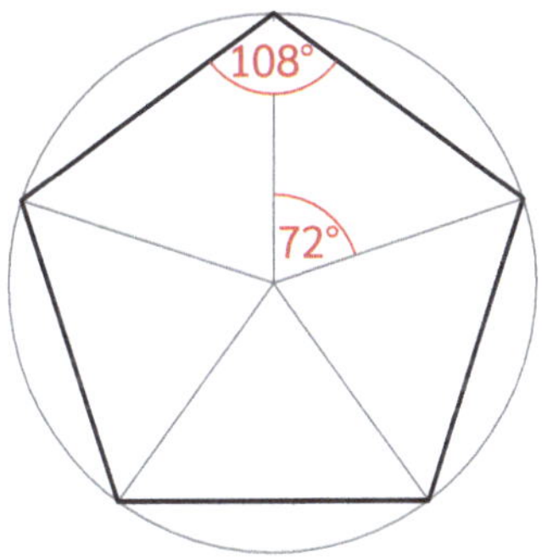

◆ Le pentagone régulier et le nombre d'or

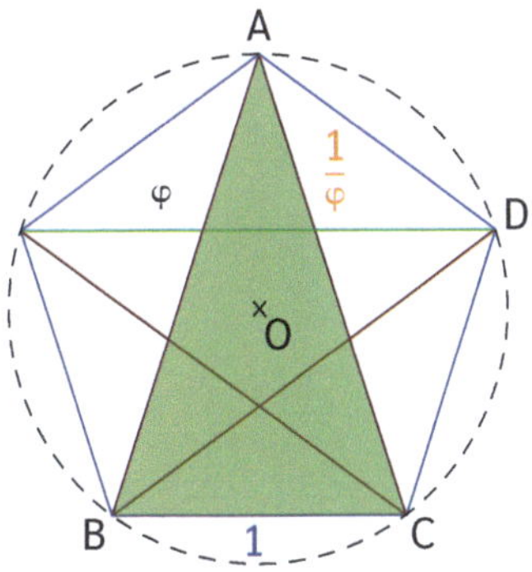

Sur Lea.fr

12.13 Démonstration

12.14 Construction d'un pentagone régulier règle compas niveau

4. L'HEXAGONE

Un hexagone est un polygone à six côtés.
Un hexagone régulier a des angles égaux à 120° et des angles au centre égaux à 60° ou $\frac{\pi}{3}$ rad.

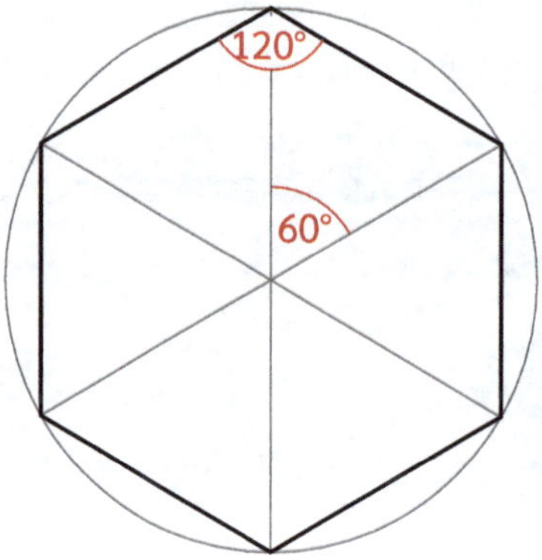

Chacun des six triangles composant l'hexagone est un triangle équilatéral.
On en déduit que les côtés de l'hexagone ont la même longueur que le rayon du cercle circonscrit.

5. L'OCTOGONE

Un octogone est un polygone qui a huit côtés.
Un octogone régulier a des angles égaux à 135° et des angles au centre égaux à 45° ou $\frac{\pi}{4}$ rad.

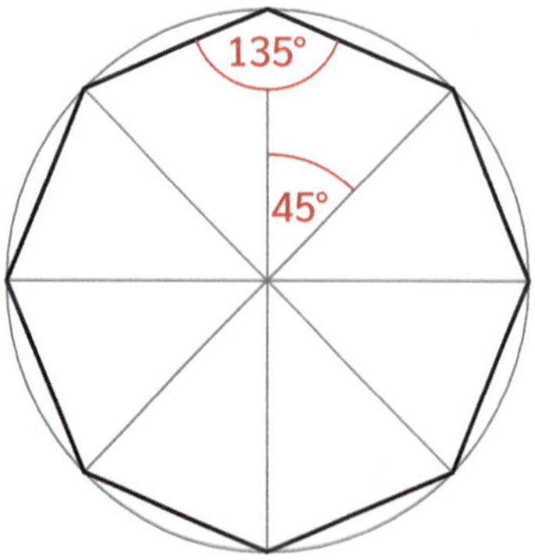

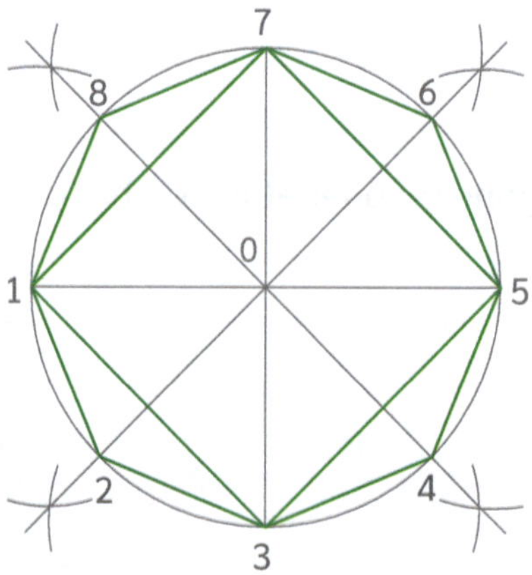

Sur Lea.fr
12.15 Tracé et compléments
12.16 Tracé et compléments

6. LE DÉCAGONE

Un décagone est un polygone qui a dix côtés.

Un décagone régulier a des angles égaux à 144° et des angles au centre égaux à 36° ou $\frac{\pi}{5}$ rad.

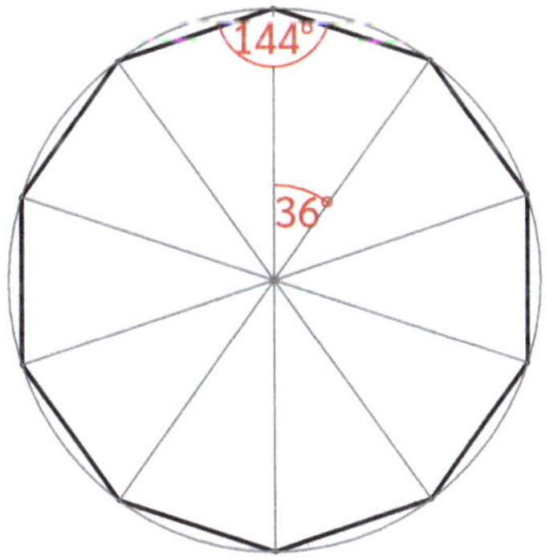

7. LE DODÉCAGONE

Un dodécagone est un polygone qui a douze côtés.
Un dodécagone régulier a des angles égaux à 150° et des angles au centre égaux à 30° ou $\frac{\pi}{6}$ rad.

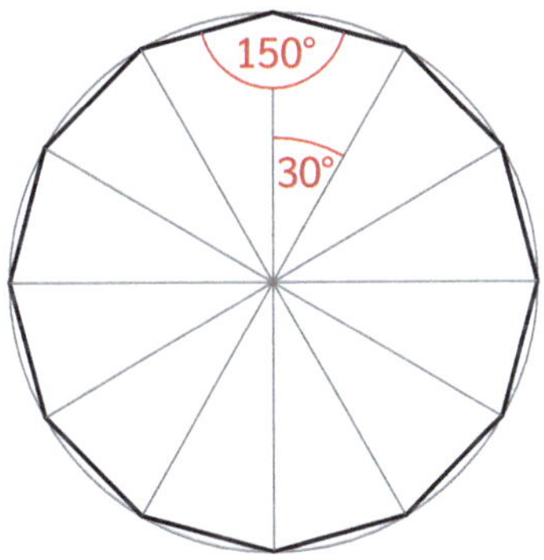

Sur Lea.fr

12.17 Tracé et compléments

12.18 Tracé et compléments

JE M'ENTRAÎNE

ÉNONCÉS

◆ Exercice 1

Soit ABCD un parallélogramme de centre O et Δ_1 et Δ_2 deux droites parallèles qui passent respectivement par A et C. Les droites Δ_1 et Δ_2 coupent respectivement la droite (BD) en M et N.

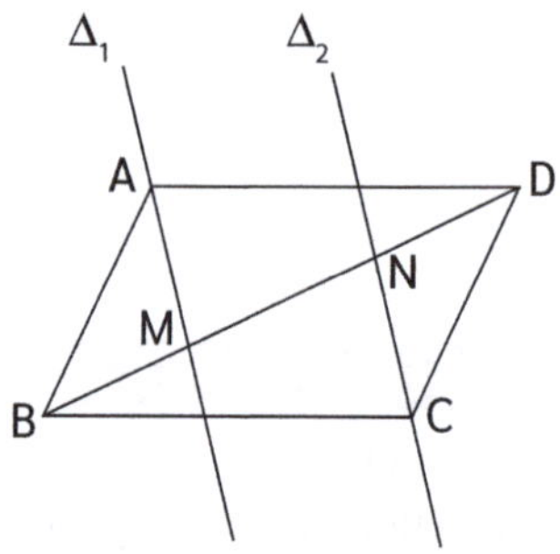

1. Préciser la nature du quadrilatère AMCN. Justifier la réponse.
2. Prouver qu'il existe une position des droites Δ_1 et Δ_2 pour laquelle AMCN est un rectangle. Donner, dans ce cas, le programme de construction du rectangle AMCN.
Le construire dans deux cas :
1er cas : AC < BD   2e cas : AC > BD
3. Le quadrilatère AMCN peut-il être un losange ? Pourquoi ? Modifier les données de l'énoncé pour que AMCN soit un losange.

◆ Exercice 2

Pour tout l'exercice, les constructions seront faites en utilisant la règle non graduée et le compas. On laissera apparents les traits de construction. On sera amené à reproduire deux fois sur la copie la figure ci-dessous.

On veut construire un quadrilatère convexe ABCD tel que :
– les points M et N appartiennent au côté [AB] ;
– les points S et T appartiennent au côté [BC] ;
– le point O soit à l'intérieur du quadrilatère et appartienne à une de ses diagonales.

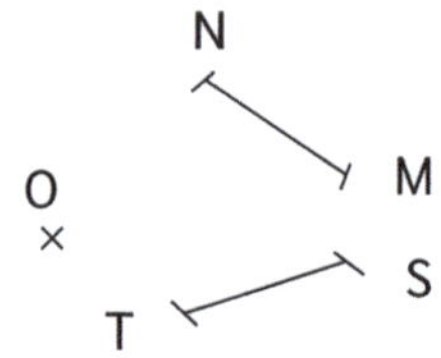

1. En respectant ces contraintes, construire :
a. un parallélogramme (non rectangle, non losange) ABCD ;
b. un losange ABCD.
2. Pour chacun de ces quadrilatères, préciser le programme de construction mis en œuvre.
3. Quelles sont les propriétés des figures (parallélogramme, losange) qui justifient la possibilité ou l'impossibilité de chaque construction ?

◆ Exercice 3

On considère le quadrilatère ABCE représenté par la figure ci-après.
On sait que :
– les droites (AB) et (CE) sont parallèles ;
– le triangle EBC est rectangle en B ;
– le triangle EAB est isocèle en A ; le côté [AB] mesure 4,5 cm et l'angle $\widehat{EAB}$ mesure 130°.

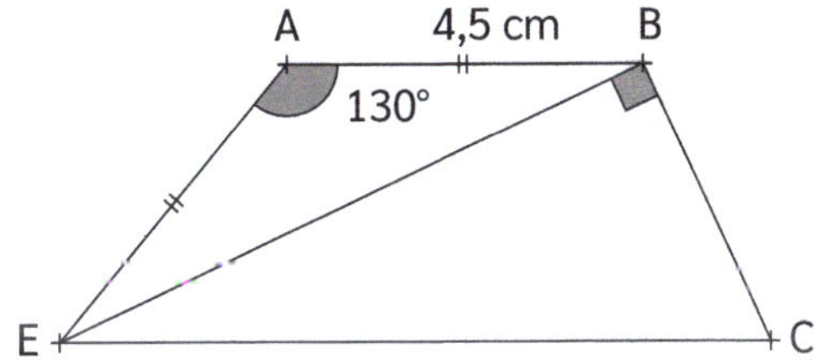

1. Justifier que la droite (EB) est la bissectrice de l'angle $\widehat{AEC}$.

2. Calculer la mesure de l'angle $\widehat{BEC}$.

3. Soit K le milieu du segment [EC]. Justifier que le triangle EBK est isocèle en K.

4. Prouver que ABKE est un losange.

5. Quelle est la longueur du segment [EC] ?

◆ Exercice 4

ABC est un triangle rectangle en A, AB = 3 et AC = 4.
Dans cette partie, quatre points I, P, R, Q sont définis de la façon suivante :
– I est un point du segment [AB] ;
– P est le point du segment [BC] tel que (PI) est perpendiculaire à (BC) ;
– R est le point du segment [AC] tel que (RI) est parallèle à (BC) ;
– Q est le point du segment [BC] tel que (RQ) est perpendiculaire à (BC).

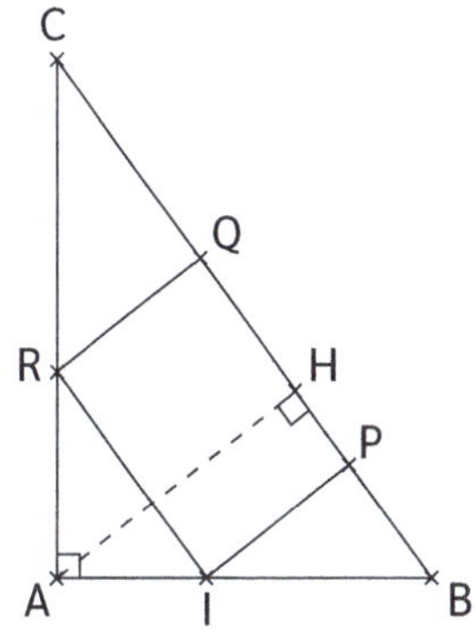

1. Démontrer que IPQR est un rectangle.

2. Calculer BC.

3. Soit H le pied de la hauteur issue de A dans le triangle ABC.

a. Expliquer pourquoi :

$$\frac{AH \times BC}{2} = \frac{AC \times AB}{2}$$

b. En déduire AH.

◆ Exercice 5

Un jardinier veut réaliser un parterre circulaire composé de différentes parties comme l'indique le dessin ci-dessous.

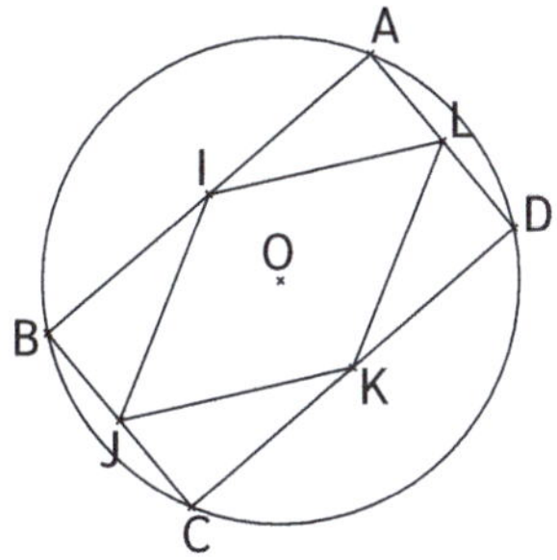

Une plate-bande est représentée par le rectangle ABCD, inscrit dans un disque, et le quadrilatère IJKL représente un massif aménagé à l'intérieur de la plate-bande.

Construire le parterre.

Le disque que constitue le parterre a pour centre O et pour rayon *r*.

1. Prouver que AC = BD = 2*r*.

2. Les points I, J, K et L sont les milieux respectifs des côtés [AB], [BC], [CD] et [DA]. Déterminer la longueur des côtés de IJKL en fonction de *r*. Justifier la réponse.

3. En déduire la nature du quadrilatère IJKL.

CORRIGÉS

◆ Exercice 1

Indications

1. AMCN est un parallélogramme.

2. Placer O milieu de [AC] et [MN] tracer les droites de telle sorte que OM = ON = $\frac{1}{2}$ AC.

3. Pour que AMCN soit un losange, il faudrait que ses diagonales soient perpendiculaires et donc que ABCD soit un losange.

◆ Exercice 2

Indications

1. Tracer les droites (MN) et (ST). Les droites (MN) et (ST) se coupent en B.

a. Les diagonales ont le même milieu.

b. Les diagonales sont perpendiculaires.

◆ Exercice 3

Indications

1. Triangle isocèle et angles alternes internes.

2. Somme des angles dans un triangle isocèle.

3. Propriété de la médiane dans un triangle rectangle.

4. Diagonales perpendiculaires : deux côtés consécutifs égaux.

5. EC = 9

◆ Exercice 4

Indications

1. Parallélogramme avec un angle droit.

2. BC = 5

3. a. Aire d'un triangle rectangle.

b. L'égalité précédente est une équation d'inconnue AH. On trouve AH = $\frac{12}{5}$.

◆ Exercice 5

Indications

2. IJ = KL = IL = JK = *r*

3. Les quatre côtés ont la même longueur, c'est un losange.

Sur Lea.fr

Corrigés développés et exercices complémentaires

---

13. Volumes, patrons

JE M'ÉVALUE

VRAI OU FAUX ?

1. Une pyramide est un prisme.
2. Un cône est un volume de révolution.
3. Pour un même cube, il existe 9 patrons différents.
4. Un tétraèdre est une pyramide.
5. La hauteur d'une pyramide s'appelle l'apothème.
6. Pour un cylindre, si on double le rayon de sa base sans changer sa hauteur, alors on double son volume.
7. Les faces d'un polyèdre régulier sont nécessairement des polygones réguliers.
8. Un heptaèdre est un polyèdre à 7 faces.
9. Une pyramide à base carrée a quatre faces latérales triangulaires isométriques.
10. La diagonale d'un cube d'arête a cm mesure $a\sqrt{3}$ cm.

Réponses : 1.F – 2.V – 3.F – 4.V – 5.F – 6.F – 7.V – 8.V – 9.F – 10.V

JE RÉVISE

A – ESPACE ET PLAN

L'objectif est de vous permettre :
– de vous approprier le langage simple de la géométrie dans l'espace ;
– de développer une « bonne vision » dans l'espace.

1. POINTS COPLANAIRES

Voici une représentation dans l'espace de deux points A et B, d'une droite *d*, et d'un plan (P) :

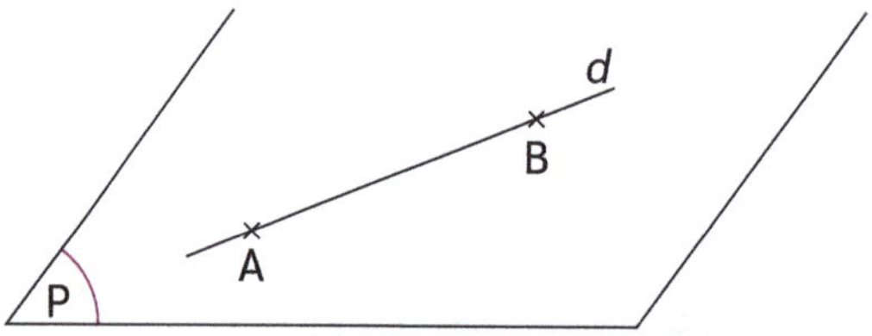

• Deux points non confondus pris n'importe où dans l'espace définissent une droite unique.

• Trois points pris n'importe où dans l'espace déterminent un plan unique.
Ils appartiennent à un même plan, on dit qu'ils sont **coplanaires**.

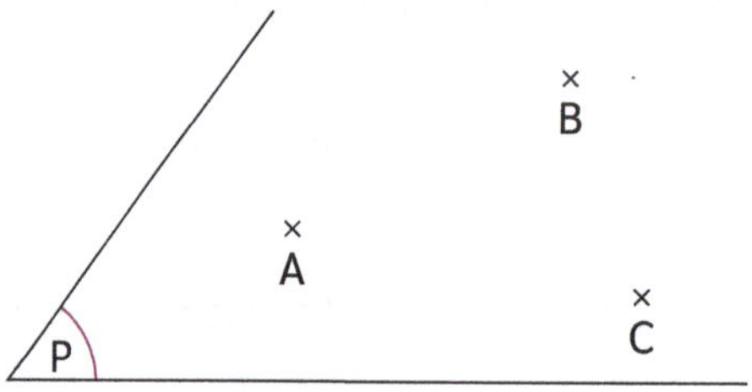

• Trois points non alignés de l'espace définissent une droite unique et un point qui n'appartient pas à cette droite.

Ex :
La droite (AB) et le point C :

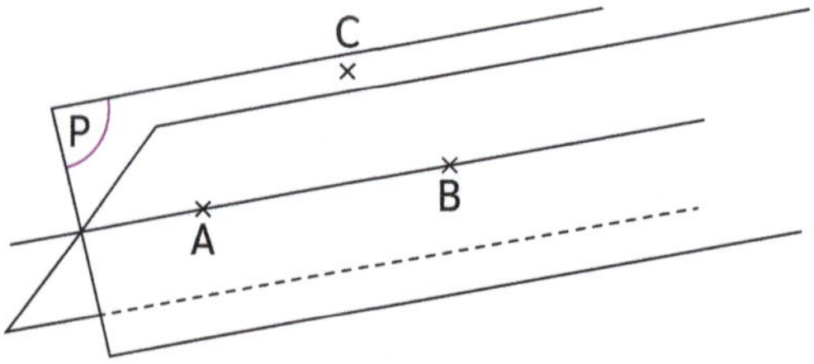

Une droite est génératrice d'une infinité de plans, un seul contient les trois points.

• Quatre points non alignés ne sont pas nécessairement coplanaires.

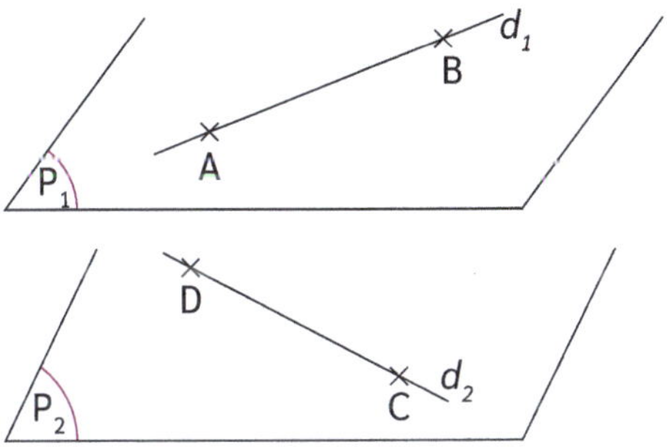

Quatre points peuvent déterminer deux droites n'appartenant pas au même plan.
Dans la représentation ci-dessus, les droites d_1 passant par A et B et d_2 passant par C et D sont contenues dans les plans P_1 et P_2 qui sont des plans parallèles. d_1 et d_2 ne sont pas coplanaires, les points A, B, C et D n'appartiennent pas au même plan.

2. POSITIONS RELATIVES DE DEUX PLANS

Dans l'espace, deux plans peuvent être confondus, parallèles ou sécants.

• Deux plans parallèles ont une intersection vide.

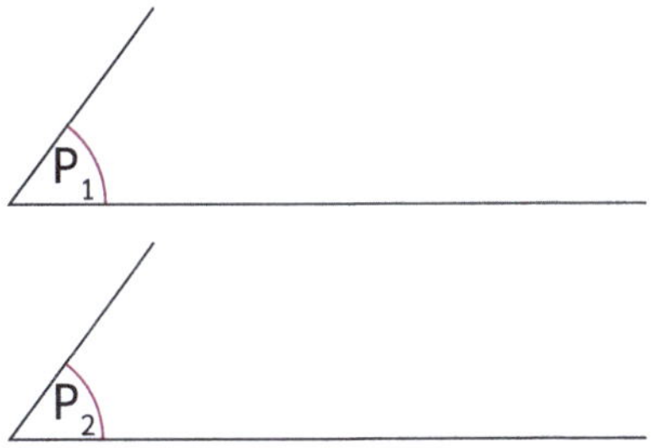

• L'intersection de deux plans distincts, non parallèles, de l'espace est une droite :

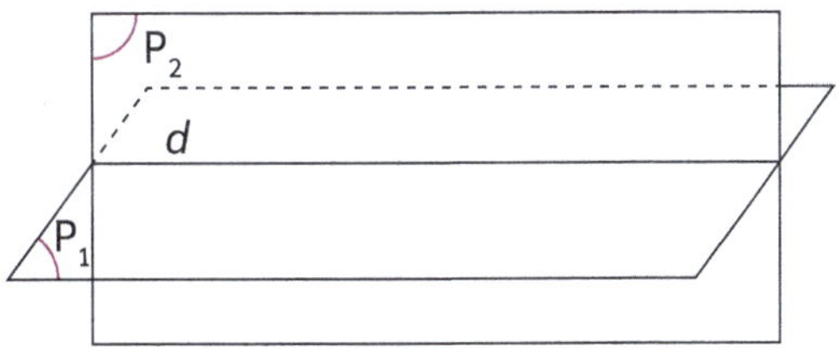

• Deux plans sont orthogonaux s'ils sont sécants en formant un angle droit.

3. POSITIONS RELATIVES DE DEUX DROITES DANS L'ESPACE

– Dans l'espace, deux droites peuvent être :

– **sécantes :**
elles sont alors coplanaires,
si elles sont sécantes en formant un angle droit, elles sont perpendiculaires ;

– **non sécantes :**
si elles sont parallèles, alors elles sont coplanaires,
si elles ne sont pas parallèles, alors elles ne sont pas coplanaires.

Deux droites d_1 et d_2 sont **orthogonales** dans l'espace si leurs parallèles d'_1 et d'_2, menées par un point donné O, sont perpendiculaires dans le plan défini par d'_1 et d'_2.

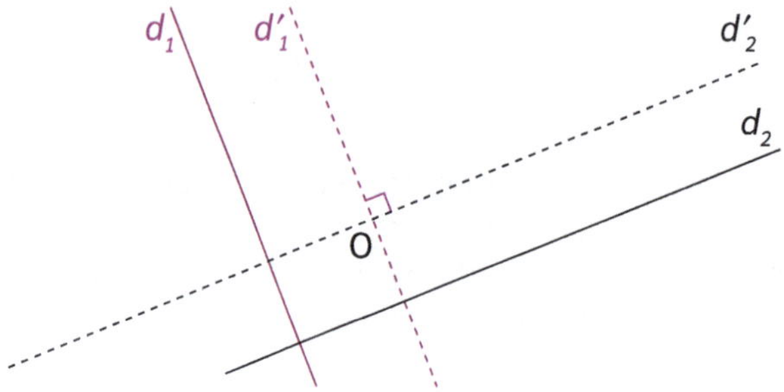

N'OUBLIONS PAS !

Deux droites sont perpendiculaires si elles sont orthogonales et sécantes.

Sur la figure ci-dessous, les plans P_1 et P_2 sont orthogonaux, les droites d_1 et d_2 sont orthogonales :

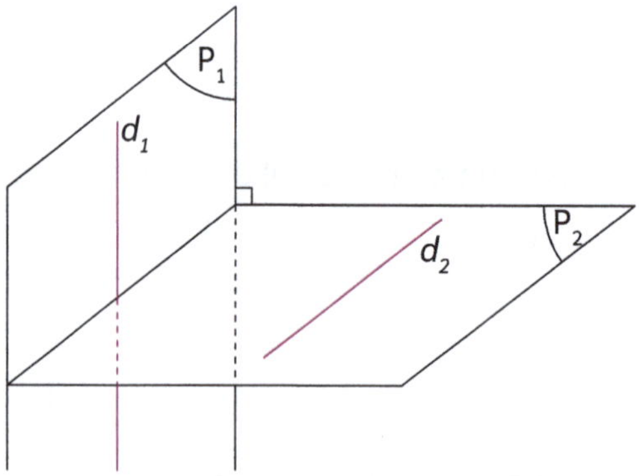

N'OUBLIONS PAS !

Si une droite est orthogonale à un plan, alors elle est orthogonale à toute droite de ce plan.

Ex : Bien distinguer droites orthogonales et perpendiculaires :

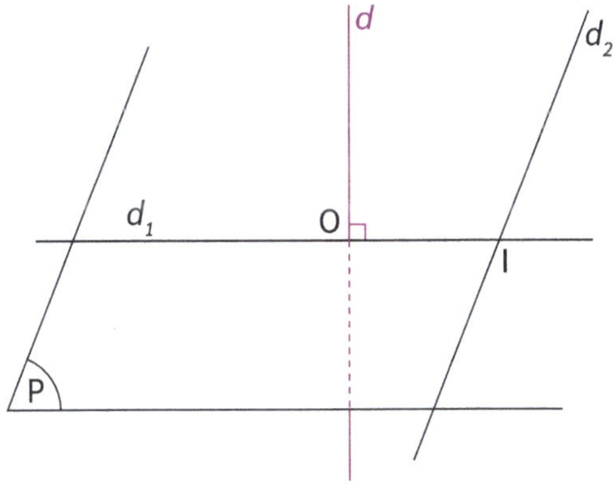

Les droites d_1 et d_2 sont sécantes en I et déterminent le plan P.
La droite d est orthogonale au plan P donc :
- la droite d et la droite d_1 sont orthogonales ;
- la droite d et la droite d_2 sont orthogonales ;

De plus, la droite d et la droite d_1 sont sécantes en O, donc elles sont perpendiculaires.

4. DISTANCE DANS L'ESPACE

◆ Distance d'un point à un plan

La distance d'un point A de l'espace à un plan P est la longueur du segment [AA′] avec A′ l'intersection de la droite orthogonale au plan P passant par A.

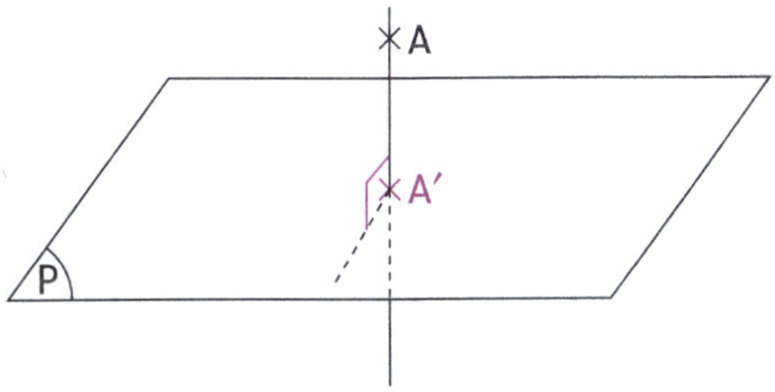

◆ Distance entre deux plans parallèles

Soit les deux plans parallèles P et P′ et une droite orthogonale commune à ces deux plans qui coupe P en M et P′ en N. La distance entre les deux plans parallèles P et P′ est la longueur du segment [MN].

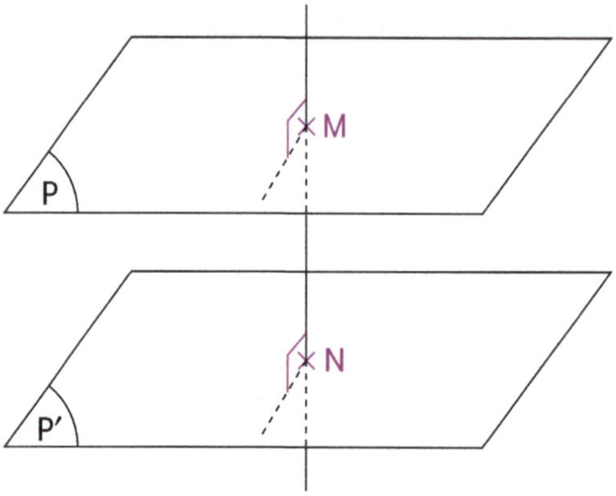

B – LES POLYÈDRES

On appelle polyèdre tout volume de l'espace dont les faces planes sont des polygones.

Les côtés des polygones sont les arêtes du polyèdre.

Si toutes les faces d'un polyèdre sont des polygones réguliers superposables, alors on dit que le polyèdre est régulier, il est inscriptible dans une sphère.
En géométrie euclidienne, un solide de Platon est un polyèdre régulier et convexe.
Il existe seulement cinq solides de Platon :

Les cinq polyèdres réguliers convexes (solides de Platon)				
Tétraèdre	Hexaèdre ou Cube	Octaèdre	Dodécaèdre	Icosaèdre
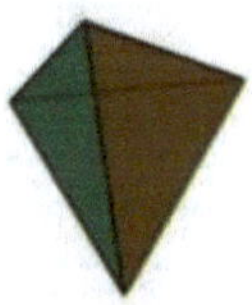	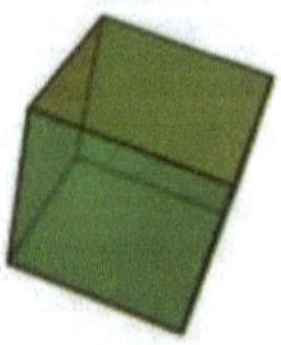	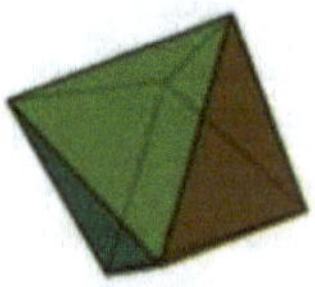		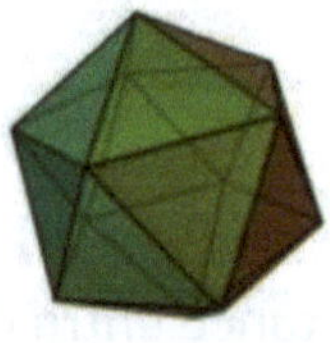

1. REPRÉSENTER LES POLYÈDRES

La perspective est une représentation plane d'un solide qui donne l'impression de volume.
Le type de perspective le plus utilisé est la **perspective cavalière** dans laquelle :
– les représentations de deux droites parallèles sont deux droites parallèles ;
– le rapport de longueur de deux segments parallèles est conservé.

Sur Lea.fr
13.1 Les solides de Platon
13.2 Art et perspectives

Ex :

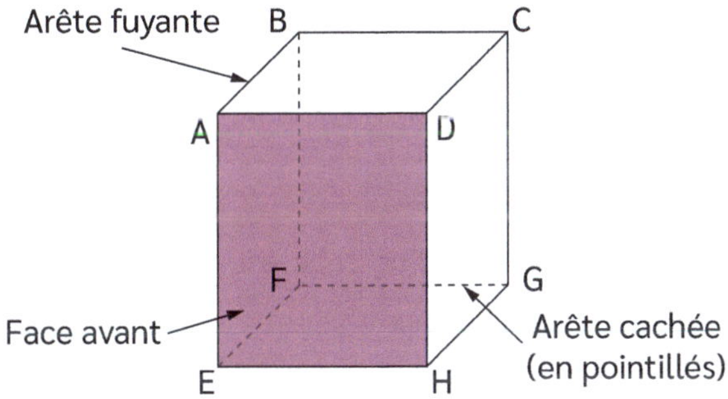

Démontrer que la longueur de la diagonale d'un cube de côté a est égale à $a\sqrt{3}$.

Pour démontrer que la longueur de la diagonale d'un cube de côté a est égale à $a\sqrt{3}$:
- utiliser les propriétés de droites orthogonales dans le plan ;
- appliquer le théorème de Pythagore (*cf.* chapitre 11) ;
- savoir que la diagonale d'un carré de côté a est égale à $a\sqrt{2}$.

Ex :

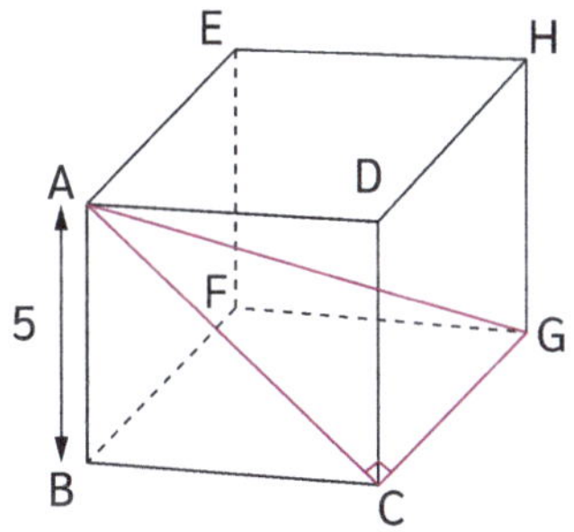

Soit a la longueur de l'arête du cube ci-dessus avec $a = 5$ cm.
La droite (GC) est orthogonale au plan (ABCD).
Les droites (GC) et (AC) sont sécantes en C.
Donc les droites (GC) et (AC) sont perpendiculaires et le triangle AGC est rectangle en C.
D'après la propriété de Pythagore, on a :
$AG^2 = AC^2 + GC^2$
or GC = 5 cm et AC = $5\sqrt{2}$ cm.

N'OUBLIONS PAS !

La longueur de diagonale d'un carré de côté a est égale à $a\sqrt{2}$.

On a donc $AG^2 = 2 \times 5^2 + 5^2 = 3 \times 5^2$
et donc $AG = 5\sqrt{3}$.
La longueur de la diagonale AG est de $5\sqrt{3}$ cm.
Plus généralement, la longueur de la diagonale d'un cube de côté a est égale à $a\sqrt{3}$.

ASTUCE

La longueur de la diagonale d'un cube est égale à la longueur de l'arête multipliée par $\sqrt{3}$.

2. CLASSER LES POLYÈDRES

◆ **Les prismes**

Un prisme est un polyèdre dont deux faces de base sont des polygones superposables situés dans des plans parallèles.

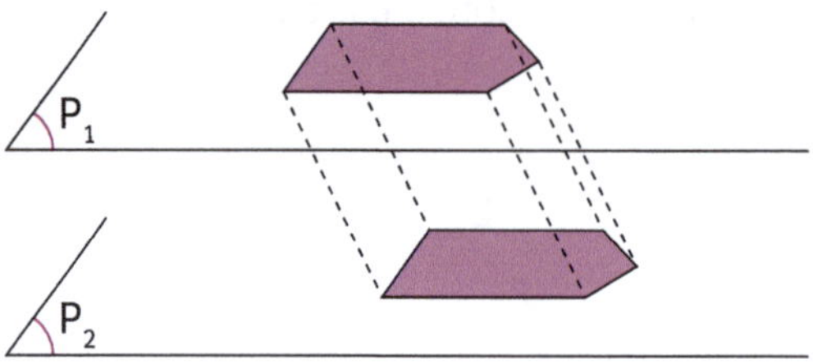

Les faces latérales d'un prisme sont des parallélogrammes.
Les arêtes latérales ont la même longueur.

Un prisme droit est un prisme dont les arêtes latérales sont orthogonales aux plans de base.

Les faces latérales des prismes droits sont des parallélogrammes possédant un angle droit, ce sont des rectangles.

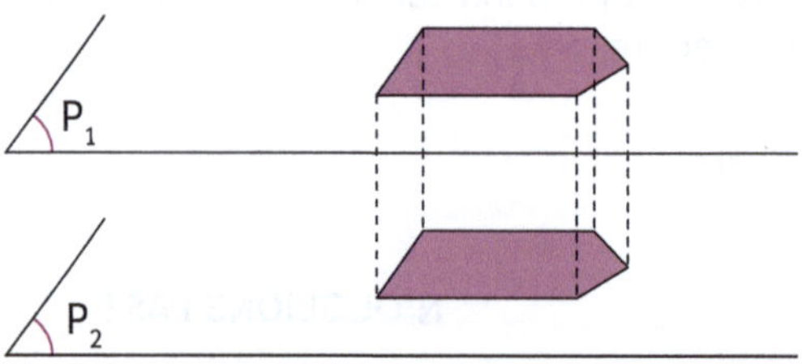

Sur Lea.fr
13.3 Autres perspectives
13.4 Exemples de prismes

Le cube et le parallélépipède rectangle (appelé aussi pavé droit) sont des prismes droits.

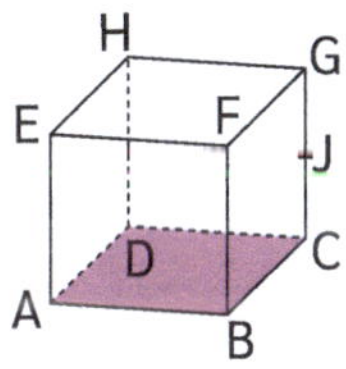

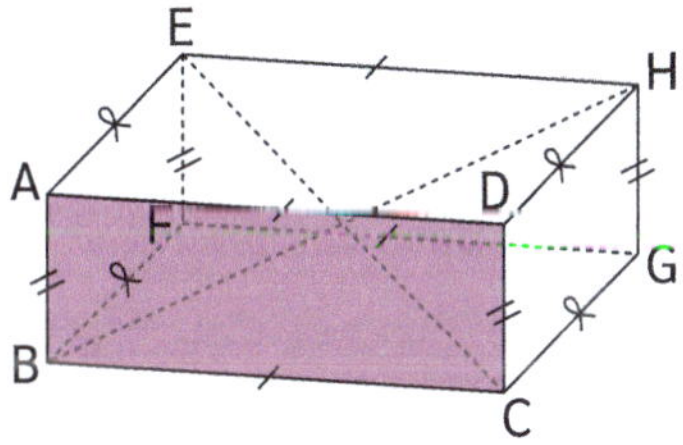

◆ Les pyramides

Une pyramide est un polyèdre dont la base est un polygone de nature diverse et les faces latérales des triangles qui ont un sommet commun : le sommet S de la pyramide.

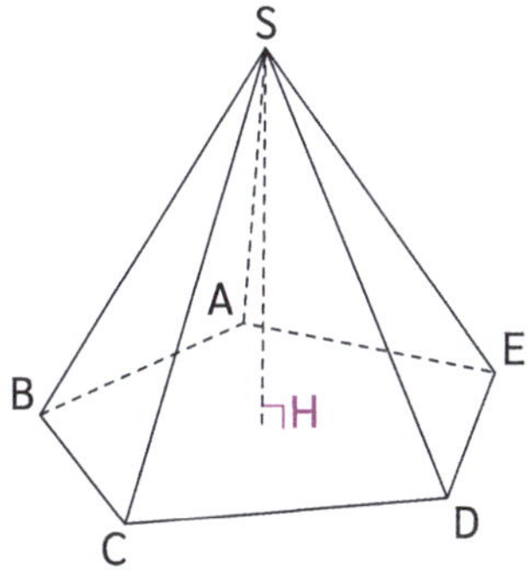

Les pyramides à base triangulaire : le tétraèdre

Un tétraèdre possède six arêtes et quatre faces triangulaires, dont chaque face peut être considérée comme la base du tétraèdre.

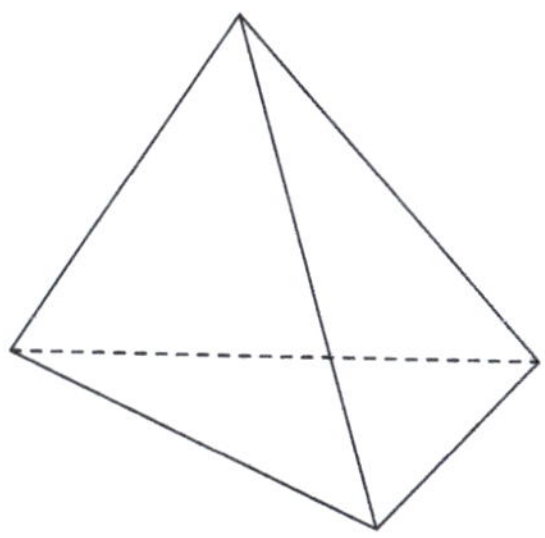

Les pyramides à base carrée

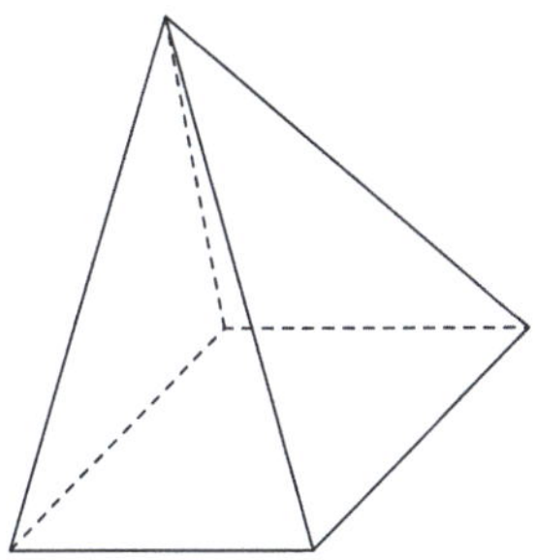

◆ Les pyramides régulières

Une pyramide régulière est une pyramide dont la base est un polygone régulier et dont la hauteur passe par le centre du cercle circonscrit au polygone de base.

Les pyramides régulières à base carrée

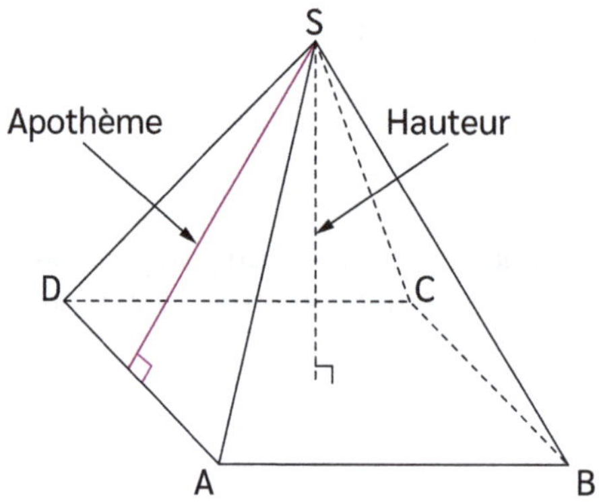

Le tétraèdre régulier

Un tétraèdre régulier est un tétraèdre dont les faces sont des triangles équilatéraux. Toutes ses faces sont superposables, il est inscriptible dans une sphère.

Pour calculer l'apothème d'un tétraèdre régulier :
- savoir que l'apothème sépare une face en deux triangles rectangles ;
- appliquer ensuite le théorème de Pythagore dans l'un de ces triangles.

Ex :
Soit le tétraèdre régulier représenté ci-dessous, avec AC = 6 cm.
Calculer la longueur du segment [AN].

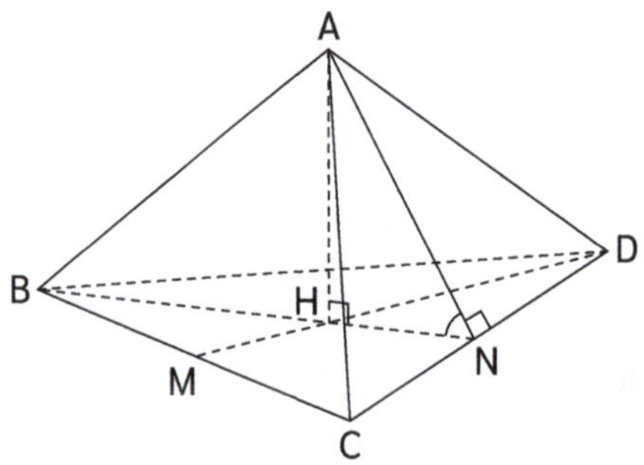

[AN] est l'apothème issue du sommet A qui coupe perpendiculairement le segment [CD] au point N.
Donc le triangle ACN est rectangle en N et CN = ND.

Sur Lea.fr
13.5 Pyramides égyptiennes

D'après le théorème de Pythagore, on a :

$AC^2 = AN^2 + CN^2$

Or $CN = \dfrac{AC}{2}$ (comme le triangle ACD est équilatéral)

donc $AN^2 = AC^2 - \left(\dfrac{AC}{2}\right)^2$

$AN^2 = 36 - 9$

$AN^2 = 27$

d'où $AN = \sqrt{27} = 3\sqrt{3} \approx 5{,}2$ cm à 10^{-1} près.

◆ Les solides de révolution

On appelle solide de révolution tout solide engendré par la rotation d'une surface plane fermée tournant autour d'un axe frontière situé dans son plan.

Le cylindre droit

Le cylindre droit est engendré par la révolution (tour complet) du rectangle O_1ABO_2 autour de l'axe de révolution (O_1O_2).

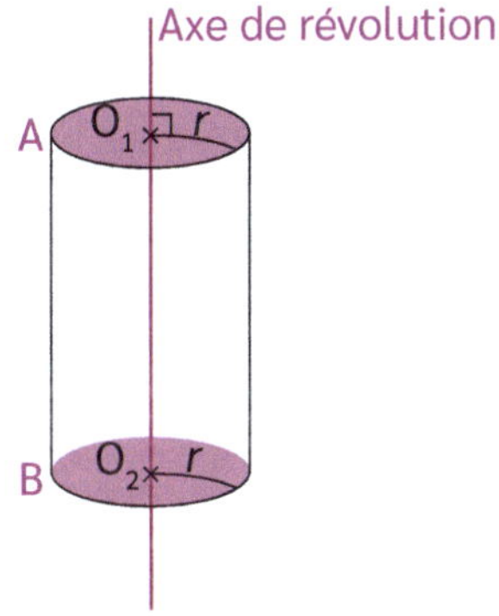

Le cône droit (appelé aussi cône de révolution)

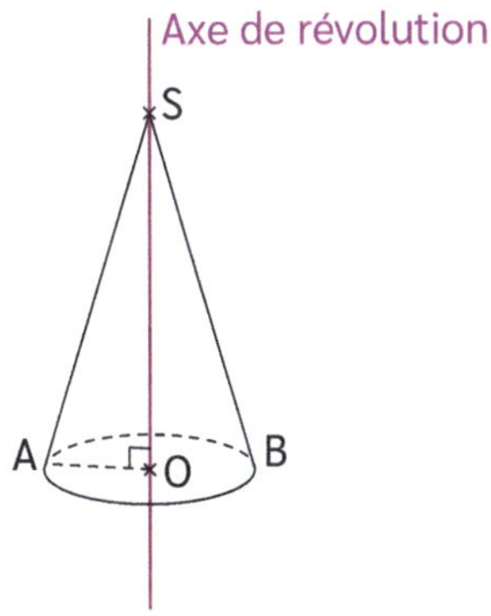

La boule, la sphère

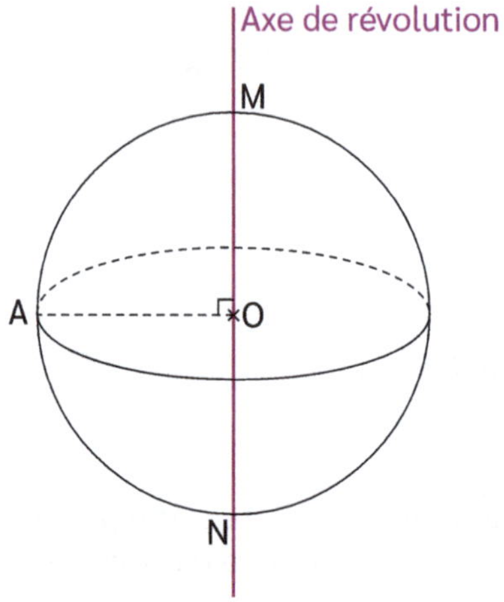

La sphère est une surface constituée de tous les points de l'espace situés à égale distance d'un point appelé centre de la sphère. Cette distance est appelée rayon de la sphère.

C – LES PATRONS DE POLYÈDRES

Un patron est la représentation d'un solide « déplié » dans un plan. En conséquence, le patron est un assemblage de surfaces planes qui permet de construire un solide. Il doit donc respecter :

- le nombre de faces,
- la forme des faces ;
- les dimensions des faces ;
- l'ordonnancement des faces du solide afin que, reconstitué, il n'y ait ni vide ni chevauchement de deux faces.

1. PARALLÉLÉPIPÈDE RECTANGLE

Toutes les faces sont rectangulaires.

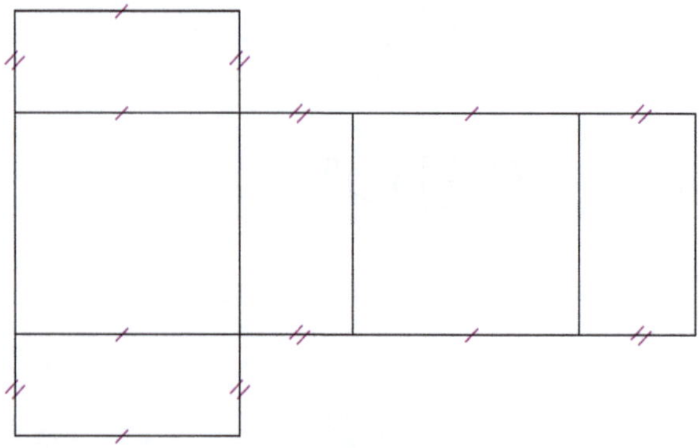

2. CUBE

Les six faces sont des carrés.

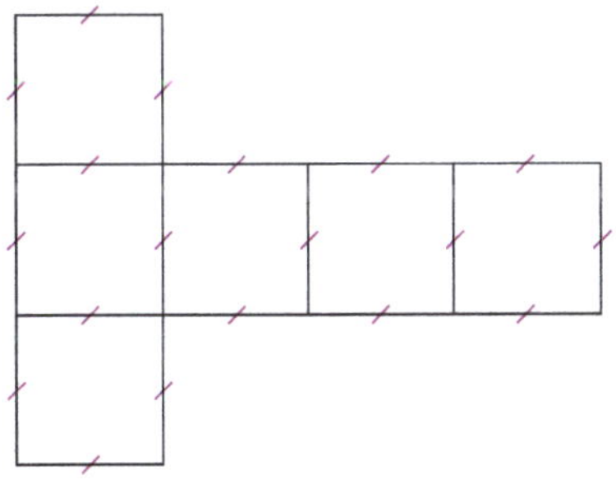

3. PYRAMIDE

Construire le patron d'une pyramide à base triangulaire

Pour construire le patron d'une pyramide à base triangulaire :
- dessiner d'abord la base triangulaire (au compas ou à la règle graduée et à l'équerre) connaissant les longueurs de ses trois côtés ;
- à l'aide du compas, construire sur chacun des côtés de la base les triangles représentant les faces latérales.

Ex :

Réaliser le patron de la pyramide à base triangulaire EFGH représentée ci-dessous :

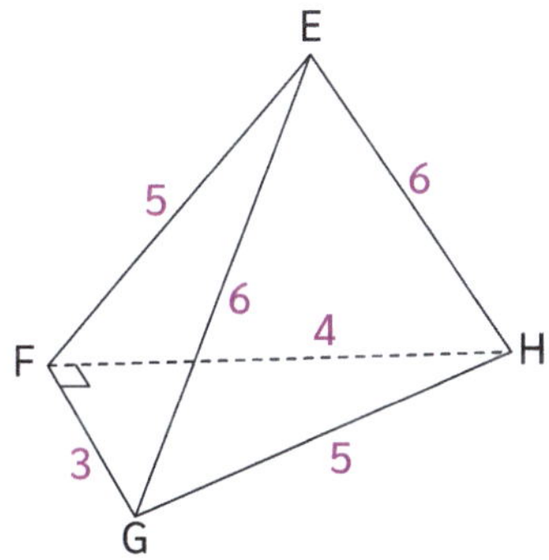

Étape 1 : construire le triangle FGH à la règle et à l'équerre.

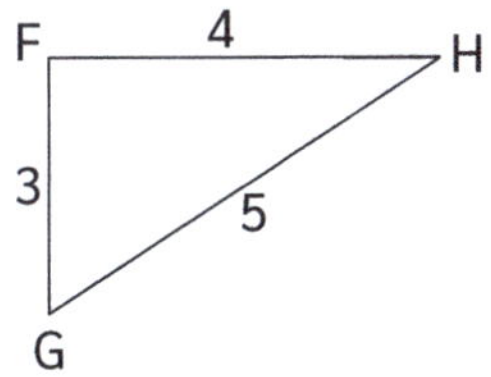

La figure n'est pas à l'échelle

Sur Lea.fr
13.6 Les onze patrons différents d'un même cube

Étape 2 : construire les faces latérales EFG, EFH et EGF à la règle et au compas.

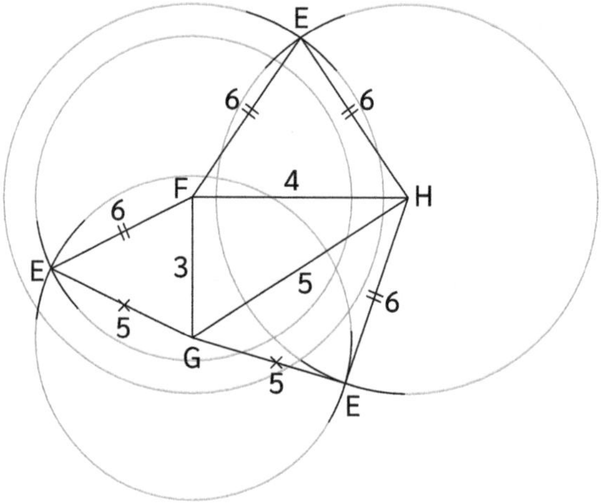

La figure n'est pas à l'échelle

Si on plie le patron ainsi obtenu, alors on obtient la pyramide EFGH.

4. PYRAMIDE RÉGULIÈRE À BASE CARRÉE

Les quatre faces latérales sont des triangles isocèles superposables.

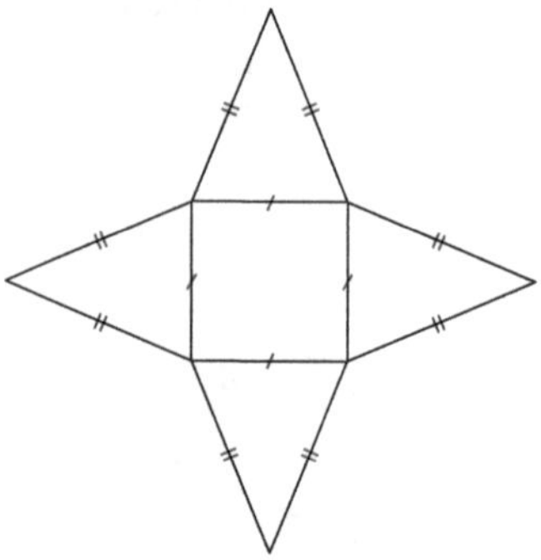

5. CYLINDRE DROIT (OU DE RÉVOLUTION)

La face latérale est un rectangle. Le périmètre de la base est égal à la longueur du rectangle.

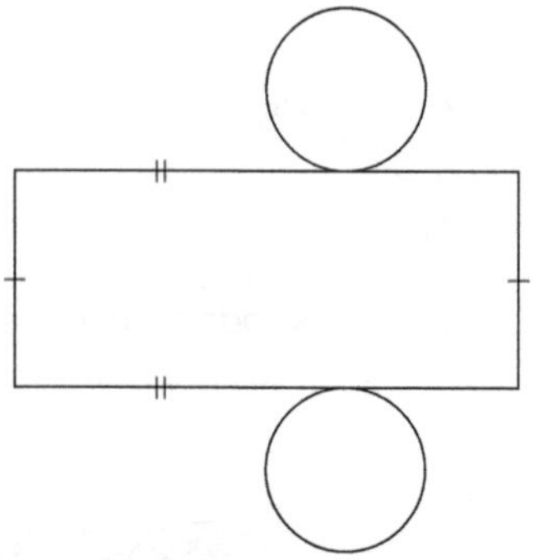

6. CÔNE DROIT (OU DE RÉVOLUTION)

La face latérale est une portion de disque.

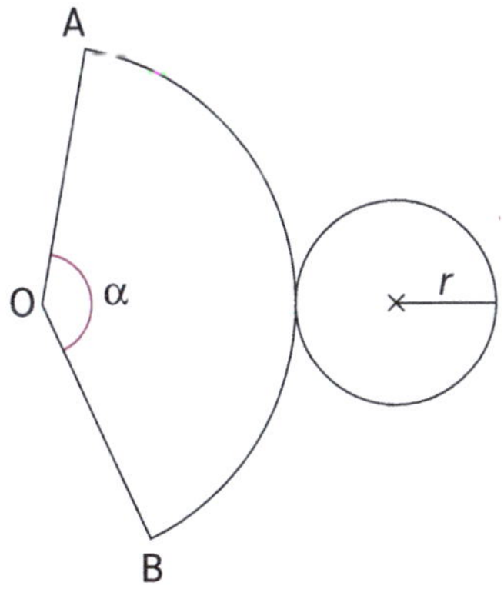

$$\overset{\frown}{AB} = 2\pi r$$

$$\frac{\alpha}{360} = \frac{\overset{\frown}{AB}}{2\pi \times OA}$$

Sur Lea.fr
13.7 Exemple de calcul de l'angle

JE M'ENTRAINE

ÉNONCÉS

◆ Exercice 1

Soit le cube ci-dessous d'arête *a*.
En coupant le cube suivant le plan (BED), on obtient deux polyèdres.
L'exercice ne concerne que le polyèdre ne contenant pas le sommet A.

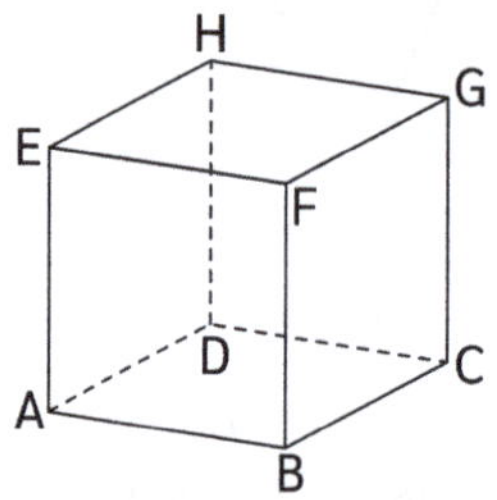

1. Donner le nombre d'arêtes et le nombre de sommets de ce polyèdre.
2. Nommer chacune des faces triangulaires de ce polyèdre en précisant sa nature géométrique particulière éventuelle.
3. Tracer le patron du polyèdre en prenant $a = 5$ cm.

◆ Exercice 2 (CRPE 2022 GRPT 2)

On considère un pavé droit ABCDA′B′C′D′ avec DD′ = 5 cm ; DC = 6 cm et DA = 7 cm. On note L le point d'intersection des diagonales [AC] et [BD].
On souhaite creuser ce pavé, en retirant une pyramide OABCD de hauteur [OL].

Dans cette partie, on suppose que OL = 4 cm.
1. Montrer que AL ≈ 4,6 cm.
2. Construire le triangle ALO en vraie grandeur.
3. a. Calculer le volume de la pyramide OABCD.
On rappelle que le volume d'une pyramide est égal au tiers du produit de l'aire de sa base par sa hauteur.
b. Calculer le volume du pavé creusé.

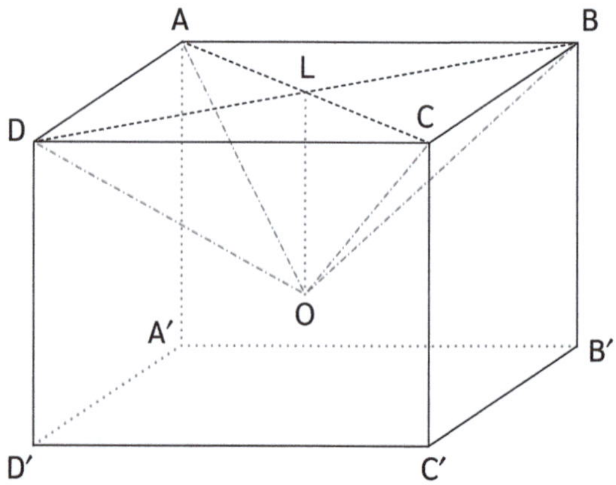

◆ Exercice 3

Dounia et Yanis ont acheté un coffret contenant des sachets de thé. Ces sachets ont une forme que l'on peut modéliser par un tétraèdre régulier.
On rappelle qu'un tétraèdre régulier est une pyramide dont les trois faces latérales et la base sont des triangles équilatéraux.
De plus, on rappelle que pour un tétraèdre régulier ayant ses côtés de longueur notée a :

– la hauteur h correspondant à la base d'aire A_{base} est donnée par la formule $h = \frac{a\sqrt{6}}{3}$;

– le volume V est donné par la formule $V = \frac{A_{base} \times h}{3}$.

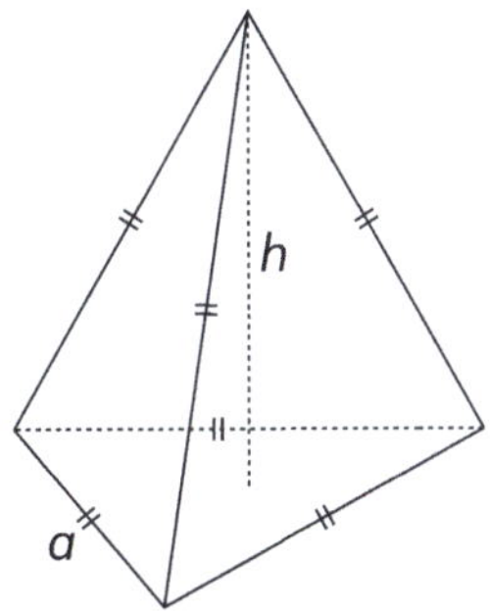

1. Le sachet de thé de Yanis à la forme d'un tétraèdre régulier ABCD de côté 5,5 cm et est fabriqué en gaze de papier. On note K le pied de la hauteur issue de A dans le triangle ABC.

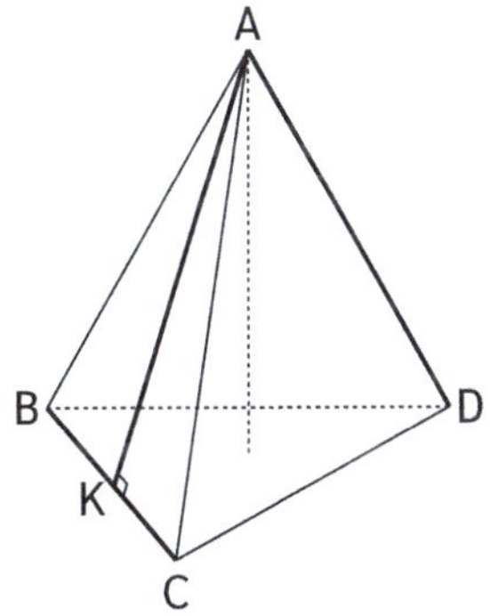

Yanis remarque que seuls trois « bords » sont collés (en gras sur le dessin : [AK], [BC] et [AD]). Il découpe la gaze le long de ces segments [AK], [BC] et [AD], puis il met à plat. Il obtient un rectangle.

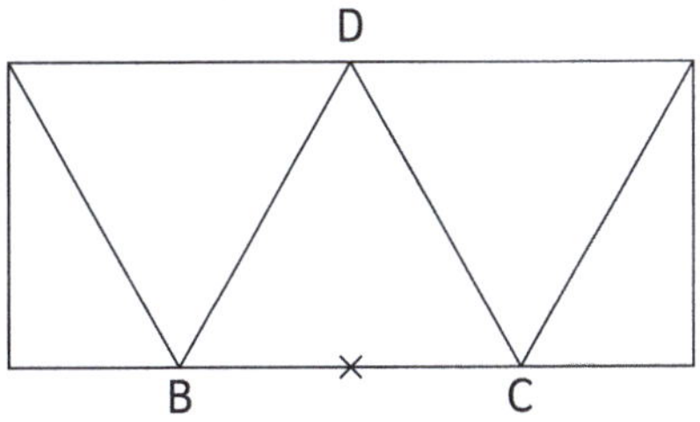

Ce dessin n'est pas à l'échelle.

a. Déterminer les dimensions de ce rectangle.
b. Calculer le volume du sachet de thé de Yanis. On donnera une valeur arrondie au dixième de centimètre cube.
2. La marque pense proposer des sachets « grand format », présentés aussi sous la forme d'un tétraèdre régulier, mais d'un volume au moins deux fois plus grand que le sachet de thé choisi par Yanis.
Dounia pense qu'en multipliant par 1,3 les longueurs des côtés du tétraèdre ABCD, les conditions de la marque pour obtenir un sachet « grand format » seront satisfaites.
Justifier l'affirmation de Dounia.

CORRIGÉS

◆ Exercice 1

1. 12 arêtes et 7 sommets.
2. 3 faces sont des carrés ; 4 faces sont des triangles. EHD, BDC et EBF sont des triangles rectangles isocèles, EBD est un triangle équilatéral.
3.

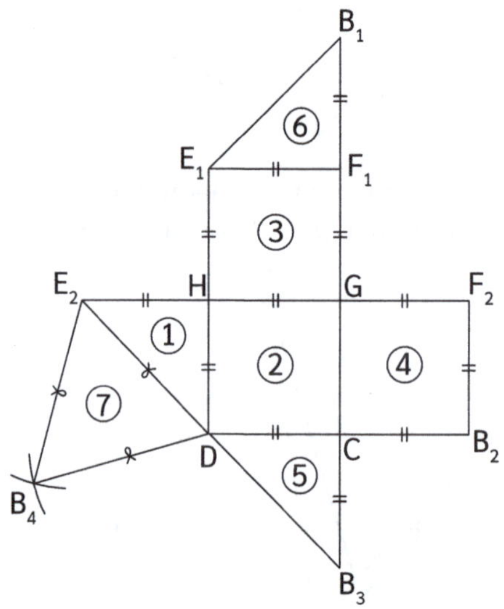

Le patron n'est pas à l'échelle

◆ Exercice 2

1. On a DD′ = 5 cm ; DC = 6 cm et DA = 7 cm.
Comme le point L est le point d'intersection des diagonales [AC] et [BD] du rectangle ABCD, c'est donc le milieu du segment [AC].
On a donc $AL = \dfrac{AC}{2}$.
On a, d'après le théorème de Pythagore appliqué au triangle ADC rectangle en D : $AC^2 = DA^2 + DC^2$, soit $AC^2 = 7^2 + 6^2 = 49 + 36 = 85$.
On a donc $AC = \sqrt{85}$.
On en déduit que $AL = \dfrac{\sqrt{85}}{2} \approx 4{,}6$ cm.

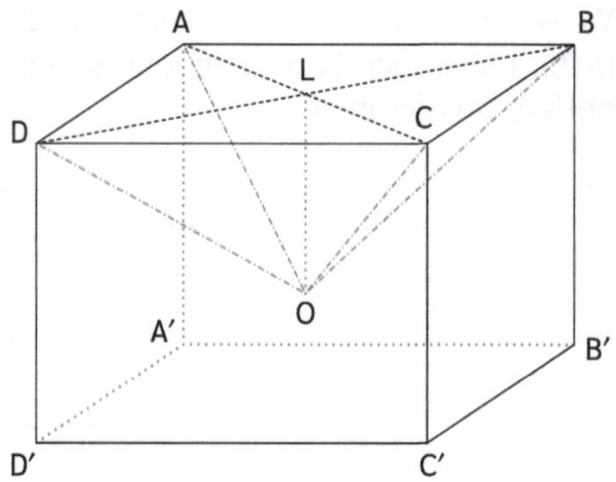

La figure n'est pas à l'échelle

2. Tracer le triangle rectangle ADC avec DC = 6 cm et DA = 7 cm, puis tracer la médiatrice du segment [AC]. Elle coupe [AC] en L. Puis placer le point O sur la médiatrice tel que OL = 4 cm. Pour trouver le point O, il faut tracer le cercle de centre A et de rayon 7 cm. Il coupe la médiatrice du segment [AC] en O. Tracer le triangle ALO.

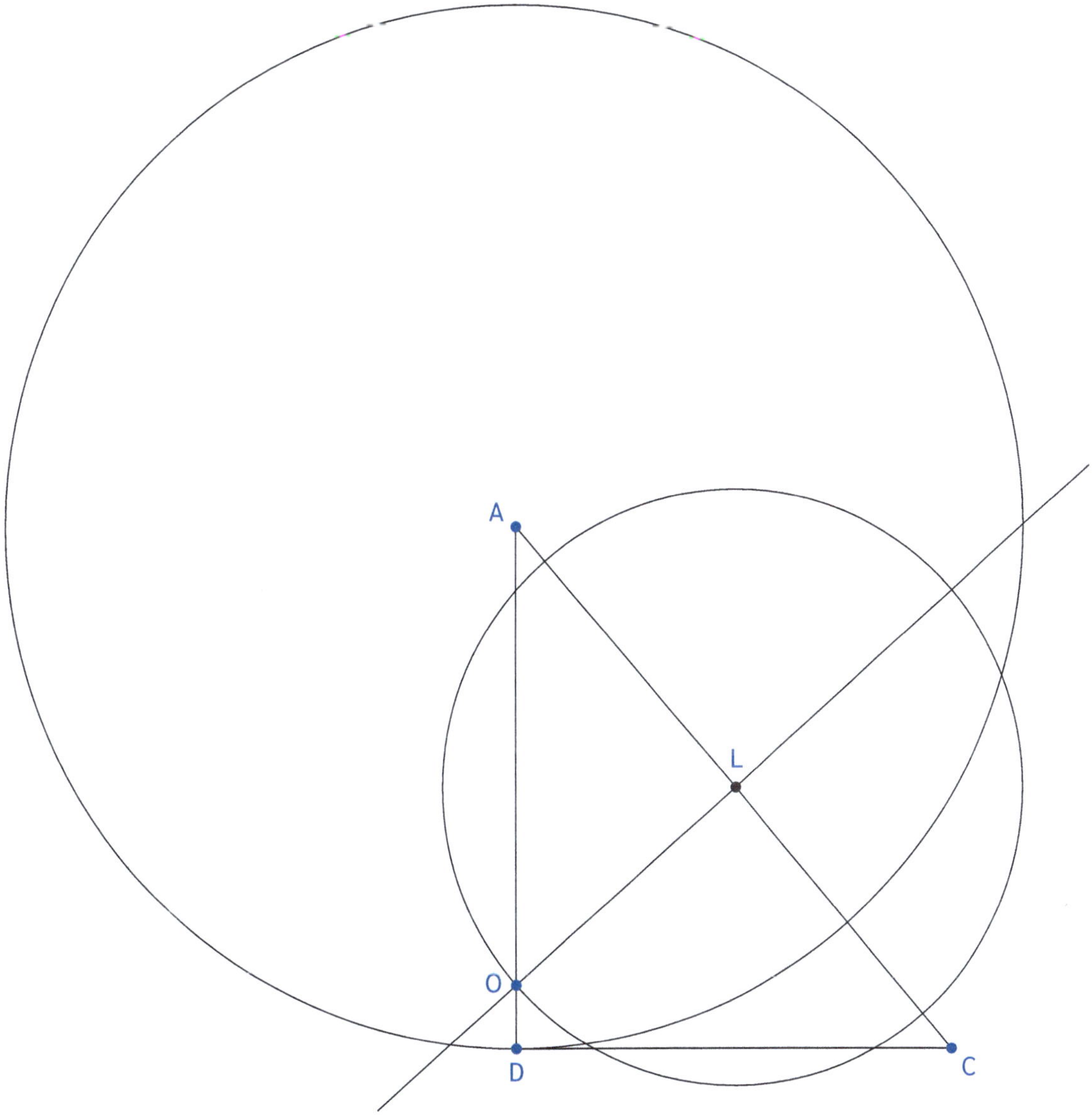

3. a. Calcul du volume de la pyramide OABCD :

$V(\text{OABCD}) = \frac{1}{3}\ \text{Aire(ABCD)} \times \text{OL}$

$V(\text{OABCD}) = \frac{1}{3} \times \text{DA} \times \text{DC} \times \text{OL}$

$V(\text{OABCD}) = \frac{1}{3} \times 7 \times 6 \times 4$

$V(\text{OABCD}) = 56\ \text{cm}^3$

b. Le volume du pavé creusé est égal à la différence entre le volume du pavé droit ABCDA′B′C′D′ et le volume de la pyramide OABCD, soit $7 \times 6 \times 5 - 56 = 210 - 56$.
Le volume du pavé creusé est donc égal à 154 cm^3.

◆ Exercice 3

1. a. 11 cm sur $\sqrt{22{,}6875}$ cm.
b. 19,6 cm^3
2. Dounia a raison.

Sur Lea.fr

Corrigés développés et exercices complémentaires

14. Les transformations planes

JE M'ÉVALUE

VRAI OU FAUX ?

1. Une translation est une isométrie.
2. Les symétries axiales conservent les angles.
3. Dans la rotation d'une figure, il n'y a aucun point invariant.
4. L'image d'une droite par une symétrie centrale est une droite.
5. La composition de deux symétries est une translation.
6. La composition de deux rotations d'angle α est une rotation d'angle 2α.
7. Une symétrie centrale est une rotation d'angle π rad.
8. Une symétrie axiale orthogonale est aussi appelée réflexion.
9. Les rotations ne conservent pas toujours les angles.
10. Un triangle équilatéral possède trois axes et un centre de symétrie.

Réponses : 1.V – 2.V – 3.F – 4.V – 5.F – 6.F – 7.V – 8.V – 9.F – 10.F

JE RÉVISE

A – LES TRANSFORMATIONS PLANES

En géométrie euclidienne, une transformation plane est une application du plan dans lui-même qui à tout point du plan (l'antécédent) fait correspondre un point image unique, selon une règle établie.

Une transformation du plan peut simplement déplacer une figure dans le plan en lui gardant toutes ses caractéristiques : par exemple, les figures des cartes à jouer sont des images construites par symétrie, on peut ainsi les voir de la même manière dans un sens ou l'autre.

Mais une transformation du plan peut également déformer les figures initiales :

Dans ce tableau célèbre de Holbein, intitulé *Les Ambassadeurs*, la forme oblongue qui est en bas du tableau, au premier plan, est l'anamorphose d'un crâne. Manière pour le peintre d'opposer à la vanité des deux personnages le destin qui leur sera commun, la mort.

Sur Lea.fr
14.1 Complément anamorphose

Plus simplement, les frises réalisées par les jeunes enfants ne sont que des répétitions d'une figure initiale déplacée de manière linéaire dans le plan :

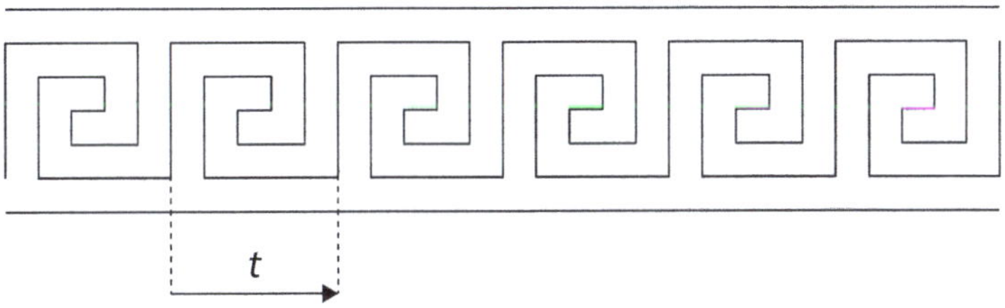

B – LES MODÈLES MATHÉMATIQUES

L'exemple de l'anamorphose nous montre la grande complexité (mais aussi la grande richesse artistique) que peut recouvrir une transformation du plan.

Nous n'étudierons ici que quelques transformations simples : celles qui conservent les distances et les angles (autrement dit aussi les formes).
Elles sont appelées isométries (mêmes mesures).

On peut établir un catalogue à la Prévert : rotation, translation, symétrie...
Mais on peut également les classer selon leur nombre de points invariants.
On appelle point invariant par une transformation plane un point qui n'est pas déplacé par la transformation.

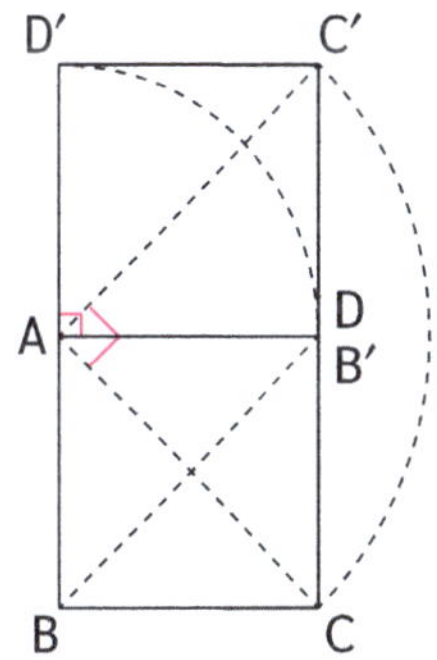

Ex :
Considérons la rotation de centre A et d'angle $\frac{\pi}{2}$ dans le sens contraire des aiguilles d'une montre du carré ABCD.
D vient en D′.
C vient en C′.
B vient en D.

L'image par cette rotation du carré ABCD est le carré AB′C′D′.
Tous les points de la figure sont déplacés sauf un, le point A.
Le point A est un point invariant.

N'OUBLIONS PAS !

Mathématiquement, un point invariant est à lui-même sa propre image.
Les translations n'ont aucun point invariant.
Les rotations ont un point invariant.
Les symétries centrales ont un point invariant.
Les symétries axiales ont une infinité de points invariants, ils constituent l'axe de symétrie.

C – LES TRANSLATIONS

Une translation est un déplacement par un glissement rectiligne d'un point A donné vers un point B donné.
Si on note t la translation qui transforme A en B, on écrit t(M) = M′.
M′ est l'image de M par la translation qui transforme A en B et on a :

MM′ = AB et les droites (MM′) et (AB) sont parallèles.
En résumé, pour tout point M, on a : MABM′ est un parallélogramme.

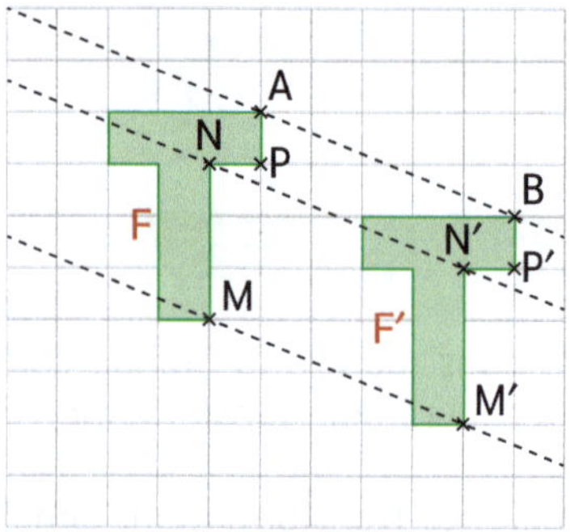

Il n'y a aucun point invariant.

1. IMAGES DES PRINCIPAUX ÉLÉMENTS PAR UNE TRANSLATION

Soit la translation qui transforme A en B.

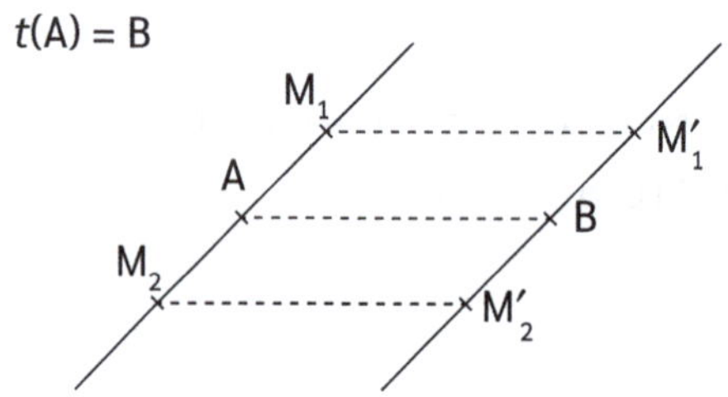

L'image d'une droite est une droite.

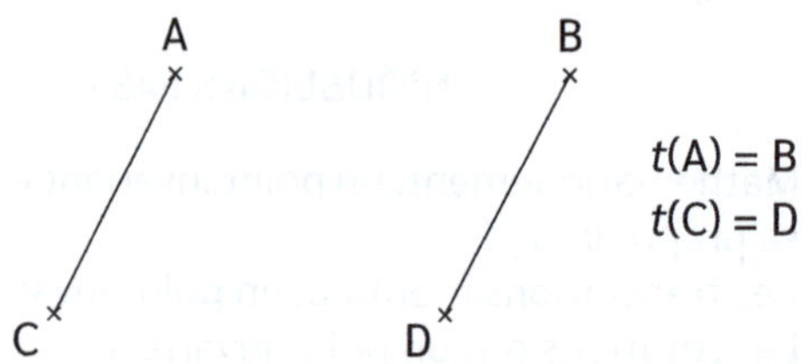

L'image d'un segment est un segment de même longueur.

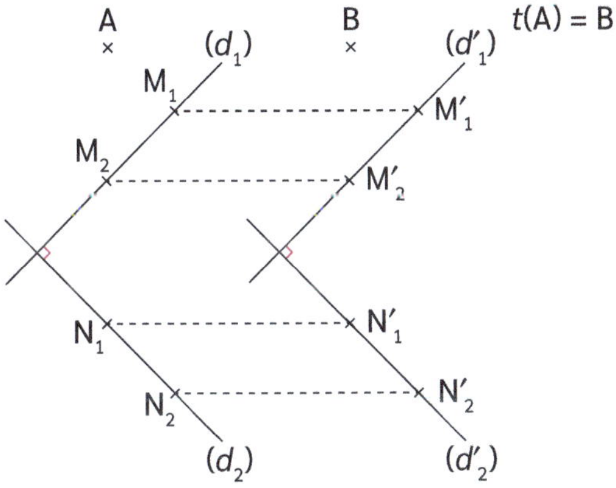

L'image d'un angle est un angle de même mesure.
Les images de deux droites perpendiculaires sont deux droites perpendiculaires.

2. IMAGE D'UNE FIGURE PAR UNE TRANSLATION

Les translations sont des isométries, elles conservent les mesures des angles et des longueurs.
L'image d'un triangle est un triangle isométrique (superposable).

Ex :
Soit un triangle ABC.
Soit la translation t qui transforme le point A en le point B.
B est l'image de A par la translation t, ce qui se note $t(A) = B$.
On cherche à déterminer l'image du point C, il faut imaginer le déplacement rectiligne (suivant une ligne droite) qui a permis de passer du point A au point B et appliquer le même type de déplacement à partir du point C.

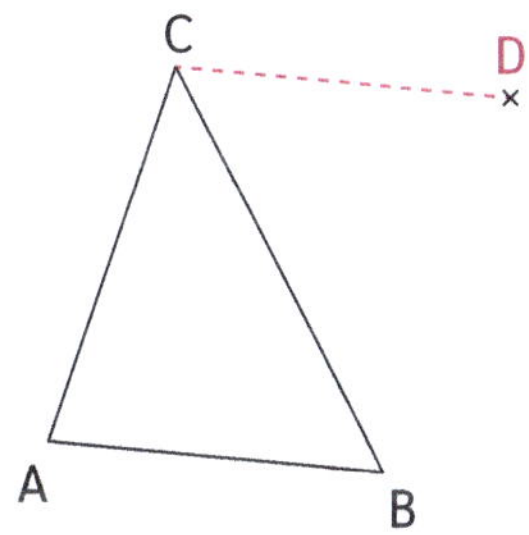

Les « chemins » qui vont de A à B et de C à D sont identiques :
- ils sont **rectilignes** ;
- les droites (AB) et (CD) sont **parallèles** ;
- pour aller de A vers B et pour aller de C vers D, on parcourt le chemin rectiligne dans **le même sens** (de gauche à droite sur la figure ci-dessus) ;
- les distances AB et CD sont **égales**.

Nous pouvons résumer ces quatre caractéristiques en affirmant que le **quadrilatère ABDC est un parallélogramme**.

On peut ainsi déterminer l'image de tous les points du plan.
La translation est donc une transformation du plan.

◆ **Transformation d'une figure du plan par une translation**

Ex :
Cherchons quelle est l'image du triangle ABC par la translation t qui transforme A en B.
Le point B est l'image du point A.
Le point D est l'image du point C.
Le point E est l'image du point B.
A, B et C forment un triangle dans le plan ; les points B, E et D également.
Le triangle BED est l'image du triangle ABC par la translation t qui transforme A en B.

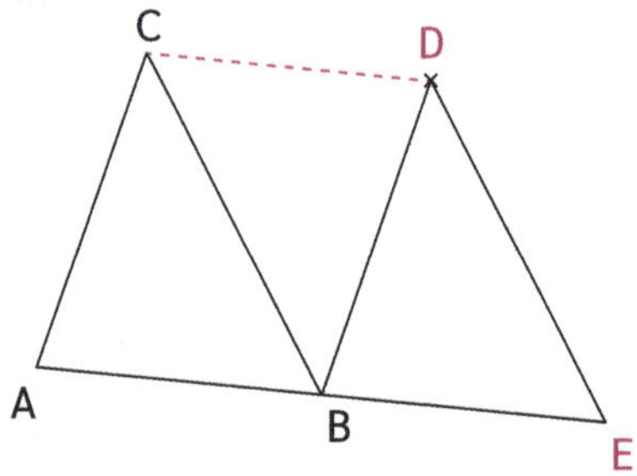

D – LES ROTATIONS

Une rotation est définie par un centre, un angle et un sens de rotation.
On appelle sens direct le sens contraire des aiguilles d'une montre.
Sans autre précision, le sens direct est le sens par défaut.

Rotation de centre O et d'angle α :

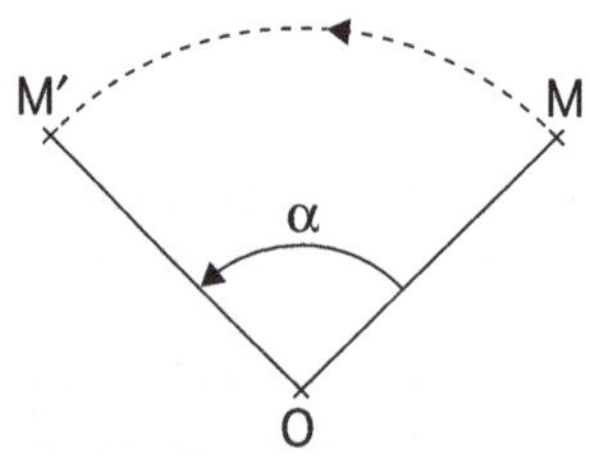

Soit r « le nom » de cette rotation, on écrit $r(M) = M'$.
Cela signifie que l'image de M par la rotation r est le point M′.
Si O est le centre de la rotation et α son angle, on a :
$OM = OM'$ et l'angle $\widehat{MOM'} = \alpha$

Ex :
Soit ABCD un carré de centre O.
1. Déterminons l'image du carré ABCD par la rotation r de centre O et d'angle 90°.

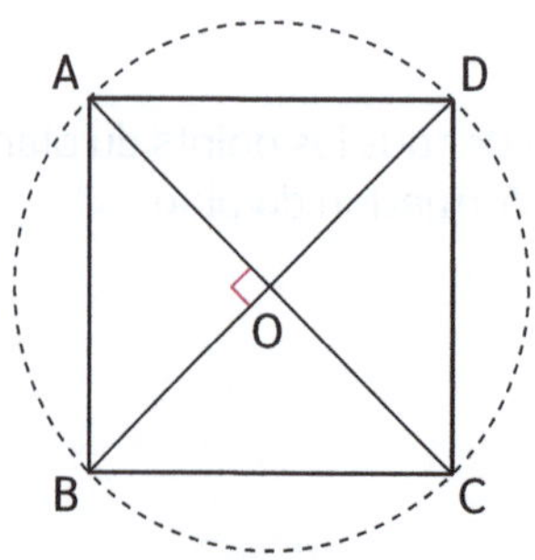

La rotation étant une isométrie, l'image d'un carré est un carré.

On a OA = OB et $\widehat{AOB} = 90°$
Donc l'image de A par la rotation r est B : $r(A) = B$
De même :

OB = OC et $\widehat{BOC} = 90°$

OC = OD et $\widehat{COD} = 90°$

OD = OA et $\widehat{DOA} = 90°$
Donc : $r(B) = C$, $r(C) = D$, $r(D) = A$.
L'image du carré ABCD n'est autre que le carré ABCD lui-même (on dit que le carré ABCD est globalement invariant par la rotation r).

E – LES SYMÉTRIES CENTRALES

Les symétries centrales ne sont que des rotations particulières. Ce sont des rotations d'angle 180°.
La symétrie centrale possède donc les mêmes propriétés que les rotations :
- un seul point est invariant : le centre de la symétrie ;
- c'est une isométrie, elle conserve les mesures des distances et des angles ;
- si on donne le nom de s_A à la symétrie de centre A, on écrit $s_A(M) = M'$. Cela signifie que M′ est l'image de M par la symétrie centrale de centre A.

Donc A est le milieu du segment [MM′].

A, M et M′ sont alignés et $AM = AM' = \frac{1}{2} MM'$

Ex :
Soit un triangle ABC.
Déterminer l'image du triangle ABC par la symétrie centrale de centre A.

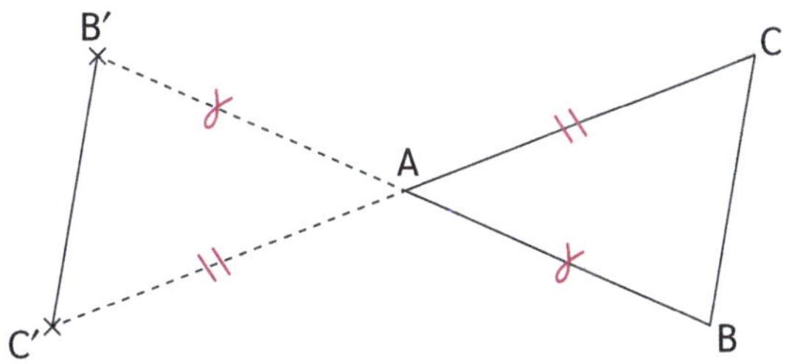

La symétrie centrale est une isométrie, donc l'image d'un triangle est un triangle.
On a :
$C' = s(C)$; A milieu de [CC′]

L'image du triangle ABC par la symétrie centrale est le triangle AB′C′.
$A = s(A)$ (car A, centre de la symétrie, est invariant).
$B' = s(B)$; A milieu de [BB′]

Sur Lea.fr
14.2 Autres exercices
14.3 Autres exercices

F – SYMÉTRIE AXIALE ORTHOGONALE, RÉFLEXION

1. IMAGE D'UN POINT

Une symétrie axiale orthogonale, appelée aussi réflexion, est définie par son axe.
Si on appelle S_d la symétrie axiale d'axe la droite (*d*), on écrit S_d(M) = M′ et cela signifie que M′ est l'image de M dans la symétrie d'axe *d*.

C'est-à-dire que pour tout point M du plan, la droite (*d*), axe de la symétrie, est la médiatrice du segment [MM′].
Tous les points de l'axe de symétrie sont à eux-mêmes leurs propres images, ils sont invariants.

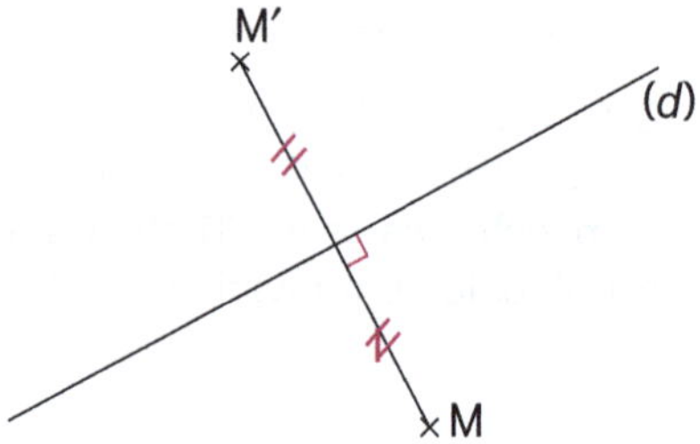

On a (MM′) perpendiculaire à (*d*), et I, milieu de [MM′], appartient à (*d*).

2. AXES DE SYMÉTRIE D'UNE FIGURE

L'axe de symétrie d'une figure est un axe de pliage qui fait se recouvrir exactement deux parties de la figure.

• Le triangle isocèle

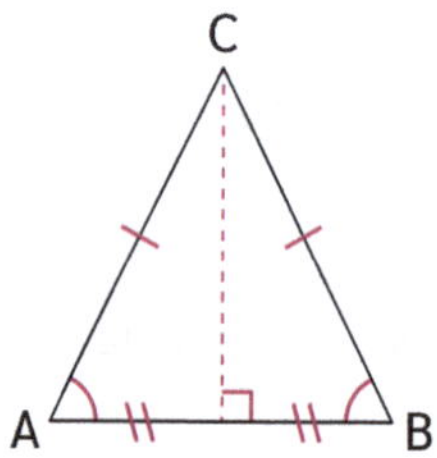

La hauteur issue du sommet principal du triangle est axe de symétrie.

• Le triangle équilatéral

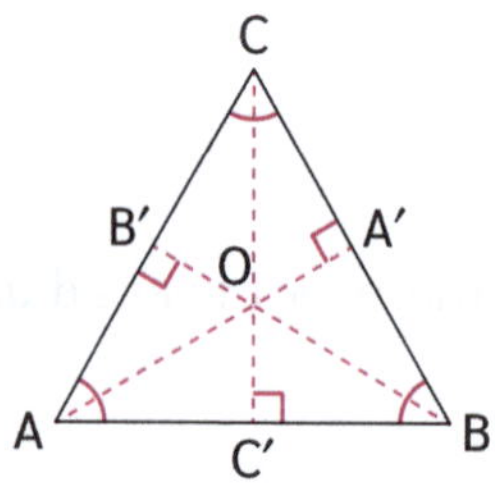

Les trois hauteurs (médiatrices, bissectrices, médianes tout à la fois) sont des axes de symétrie de la figure.

Sur Lea.fr
14.4 Tracé compas (tutoriel) et exercices

• Le trapèze isocèle

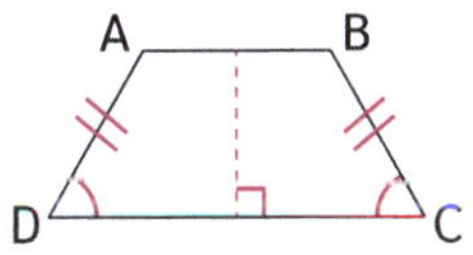

Un trapèze isocèle possède un axe de symétrie.

• Le losange

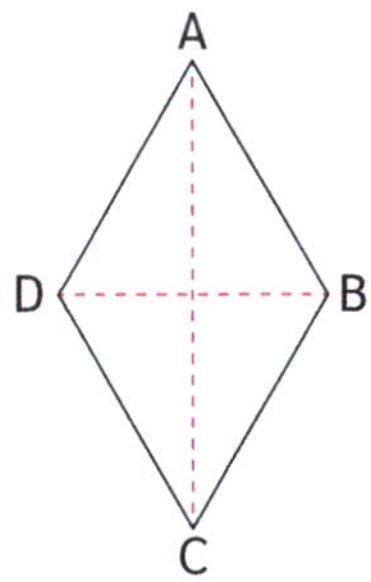

Les deux diagonales du losange sont des axes de symétrie de cette figure.

• Le rectangle

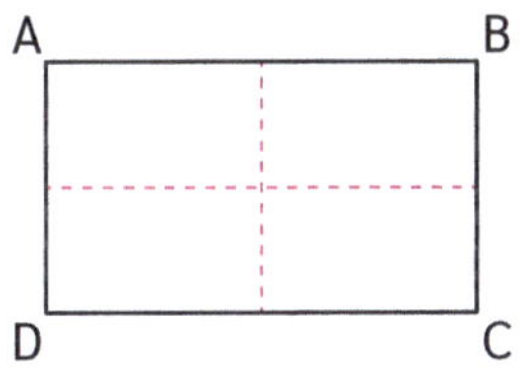

Le rectangle a deux axes de symétrie (on dit les axes médians).

• Le carré

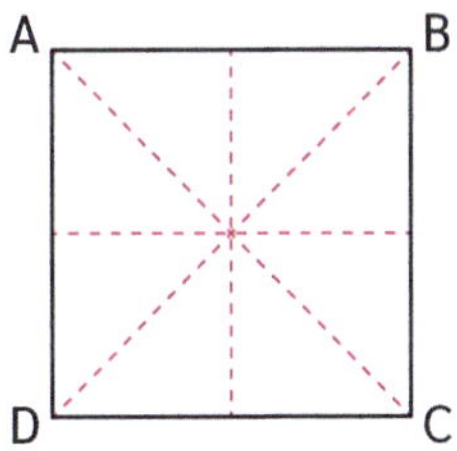

Le carré, qui est un losange rectangle, cumule les axes de symétrie de ces figures : les axes médians et les diagonales. Le carré est une figure à 4 axes de symétrie.

• Le cercle
Dans un cercle, tout diamètre est un axe de symétrie ; le cercle est une figure qui possède une infinité d'axes de symétrie.

G – COMPOSITION DE TRANSFORMATIONS PLANES

Lorsqu'on effectue successivement plusieurs transformations planes, de même nature ou de natures différentes, on dit que l'on effectue **une composition de transformations planes**.

1. EXEMPLE DE COMPOSITION DE DEUX TRANSFORMATIONS PLANES

◆ Composition d'une translation puis d'une rotation

Soit ABC un triangle équilatéral, t la translation qui transforme B en C, r la rotation de centre C et d'angle 60° dans le sens direct.

On cherche à déterminer l'image A′B′C′ du triangle équilatéral ABC par la translation qui transforme B en C, puis à déterminer l'image de A′B′C par la rotation de centre C et d'angle 60°.
– La translation transforme B en C.
Soit A′ l'image de A par cette translation, BCA′A est un parallélogramme. Soit C′ l'image de C par cette translation, CC′A′A est un parallélogramme.
L'image du triangle ABC par la translation est le triangle A′CC′.

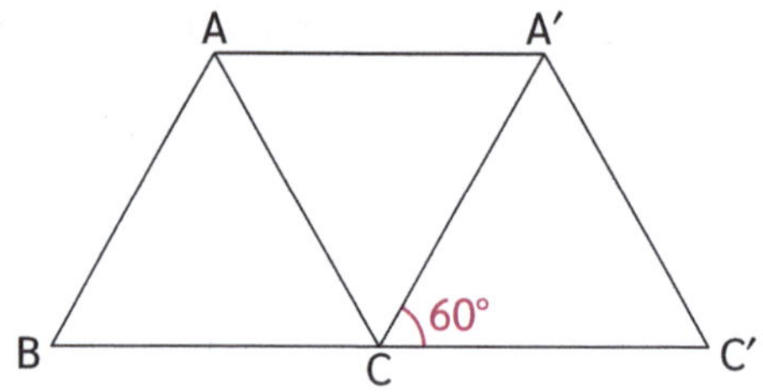

– La rotation r a pour centre le point C.
On a donc r(C) = C.
De plus CA = CA′. En effet, les triangles ABC et A′CC′ sont isométriques donc :
CA′ = BA, et BA = CA car ABC est équilatéral.
Comme ABC est équilatéral, $\widehat{ABC} = \widehat{BCA} = \widehat{CAB} = 60°$. Comme ABC et A′CC′ sont isométriques, $\widehat{A'CC'} = 60°$.
Les points B, C, C′ sont alignés car les droites (BC) et (CC′) sont parallèles à la même droite (AA′) et elles ont un point en commun. Donc $\widehat{BCC'} = 180°$.
Or $\widehat{BCC'} = \widehat{BCA} + \widehat{ACA'} + \widehat{A'CC'}$
soit : $180° = 60° + \widehat{ACA'} + 60°$
D'où $\widehat{ACA'} = 60°$.
Nous avons montré que : CA = CA′ et $\widehat{ACA'} = 60°$.
Donc A est l'image de A′ par la rotation r de centre C et d'angle 60°. De même, A′ est l'image de C′ par la rotation r puisque :
– CC′ = CA′ (car CC′A′ est un triangle équilatéral) ;
– $\widehat{C'CA'} = 60°$ (pour la même raison).
Donc l'image de A′CC′ par la rotation r est le triangle équilatéral ACA′.

Sur Lea.fr
14.5 Autres polygones réguliers

Conclusion : on dira que le triangle ACA′ est l'image du triangle ABC lorsque l'on compose successivement et dans cet ordre les deux transformations planes suivantes :
- translation qui transforme B en C ;
- rotation de centre C et d'angle 60°.

Sur cet exemple, en regardant la figure, on constate, sans vouloir le démontrer, que finalement le triangle ACA′ est le symétrique du triangle ABC dans la symétrie axiale orthogonale (réflexion) d'axe (AC).
En sera-t-il de même pour toute figure du plan ? Pourrions-nous dire que, d'une façon générale, la composition d'une translation puis d'une rotation revient à faire une symétrie ? Rien de moins sûr !
Néanmoins, dans certains cas, il est utile de savoir que certaines compositions reviennent à une seule transformation plane (*cf.* paragraphe suivant).

2. COMPOSITION DE DEUX SYMÉTRIES AXIALES ORTHOGONALES

Déterminons la nature de la transformation qui résulte de la composition de deux symétries axiales orthogonales.

◆ Les deux symétries ont le même axe

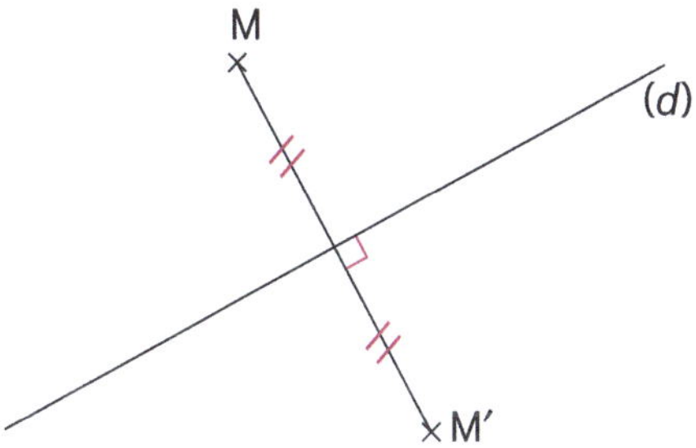

$s(M) = M'$
$s(M') = M$
$s[s(M)] = M$

Il s'agit de composer deux fois la même symétrie.
Soit s la symétrie d'axe (d).
Soit M′ l'image de M par la symétrie s.
(d) est la médiatrice de [MM′] donc $s(M') = M$.
Et donc pour tout point du plan, on a : $M \rightarrow M' \rightarrow M$.

Conclusion : quand on compose deux symétries du même axe, on n'opère aucune transformation du plan.
Chaque point est à lui-même sa propre image.
On parle de **l'application identique**.

◆ Les axes des deux symétries sont parallèles

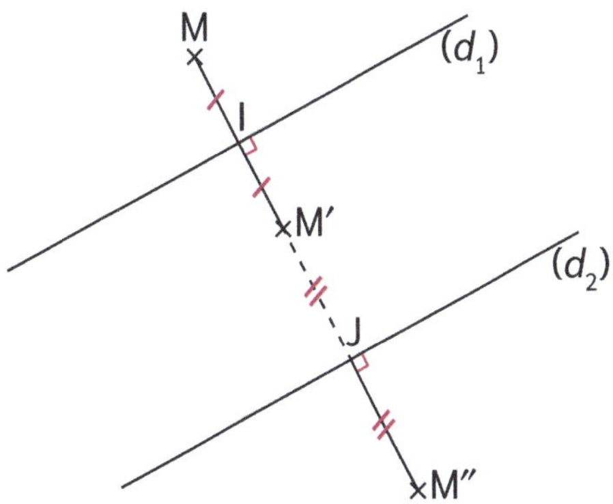

Soit s la symétrie d'axe (d_1) et s' la symétrie d'axe (d_2).
(d_1) est parallèle à (d_2).
Soit M un point du plan.
$M' = s(M)$ et $M'' = s'(M')$
Donc M″ est l'image du point M lorsque l'on compose dans cet ordre les deux symétries s et s'.

Les droites (MM′) et (M′M″) sont perpendiculaires aux mêmes droites (d_1) et (d_2), elles sont donc parallèles, et comme elles possèdent le point M′ en commun, elles sont confondues ; les points M, M′ et M″ sont alignés.
Soit I le milieu de [MM′] et J le milieu de [M′M″].
On a MM′ = 2 IM′ et M′M″ = 2 M′J.
Or MM″ = MM′ + M′M″ (puisque les trois points sont alignés)
= 2 IM′ + 2 M′J
= 2(IM′ + M′J)
= 2 IJ.
Le point M″ s'obtient donc par une translation du point M de direction la droite (IJ), de distance 2 IJ et de sens I vers J.
Composer successivement les deux symétries s et s' d'axes respectifs parallèles (d_1) et (d_2) revient à effectuer une translation.
Cette translation peut être définie ainsi :
- **direction** : une droite perpendiculaire à (d_1) ou (d_2) ;
- **sens** : de (d_1) vers (d_2) (on commence par s) ;
- **distance** : deux fois la distance entre les droites (d_1) et (d_2).

◆ Les axes des deux symétries sont des droites sécantes en un point O

Soit s la symétrie d'axe (d_1) et s' la symétrie d'axe (d_2). (d_1) est aussi l'axe $x'Ox$. (d_2) est aussi l'axe $y'Oy$.
Soit M un point quelconque du plan.
M′ = s(M) et M″ = s'(M′)
Donc M″ est l'image du point M lorsque l'on compose dans cet ordre les deux symétries s et s'.

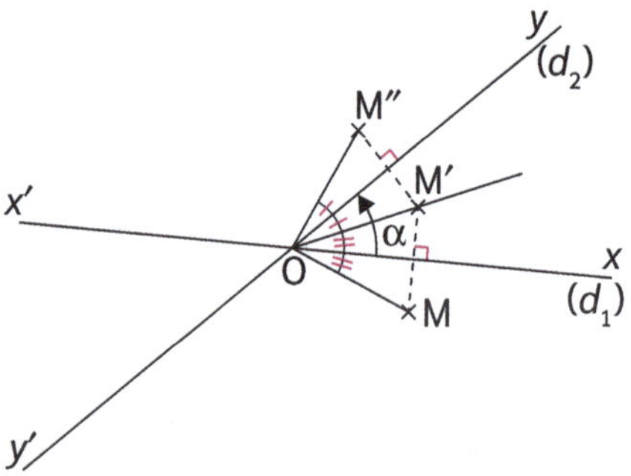

O est à égale distance de M et de M″.
En effet, O appartient à la médiatrice de [MM′] donc OM = OM′.
De la même manière, O appartient à la médiatrice de [M′M″] donc OM′ = OM″.

Et finalement, OM = OM″. Comme (d_1) est la médiatrice de [MM′], (d_1) est aussi la bissectrice de l'angle $\widehat{MOM'}$.
Comme (d_2) est la médiatrice de [M′M″], (d_2) est la bissectrice de l'angle $\widehat{M'OM''}$.

Soit α l'angle formé par les deux droites (d_1) et (d_2).

L'angle $\widehat{MOM''}$ est par conséquent égal à deux fois l'angle α (voir figure).
On a donc, lorsque l'on compose les deux symétries :
$\widehat{MOM''} = 2\alpha$,
et OM″ = OM.
M″ est donc l'image de M par une rotation de centre O et d'angle 2α.

Lorsque l'on compose deux symétries d'axes sécants en un point O et déterminant un angle α, cela revient à effectuer une rotation de centre O et d'angle 2α.

JE M'ENTRAÎNE

ÉNONCÉS

◆ Exercice 1

Sur un quadrillage constitué de carrés, on a placé une droite (*d*), trois points (nommés A, B et M), une figure qui est en forme de fanion et numérotée 1.

1. a. Construire l'image de la figure 1 par la symétrie d'axe (*d*) ; numéroter 2 la figure obtenue.

b. Construire l'image de la figure 1 par la rotation de centre M et d'angle 90° dans le sens des aiguilles d'une montre ; numéroter 3 la figure obtenue.

c. Construire l'image de la figure 1 par la symétrie de centre A ; numéroter 4 la figure obtenue.

d. Construire l'image de la figure 4 par la symétrie de centre B ; numéroter 5 la figure obtenue.

2. Par quelle transformation géométrique peut-on passer directement de la figure 1 à la figure 5 ?

Préciser les éléments caractéristiques de cette transformation.

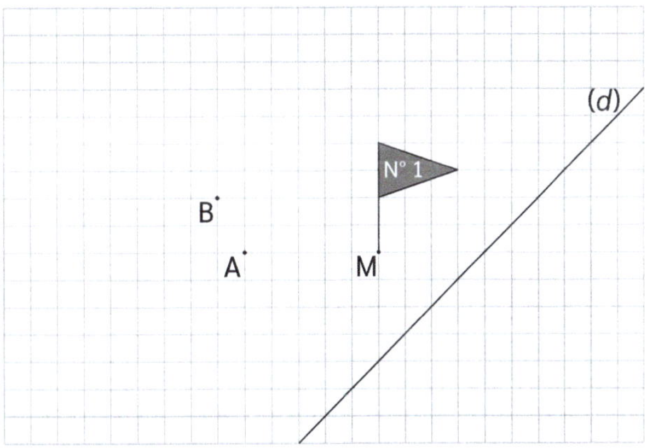

◆ Exercice 2

1. Pour cette question, tracer sur la copie une figure ressemblant à celle ci-après.

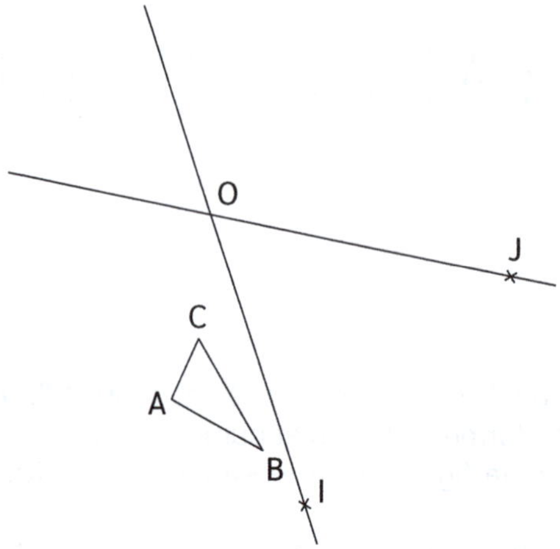

Il ne s'agit pas de reproduire exactement cette figure mais d'en respecter la forme et la disposition.
– Construire à la règle et au compas les symétriques A′, B′ et C′ des points A, B et C par rapport à la droite (OI) en laissent apparents les traits de construction.
– Construire à la règle et au compas les symétriques A″, B″ et C″ des points A′, B′ et C′ par rapport à la droite (OJ) en laissant apparents les traits de construction.

2. À partir de l'observation de la figure obtenue, donner un argument montrant qu'il n'existe pas de symétrie axiale qui transforme les trois points A, B et C en A″, B″ et C″.

3. Montrer que l'angle $\widehat{BOB''}$ vaut le double de l'angle $\widehat{IOJ}$.

4. Quelle est la transformation du plan qui transforme le triangle ABC en A″B″C″ ? Justifier la réponse.

◆ Exercice 3

Soit EFG un triangle isocèle en E tel que FG = 4 cm et EG = 6 cm. Le cercle ($\mathscr{C}$) de diamètre [EG] coupe [FG] en K.
1. Réaliser la figure en vraie grandeur.
2. Démontrer que EGK est un triangle rectangle.
3. Démontrer que K est le milieu de [FG].
4. Calculer la valeur exacte de EK.
5. Soit S le point image du point E par la translation qui transforme K en G.
En utilisant exclusivement compas et règle non graduée, placer le point S sur la figure, en expliquant cette construction. On laissera apparents les traits de construction.

CORRIGÉS

◆ Exercice 1

1.

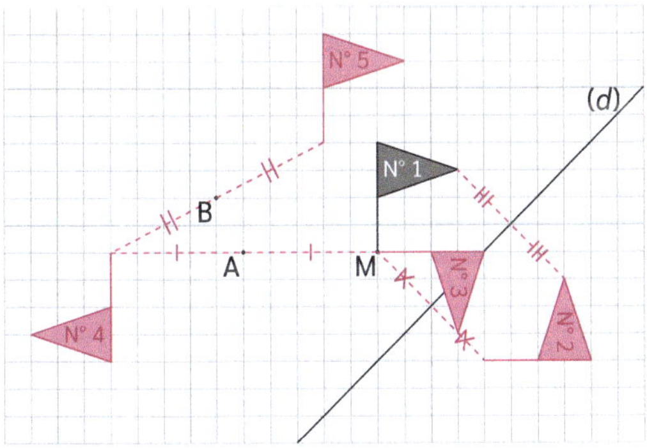

2. On peut passer de la figure 1 à la figure 5 par une translation :
– direction : droite (AB) ;
– sens : A vers B ;
– distance : 2AB.

◆ Exercice 2

1.

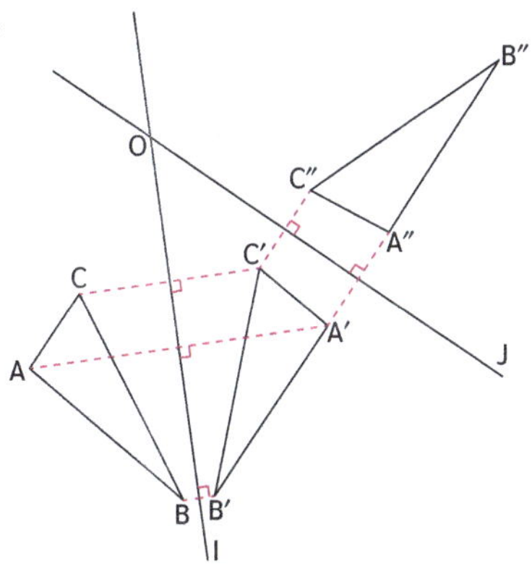

2. Sur la figure obtenue, on constate que les droites (AA″), (BB″) et (CC″) ne sont pas parallèles.
Or si A″B″C″ est le symétrique de ABC par rapport à une droite (*d*), on a alors (AA″) ⊥ (d) ; (BB″) ⊥ (d) et (CC″) ⊥ (d) et par conséquent (AA″) // (BB″) // (CC″).
Donc il n'existe pas de symétrie axiale qui transforme les trois points A, B, C en A″, B″ et C″.

3. B′ est le symétrique de B dans la symétrie d'axe (OI).
Par cette symétrie, O est le symétrique de O, donc [OI) est la bissectrice de l'angle $\widehat{BOB'}$ et donc $\widehat{BOB'} = 2\widehat{IOB'}$.
De la même manière :
B″ est l'image de B′ dans la symétrie d'axe (OJ).
Par cette symétrie, O est l'image de O donc [OJ) est la bissectrice de l'angle $\widehat{B'OB''}$ et donc $\widehat{B'OB''} = 2\,\widehat{B'OJ}$.

Les angles $\widehat{BOB'}$ et $\widehat{B'OB''}$ sont adjacents.

Donc $\widehat{BOB''} = \widehat{BOB'} + \widehat{B'OB''} = 2\,\widehat{IOB'} + 2\widehat{B'OJ} = 2(\widehat{IOB'} + \widehat{B'OJ})$

Les angles $\widehat{IOB'}$ et $\widehat{B'OJ}$ sont adjacents donc $\widehat{BOB''} = 2\widehat{IOJ}$.

4. La symétrie est une isométrie.
Donc OB = OB′= OB″.

Les points B, B′, B″ sont situés sur le cercle de centre O et de rayon OB.

Par ailleurs, $\widehat{BOB''} = 2\widehat{IOJ}$.

On en conclut que, la transformation plane qui transforme A, B, C en A″, B″, C″ est une rotation de centre O et d'angle $2\widehat{IOJ}$.

◆ Exercice 3

1.

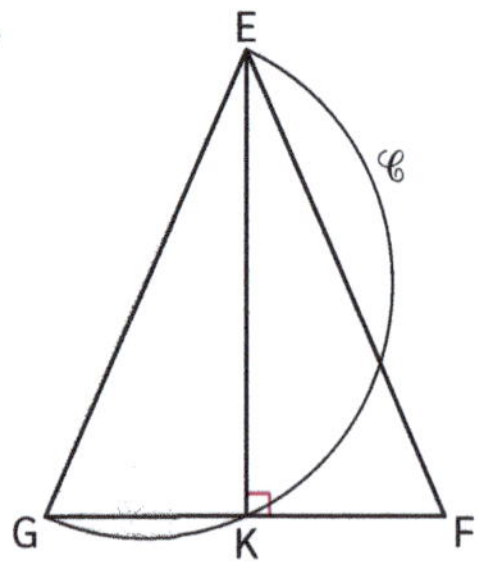

Note : la figure a été réduite.

2. Les points E, G et K sont situés sur le cercle de centre le milieu de [EG] et de rayon $\frac{1}{2}$EG.

[EG] est un diamètre de ce cercle : le triangle EGK est inscrit dans un demi-cercle.

Donc le triangle EGK est un triangle rectangle en K.

3. Nous pouvons en déduire que [EK] est une hauteur du triangle isocèle EFG issue du sommet principal E.
Donc la droite (EK) est également une médiatrice du côté [GF].

Donc K est le milieu du segment [GF].

4. Le triangle EGK est rectangle en K. D'après la propriété de Pythagore, on a :

$EG^2 = GK^2 + EK^2$

K est le milieu de [GF], donc GK = 2 cm.

$EK^2 = 6^2 - 2^2$

$EK^2 = 36 - 4 = 32$

$EK = \sqrt{32}$

$EK = \sqrt{16} \times \sqrt{2} = 4\sqrt{2}$ cm.

5.

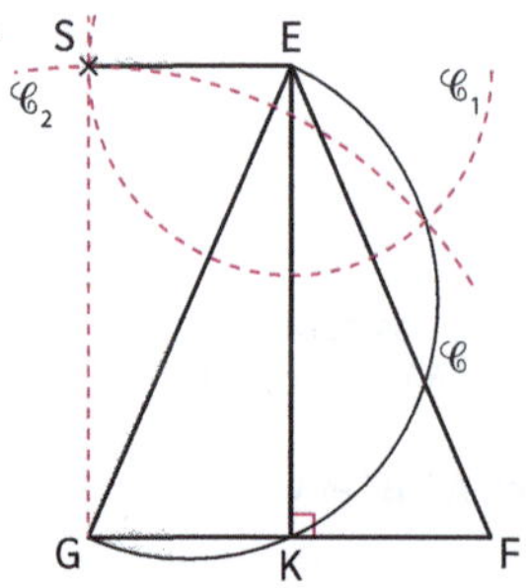

Si S est l'image de E par la translation qui transforme K en G, alors le quadrilatère ESGK est un parallélogramme ; ses côtés opposés sont égaux.

On a ES = GK et GS = EK.

On trace les cercles $\mathscr{C}_1$ de centre E et de rayon GK et $\mathscr{C}_2$ de centre G et de rayon EK.

S est le point d'intersection de ces deux cercles qui se situe dans le demi-plan de frontière (GE) qui ne contient pas K.

Sur Lea.fr

Corrigés développés et exercices complémentaires

ENTRAINEMENT AU CONCOURS

- **SUJET CRPE 2022 GR1**
  Énoncé
  Corrigé

- **SUJET CRPE 2023 GR1**
  Énoncé
  Corrigé

- **SUJET CRPE 2024 GR1**
  Énoncé
  Corrigé

Sur Lea.fr

Retrouvez les corrigés des groupements 2 et 3 de 2022 et 2023

Sujet CRPE 2022 GR1

ÉNONCÉ

◆ Exercice 1

Dans cette version adaptée du biathlon, les élèves ont à parcourir, en courant, 4 grands tours tracés avec des plots sur un stade comme dans la figure ci-dessous. À l'issue de chacun des 3 premiers tours, ils se présentent au pas de tir et lancent 3 balles sur des cibles. S'ils atteignent 3 fois leur cible, ils n'ont pas de pénalité et repartent pour le grand tour suivant. En revanche, pour chaque lancer manqué, ils doivent effectuer un petit tour avant de repartir sur le grand tour.
Pour chaque élève, on mesure la durée mise pour faire un parcours complet (grands tours + lancers + petits tours de pénalité le cas échéant). L'objectif est de mettre le moins de temps possible pour effectuer le parcours complet.

D'après www.revue-eps.com janvier-février-mars 2016

Partie 1

Dans cette partie, les élèves s'entrainent à la course sur le grand tour, sans effectuer de lancer de balles.

1. Pour un élève de CE1, la longueur du grand tour est de 250 m.

a. On considère un élève qui effectue les 4 tours en 10 minutes. Quelle est sa vitesse moyenne de course, en mètre par minute ?

b. Un autre élève a couru les 4 tours à la vitesse moyenne de 150 m/min. Déterminer sa vitesse moyenne en kilomètre par heure.

2. Dans le tableau ci-dessous, les longueurs d'un grand tour pour des élèves de CM1 et de CM2 sont données, ainsi que les temps de course pour effectuer 4 grands tours, de deux élèves (un en CM1 et un en CM2).

Élève	Longueur de 1 grand tour	Temps de course pour 4 grands tours
Élève de CM1	400 m	9 minutes et 30 secondes
Élève de CM2	500 m	11 minutes et 8 secondes

Déterminer la vitesse moyenne (en mètre par minute, arrondie à l'unité) de chacun de ces deux élèves, lorsqu'ils ont réalisé les 4 grands tours.

Partie 2

Dans cette partie, des élèves de CE1 font l'épreuve de biathlon dans sa totalité :
les 4 grands tours + les 3 épreuves de lancers de 3 balles + les éventuels tours de pénalité.
On rappelle que pour un élève de CE1, la longueur du grand tour est de 250 m.

1. La longueur du tour de pénalité est de 20 m.

a. Sachant que le tour de pénalité forme un cercle, déterminer son rayon. Arrondir au centimètre.

b. Un élève de CE1, qui court à la vitesse moyenne de 150 m/min, prend le départ de l'épreuve. On suppose que pour effectuer 3 lancers, il passe, à chaque fois, 30 secondes sur le pas de tir.
Quelle sera la durée totale que met cet élève pour réaliser le parcours complet, s'il ne rate aucune cible au premier tour et qu'il rate une cible au 2e tour puis deux cibles au 3e tour ? Donner la réponse en minutes et secondes.

2. Le professeur des écoles souhaite aider ses élèves à développer une stratégie pour améliorer leurs résultats. Il relève les performances d'un même élève de CE1 qui fait 3 fois l'épreuve de biathlon dans sa totalité en modifiant certains paramètres à chaque essai. Dans le tableau ci-dessous, V_{moy} est la vitesse moyenne de cet élève sur les périodes de course (4 grands tours + éventuels tours de pénalité).

	A	B	C	D	E	F	G	H	I	J	K
1		tirs n°1		tirs n°2		tirs n°3		distance	temps		durée
2	élève	durée (s)	cibles manquées	durée (s)	cibles manquées	durée (s)	cibles manquées	totale parcourue	de course (s)	V moy (m/min)	totale (min)
3	essai 1	30	0	30	1	30	2		418		
4	essai 2	30	0	32	0	35	0		300		
5	essai 3	19	3	21	3	21	3		341		

a. La formule saisie en H3 puis recopiée vers le bas est :

=1000+(C3+E3+G3)*20

Expliquer le terme (C3+E3+G3)*20 dans le contexte de l'exercice.

b. Donner une formule qui pourra être introduite dans la cellule J3, de telle sorte qu'elle puisse être recopiée vers le bas pour effectuer le calcul pour les autres essais.

c. Donner une formule qui pourra être introduite dans la case « durée totale » K3, de telle sorte qu'elle puisse être recopiée vers le bas pour effectuer le calcul pour les autres essais.

Après calculs, on obtient le tableau complet ci-dessous :

	A	B	C	D	E	F	G	H	I	J	K
1		tirs n°1		tirs n°2		tirs n°3		distance	temps		durée
2	élève	durée (s)	cibles manquées	durée (s)	cibles manquées	durée (s)	cibles manquées	totale parcourue	de course (s)	V moy (m/min)	totale (min)
3	essai 1	30	0	30	1	30	2	1060	482	132	9,53
4	essai 2	30	0	32	0	35	0	1000	469	128	9,43
5	essai 3	19	3	21	3	21	3	1180	566	125	10,45

d. Interpréter le tableau pour déterminer ce que l'élève a modifié entre l'essai 2 et l'essai 3.

e. Si on analyse les performances de l'élève aux essais 2 et 3, quelle hypothèse ce tableau permet-il de faire du point de vue des stratégies à adopter ?

◆ Exercice 2

On dispose d'un dé cubique non truqué dont les faces opposées sont identiques : deux faces numérotées 0, deux faces numérotées 1 et deux faces numérotées 2.

1. On effectue deux lancers et on lit, à chaque lancer, le chiffre inscrit sur la face supérieure. Les deux lancers permettent d'obtenir un nombre décimal : le résultat du premier lancer donne le chiffre des unités et celui du second lancer le chiffre des dixièmes.

a. Donner la liste de tous les nombres que l'on peut obtenir.

b. Justifier que la probabilité d'obtenir 1,2 est égale à 1/9.

c. Quelle est la probabilité d'obtenir un nombre strictement inférieur à 1 ?

d. Quelle est la probabilité d'obtenir un nombre entier ?

e. Quelle est la probabilité d'obtenir un nombre décimal ?

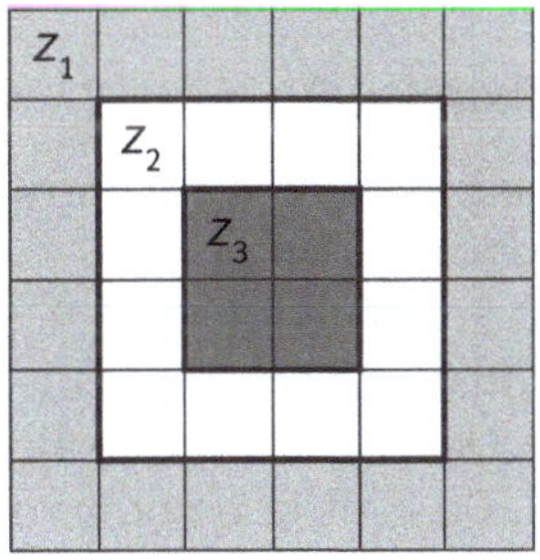

2. Le tapis représenté ci-contre est constitué de 36 carrés de côté 10 cm. Ces carrés définissent trois zones Z_1, Z_2 et Z_3. repérées par des couleurs différentes. Avec le même dé que précédemment, on effectue un lancer sur ce tapis et on regarde la face supérieure. Si le dé tombe à cheval sur deux zones, on le relance.

On admet que la probabilité que le dé tombe dans une zone est proportionnelle à l'aire de la zone.

a. Quelle est la probabilité que le dé tombe dans la zone Z_2 ?

b. Quelle est la probabilité que le dé tombe en zone Z_2 et donne le nombre 1 ?

c. Quelle est la probabilité que le dé tombe en zone Z_2 et donne un nombre pair ?

◆ Exercice 3

Un enseignant d'une classe de CM2 a proposé ce problème à ses élèves.

> *Dans un bocal, un enfant a des billes vertes, des billes rouges et des billes bleues.*
> *Il a 4 fois plus de billes rouges que de billes vertes et il a 3 billes vertes de plus que de billes bleues. En tout il a 51 billes.*
> *Combien a-t-il de billes de chaque couleur ?*

D'après un problème du *Guide pour enseigner la résolution de problèmes au cours moyen*, Ministère de l'Éducation nationale, 2021

1. Voici la réponse proposée par Samira, une élève de la classe de CM2 :

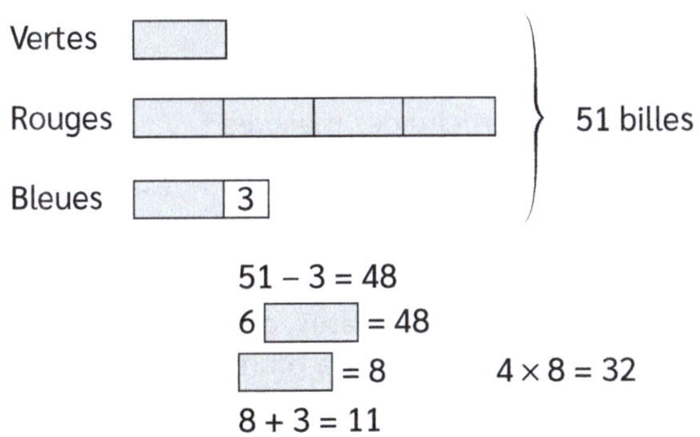

Il a 8 billes vertes, 32 billes rouges et 11 billes bleues, ça fait bien 51 billes.

Proposer une version corrigée du schéma utilisé par Samira pour résoudre le problème.

2. a. En notant *v* le nombre de billes vertes, déterminer, en fonction de *v*, le nombre de billes rouges et le nombre de billes bleues.

b. Mettre le problème en équation et la résoudre pour répondre algébriquement à la question posée dans l'énoncé.

◆ Exercice 4

Le programme ci-contre (*programme 1*) a été écrit avec le logiciel Scratch.

1. En prenant C = 50 et 1 cm pour 10 pixels, tracer la figure construite en utilisant le *programme 1*.

2. Quelle est la nature de la figure tracée ? Justifier la réponse.

3. On écrit le *programme 2* en utilisant le bloc précédent, afin d'obtenir la figure représentée ci-après.

Programme 1

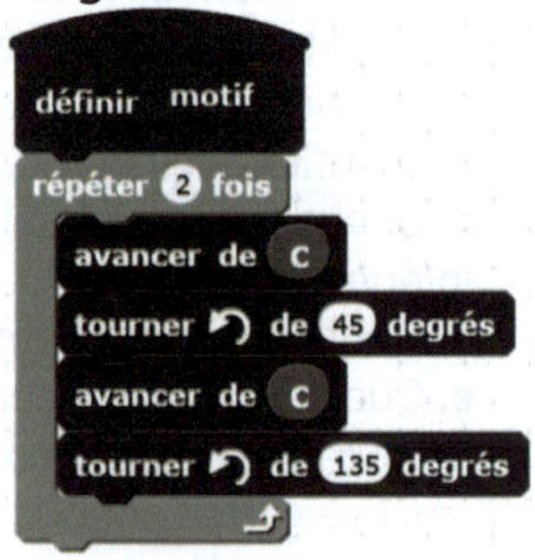

Programme 2

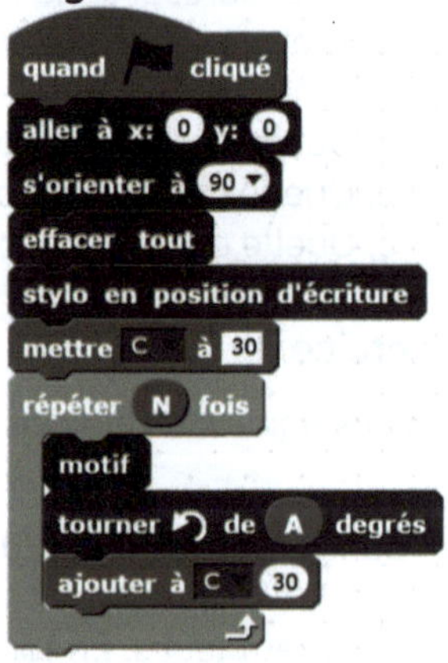

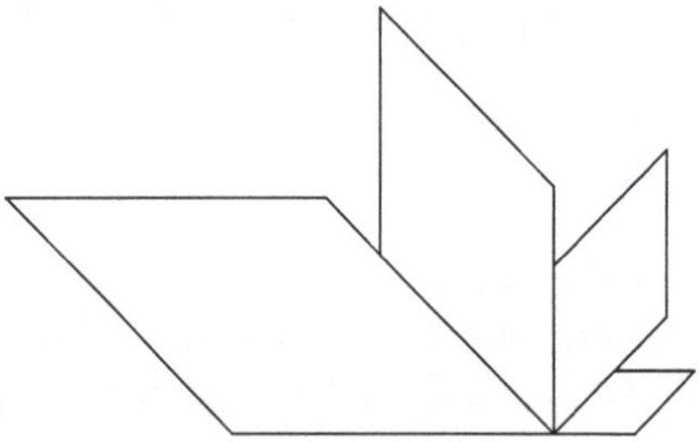

Rappel :

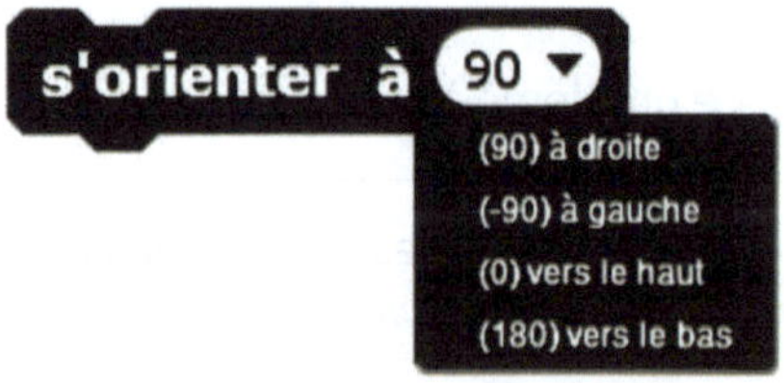

a. Quelles valeurs attribuer aux lettres A et N dans le *programme 2* pour obtenir la figure correspondante ?

b. Quelle est la valeur de la variable C une fois le programme exécuté ?

4. Comment peut-on modifier le *programme 2* pour obtenir la figure ci-contre pour laquelle chaque segment mesure 30 pixels ?

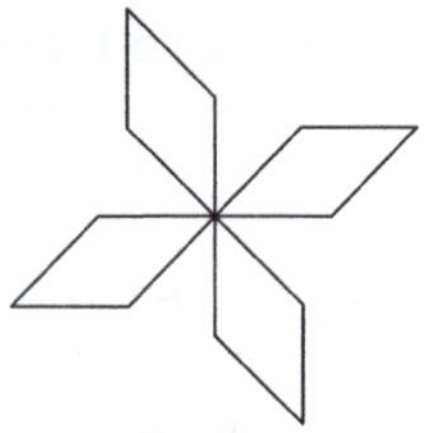

◆ Exercice 5

Un ballon-sonde est un ballon à gaz utilisé pour faire des mesures locales dans l'atmosphère.

Dans le cadre du projet scientifique qu'elle anime pour sa classe de CM2, une professeure des écoles a reçu un petit ballon-sonde, représenté ci-contre.

Son enveloppe, composée de matières plastiques et de latex, a la forme, une fois gonflée, d'un cône de révolution surmonté d'une demi-sphère.

Les dimensions données sur la figure ci-contre sont celles du ballon-sonde au sol, sur le lieu du lâcher situé au niveau de la mer.

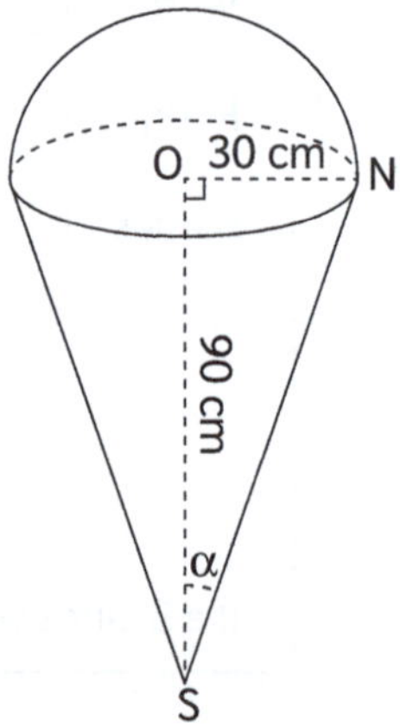

La pression atmosphérique diminuant avec l'altitude, le ballon se dilate en prenant de la hauteur, et ses dimensions augmentent jusqu'à l'éclatement après une ascension de plus de vingt kilomètres.

On pourra, si nécessaire, utiliser le formulaire ci-dessous.

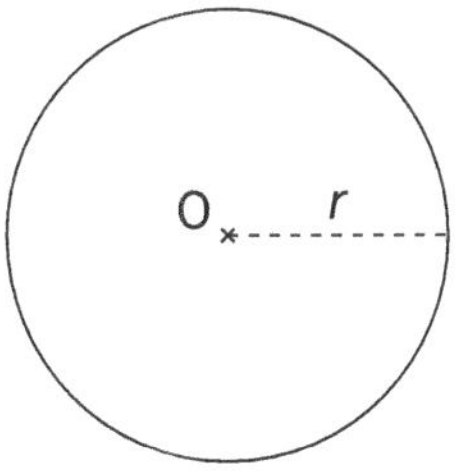	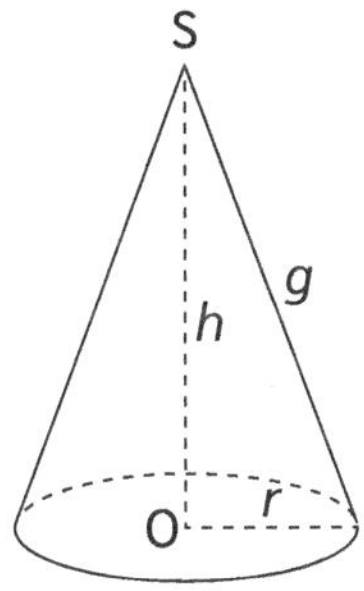 *g* est la longueur d'une génératrice du cône.	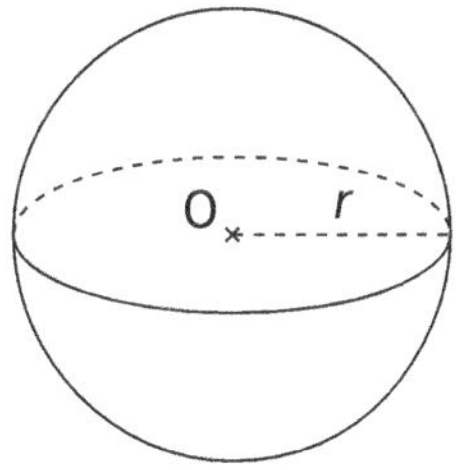
Périmètre du disque $2\pi r$	Volume du cône de révolution $\frac{1}{3}\pi r^2 h$	Volume de la boule $\frac{4}{3}\pi r^3$
Aire du disque πr^2	Aire de la surface latérale $\pi r g$	Aire de la sphère $4\pi r^2$

1. a. Montrer, en indiquant les étapes du calcul, que le volume exact du ballon-sonde au niveau de la mer est égal à $45\,000\,\pi$ cm^3.

b. Donner le volume du ballon-sonde en litre, arrondi à l'entier.

2. Montrer qu'une génératrice du cône mesure $\sqrt{9\,000}$ cm.

3. En déduire que l'enveloppe totale du ballon-sonde, au niveau de la mer, a une aire d'environ 1,5 m^2 au dixième près.

4. Entre 0 mètre d'altitude et 4 500 mètres d'altitude, les longueurs du ballon-sonde augmentent de 25 %.

a. Par quel nombre les longueurs initiales sont-elles multipliées ?

b. Montrer que, à 4 500 mètres d'altitude, l'enveloppe totale du ballon-sonde a une aire d'environ 2,3 m^2 arrondie au dixième près.

c. Donner un arrondi, au litre près, du volume du ballon-sonde à 4 500 mètres d'altitude.

5. On lâche le ballon à 0 mètre d'altitude. On relève alors une température de 15 °C. À 4 500 mètres d'altitude, la température transmise est de −12 °C. Entre 0 et 12 000 m d'altitude, la température, en degré Celsius, en fonction de l'altitude x, en mètre, peut être modélisée par une fonction affine notée t.

Montrer que pour tout x entre 0 et 12 000, on a $t(x) = -0{,}006x + 15$.

6. À partir de quelle altitude la température devient-elle négative ? Justifier le résultat en résolvant une inéquation.

7. La professeure des écoles a réalisé, à l'aide d'un tableur, le calcul des températures en fonction de l'altitude du ballon-sonde.

	A	B	C	D	E	F	G	H	I	J	K	L	M	N	O	P	Q	R	S	T	U	V	W	X	Y	Z
1	altitude en mètre	0	500	1000	1500	2000	2500	3000	3500	4000	4500	5000	5500	6000	6500	7000	7500	8000	8500	9000	9500	10000	10500	11000	11500	12000
2	température en degrés	15	12	9	6	3	0	-3	-6	-9	-12	-15	-18	-21	-24	-27	-30	-33	-36	-39	-42	-45	-48	-51	-54	-57

En observant les données du tableau, sachant que le ballon part de 0 mètre d'altitude, à quelle altitude se trouve-t-il lorsque la température a baissé de 30 °C ?

CORRIGÉ

◆ Exercice 1

Partie 1

1. a. Un élève effectue 4 grands tours de 250 m chacun, donc 1 000 m (4 × 250 m) en 10 minutes. Par conséquent, sa vitesse moyenne est égale à 100 m/min $\left(\frac{1\,000\text{ m}}{10\text{ min}}\right)$.

b. La vitesse moyenne de cet élève est égale à 150 m/min, c'est-à-dire qu'il parcourt en moyenne 150 m en 1 min, soit 150 m × 60 en 60 min ; or 150 m × 60 = 9 000 m = 9 km en 1 heure. Sa vitesse moyenne est égale à 9 km/h.

2. L'élève de CM1 parcourt 4 grands tours de 400 m chacun, soit 1 600 m (4 × 400 m) en 9 min et 30 s, c'est-à-dire en 9,5 min. Sa vitesse moyenne v_1 sur ces 4 tours est égale à :

$$v_1 = \frac{1\,600\text{ m}}{9{,}5\text{ min}} = \frac{3\,200}{19}\text{ m/min} \approx 168{,}4\text{ m/min}$$

Sa vitesse moyenne est environ égale à 168 m/min (arrondie à l'unité).

L'élève de CM2 parcourt 4 tours de 500 m chacun, donc il parcourt 2 000 m en 11 min et 8 s.

$$11\text{ min }8\text{ s} = 11\text{ min} + \frac{8}{60}\text{ min} = \frac{11 \times 15}{15}\text{ min} + \frac{2}{15}\text{ min} = \frac{165+2}{15}\text{ min} = \frac{167}{15}\text{ min}$$

Il parcourt ces 2 000 m en $\frac{167}{15}$ min ; sa vitesse moyenne v_2 sur ces 4 tours est égale à :

$$v_1 = \frac{2\,000\text{ m}}{\frac{167}{15}\text{ min}} = 2\,000 \times \frac{15}{167}\text{ m/min} = \frac{30\,000}{167}\text{ m/min} \approx 179{,}6\text{ m/min}$$

Sa vitesse moyenne est environ égale à 180 m/min (arrondie à l'unité).

Partie 2

1. a. Le cercle a pour périmètre 20 m, donc son rayon est égal à $\frac{20\text{ m}}{2\pi} \approx 3{,}183$ m.

Le rayon du cercle est environ égal à 3,18 m (arrondi au cm).

b. Cet élève parcourt 4 grands tours, soit 1 000 m (4 × 250 m) et 3 tours de pénalité, soit 60 m (3 × 20 m) ; il parcourt donc en tout 1 060 m (1 000 m + 60 m) à la vitesse moyenne de 150 m/min. Son temps t_1 passé à courir est donc égal à :

$$t_1 = \frac{1\,060\text{ m}}{150\text{ m/min}} = \frac{106}{15}\text{ min} = \frac{7 \times 15 + 1}{15}\text{ min} = 7\text{ min} + \frac{1}{15} \times 60\text{ s} = 7\text{ min }4\text{ s}$$

Il effectue également 3 séries de lancers pendant une durée de temps t_2 égale à 1,5 min :

t_2 = 3 × 30 s = 1 min 30 s.

Son temps total de parcours est égal à :

$$t_1 + t_2 = 7\text{ min }4\text{ s} + 1\text{ min }30\text{ s} = 8\text{ min }34\text{ s}$$

Cet élève de CE1 a mis au total 8 min 34 s pour effectuer son parcours.

2. a. Dans les cellules C3, E3 et G3, on comptabilise les tirs qui n'ont pas touché la cible respectivement après le 1er tour, le 2e tour et le 3e tour. La somme (C3+E3+G3) correspond donc au nombre total de cibles manquées qui ont généré chacun un tour de pénalité de 20 m à effectuer, d'où la formule (C3+E3+G3)*20 qui permet de calculer la distance totale parcourue en raison des pénalités.
b. Dans la cellule J3, on souhaite avoir la vitesse moyenne en m/min. Elle s'obtient en divisant la distance totale parcourue en m (présente dans la cellule H3) par le temps de course en secondes (présent dans la cellule I3) (on obtient alors la vitesse en m/s) et en multipliant ce quotient par 60 pour obtenir la vitesse moyenne en m/min.
La formule à entrer dans la cellule J3 est donc : =(H3/I3)*60
c. Pour obtenir la durée totale en minutes du parcours, il faut ajouter les durées en secondes de chacune des trois séries de tirs (présentes en cellules B3, D3 et F3) au temps de course en secondes (présent en cellule I3) et diviser cette somme par 60.
Dans la cellule K3, on entre donc la formule : =(B3+D3+F3+I3)/60
d. Entre l'essai 2 et l'essai 3, l'élève a diminué son temps de visée lors de chacune des trois séries de tirs ; mais de ce fait, il s'est moins appliqué et a manqué les cibles à chaque tir. Il a donc eu en tout, 9 tours de 20 m de pénalité à effectuer, ce qui l'a fatigué et a fait baisser sa vitesse moyenne sur l'ensemble de sa course (tout en parcourant une plus grande distance). Globalement, le temps gagné lors des visées de cible a été perdu par une plus longue distance à parcourir à une plus faible vitesse. Son temps total de parcours a donc été moins bon (il a mis 1 min et 2 s de plus pour effectuer son parcours à l'essai 3 par rapport à l'essai 2).
e. La stratégie à adopter semble être de prendre son temps (sans exagérer) lors des visées des cibles de façon à ne pas avoir de pénalités (qui ajoutent de la distance à parcourir et font baisser la vitesse moyenne de course). Quelques secondes de plus pour viser correctement les cibles permettent d'éviter des secondes de course supplémentaires.

◆ Exercice 2

1. a. On peut obtenir les nombres suivants :
0,0 (= 0) ; 0,1 ; 0,2 ; 1,0 (= 1) ; 1,1 ; 1,2 ; 2,0 (= 2) ; 2,1 et 2,2.
b. Pour obtenir le nombre 1,2 il faut obtenir le nombre 1 au premier lancer ; cet événement a une probabilité de $\frac{2}{6}\left(\frac{\text{2 cas favorables}}{\text{6 cas possibles}}\right)$ soit $\frac{1}{3}$.
Puis il faut obtenir le nombre 2 au second lancer (indépendant du 1er lancer) ; cet événement a une probabilité de $\frac{2}{6}\left(\frac{\text{2 cas favorables}}{\text{6 cas possibles}}\right)$ soit $\frac{1}{3}$.
Comme ces deux événements sont indépendants, leurs probabilités se multiplient, donc la probabilité d'obtenir 1 au 1er lancer et 2 au 2nd lancer est égale à $\frac{1}{3}\times\frac{1}{3}=\frac{1}{9}$.
Autre méthode :

		1er lancer correspondant au chiffre des unités du nombre					
		0	0	1	1	2	2
2nd lancer correspondant au chiffre des dixièmes du nombre	0	0,0	0,0	1,0	1,0	2,0	2,0
	0	0,0	0,0	1,0	1,0	2,0	2,0
	1	0,1	0,1	1,1	1,1	2,1	2,1
	1	0,1	0,1	1,1	1,1	2,1	2,1
	2	0,2	0,2	**1,2**	**1,2**	2,2	2,2
	2	0,2	0,2	**1,2**	**1,2**	2,2	2,2

$P(\text{obtenir } 1{,}2)=\frac{4}{36}=\frac{1}{9}\left(\frac{\text{4 cas favorables}}{\text{36 cas possibles}}\right)$.
De la même manière, la probabilité d'obtenir chacun des autres nombres est égale à $\frac{1}{9}$.

c. Obtenir un nombre strictement inférieur à 1 revient à obtenir les nombres 0 ou 0,1 ou 0,2. Chacun de ces événements est incompatible avec les autres (on ne peut pas avoir en même temps comme tirage les nombres 0,1 et 0,2 par exemple), donc leurs probabilités s'ajoutent.
Soit A l'événement « obtenir un nombre strictement inférieur à 1 ».
$P(\text{A}) = P(\text{obtenir } 0{,}1 \text{ ou } 0{,}2 \text{ ou } 0{,}3)$
$= P(\text{obtenir } 0{,}1) + P(\text{obtenir } 0{,}2) + P(\text{obtenir } 0{,}3)$
$= \frac{1}{9} + \frac{1}{9} + \frac{1}{9} = \frac{3}{9} = \frac{1}{3}$
La probabilité d'obtenir un nombre strictement inférieur à 1 est égale à $\frac{1}{3}$.

Autre méthode :

		1er lancer correspondant au chiffre des unités du nombre					
		0	0	1	1	2	2
2nd lancer correspondant au chiffre des dixièmes du nombre	0	**0,0**	**0,0**	1,0	1,0	2,0	2,0
	0	**0,0**	**0,0**	1,0	1,0	2,0	2,0
	1	**0,1**	**0,1**	1,1	1,1	2,1	2,1
	1	**0,1**	**0,1**	1,1	1,1	2,1	2,1
	2	**0,2**	**0,2**	1,2	1,2	2,2	2,2
	2	**0,2**	**0,2**	1,2	1,2	2,2	2,2

Soit A l'événement « obtenir un nombre strictement inférieur à 1 ».
$P(\text{A}) = \frac{12}{36} = \frac{1}{3} \left(\frac{12 \text{ cas favorables}}{36 \text{ cas possibles}}\right)$

d. Les nombres entiers sont 0, 1 et 2.
$P(\text{obtenir un nombre entier}) = P(0 \text{ ou } 1 \text{ ou } 2) = P(0) + P(1) + P(2) = \frac{1}{9} + \frac{1}{9} + \frac{1}{9} = \frac{1}{3}$

Autre méthode :

		1er lancer correspondant au chiffre des unités du nombre					
		0	0	1	1	2	2
2nd lancer correspondant au chiffre des dixièmes du nombre	0	**0,0**	**0,0**	**1,0**	**1,0**	**2,0**	**2,0**
	0	**0,0**	**0,0**	**1,0**	**1,0**	**2,0**	**2,0**
	1	0,1	0,1	1,1	1,1	2,1	2,1
	1	0,1	0,1	1,1	1,1	2,1	2,1
	2	0,2	0,2	1,2	1,2	2,2	2,2
	2	0,2	0,2	1,2	1,2	2,2	2,2

$P(\text{obtenir un nombre entier}) = \frac{12}{36} = \frac{1}{3} \left(\frac{12 \text{ cas favorables}}{36 \text{ cas possibles}}\right)$

e. Les nombres entiers sont également des nombres décimaux ; quels que soient les lancers de dés, on obtiendra toujours un nombre décimal, donc l'événement « obtenir un nombre décimal » est un événement certain, sa probabilité est égale à 1.
$P(\text{obtenir un nombre décimal}) = 1$.

2. a. La zone Z_2 est constituée de 12 carrés ; le tapis est constitué de 36 carrés.
$P(\text{tomber dans la zone } Z_2) = \frac{12}{36} = \frac{1}{3}$.

b. La zone dans laquelle tombe le dé et la valeur du dé sont indépendantes, donc :
P(tomber dans la zone Z_2 et obtenir 1) = P(tomber dans la zone Z_2) × P(obtenir 1) = $\frac{1}{3} \times \frac{1}{3} = \frac{1}{9}$
La probabilité que le dé tombe en zone Z_2 et donne le nombre 1 est égale à $\frac{1}{9}$.

c. Étant donné que les faces du dé sont 0, 1 et 2, les événements « obtenir 1 » et « obtenir un nombre pair » sont complémentaires (les nombres pairs sont 0 et 2), donc :
P(obtenir un nombre pair) = 1 – P(obtenir 1) = $1 - \frac{1}{3} = \frac{2}{3}$.
On appelle B l'événement « tomber dans la zone Z_2 et obtenir un nombre pair ».
P(B) = P(tomber dans la zone Z_2) × P(obtenir un nombre pair)
$P(B) = \frac{1}{3} \times \frac{2}{3} = \frac{2}{9}$
La probabilité de tomber dans la zone 2 et d'obtenir un nombre pair est égale à $\frac{2}{9}$.

◆ Exercice 3

1.

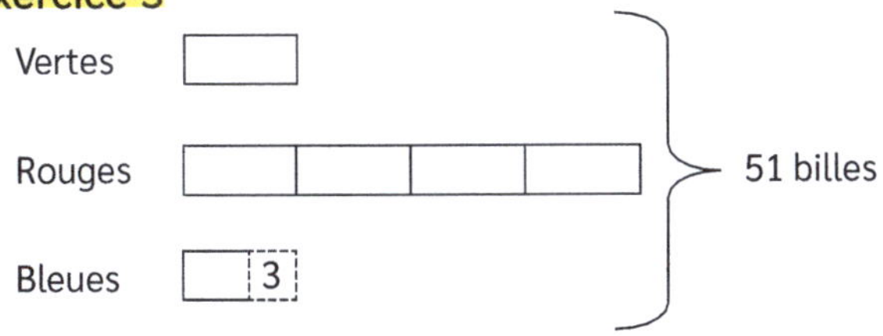

Comme il y a trois billes vertes de plus que de billes bleues, cela signifie qu'il y a 3 billes bleues de moins que de billes vertes.
Dans le dessin des billes bleues, Il faut donc retirer 3 billes au rectangle schématisant le nombre de billes vertes, pour obtenir le nombre de billes bleues (au lieu de les ajouter comme l'a fait Samira).
2. a. Nombre de billes vertes : v
Nombre de billes rouges : $4v$
Nombre de billes bleues : $v - 3$
b. Le nombre total de billes est égal à 51, donc on a :
$v + 4v + v - 3 = 51$
$6v - 3 = 51$
$6v = 51 + 3$
$6v = 54$
$v = \frac{54}{6} = 9$
Il y a donc 9 billes vertes, 36 billes rouges (4 × 9) et 6 billes bleues (9 – 3).

◆ Exercice 4

1. On doit faire deux fois : avancer de 5 cm, tourner de 45° dans le sens trigonométrique direct, avancer de 5 cm, puis tourner de 135°.
En supposant que l'on soit orienté initialement à 90°, c'est-à-dire horizontalement vers la droite, on obtient :

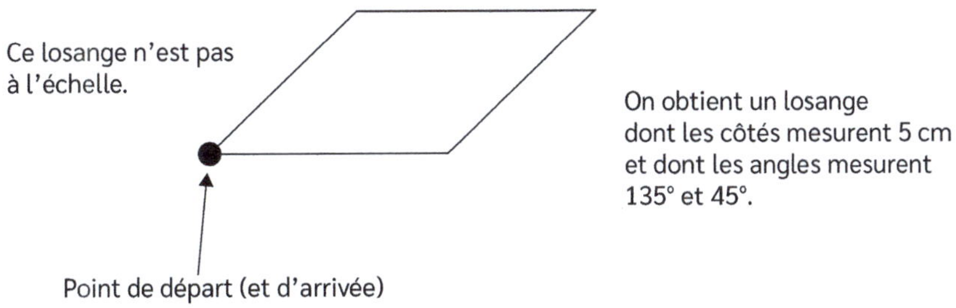

<u>Étapes de la construction :</u>

<u>Étape initiale :</u>

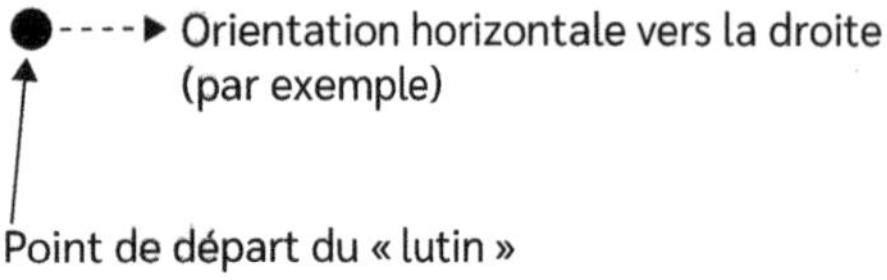

<u>Étape 1 :</u>

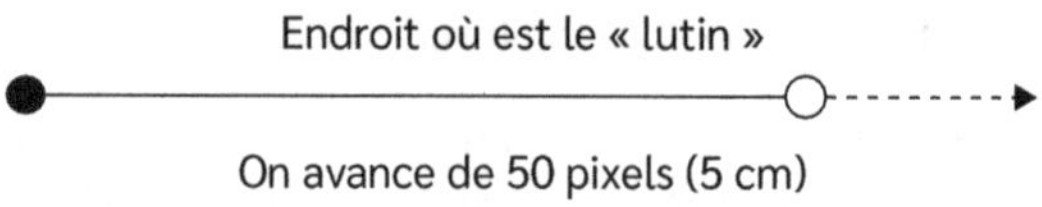

<u>Étape 2 :</u>

On tourne de 45° dans le sens trigonométrique direct

<u>Étape 3 :</u>

On avance de 50 pixels (5 cm)

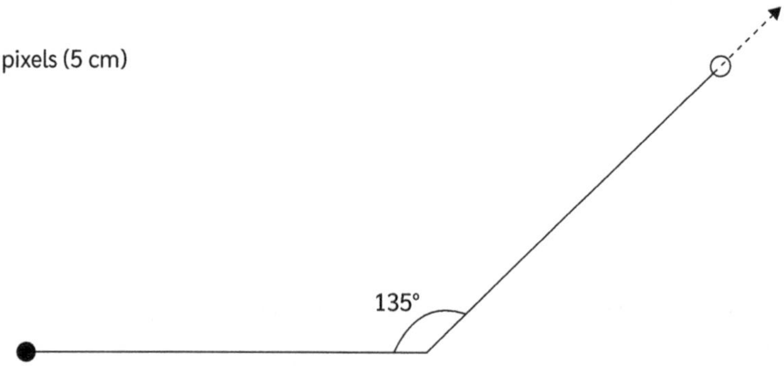

<u>Étape 4 :</u>

On tourne de 135° dans le sens trigonométrique direct.

On se retrouve orienté dans le sens opposé de la position initiale (on a tourné de 180° en tout : 45° + 135°).

Ensuite on recommence ces 4 étapes pour former l'autre partie du losange.

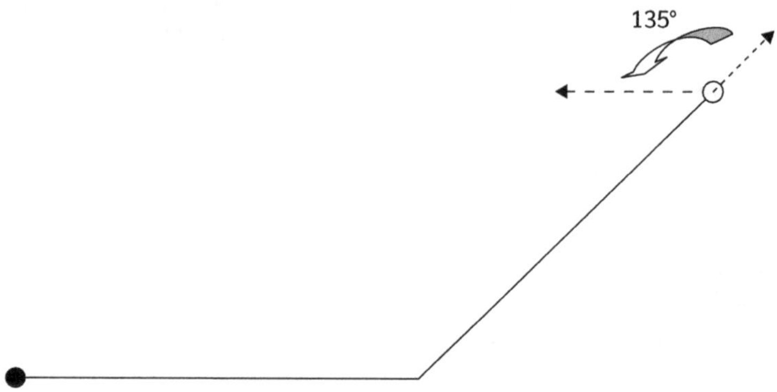

2. La figure obtenue est un losange dont les côtés mesurent 50 pixels de long et dont les angles mesurent 135° et 45°, en effet :

– <u>Montrons que la figure tracée est bien un polygone :</u>

Pour passer du 1er segment tracé au 3e segment tracé, le « lutin » a tourné de 180° (45° + 135°), donc ces deux segments ont des supports parallèles. On se dirige donc dans une direction en parcourant 5 cm, puis on se dirige dans la direction opposée en parcourant 5 cm.

Pour passer du 2e segment tracé au 4e segment tracé, le « lutin » a également tourné de 180° (45° + 135°), donc ces deux segments ont des supports parallèles. On se dirige donc dans une direction en parcourant 5 cm, puis on se dirige dans la direction opposée en parcourant 5 cm.

De ce fait, on revient au point de départ, la ligne brisée représentée est fermée, cela signifie que l'on obtient un polygone.

– <u>Montrons que le polygone est un losange :</u>

Ce polygone ayant 4 côtés égaux, c'est donc un losange (dont les côtés mesurent 50 pixels de long) et dont les angles mesurent 45° et 135°.

<u>Remarque :</u> On pourrait avoir un tracé qui ne serait pas un polygone tout en ayant des segments dont les supports sont parallèles si les longueurs des segments non consécutifs n'étaient pas égales deux à deux.

Par exemple :

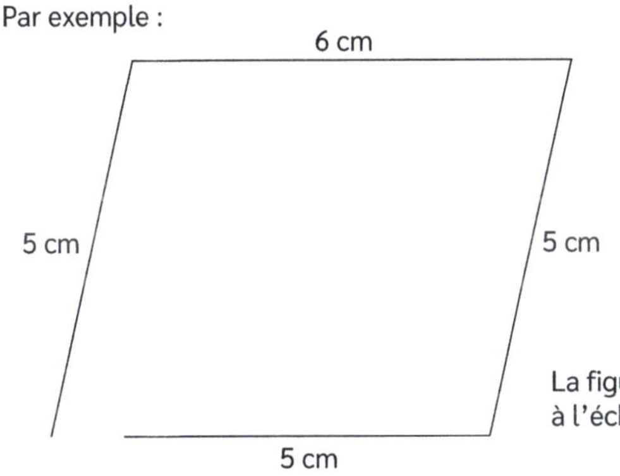

La figure n'est pas à l'échelle.

C'est pourquoi, nous avons montré dans un premier temps que le tracé obtenu est bien un polygone.

3. a. Les différents losanges tracés ont un sommet commun et des angles à ce sommet égaux à 45°. À la fin du tracé d'un losange, le « lutin » est revenu en position de départ. Pour que le losange suivant ait son 1er côté tracé en partie en commun avec le dernier côté du losange précédent, il faut que le lutin tourne de 45° (dans le sens trigonométrique direct), donc A = 45°.

Étant donné qu'il y a 4 losanges tracés, il faut que la boucle du programme 2 s'exécute 4 fois, donc N = 4.

b. Avant d'entrer dans la boucle du programme, la variable C a pour valeur 30. À chaque fois que la boucle s'exécute, la variable C augmente de 30 et ceci 4 fois de suite, donc la variable C vaut 30 + 4 × 30 = 150 une fois le programme exécuté.

4. Pour obtenir cette figure, il ne faut plus que les losanges s'agrandissent au fur et à mesure des tracés, donc il faut supprimer l'instruction « ajouter à C 30 ».

Entre deux côtés qui se correspondent des losanges de la figure, il y a un angle de 90°, donc il faut tourner de 90° (dans le sens trigonométrique direct) pour passer d'un losange à un autre. Il faut donc modifier l'instruction « tourner ↺ de 45 degrés » et la remplacer par « tourner ↺ de 90 degrés » donc A = 90°.

◆ Exercice 5

1. a. Volume V_1 de la demi-sphère de rayon 30 cm :

$V_1 = \frac{1}{2} \times \frac{4}{3} \times \pi \times 30^3 \text{ cm}^3 = 18\,000\pi \text{ cm}^3$

Volume V_2 du cône de 90 cm de hauteur et dont la base est un disque de rayon 30 cm :

$V_2 = \frac{1}{3} \times \pi \times 30^2 \times 90 \text{ cm}^3 = 27\,000\pi \text{ cm}^3$

Volume V du ballon-sonde au niveau de la mer :

$V = V_1 + V_2 = 18\,000\pi \text{ cm}^3 + 27\,000\pi \text{ cm}^3 = 45\,000\pi \text{ cm}^3$

b. $1 \text{ L} = 1 \text{ dm}^3 = 1\,000 \text{ cm}^3$ donc $V = 45\,000\pi \text{ cm}^3 = 45\pi \text{ L} \approx 141{,}37 \text{ L}$

Le volume du ballon-sonde est environ égal à 141 L (arrondi à l'entier).

2. Le triangle SON est rectangle en O. D'après le théorème de Pythagore, on a : $SN^2 = SO^2 + ON^2$.

$SN^2 = (90 \text{ cm})^2 + (30 \text{ cm})^2$

$SN^2 = 8\,100 \text{ cm}^2 + 900 \text{ cm}^2$

$SN^2 = 9\,000 \text{ cm}^2$ d'où $SN = \sqrt{9\,000}$ cm.

3. L'aire A de l'enveloppe du ballon-sonde est composée de l'aire de la demi-sphère et de l'aire de la surface latérale du cône de révolution :

$A = \frac{1}{2} \times 4 \times \pi \times 30^2 + \pi \times 30 \times \sqrt{9\,000} \text{ cm}^2$

$A = 1\,800\pi + 30\sqrt{9\,000}\,\pi \text{ cm}^2$

$A \approx 14\,596 \text{ cm}^2$

$A \approx 1{,}45 \text{ m}^2$

L'aire totale de l'enveloppe du ballon-sonde, au niveau de la mer, est environ égale à $1{,}5 \text{ m}^2$ au dixième près.

4. a. Les longueurs initiales augmentent de 25 %, elles sont donc multipliées par 1,25. En effet, $100\ \% + 25\ \% = 125\ \% = \frac{125}{100} = 1{,}25$.

b. Si les longueurs sont multipliées par 1,25 alors les aires sont multipliées par $1{,}25^2$, c'est-à-dire par 1,5625. L'enveloppe totale du ballon a une aire égale à :

$(1\,800\pi + 30\sqrt{9\,000\,\pi}) \times 1{,}5625 \text{ cm}^2 \approx 22\,806 \text{ cm}^2 \approx 2{,}28 \text{ m}^2$

L'aire de l'enveloppe du ballon est environ égale à 2,3 m² (arrondie au dixième près) à 4 500 m d'altitude.

<u>Autre méthode :</u> On peut calculer les nouvelles dimensions du ballon-sonde et ainsi recalculer l'aire de son enveloppe comme à la question **3**.

c. Si les longueurs d'un solide sont multipliées par 1,25 alors son volume est multiplié par $1{,}25^3$ donc le volume du ballon-sonde à 4 500 m d'altitude est égal à : $1{,}25^3 \times 45 \times \pi \text{ L} \approx 276{,}1 \text{ L}$

Son volume est environ égal à 276 L (arrondi au litre près).

5. Vérifions si la fonction affine qui est proposée permet de vérifier les données du problème.

La fonction affine t que l'on cherche est de la forme $t(x) = ax + b$ et l'on détermine a et b en utilisant $t(0) = 15$ et $t(4\,500) = -12$.

$t(0) = a \times 0 + b = 15$ donc $b = 15$.

$t(4\,500) = a \times 4\,500 + 15 = -12$ donc :

$4\,500\,a = -12 - 15$

$a = \frac{-27}{4\,500} = -0{,}006$

On a donc bien $t(x) = -0{,}006x + 15$.

<u>Autre méthode :</u>

Une méthode, certainement moins appréciée des correcteurs, mais qui reste valable du fait que la fonction t est fournie dans l'énoncé consiste à vérifier uniquement que :

$t(0) = 15$ et $t(4\,500) = -12$.

$t(0) = -0{,}006 \times 0 + 15 = 15$; à 0 m d'altitude, il fait bien 15 °C.

$t(4\,500) = -0{,}006 \times 4\,500 + 15 = -27 + 15 = -12$; à 4 500 m d'altitude, il fait bien −12 °C.

Cette fonction affine t proposée dans l'énoncé correspond bien à la fonction affine qui modélise le problème.

6. On cherche à déterminer x tel que $t(x) < 0$ c'est-à-dire tel que :

$$-0{,}006x + 15 < 0$$
$$-0{,}006x < -15$$
$$x > \frac{-15}{-0{,}006}$$
$$x > 2\,500$$

Les températures deviennent négatives au-dessus de 2 500 m d'altitude.

7. À 0 m d'altitude, il fait 15 °C. Si la température baisse de 30 °C, il fait −15°, ce qui correspond à une altitude de 5 000 m d'après le tableur.

Sujet CRPE 2023 GR1

ÉNONCÉ

◆ Exercice 1

Un professeur des écoles organise avec sa classe de CM1 une randonnée à vélo. Le parcours BCEFCDB est représenté ci-dessous.

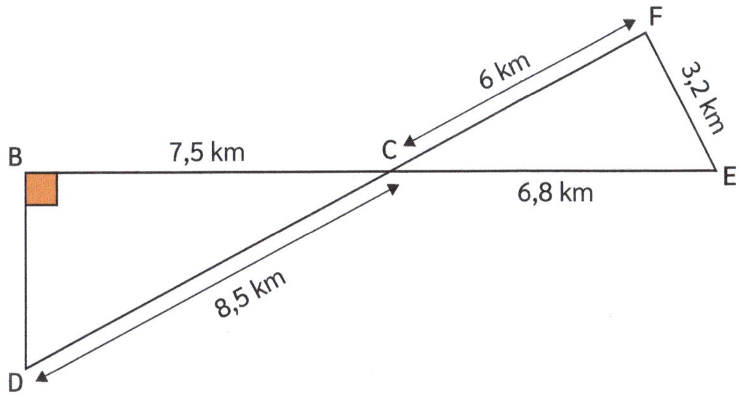

1. Montrer que l'angle $\widehat{CFE}$ est droit.
2. Déterminer la longueur totale du parcours.
3. Sachant que la vitesse moyenne du groupe est de 14 km/h, la classe fera-t-elle le parcours en moins de 2 h 45 min ? Justifier la réponse.

◆ Exercice 2

1. Quatre personnes A, B, C, D se partagent une somme d'argent. On appelle *a*, *b*, *c* et *d* les montants respectivement reçus par A, B, C et D. On sait par ailleurs que :

- *a* représente $\frac{1}{4}$ de la somme totale ;
- *b* représente $\frac{1}{3}$ de la somme totale ;
- C et D se partagent ce qui reste en prenant chacun le même montant.

a. Déterminer la proportion que représente *c* par rapport à la somme totale.
b. D reçoit 55 €. Déterminer les valeurs de *a*, *b* et *c*.

2. Quatre personnes E, F, G, H se partagent une somme d'argent *s*. On appelle *e*, *f*, *g* et *h* les montants respectivement reçus par E, F, G et H. On sait par ailleurs que :

- E perçoit le triple de F ;
- $g + h$ représente $\frac{1}{3}$ de la somme totale ;
- $g = h$.

Exprimer la part de chacun en fonction de *s*.

◆ Exercice 3

On donne le programme ci-dessous qui permet de tracer des triangles de tailles différentes. Ce programme comporte une variable nommée « côté ». Les longueurs sont données en pixels.

Script

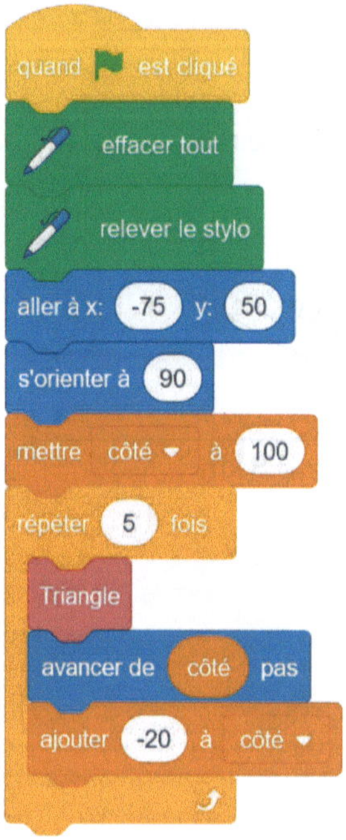

Bloc Triangle

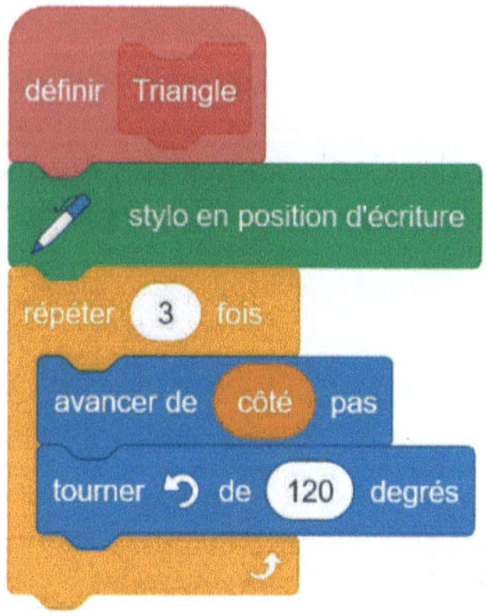

On rappelle que l'instruction 

signifie que l'on se dirige vers la droite.

1. Répondre aux questions suivantes sans justifier. L'utilisateur clique sur le drapeau.
  a. Quelles sont les coordonnées du point de départ du tracé ?
  b. Combien de triangles sont dessinés par le script ?
  c. Quelle est la nature des triangles dessinés ?
  d. Quelle est la longueur (en pas) d'un côté du deuxième triangle tracé ?

2. Tracer le dessin obtenu par ce programme en prenant comme échelle 1 cm pour 20 pas.

3. Si au lieu de triangles on voulait obtenir des hexagones réguliers, que devrait-on changer dans les instructions du bloc triangle ?

◆ Exercice 4

Partie A

Dans une école, un jardin pédagogique est constitué d'un terrain rectangulaire ABEC dont l'aire est égale à 100 m^2.
Des enseignants de l'école décident de planter avec les élèves différentes cultures sur ce terrain : des fraisiers, des pieds de tomates et des radis.

La répartition dans le terrain est la suivante :

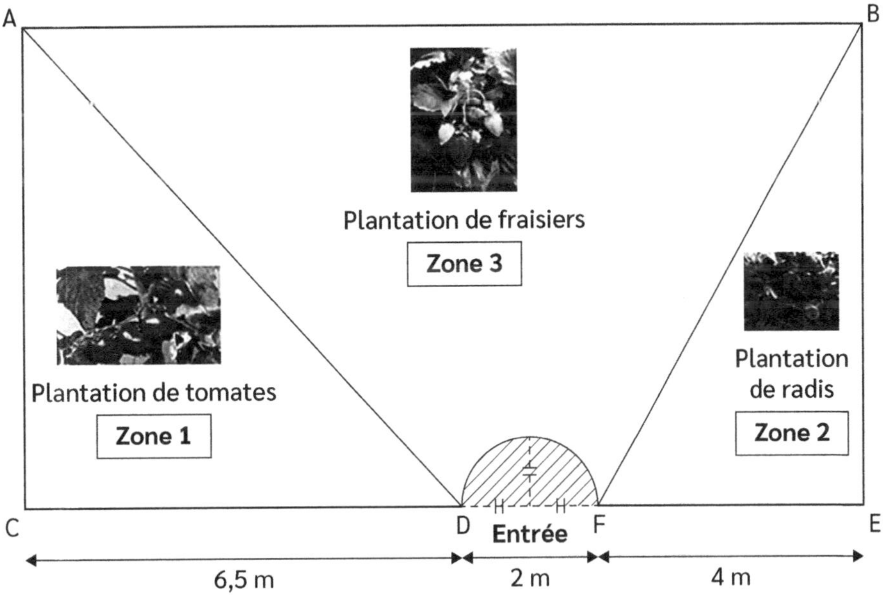

L'entrée est un demi-disque délimité par le demi-cercle de diamètre [DF] (zone hachurée sur la figure ci-dessus). Elle doit rester libre de toute plantation.

1. Justifier que la largeur du terrain correspondant au segment [CA] est égale à 8 m.

2. Tracer un plan du terrain avec les différentes zones à l'échelle 1 : 80.

3. Le directeur de l'école veut installer une bordure sur les trois côtés autour de la zone 1 où on plante des tomates.

a. Montrer que AD = $\sqrt{106,25}$ m.

b. Déterminer la longueur de la bordure qu'il doit acheter. On donnera le résultat en mètre, arrondi à l'unité.

c. Les bordures sont vendues par rouleaux de 4 mètres. Déterminer le nombre de rouleaux nécessaire pour entourer la zone 1.

4. On veut déterminer l'aire de chacune des zones.

a. Calculer l'aire de la zone 1, en mètre carré.

b. Calculer l'aire de la zone 2, où on plante des radis, en mètre carré.

c. En déduire l'aire de la zone 3, où on plante des fraisiers (sans la zone « Entrée » hachurée sur la figure), en mètre carré. Donner la valeur exacte puis la valeur arrondie au dixième.

5. On s'intéresse à la culture des fraisiers.

Sachant qu'on peut planter 6 pieds de fraisier par m² et qu'un pied de fraisier produit en moyenne 650 grammes de fraises par année, quelle masse de fraises les élèves peuvent-ils espérer récolter ? On donnera le résultat en kilogramme, arrondi à l'unité.

Partie B

Fin juin, l'école décide de récolter des fraises pour faire de la confiture. Les élèves récoltent ainsi 25 kg de fraises.

1. La recette de confiture de fraises dit que la quantité de sucre nécessaire doit correspondre à 55 % de la masse totale avant cuisson. Quelle masse de sucre, arrondie au kilogramme, le directeur doit-il acheter pour respecter cette recette ?

2. Sachant que 3 kg de fraises permettent de réaliser 4,8 L de confiture, combien de litres de confiture peut-on réaliser ?

3. Il décide de conditionner cette confiture dans des pots cylindriques dont la base est un disque de diamètre 8,4 cm et dont la hauteur mesure 11 cm.
Sachant que les pots ne peuvent être remplis qu'aux 8/9 de leur capacité maximale, déterminer le nombre de pots de confiture qu'il devrait réaliser.

On rappelle la formule suivante :

> *Volume d'un prisme ou d'un cylindre : V = B × h,*
> *où B désigne l'aire de la base du prisme ou du cylindre et h sa hauteur.*

◆ Exercice 5

Un enseignant souhaite décorer sa salle de classe avec une frise chronologique allant de la chute de l'Empire romain (476) à nos jours. Cette frise devra couvrir trois murs de la salle de classe rectangulaire en commençant par le coin nord-ouest et en tournant dans le sens des aiguilles d'une montre. La frise passe au-dessus de la porte et s'étend ainsi sur les murs nord, est et sud.

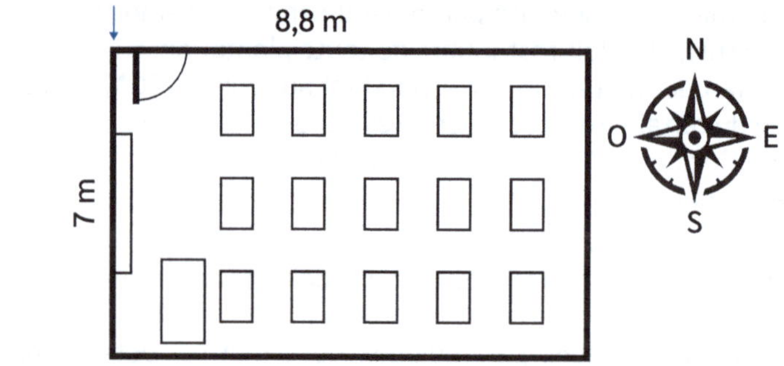

1. Pour effectuer cette frise, l'enseignant prévoit d'assembler bord à bord des feuilles de format A4 (21 × 29,7 cm) dans le sens de la longueur.
Montrer qu'il faudra 83 feuilles pour réaliser la frise.

2. Par combien de centimètres est représentée une année sur cette frise chronologique ? Arrondir au millimètre près.

3. L'enseignant a répertorié dans une feuille de calcul automatisé des dates importantes qu'il aimerait faire figurer sur cette frise.

D2 =(C2/29,7)+1

	A	B	C	D	E
1		Année	Nombre de cm du début de la frise		
2	Fin de l'antiquité / Début du Moyen-Âge	476	0	1	
3	Fin du Moyen-Âge / Début de l'époque moderne	1492			
4	Fin de l'époque moderne / Début de l'époque contemporaine	1789			
5					
6					

a. Proposer une formule à valider dans la cellule C2, pouvant être étirée vers le bas afin de trouver tous les résultats de la colonne C.

b. Sachant que la formule validée dans la cellule D2 est « =ENT(C2/29,7) + 1 », déterminer à quoi correspondent les nombres de la colonne D au sein de la salle de classe.
On rappelle que « ENT(x) » renvoie la partie entière du nombre x.

4. Sur quel mur de la classe se trouvera l'événement « l'accostage de Christophe Colomb sur le continent américain », marquant la fin du Moyen Âge, si on le positionne sur la frise ?

◆ Exercice 6

Dans une école élémentaire de 150 élèves, 80 sont des filles. Le directeur veut mettre en place un « orchestre à l'école ». Il réalise une enquête auprès des familles de l'école afin de connaître les élèves qui pratiquent déjà un instrument de musique.
À l'issue de l'enquête, il apparaît que 24 % des élèves sont musiciens.
Parmi ces élèves, 16 sont des garçons.

1. Reproduire et compléter le tableau suivant.

	Nombre d'élèves musiciens	Nombre d'élèves non-musiciens	Total
Nombre de filles			
Nombre de garçons			
Total			150

2. Dans cette question, on écrira les résultats sous forme de fractions irréductibles.
On interroge un élève au hasard.
a. Quelle est la probabilité pour que ce soit un garçon ?
b. Quelle est la probabilité que ce soit une fille musicienne ?
c. Quelle est la probabilité que ce soit un élève non-musicien ?

3. L'élève interrogé est un garçon. Quelle est la probabilité qu'il soit musicien ?

4. 30 % des filles musiciennes jouent d'un instrument à vent. Quel pourcentage cela représente-t-il par rapport à l'effectif total de l'école ?

CORRIGÉ

◆ Exercice 1

1. Considérons le triangle CFE.
On a $FC^2 + FE^2 = 6^2 + 3{,}2^2 = 46{,}24$ et $CE^2 = 6{,}8^2 = 46{,}24$.
Comme $FC^2 + FE^2 = CE^2$ alors, d'après la réciproque du théorème de Pythagore, le triangle CFE est rectangle en F.
On en déduit que l'angle $\widehat{CFE}$ est droit.

2. D'après le théorème de Pythagore appliqué au triangle DBC rectangle en B, on a : $DC^2 = DB^2 + BC^2$.
Donc $DB^2 = DC^2 - BC^2 = 8{,}5^2 - 7{,}5^2$, soit $DB^2 = 16$, d'où DB = 4 km.
La longueur totale du parcours est égale à : BC + CE + EF + FC + CD + DB = 7,5 + 6,8 + 3,2 + 6 + 8,5 + 4, soit 36 km.

3. On sait que $d = v \times t$, soit $t = \frac{d}{v}$; d, v et t étant respectivement la distance parcourue (d), la vitesse moyenne (v) et la durée du parcours (t).
Comme $d = 36$ km et $v = 14$ km/h alors $t = \frac{36}{14} = \frac{18}{7}$ h, soit environ 2,57 h.
On a 2 h 45 min = 2,75 h.
Comme 2,57 h < 2,75 h, on en conclut que la classe fera le parcours en moins de 2 h 45 min.
<u>Remarque :</u>
On a aussi $t = \frac{36}{14} = \frac{18}{7}$ h = 2 h 34 min 17 s, durée inférieure à 2 h 45 min.

◆ Exercice 2

1. a. Soit S la somme totale à partager.

On a $a = \frac{1}{4} S$ et $b = \frac{1}{3} S$, il vient : $c + d = S - (a + b)$.

Comme $c = d$ alors $2c = S - \left(\frac{1}{4} S + \frac{1}{3} S\right)$

$2c = S - \left(\frac{3}{12} S + \frac{4}{12} S\right)$

$2c = S - \frac{7}{12} S$, soit $2c = \frac{5}{12} S$

d'où $c = \frac{5}{24} S$.

On en conclut que c représente $\frac{5}{24}$ de la somme totale.

b. Comme C et D reçoivent le même montant, on en déduit que $c = 55$ €.

On a établi que $c = \frac{5}{24} S$, d'où $S = \frac{24}{5} c$.

On a donc $S = \frac{24}{5} \times 55$ €, soit $S = 264$ €.

Comme $a = \frac{1}{4} S$ et $b = \frac{1}{3} S$ alors $a = \frac{1}{4} \times 264 = 66$ € et $b = \frac{1}{3} \times 264 = 88$ €.

On a donc $a = 66$ €, $b = 88$ € et $c = d = 55$ €.

2. Comme E reçoit le triple de F alors $e = 3f$.

Comme $g + h$ représente $\frac{1}{3}$ de la somme totale alors $g + h = \frac{1}{3} S$ et $g = h$.

On a donc $2g = \frac{1}{3} S$, soit $g = h = \frac{1}{6} S$

$e + f + g + h = S$ équivaut à $e + f + \frac{1}{3} S = S$ en remplaçant $g + h$ par $\frac{1}{3} S$.

Comme $e = 3f$ alors $e + f = 4f$,

$e + f + \frac{1}{3} S = S$ équivaut à $4f + \frac{1}{3} S = S$, soit $4f = S - \frac{1}{3} S$.

On a donc $4f = \frac{2}{3} S$,

$\frac{1}{4} \times 4f = \frac{1}{4} \times \frac{2}{3} S$, d'où $f = \frac{1}{6} S$.

Comme $e = 3f$ alors $e = 3 \times \frac{1}{6} S$, soit $e = \frac{1}{2} S$.

On a donc $e = \frac{1}{2} S$ et $f = g = h = \frac{1}{6} S$.

◆ Exercice 3

1. a. L'instruction « aller à : x : –75 y : 50 » indique les coordonnées du point de départ du tracé, (– 75 ; 50).
b. L'instruction « répéter 5 fois Triangle » indique que 5 triangles sont dessinés.
c. Les triangles dessinés sont des triangles équilatéraux. En effet, on avance d'une même longueur (100 pas) en formant des angles de 60° (180 – 120°).

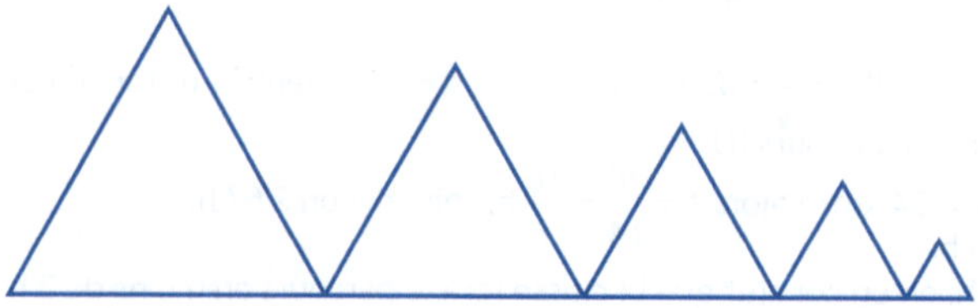

d. Le premier triangle équilatéral tracé a un côté de longueur 100 pas, le deuxième triangle équilatéral tracé a un côté de longueur (100 – 20), soit 80 pas, longueur obtenue grâce à l'instruction « ajouter – 20 à côté ».
Le troisième triangle tracé a un côté de longueur (80 – 20), soit 60 pas, et ainsi de suite jusqu'au cinquième triangle dont le côté a pour longueur 20 pas.

2.

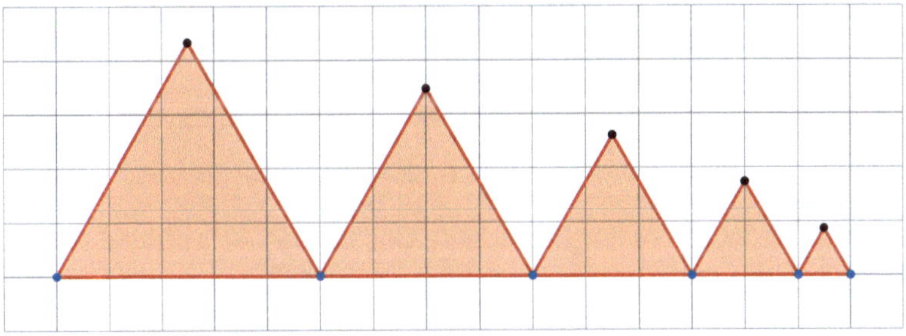

Échelle :
1 carreau = 1 cm

3. Pour obtenir des hexagones réguliers, il faudrait apporter les modifications suivantes au bloc triangle : remplacer l'instruction « répéter 3 fois » par l'instruction « répéter 6 fois », et remplacer l'instruction « tourner ↺ de 120° » par l'instruction « tourner ↺ de 60° ».

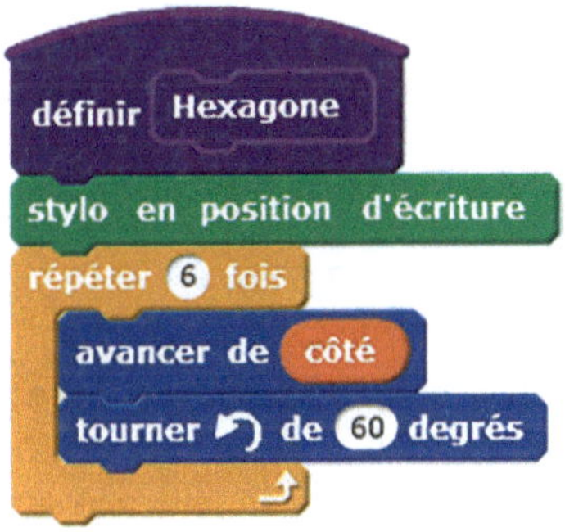

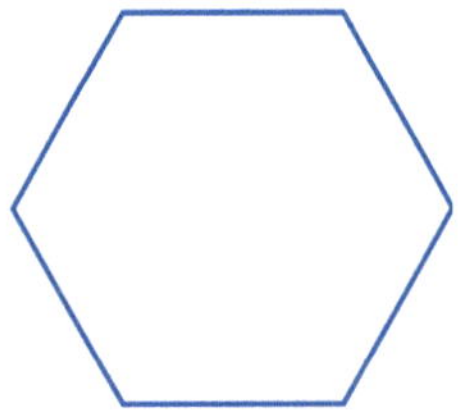

Explication :
La mesure de l'angle intérieur d'un polygone régulier à n côtés est donnée par la formule : $\dfrac{(n-2)\times 180°}{n}$, n étant le nombre de côtés du polygone.
Pour un hexagone $n = 6$, la mesure de l'angle intérieur est donc égale à $\dfrac{(6-2)\times 180°}{6}$, soit 120°.
La mesure de l'angle extérieur est donc égale à 180° – 120°, soit 60°.
Cela justifie l'instruction « tourner ↺ de 60° ».
On peut appliquer cette formule au triangle équilatéral qui est un polygone régulier à 3 côtés.
La mesure de l'angle intérieur est bien égale à $\dfrac{(3-2)\times 180°}{3} = 60°$, d'où la mesure de l'angle extérieur (180° – 60°), soit 120°.

◆ Exercice 4

Partie A

1. L'aire du rectangle ABEC est égale à CE × CA avec CE = CD + DF + FE.
D'où CE = 6,5 m + 2 m + 4 m = 12,5 m.
On a CE × CA = 100 m², soit $CA = \dfrac{100}{CE} = \dfrac{100}{12{,}5}$ m.
D'où CA = 8 m.
2. Une échelle de 1 : 80 signifie qu'une longueur de 1 cm sur le plan représente 80 cm en longueur réelle.
Pour tracer un plan du terrain, il faut donc diviser toutes les longueurs réelles par 80 afin d'obtenir les longueurs sur le plan.
On peut donc dresser un tableau de proportionnalité.

	CA	CD	DF	FE	CE	
Longueur réelle en cm	800	650	200	400	1 250	$\times \frac{1}{80}$
Longueur sur le plan en cm	10	8,125 arrondi à 8,1	2,5	5	15,625 arrondi à 15,6	

Échelle :
1 carreau = 1 cm

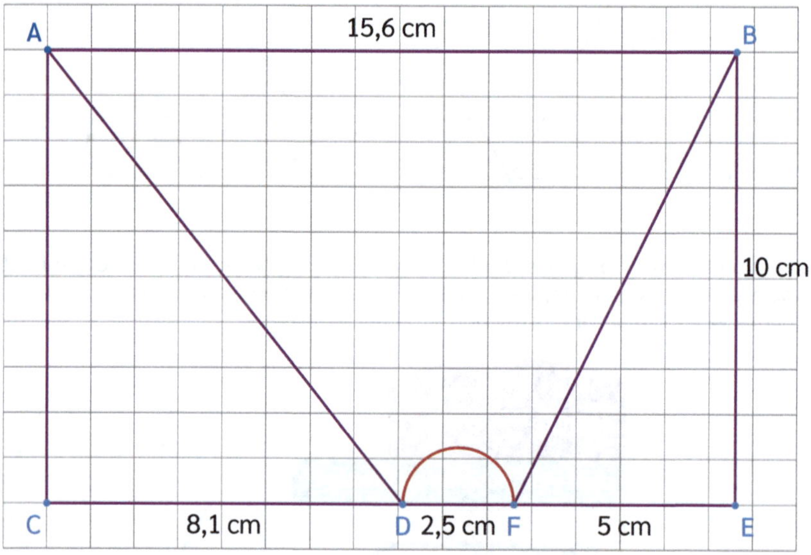

3. a. D'après le théorème de Pythagore appliqué au triangle ACD rectangle en C, on a :

$AD^2 = CA^2 + CD^2$

$AD^2 = 8^2 + 6{,}5^2 = 106{,}25$

d'où $AD = \sqrt{106{,}25}$ m.

b. La longueur de la bordure autour de la zone 1 est égale à CA + AD + DC.

On a donc $CA + AD + DC = 8 \text{ m} + \sqrt{106{,}25} \text{ m} + 6{,}5 \text{ m}$, soit 25 m arrondi au mètre près.

c. Le nombre de rouleaux nécessaires pour entourer la zone 1 est égal à : $\frac{25}{4} = 6{,}25$, soit 7 rouleaux.

4. a. La zone 1 est un triangle rectangle en C.

On a donc $\text{Aire(zone 1)} = \frac{CA \times CD}{2} = \frac{8 \times 6{,}5}{2}$, soit Aire(zone 1) = 26 m².

b. La zone 2 est un triangle rectangle en E.

On a donc $\text{Aire(zone 2)} = \frac{EF \times EB}{2} = \frac{4 \times 8}{2}$, soit Aire(zone 2) = 16 m².

c. L'aire du demi-disque de diamètre DF = 2 m est égale à $\frac{1}{2} \times \pi \times \frac{2^2}{4}$, soit $\frac{\pi}{2}$ m².

$$\text{Aire(zone 3)} = \text{Aire(ABEC)} - \left[\text{Aire(zone 1)} + \text{Aire(zone 2)} + \frac{\pi}{2}\right]$$

$$\text{Aire(zone 3)} = 100 \text{ m}^2 - \left[26 \text{ m}^2 + 16 \text{ m}^2 + \frac{\pi}{2} \text{ m}^2\right].$$

D'où $\text{Aire(zone 3)} = 58 - \frac{\pi}{2}$ m², soit 56,4 m² arrondi au dixième.

L'aire de la zone 3 est donc approximativement égale à 56,4 m².

5. Comme l'aire de la zone 3 est de $58 - \frac{\pi}{2}$ m² et que l'on peut planter 6 pieds de fraisiers par m², on peut donc planter $6 \times \left[58 - \frac{\pi}{2}\right]$, soit 338 pieds de fraisier.

Les élèves peuvent donc récolter une masse de fraises égale à $338 \times 0{,}650$ kg, soit 220 kg arrondis à l'unité.

Partie B

1. Soit x la masse de sucre que le directeur doit acheter.
Dressons un tableau de proportionnalité.

	Pourcentage en %	Masse en kg
Sucre	55 %	x
Fraises	45 %	25

En effectuant un produit en croix, il vient : $45\ \% \times x = 55\ \% \times 25$.

On en déduit : $x = \dfrac{55 \times 25}{45} \approx 30{,}6$ kg.

Le directeur doit donc acheter 31 kg de sucre.

2. Soit x le volume de confiture pouvant être réalisé.
Dressons un tableau de proportionnalité.

Masse de fraises en kg	3	25
Volume de confiture en L	4,8	x

En effectuant un produit en croix, il vient : $3 \times x = 25 \times 4{,}8$.

On en déduit : $x = \dfrac{25 \times 4{,}8}{3} = 40$ L.

On peut donc réaliser 40 L de confiture avec 25 kg de fraises.

3. Le volume V d'un cylindre dont la base est un disque de rayon r et de hauteur h est égal à $\pi \times r^2 \times h$.

Le pot de confiture est un cylindre avec $r = \dfrac{8{,}4}{2} = 4{,}2$ cm et $h = 11$ cm.

On a donc $V = \pi \times 4{,}2^2 \times 11$ cm^3, soit $V = 194{,}04 \times \pi$ cm^3.

Le volume de confiture contenu dans un pot est donc égal à $\dfrac{8}{9} \times 194{,}04 \times \pi$ cm^3, soit $172{,}48 \times \pi$ cm^3 ou bien $0{,}17248 \times \pi$ L.

Le nombre de pots nécessaires pour conditionner 40 L de confiture est donc égal à : $\dfrac{40}{0{,}17248 \times \pi} \approx 73{,}8$.

Il devrait donc réaliser 73 pots de confiture (ou 74 pots sachant que le dernier ne serait pas complètement rempli).

◆ Exercice 5

1. La longueur totale des 3 murs est égale à $2 \times 8{,}8$ m + 7 m, soit 24,6 m ou 2 460 cm.
La longueur de la frise est donc égale à 2 460 cm.
Comme les feuilles sont assemblées bord à bord dans le sens de la longueur (29,7 cm) alors il faut $\dfrac{2\,460}{29{,}7} \approx 82{,}8$, soit 83 feuilles.

2. Le nombre d'années s'étant écoulées depuis la chute de l'Empire romain (en 476) à nos jours (2023) est de 2023 – 476, soit 1 547 années.
Une année sur cette frise chronologique est donc représentée par $\dfrac{2460}{1547} \approx 1{,}59$ cm, soit 1,6 cm au millimètre près.

3. a. Dans la cellule C2, on peut saisir la formule :
=(B2 – 476)*(2460/1547) ou bien : =(B2 – B$2)*(2460/1547).

b. Le nombre renvoyé par =ENT(C2/29,7) est une troncature de ce nombre.
Si on saisit cette formule, il va manquer une feuille pour atteindre la date retenue, d'où le + 1 dans la formule.
Le nombre entier majoré de 1 affiché dans les cellules de la colonne D correspond au numéro de la feuille A4 associé à la date affichée dans la colonne B.

4. La date de l'accostage de Christophe Colomb sur le continent américain marquant la fin du Moyen Âge est 1492.
La longueur de la frise depuis l'an 476 à cette date est égale à $(1492 - 476) \times \dfrac{2460}{1547} \approx 1615{,}6$ cm.

La longueur de la frise, couvrant le mur nord et est, est égale à 880 cm + 700 cm, soit 1 580 cm.
Comme $1580 < 1615{,}6$ alors la date de cet événement se situe sur le mur sud.

◆ Exercice 6

1. L'école compte 150 élèves dont 80 filles. Il y a donc 70 garçons dans cette école.

Le nombre d'élèves musiciens est égal à $\frac{24}{100} \times 150$, soit 36.

Parmi ces élèves, 16 sont garçons musiciens.
On peut donc compléter le tableau.

	Nombre d'élèves musiciens	Nombre d'élèves non-musiciens	Total
Nombre de filles	20	60	80
Nombre de garçons	16	54	70
Total	36	114	150

2. a. La probabilité d'un événement est égale à : $\frac{\text{nombre de cas favorables}}{\text{nombre de cas possibles}}$.

Soit G, l'événement « la personne interrogée est un garçon » :

On a $P(G) = \frac{70}{150} = \frac{7}{15}$.

b. Soit (F et M), l'événement « la personne interrogée est une fille musicienne » :

On a $P(F \text{ et } M) = \frac{20}{150} = \frac{2}{15}$.

c. Soit (non M), l'événement « la personne interrogée est un élève non-musicien » :

On a $P(\text{non } M) = \frac{114}{150} = \frac{19}{25}$.

3. Comme l'élève interrogé est un garçon, alors le nombre de cas possibles est 70.
Parmi ces garçons, 16 sont musiciens.
Par conséquent, la probabilité que l'élève soit musicien sachant que c'est un garçon est égale à $\frac{16}{70}$, soit $\frac{8}{35}$.

4. Le nombre de filles musiciennes jouant d'un instrument à vent est égal à $\frac{30}{100} \times 20$, soit 6 filles.
Ce nombre représente $\frac{6}{150} \times 100$, soit 4 % de l'effectif total de l'école.

Sujet CRPE 2024 GR1

ÉNONCÉ

◆ Exercice 1

Un enseignant d'une classe de CM1 dans la commune de Rennes fait construire aux élèves un pluviomètre pour relever les quantités de précipitations pendant les dix mois de l'année scolaire. Les élèves doivent amener une bouteille d'eau en plastique pour cette réalisation.

Partie A

Pour réaliser son pluviomètre, Jules, un élève de la classe, coupe la bouteille comme l'indique la figure ci-contre. Il construit ensuite un axe gradué en partant du fond du pluviomètre avec des graduations d'unité 1 cm.

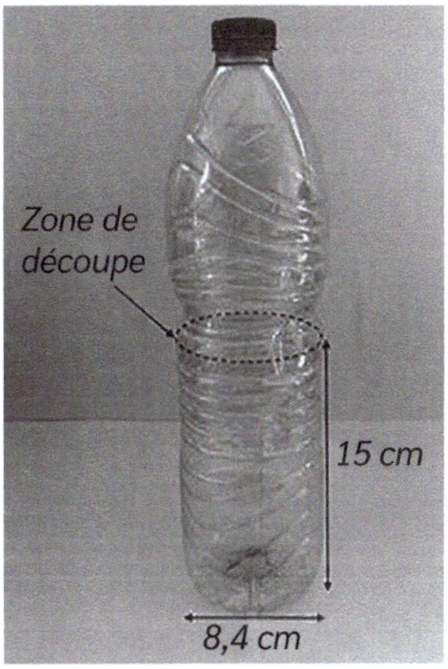

Dans les questions 1 et 2, on assimile le pluviomètre de Jules à un cylindre de diamètre 8,4 cm et de hauteur 15 cm.

On rappelle que le volume d'un cylindre d'aire de base B et de hauteur h est égal à Bh.

1. Jules souhaite découper une étiquette rectangulaire de largeur 2 cm qui fasse le tour du pluviomètre pour écrire son prénom. Déterminer une valeur approchée par excès au millimètre près de la longueur minimale de cette étiquette.

2. Déterminer la valeur exacte, puis une valeur arrondie au centilitre du volume en litres du pluviomètre.

3. Inès a oublié sa bouteille. Jules lui propose de lui donner la partie haute de sa bouteille, en plaçant le bouchon en bas pour former son pluviomètre.

Les trois courbes ci-dessous représentent le volume d'eau recueilli en cm^3 en fonction de la hauteur d'eau mesurée en cm. Identifier la courbe qui correspond au pluviomètre de Jules et celle qui correspond au pluviomètre d'Inès. Aucune justification n'est attendue.

Courbe n° 1

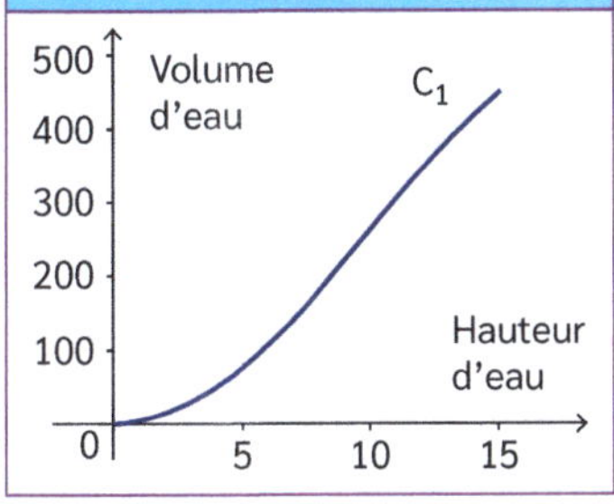

Courbe n° 2

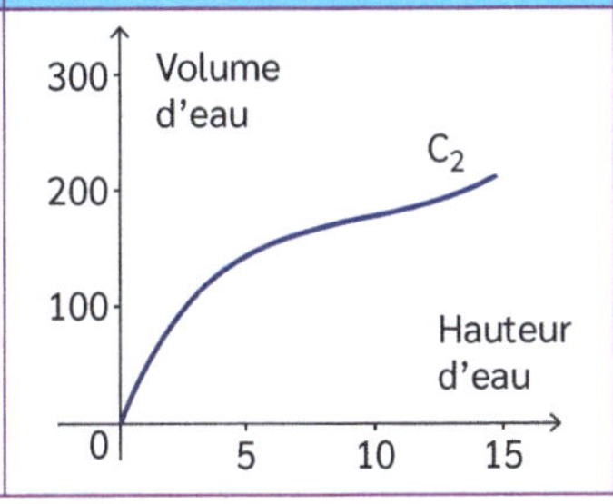

Courbe n° 3

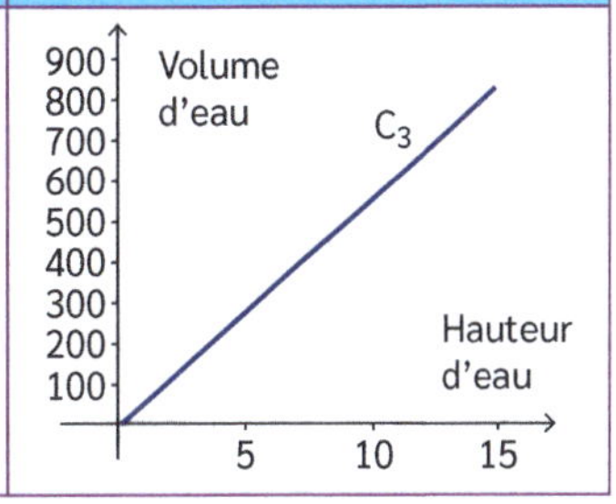

Partie B

L'ensemble de la classe utilise un pluviomètre similaire à celui élaboré par Jules. En fin d'année scolaire, les élèves font le bilan des relevés effectués chaque mois.
Dans le cadre d'un projet visant à comparer les différents climats en France, la même expérience est menée dans une école de la commune de Lyon.

Document 1

Relevés mensuels de précipitations dans le pluviomètre de Jules durant l'année scolaire 2022/2023 à Rennes.

Mois	Hauteur d'eau (mm)
Septembre	65
Octobre	103
Novembre	24
Décembre	122
Janvier	53
Février	44
Mars	19
Avril	27
Mai	57
Juin	134

Document 2

Bilan des relevés mensuels de précipitations dans un pluviomètre de l'école lyonnaise pour les dix mois de l'année scolaire 2022/2023.

Résultats mensuels de septembre 2022 à Juin 2023.

Moyenne : 70,6 mm
Médiane : 58 mm
Hauteur minimale : 18 mm
Hauteur maximale : 179 mm
Les valeurs relevées sont toutes différentes.

1. Parmi ces deux villes, déterminer celle qui a connu les plus fortes précipitations mensuelles en moyenne durant les dix mois de l'année scolaire 2022-2023.
2. Calculer et comparer les étendues des précipitations mensuelles à Rennes et à Lyon durant cette période.
3. L'affirmation suivante est-elle exacte ? Justifier.
« Dans la commune de Lyon, il y a 5 mois de l'année scolaire 2022-2023 pendant lesquels les précipitations mensuelles ont été supérieures ou égales à 70,6 mm »

◆ Exercice 2

Pour chacune des affirmations suivantes, dire si elle est vraie ou fausse en justifiant la réponse.
Une réponse sans justification ne sera pas prise en considération lors de la correction.
1. Affirmation 1 : Le nombre 0,28 est un nombre rationnel.
2. On considère deux nombres réels strictement positifs a et b.
Affirmation 2 : Le quotient de a par b est strictement inférieur au nombre a.
3. Affirmation 3 : Le produit de deux entiers naturels impairs est un entier naturel impair.
4. Dans le repère ci-contre, la droite *(d)* est la représentation graphique d'une fonction affine f. La droite *(d)* passe par les points de coordonnées (1 ; 0,5) et (0 ; 2).

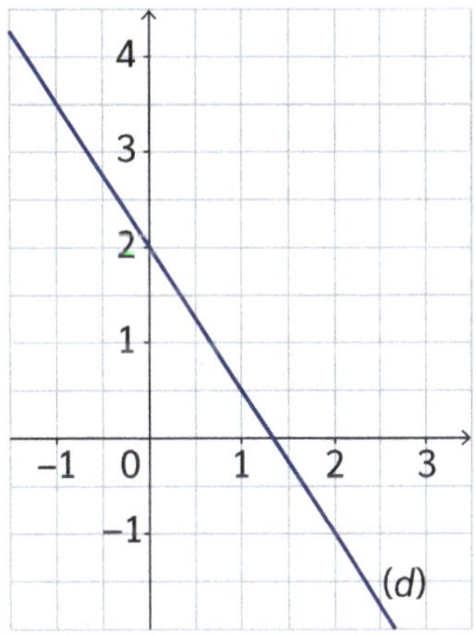

Affirmation 4 :
Pour tout nombre réel x, $f(x) = 2x - 1{,}5$

5. La figure ci-contre n'est pas en vraie grandeur. On a tracé deux cercles de centre A :
– le cercle (C_1) de rayon 7,8 cm
– le cercle (C_2) de rayon 2,4 cm.
Le segment [DE] mesure 2,9 cm.
A, D et B sont alignés.
A, E et C sont alignés.

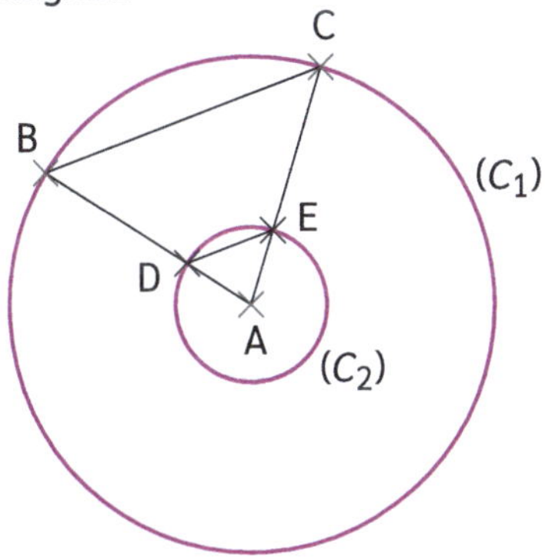

Affirmation 5 :
La longueur BC arrondie au millimètre est égale à 9,4 cm.

◆ Exercice 3

Pour consolider l'addition de deux nombres entiers en début de cycle 2, un enseignant propose à des élèves d'une classe de CP d'utiliser des dés.

Partie A
Les dés utilisés par les élèves sont assimilés à des cubes de côté 19 mm dont les faces sont numérotées de 1 à 6. Ils sont conçus de telle sorte que la somme des nombres indiqués sur deux faces opposées est égale à 7.
Construire un agrandissement de coefficient 2 d'un patron d'un tel dé en attribuant un numéro à chacune des faces.

Partie B
Le jeu consiste à lancer deux dés et à additionner les nombres obtenus sur les faces supérieures. On considère que ces deux dés sont équilibrés.
1. Donner tous les résultats possibles de cette expérience aléatoire.
2. Déterminer la probabilité de l'événement : « La somme obtenue est égale à 4 ».
3. a. Quelle somme a la plus grande probabilité d'apparaître ?
b. Quelle est cette probabilité ?

Partie C
Plus tard dans l'année, l'enseignant utilise une variante du jeu pour faire calculer des différences. Le jeu consiste désormais à lancer deux dés et à déterminer l'écart entre les

deux nombres obtenus sur les faces supérieures, c'est-à-dire la différence entre le plus grand et le plus petit de ces deux nombres.
Dans le contexte de cette variante du jeu, proposer un exemple d'événement dont la probabilité est égale à $\frac{1}{6}$.

◆ Exercice 4

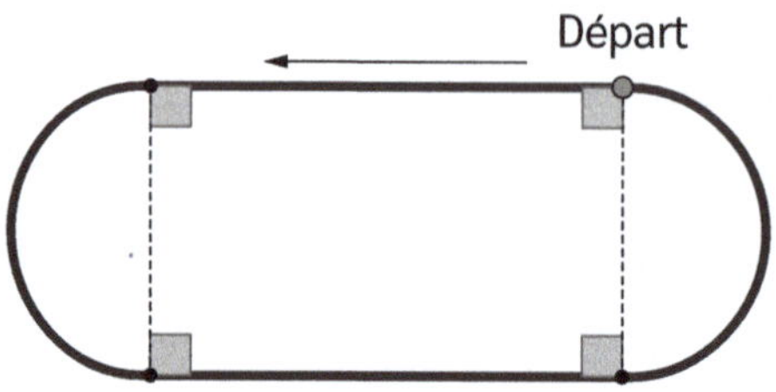

Une enseignante entraine les élèves de sa classe de CM1 à la course longue sur une piste d'une longueur totale de 200 m ayant la forme ci-dessus.

Partie A

Afin d'aider les élèves dans le relevé de leur performance, l'enseignante dispose huit plots équidistants tout au long de la piste. Les élèves forment des binômes et se répartissent les rôles : l'un d'entre eux court, l'autre l'observe et note la distance parcourue puis ils inversent leurs rôles.
L'enseignante demande aux élèves de courir pendant 5 minutes et de compléter la fiche suivante. La distance retenue est la distance entre le point de départ et le dernier plot franchi. Voici les résultats d'un binôme :

Prénom	Nombre de tours complets parcourus	Nombre de plots franchis dans le tour incomplet	Distance parcourue (en m)
Lola	4	1	825
Joris	3	4	700

1. a. Justifier que Lola a bien parcouru la distance affichée dans le tableau.
b. Déterminer sa vitesse moyenne en m/min.
2. Déterminer la vitesse moyenne de Joris en km/h.
3. Exprimer, en pourcentage arrondi à l'unité, la distance supplémentaire parcourue par Lola par rapport à celle parcourue par Joris.

Partie B

L'enseignante utilise un tableur pour calculer la distance parcourue et la vitesse moyenne de chaque élève de la classe.

	A	B	C	D	E
1	Prénom	Nombre de tours compets parcourus	Nombre de plots franchis dans le tour incomplet	Distance parcourue (en mètres)	Vitesse moyenne (en km/h)
2	Lola	4	1	825	9,9
3	Joris	3	4	700	
4	Anne	3	7	775	
5	Léa	2	7	575	
6	Noah	3	3	675	

1. Donner une formule qui peut être saisie dans la cellule D2 puis recopiée vers le bas pour obtenir le tableau complété.
2. Donner une formule qui peut être saisie dans la cellule E2 puis recopiée vers le bas pour obtenir le tableau complété.
3. L'enseignante rassemble les résultats des distances parcourues par les élèves dans le tableau ci-dessous.

Distance parcourue (m)	550	575	625	650	675	700	750	775	825	850
Effectif	2	1	4	2	3	6	1	3	2	1

Déterminer la distance moyenne parcourue par les élèves de cette classe.

Partie C

La piste est représentée par le trait continu sur le schéma ci-contre.
Elle a été obtenue à partir d'un rectangle et de deux demi-cercles dont les diamètres sont égaux à la largeur du rectangle.
Le format du rectangle, c'est-à-dire le quotient $\frac{\text{longueur du rectangle}}{\text{largeur du rectangle}}$, est égal à $\frac{5}{3}$.

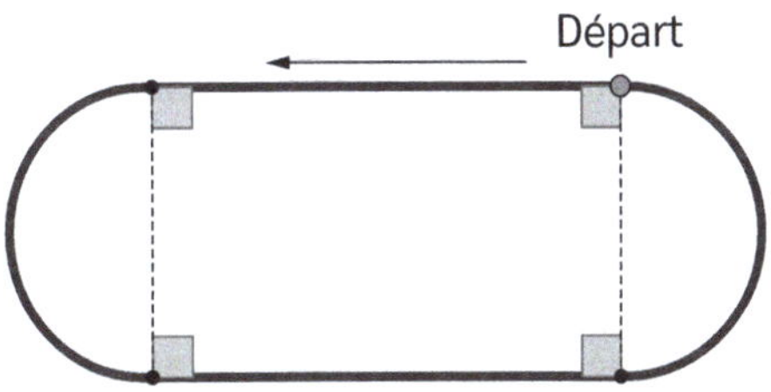

1. Dans cette question, on suppose que la longueur du rectangle est de 20 m.
a. Montrer que la largeur du rectangle est alors de 12 m.
b. Déterminer un arrondi au mètre de la longueur de la piste.
2. Déterminer la longueur et la largeur du rectangle afin que la piste ait une longueur totale de 200 m. Arrondir au centimètre chaque dimension.

◆ Exercice 5

Un géoplan est une planche carrée qui comporte des picots espacés régulièrement autour desquels peuvent être accrochés des élastiques de longueurs variées.
Un enseignant propose à des élèves d'une classe de CM d'utiliser un géoplan dans le but de réaliser des figures géométriques.

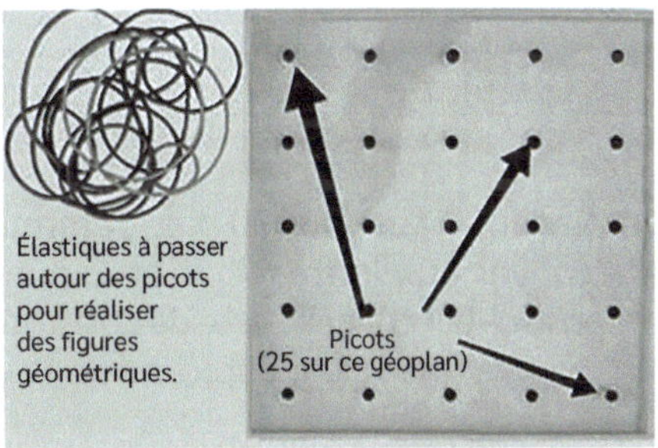

Partie A

L'enseignant donne la consigne suivante à un groupe d'élèves : « Vous réaliserez le tour du géoplan en formant des carrés les plus petits possibles. Utilisez un élastique différent pour la construction de chaque carré. Ces carrés seront ainsi placés au plus près des bords du géoplan ».
Sur l'image ci-contre, l'élève a commencé en construisant les trois premiers carrés du tour du géoplan.

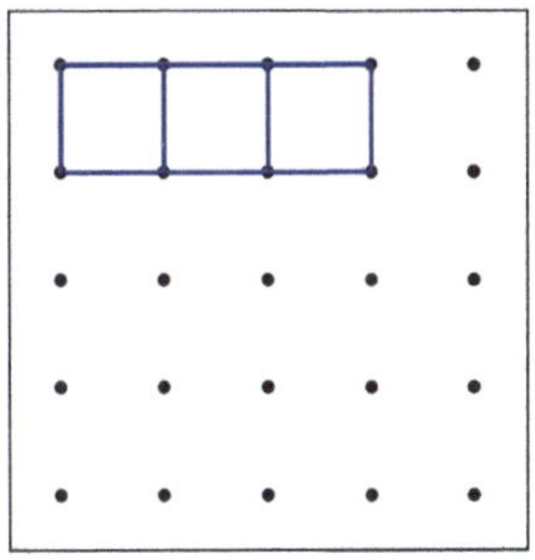

1. Montrer que l'élève doit construire 12 carrés pour réaliser le tour d'un géoplan de 25 picots.

2. Déterminer le nombre de carrés nécessaires pour réaliser le tour d'un géoplan de 81 picots.
3. On note n un entier naturel supérieur ou égal à 2. Justifier que le nombre de carrés nécessaires pour réaliser le tour d'un géoplan de n^2 picots est donné par l'expression $4n - 8$.
4. On dispose d'un nombre d'élastiques permettant de construire 107 carrés pour réaliser le tour d'un géoplan.
Déterminer le nombre maximal de picots de ce géoplan. Justifier la réponse.

Partie B

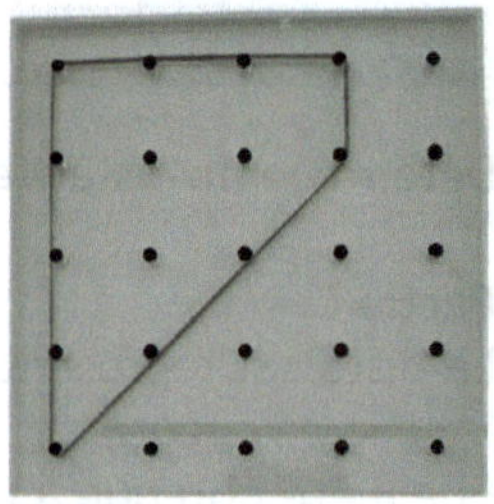

L'enseignant propose ensuite aux élèves de réaliser librement une figure géométrique sur un géoplan de 25 picots.
Sur le géoplan, deux picots contigus horizontalement ou verticalement sont séparés de 3 cm. Un élève a réalisé la figure ci-contre.
On négligera l'épaisseur des picots pour répondre aux questions suivantes.
1. Construire la figure réalisée par l'élève en vraie grandeur.
2. a. Déterminer l'aire en cm² de cette figure.
b. Déterminer la valeur exacte du périmètre de cette figure.
3. Un programme réalisé sur le logiciel « Scratch » permet de construire la figure ci-dessous :

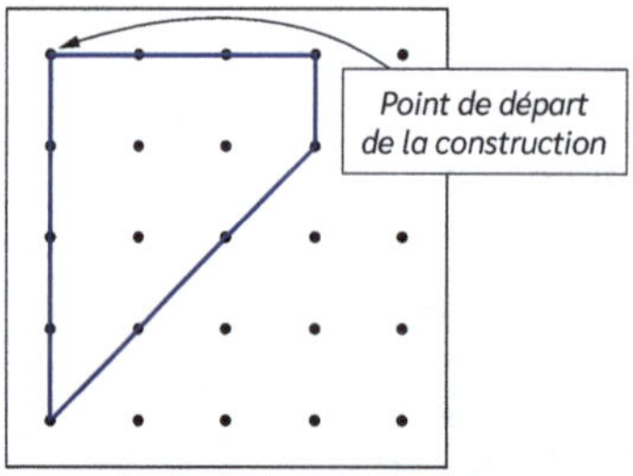

En prenant 3 cm pour 70 pas, déterminer les valeurs à attribuer aux lettres A, B et C pour que le script proposé ci-contre permette de construire cette figure. On prendra une valeur approchée à l'unité pour B.

Le point de départ de la figure a pour coordonnées (–140 ; 140).
On rappelle que « s'orienter à 90 » permet de s'orienter vers la droite.

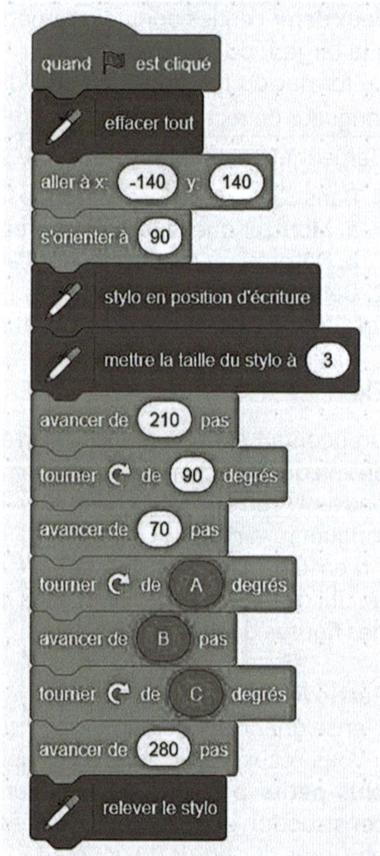

CORRIGÉ

◆ Exercice 1

Partie A

1. La longueur de l'étiquette doit être égale à la circonférence du cercle de diamètre 8,4 cm, soit $\pi \times 8,4$ cm.
La valeur approchée par excès au millimètre près de la longueur minimale de cette étiquette est donc de 26,4 cm.

2. Le volume V du pluviomètre est égal $\pi \times r^2 \times h$ avec $r = \frac{8,4}{2}$ cm = 4,2 cm et h = 15 cm.
on a donc $V = \pi \times 4,2^2 \times 15$ cm³

$$V = 264,6 \times \pi \text{ cm}^3$$

$$V = \frac{264,6 \times \pi}{1000} \text{ dm}^3$$

$$V = 0,2646 \times \pi \text{ L}$$

soit un volume de 0,83 L arrondi au centilitre.

3. La courbe C3 correspond au pluviomètre de Jules car la volume d'eau recueilli est directement proportionnel à la hauteur. Il est donc représenté par la droite passant par l'origine des axes.
La courbe C2 correspond au pluviomètre de Inès car le volume d'eau recueilli croît très vite au début avec une croissance beaucoup plus atténuée par la suite.

Partie B

1. La précipitation moyenne enregistrée à Rennes durant les dix mois de l'année scolaire 2022-2023 est égale à $\frac{65 + 103 + 24 + 122 + 53 + 44 + 19 + 27 + 57 + 134}{10}$, soit 64,8 mm
Parmi ces deux villes on en conclut que Lyon avec 70,6 mm a connu une plus forte précipitation en moyenne. Durant les dix derniers mois de l'année scolaire 2022-2023.

2. L'étendue d'une série statistique est une mesure de dispersion qui indique la différence entre la valeur maximale et la valeur minimale des données d'une série statistique.
L'étendue de la pluviométrie à Rennes est égale à 134 – 19, soit 115 mm alors que celle de Lyon est égale à 179 – 18, soit 161 mm.
L'étendue des précipitations à Lyon est donc supérieure à celle de Rennes.

3. La précipitation mensuelle médiane à Lyon est de 58 mm, valeur correspondant à la moyenne des précipitations du cinquième mois et du sixième mois. On en déduit que dans la commune de Lyon, il y a 5 mois de l'année scolaire 2022-2023 pendant lesquels les précipitations mensuelles ont été supérieures ou égales à 58 mm.
L'affirmation : « les précipitations mensuelles ont été supérieures ou égales à 70,6 mm » est donc fausse.
Remarque : 70,6 mm correspond à la moyenne des précipitations durant les dix mois et non pas à la préciptation médiane.

◆ Exercice 2

1. Affirmation 1 :
Le nombre 0,28 est un nombre rationnel.
L'affirmation 1 est vraie.
0,28 étant un nombre décimal c'est donc un nombre rationnel, car tout nombre décimal est un nombre rationnel.
Autre formulation :
0,28 est un nombre rationnel car on peut l'écrire sous la forme d'une fraction décimale $\frac{28}{100}$ ou sous la forme d'une fraction irréductible $\frac{7}{25}$.

2. On considère deux nombres réels strictement positifs a et b.
Affirmation 2 :
Le quotient de a par b est strictement inférieur au nombre a
L'affirmation 2 est fausse.
Prenons un contre-exemple $a = 8$ et $b = 0,2$, on a $\frac{a}{b} = \frac{8}{0,2} = 40$ et dans ce cas $\frac{a}{b} > a$ $(40 > 8)$

3. Affirmation 3 :
Le produit de deux entiers naturels impairs est un entier naturel impair.
L'affirmation 3 est vraie.
Un entier impair est le successeur d'un entier pair, il est donc de la forme $2k + 1$ où k est un entier.
Considérons deux entiers naturels impairs $2k + 1$ et $2k' + 1$ où k et k' sont des entiers naturels.
On a donc
$(2k + 1)(2k' + 1) = 4kk' + 2k + 2k' + 1$
$(2k + 1)(2k' + 1) = 2(2kk' + k + k') + 1$
Or $2kk' + k + k'$ est un entier et donc $2(2kk' + k + k')$ est un entier pair.
On en déduit que $2(2kk' + k + k') + 1$ est un entier impair car successeur d'un entier pair.

Affirmation 4 :
Pour tout nombre réel x, $f(x) = 2x - 1{,}5$
L'affirmation 4 est fausse.
$f(0) = -1{,}5$ et non pas 2 comme on peut le lire sur le graphique, point de la droite de coordonnées (0 , 2).

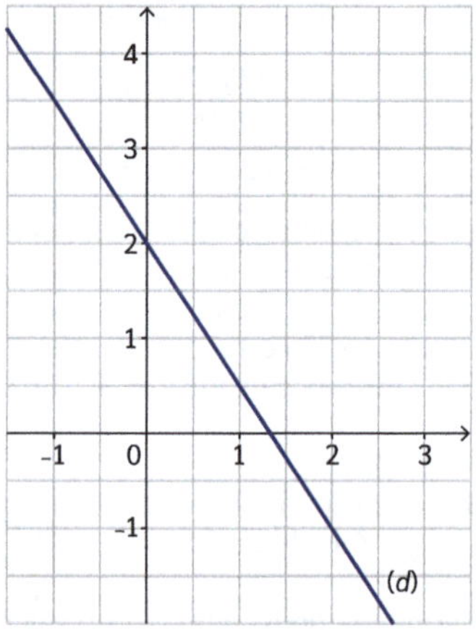

La figure ci-contre n'est pas en vraie grandeur.
On a tracé deux cercles de centre A :
- le cercle ($C1$) de rayon 7,8 cm
- le cercle ($C2$) de rayon 2,4 cm.

Le segment [DE] mesure 2,9 cm.
A, D et B sont alignés.
A, E et C sont alignés.

Affirmation 5 :

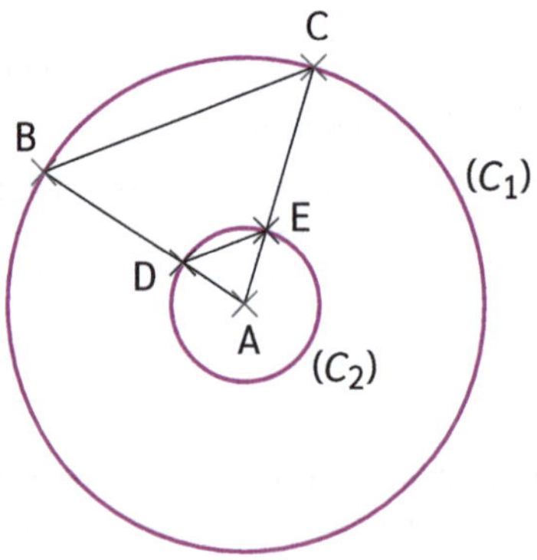

Dans la figure ci-dessus, la longueur BC arrondie au millimètre est égale à 9,4 cm.
L'affirmation 4 est vraie.
On a AD = AE = 2,4 cm et AB = AC = 7,8 cm et donc $\frac{AB}{AD} = \frac{AC}{AE} = \frac{7{,}8}{2.4}$.
Comme les points A, D, B d'une part et les points A,E, C d'autre part sont alignés dans cet ordre et que $\frac{AB}{AD} = \frac{AC}{AE}$ alors d'après la réciproque du théorème de Thalès les droites (BC) et (DE) sont parallèles.
On en déduit que $\frac{AB}{AD} = \frac{AC}{AE} = \frac{BC}{DE} = \frac{7{,}8}{2{,}4}$

On a donc $\frac{BC}{DE} = \frac{7{,}8}{2{,}4}$, soit $BC = \frac{7{,}8}{2{,}4} \times DE = \frac{7{,}8}{2{,}4} \times 2{,}9$ cm, d'où BC = 9,4 cm au millimètre près par défaut.

◆ Exercice 3

Partie A
Les dés utilisés par les élèves sont assimilés à des cubes de côté 19 mm dont les faces sont numérotées de 1 à 6. Ils sont conçus de telle sorte que la somme des nombres indiqués sur deux faces opposées est égale à 7.
Construire un agrandissement de coefficient 2 d'un patron d'un tel dé en attribuant un numéro à chacune des faces.

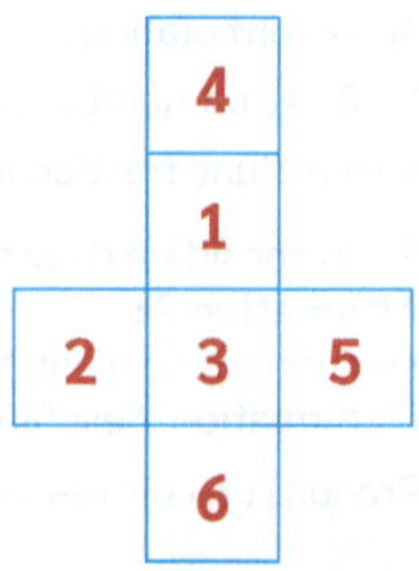

Partie B Le jeu consiste à lancer deux dés et à additionner les nombres obtenus sur les faces supérieures. On considère que ces deux dés sont équilibrés.

1. Donner tous les résultats possibles de cette expérience aléatoire.

Les résultats possibles de cette expérience sont : {2,3,4,5,7,8,9,10,11,12}

On peut retrouver ces résultats à l'aide d'un tableau à double entrée.

	1	2	3	4	5	6
1	2	3	4	5	6	7
2	3	4	5	6	7	8
3	4	5	6	7	8	9
4	5	6	7	8	9	10
5	6	7	8	9	10	11
6	7	8	9	10	11	12

2. Déterminer la probabilité de l'événement : « La somme obtenue est égale à 4 ».

La probabilité d'un événement est égal au nombre de résultats favorables sur le nombre de résultats possibles.

Nous avons un total de 36 résultats possibles et de 3 résultats favorables.

En effet une somme égale à 4 est obtenue à l'aide des couples {(1,3), (2,2), (3,1)}.

On retrouve ce résultat en s'aidant du tableau à double entrée.

La probabilité d'obtenir une somme égale à 4 est égale à $\frac{3}{36}$, soit $\frac{1}{12}$.

3. a. Quelle somme a la plus grande probabilité d'apparaître ?

La somme qui a la plus grande probabilité d'apparaître est 7.

b. Quelle est cette probabilité ?

On dénombre 6 couples dont la somme est égale à 7 : {(1,6), (2,5), (3,4), (6,1), (5,2), (4,3)}

La probabilité d'obtenir une somme égale à 7 est égale à $\frac{6}{36}$, soit $\frac{1}{6}$.

Partie C

Plus tard dans l'année, l'enseignant utilise une variante du jeu pour faire calculer des différences. Le jeu consiste désormais à lancer deux dés et à déterminer l'écart entre les deux nombres obtenus sur les faces supérieures, c'est-à-dire la différence entre le plus grand et le plus petit de ces deux nombres.

On obtient le tableau à double entrée suivant :

	1	2	3	4	5	6
1	0	1	2	3	4	5
2	1	0	1	2	3	4
3	2	1	0	1	2	3
4	3	2	1	0	1	2
5	4	3	2	1	0	1
6	5	4	3	2	1	0

Dans le contexte de cette variante du jeu, proposer un exemple d'événement dont la probabilité est égale à $\frac{1}{6}$.

Le nombre de résultats possibles étant toujours égal à 36 alors pour que la probabilité soit égale à $\frac{1}{6}$, il faut que le nombre de résultats favorables sont égal à 6.
On dénombre six couples dont les écarts sont égaux à 0 : {(1,1), (2,2), (3,3), (4,4), (5,5), (6,6)}
On en conclut que la probabilité d'obtenir l'écart absolu minimum est égale à $\frac{1}{6}$ ou que la probabilité d'obtenir un écart nul est égale à $\frac{1}{6}$.

◆ Exercice 4

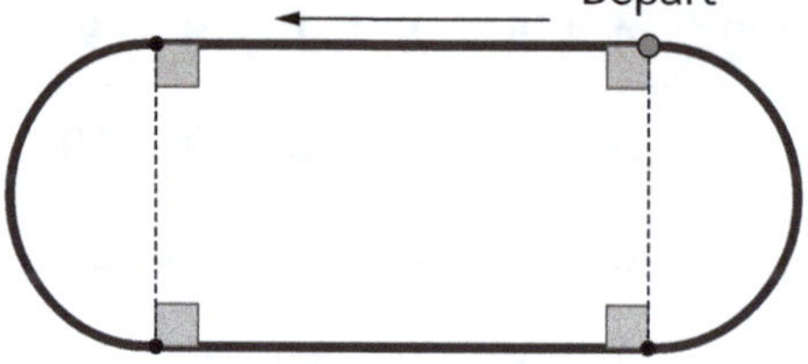

Partie A

1. a. Comme la piste est une courbe fermée le nombre de plots est égal au nombre d'espaces séparant deux plots.

La distance séparant deux plots est donc égale à $\frac{200}{8}$ m, soit 25 m.

Lola a parcouru 4 tours complets donc une distance de 200 × 4 m, soit 800 m et elle a parcouru un tour incomplet en franchissant un plot soit une distance suplémentaire de 25 m.
Lola aura donc parcouru une distance de 200 × 4 + 25 × 1 m, soit 825 m.

b. Si d est la distance parcourue et t la durée du parcours alors la vitesse moyenne $v = \frac{d}{t}$

Comme d = 825 m et t = 5 min alors alors $v = \frac{825}{5}$ m/min.

La vitesse moyenne de Lola est donc de 165 m/min.

2. La distance d parcourue par Joris est de 700 m.

Sa vitesse moyenne est donc $v = \frac{700}{5}$ m/min, soit 140 m/min

Exprimons cette vitesse moyenne en km/h :

$$140\frac{\text{m}}{\text{min}} = 140\frac{0{,}001\text{ km}}{\frac{1}{60}\text{h}}$$

$$140\frac{\text{m}}{\text{min}} = 140 \times 0{,}001 \times 60 \text{ km/h}$$

$$140\frac{\text{m}}{\text{min}} = 140 \times 0{,}06 \text{ km/h}$$

La vitesse moyenne de Joris est donc de 8,4 km/h.

3. La distance supplémentaire en pourcentage parcourue par Lola par rapport à celle de parcourue par Joris est égale à : $\frac{825-700}{700} \times 100$, soit 18 % pourcentage arrondi à l'unité.

Partie B

1. La formule à saisir dans la cellule D2 puis recopiée vers le bas est : = 200*B2 + 25*C2

2. La formule à saisir dans la cellule E2 puis recopiée vers le bas est : = (D2/1000)/(5/60) ou = D2/5*0,06

3. La distance moyenne parcourue par les élèves de cette classe est égale à :

$$\frac{2 \times 550 + 1 \times 575 + 4 \times 625 + 2 \times 650 + 6 \times 700 + 1 \times 750 + 3 \times 775 + 2 \times 825 + 1 \times 850}{2+1+4+2+3+6+1+3+2+1} = \frac{17\,275}{25}\text{ m}$$

soit une distance moyenne parcourue de 691 m

Partie C

1. a. Comme $\frac{\text{longueur du rectangle}}{\text{largeur du rectangle}} = \frac{5}{3}$ alors largeur du rectangle $= \frac{3}{5} \times$ longueur du rectangle

D'où largeur du rectangle $= 0{,}6 \times$ longueur du rectangle

Comme la longueur du rectangle est de 20 m alors sa largeur est de $0{,}6 \times 20$ m, soit 12 m.

b. La longueur de la piste est égale à $2 \times 20 + \pi \times 12$ m car la longueur d'un cercle de diamètre D est égale $\pi \times D$, où $D = 12$ m.

La longueur de la piste est donc de 78 m.

2. Posons L égale à la longueur du rectangle. On en déduit que la largeur et donc le diamètre est égal à $0{,}6 \times L$.

Comme la longueur de la piste est de 200 m alors L est la solution de l'équation : $2L + \pi \times 0{,}6L = 200$

On a donc

$2L + \pi \times 0{,}6L = 200 \Leftrightarrow L(2 + 0{,}6\pi) = 200$

$2L + \pi \times 0{,}6L = 200 \Leftrightarrow L = \frac{200}{2 + 0{,}6\pi}$

La longueur du rectangle est donc égale à 51,48 m et sa largeur de 30,89 m au centimètre près.

Partie A

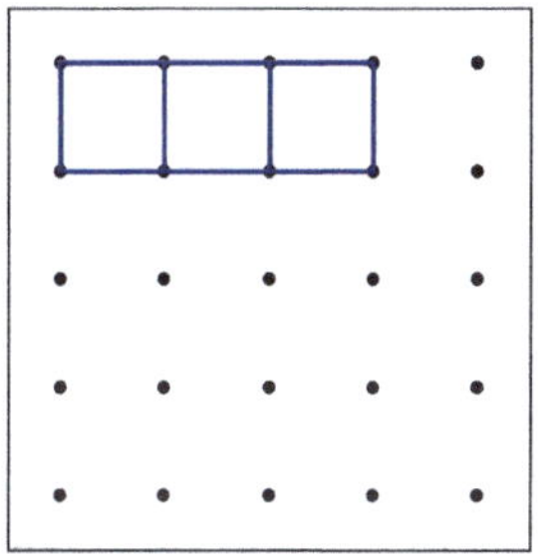

1. Chaque côté compte $\sqrt{25}$, soit 5 picots.

On peut réaliser (5-1), soit 4 carrés sur un côté et (4-2), soit 2 carrés sur le côté suivant.

On peut donc construire $(4 + 2) \times 2$, soit 12 carrés pour réaliser le tour d'un géoplan de 25 picots.

2. Chaque côté compte $\sqrt{81}$, soit 9 picots.

On peut réaliser (9-1), soit 8 carrés sur un côté et (8-2), soit 6 carrés sur le côté suivant.

On peut donc construire $(8 + 6) \times 2$, soit 28 carrés pour réaliser le tour d'un géoplan de 81 picots.

3. Chaque côté compte $\sqrt{n^2}$, soit n picots.

On peut réaliser $(n - 1)$, soit $n - 1$ carrés sur un côté et $(n - 1) - 2$, soit $n - 3$ carrés sur le côté suivant.

On peut donc construire $[(n - 1) + (n - 3)] \times 2 = (2n - 4) \times 2$, soit $4n - 8$ carrés pour réaliser le tour d'un géoplan de n^2 picots.

4. Le nombre de picots que doit compter chaque côté du géoplan afin que 107 carrés soit nécessaires pour réaliser le tour de ce dernier est la solution de l'inéquation $4n - 8 \leqslant 107$.

$4n - 8 \leqslant 107 \Leftrightarrow 4n - 8 + 8 \leqslant 107 + 8$

$4n - 8 \leqslant 107 \Leftrightarrow 4n \leqslant 115$

$4n - 8 \leqslant 107 \Leftrightarrow \frac{4n}{4} \leqslant \frac{115}{4}$

$4n - 8 \leqslant 107 \Leftrightarrow n \leqslant 28{,}75$

Le nombre entier maximal n inférieur ou égal à 28,75 est 28.

On en déduit $n^2 = 28^2$, le nombre maximal de picots de ce géoplan, soit 784 picots.

Partie B

1. La figure construite ci-après n'est pas en vraie grandeur.

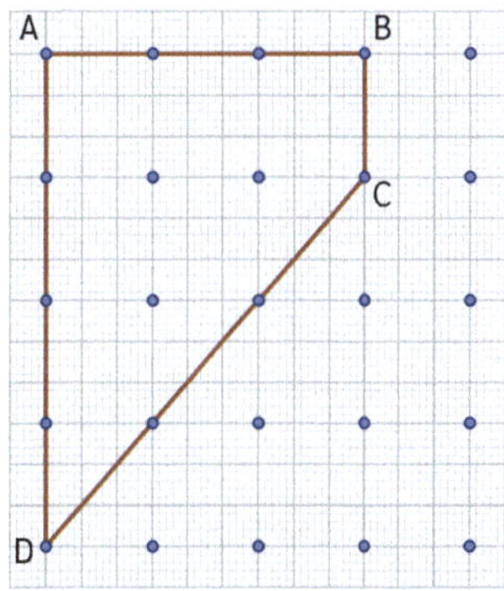

2. a. La figure réalisée par l'élève est un trapèze rectangle dont l'aire est égale à :

$\frac{\text{grande base} + \text{petite base}}{2} \times \text{hauteur} = \frac{AD + BC}{2} \times AB$

avec $AD = 4 \times 3 = 12$ cm, $BC = 1 \times 3 = 3$ cm et $AB = 3 \times 3 = 9$ cm

L'aire de ce trapèze est donc égale à $\frac{12\text{ cm} + 3\text{ cm}}{2} \times 9$ cm, soit 67,5 cm².

b. Appliquons le théorème de Pythagore au triangle isocèle CED rectangle en E.

On a $DC^2 = EC^2 + ED^2$ avec $EC = ED = 9$ cm

$DC^2 = 9^2 + 9^2 = 2 \times 9^2$

d'où $DC = \sqrt{9^2 \times 2} = 9\sqrt{2}$ cm

Le périmètre de cette figure est égale à : AD + DC + BC + AB = 12 cm + $9\sqrt{2}$ cm+ 3 cm + 9 cm, soit $24 + 9\sqrt{2}$ cm

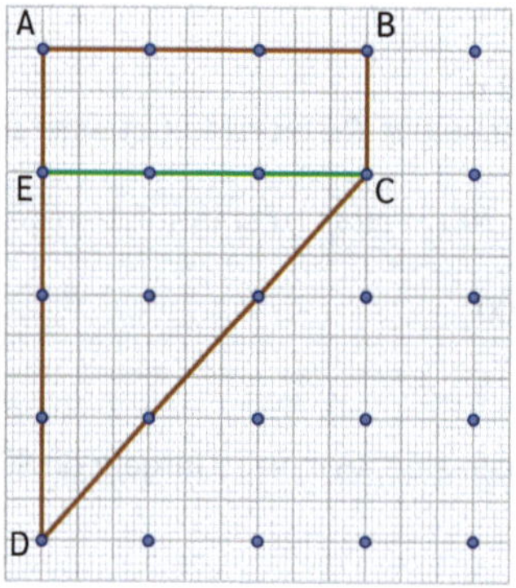

3. Comme 3 cm = 70 pas alors 1 cm = $\frac{70}{3}$ de pas.

$DC = 9\sqrt{2}$ cm $= \frac{70}{3} \times 9\sqrt{2}$ pas

d'où DC ≈ 297 pas

On a donc A = 45°, B = 297 et C = 135°

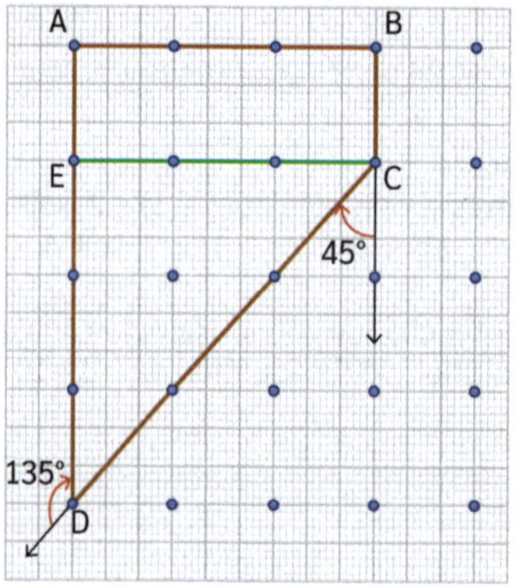